普通高等教育本科重点教材

中国电力教育协会高校能源动力类专业精品教材

过程参数检测技术

Measuring Technology on
Process Parameters

苏 杰 仝卫国 曾 新 编著
朱小良 主审

中国电力出版社
CHINA ELECTRIC POWER PRESS

内 容 提 要

本书首先介绍了过程参数检测中的一些基本概念和定义、各种技术指标、测量不确定度的评定与表示方法及防爆与防护的有关知识，然后分别介绍了温度、压力、流量、物位、成分量、机械量等参数的检测原理、仪表结构及使用、仪表的检定方法、仪表的选型和故障处理及实训项目，并结合现场实例介绍了检测装置的抗干扰技术。本书对检测系统的设计方法及设计实例进行了分析，并介绍了检测新技术，如软测量技术、数据融合技术的原理及应用。

为便于学生开阔视野，提高解决实际问题的能力，本书通过二维码链接了知识拓展、延伸阅读和实训项目以及相关仪表的高清彩图。同时，为了方便教师教学和学生自学，本书配套了多媒体教学课件、重难点内容的视频讲解、习题参考答案等资源。

本书重在理论联系实际，既可作为高等院校自动化、测控技术与仪器等相关专业本科生教材，又可供工程技术人员参考。

图书在版编目（CIP）数据

过程参数检测技术/苏杰，仝卫国，曾新编著 . —北京：中国电力出版社，2020.6（2021.11重印）
"十三五"普通高等教育本科重点规划教材
ISBN 978 - 7 - 5198 - 4062 - 4

Ⅰ. ①过…　　Ⅱ. ①苏…②仝…③曾…　　Ⅲ. ①自动检测—高等学校—教材　　Ⅳ. ①TP274

中国版本图书馆 CIP 数据核字（2019）第 267966 号

出版发行：中国电力出版社
地　　址：北京市东城区北京站西街 19 号（邮政编码 100005）
网　　址：http://www.cepp.sgcc.com.cn
责任编辑：乔　莉（010 - 63412535）
责任校对：黄　蓓　朱丽芳
装帧设计：郝晓燕
责任印制：吴　迪

印　　刷：北京天宇星印刷厂
版　　次：2020 年 6 月第一版
印　　次：2021 年 11 月北京第三次印刷
开　　本：787 毫米×1092 毫米　16 开本
印　　张：22
字　　数：720 千字（含配套资源 183 千字）
定　　价：58.00 元

前　言

随着科学技术的进步，新的检测方法和检测仪表不断得到应用。热力发电厂等现代生产过程具有连续化、大型化、复杂化等特点，为保证其生产实现高效、优质、安全、低耗，要求生产技术人员学习和掌握必要的检测技术方面的知识，而这些知识也是有关人员管理与开发现代化生产过程所必须具备的。随着高等教育教学改革的推进，工程教育人才培养更注重学生工程实践能力的培养。所有这些都对教材的编写提出了更高的要求。

编者在编写本书时，力求做到观念新，以适应教学改革的需要和对人才培养的要求；内容新，以较少的理论推导和较简明的叙述，将检测技术的基本内容及新方法、新技术一并展现；注重理论与实际的有机结合，用一定的篇幅介绍了仪表的选型、检定及故障处理；利用大型机组检测系统的设计将零散的知识系统化；通过实训项目加深了对理论知识的讲解。

本书共分 10 章。第 1 章介绍了检测中的一些基本概念和定义、各种技术指标、测量不确定度的评定与表示方法及防爆与防护的有关知识，使学生对测量技术有一个总体认识。第 2～7 章，介绍了温度、压力、流量、物位、成分量、机械量等参数的检测方法和仪表方面的相关理论及工程应用实例。第 8 章对检测装置的抗干扰技术及抗干扰实例进行了分析，这部分内容对学生日后解决实际工程问题很有帮助。第 9 章介绍了火力发电厂中检测系统的设计方法，给出了设计实例，使学生对所学知识的应用有进一步深入的理解。第 10 章介绍了检测技术的新发展及应用情况，拓宽了学生的知识面。各章后面给出了习题与思考题，供广大师生与读者参考。

参加本书编写的有苏杰（第 1、2、4、9 章）、曾新（第 3、5、6 章）、全卫国（第 7、8、10 章），全书由苏杰统稿。编者在编写本书的过程中参考和引用了许多专家学者的有关著作及文献资料；本书由东南大学朱小良教授主审，提出了许多宝贵意见，在此一并表示深深的谢意。

限于编者水平，书中难免有疏漏和不妥之处，恳请读者批评指正。

编者
2020 年 2 月

目　录

第1章 检测技术理论基础

1.1 概　　述

1.1.1 检测技术的意义及发展方向

顾名思义，检测技术包含着"检"和"测"两方面内容。"检"是力图发现被测对象中的某些待测量并以信号形式表示出来，它是在所用技术能及的范围内回答"有无"待测量的操作；"测"则是将待测量的信号加以量化，是以一定的准确度回答待测量"大小"的问题。

检测技术和测量仪表在人类不断认识自然和改造自然的过程中起着举足轻重、不容忽视的作用。无论在日常生活中还是在工程、医学、科学实验中，几乎人类在认识和改造自然的各个环节都离不开检测技术的应用。各种各样的测量仪表就像人的视觉、嗅觉、味觉、触觉那样在不断地帮助人们认识和感知世界，可以说如果在当今世界没有检测技术和仪表的存在，人类社会就很难生存和发展。随着工业生产的不断发展，科学技术的突飞猛进，对检测技术和仪表提出了许多新的要求，而新的检测技术和仪表的出现又进一步推动了科学技术的发展，正如我国著名科学家钱学森院士指出：新技术革命的关键技术是信息技术。信息技术是由测量技术、计算机技术、通信技术三部分组成，测量技术是关键和基础。

检测和控制更是密不可分的，检测是控制的前提条件，而控制又是检测的目的之一。例如，在热力发电厂中，通过对温度、压力等参数的测量，可及时了解热力设备的运行工况，为运行人员提供操作依据，为自动化装置准确、及时地提供信号，为运行的经济性计算提供数据。因此，对生产过程参数实时、可靠的检测，是保证热力设备安全、经济运行及实现自动化的必要条件，也是经济管理、环境保护、研究新型热力生产系统和设备的重要手段。

现代科学技术的迅猛发展为检测技术的进步和发展创造了条件，尤其是计算机技术、微电子技术的发展和物理、化学基础学科成果的不断涌现，使得检测技术和仪器仪表得到了划时代的进步和发展。近20年来，检测技术和仪器仪表发展的突出特点是向着智能化、虚拟化和网络化及远程测控方向发展。计算机视觉检测技术近年来也受到极大的关注。

目前对智能仪器的认识已从将具有少许校正、补偿功能的计算机化仪器称为智能仪器这种状态中解放出来，而是将人工智能的理论、方法和技术较大范围地应用于仪器，使其具有类似于人类智能化的特性或功能。智能仪器中一般都使用嵌入式微处理机系统芯片（SOC）、数字信号处理器（DSP）、专用电路（ASIC）或可编程逻辑门阵列（如 PLD、CPLD、FP-GA 等），带有处理能力很强的软件，具有采集信息、与外界对话、记忆存储、处理信息、输出控制信息、自检自诊断、自补偿自适应、自校准、自学习等功能。

虚拟仪器概念的引入使"软件就是仪器"已成为现实，应用图形化编程语言 Lab-VIEW、LabWindows、CVI、VEE 等开发软件，用户可以自己定义自己的仪器，方便地创建仪器软面板，通过 VXI、PXI、PCI 仪器总线自由地将各测试模块组合成完整的测试系统，将 GPIB、RS‐232 等接口的传统仪器自由组合起来，从而大大扩展了仪器的功能，节省了不少硬件资源。

网络化仪器则犹如将远在千里的测控任务放在本实验室进行。现场网络化、智能化仪器（或传感器）通过嵌入式 TCP/IP 软件，使它们与计算机一样，成为网络中独立的节点，用户通过浏览器或符合规范的应用程序即可实时浏览测试信息。无线传感器网络具有自组网的能力，使散布的个别检测节点能灵活地根据现场情况组合起来，发挥群体的优势。机器视觉检测技术也因此得到了快速发展。机器视觉就是用机器代替人眼来做测量和判断，起步于 20 世纪 80 年代，经历了从黑白图像到彩色图像、模拟到数字、二维到三维，从图像处理、图像识别（模式识别）到图像理解（景物分析）的不同层次的发展。根据这几年的发展来看，图像传感技术的不断更新与提高，例如性能上各有千秋的 CMOS 图像传感器的不断涌现，促进了检测仪器的快速发展。

此外，微纳米检测（包括 MEMS 检测、纳米检测）已成为一种前沿的检测技术并引起了广泛的关注，软测量技术（Soft Sensor Technology）将会越来越多地应用到工业检测系统中。

纵观历史，剖析现状，展望未来，可以预见，传统的仪器仪表将仍然朝着高性能、高准确度、高灵敏、高稳定、高可靠、高环境适应和长寿命的"六高一长"的方向发展；新型的仪器仪表则将朝着微型化、集成化、电子化、数字化、多功能化、智能化、网络化、光机电一体化、无维护化以及组装生产自动化、规模化的方向发展。

1.1.2　检测基础

1. 检测的定义

工程中，"检测"被视为"测量"的同义词或近义词。国家标准定义，测量是指以确定对象属性和量值为目的的全部操作。具体来说，所谓测量，就是用实验的方法和专门的工具，将被测量与同种性质的标准量（即测量单位）进行比较，求取二者比值，从而找到被测量数值大小的过程。测量的基本关系式为

$$X = \alpha U \tag{1-1}$$

式中：X 为被测量；U 为测量单位；α 为比值。

由于测量过程中不可避免地有误差存在，任何测得值都只能近似地反映被测量的真值，故式（1-1）变为

$$X \approx \alpha U \tag{1-2}$$

测量过程包含三要素，即测量单位、测量方法和测量器具。任何测量只有确定测量单位、选择测量器具和测量方法、设计测量系统和进行正确的操作，才能确定测量结果的可靠性。

2. 测量方法

测量方法是实现被测量与其测量单位相比较所采用的方法。它不同于测量原理，测量原理是指仪表工作所基于的物理效应和化学效应等。

根据测量仪表与被测对象的特点，测量方法主要有以下几种分类方法。

（1）按测量结果产生的方式分类。

1）直接测量：应用测量仪表直接读取被测量的方法。例如，用压力表测量容器中气体的压力等。

2）间接测量：通过测量与被测量有函数关系的其他量而得到被测量值的一种方法。例

如，为了测量某电阻值的大小，通过测量流过该电阻的电流和在该电阻上的电压降，经过计算便可求出其电阻值。

3）组合测量：为了同时确定多个未知量，将各个未知量组合成不同的函数形式，用直接或间接的测量方法获得一组数据，通过求解方程组来求得被测量的方法。例如，测量某电阻的电阻温度系数，其电阻与温度的关系为 $R_t = R_0(1 + at + bt^2)$。式中，R_t、R_0 分别为温度为 $t\,℃$ 和 $0\,℃$ 时电阻值，可以直接测得。要取得系数 a 和 b，需要解一个二元一次方程组。

（2）按测量仪表与测量对象是否接触分类。

1）接触测量：仪表检测元件与被测对象直接接触，直接承受被测参数的作用或变化，从而获得测量信号，并检测其信号大小的方法。

2）非接触测量：仪表不直接接触被测对象，而是间接承受被测参数的作用或变化，从而达到检测目的的方法。其特点是不受被测对象影响，使用寿命长，适用于某些接触式检测仪表难以胜任的场合，但一般情况下，测量准确度较接触式仪表低。

需要说明的是，绝对不随时间变化的量是不存在的。实际测量中，只是将那些随时间变化较慢的量近似看成是静态的量，对这种量的测量可认为是静态测量。因此，测量方法按被测量在测量中的状态分类，可分为静态测量和动态测量。

此外，测量方法按测量示值产生的状态来分，可分为偏差法、零差法和微差法。

在选择测量方法时，要综合考虑下列因素：①被测量本身的特性；②所要求的测量准确度；③测量环境；④现有测量设备等。对于某一变量的测量，测量方法若选择不当，即使有精密的测量仪表和设备，也往往不能得到满意的结果。

3. 测量系统

（1）测量系统的组成。在测量技术中，为了测量某一被测量的值，总要使用若干个测量设备，并按照一定的方式连接组合起来，这种连接组合即构成了一种测量系统。例如，在火电厂中测量锅炉给水流量时，常用标准孔板获得与流量有关的差压信号，然后将差压信号通过压力信号管路送入差压变送器，经过转换与运算变成电信号，再通过连接导线将电信号传送给显示仪表，最后显示出被测流量值。不同测量系统的复杂程度会有很大差异。简单的系统只包含一块仪表，例如用水银温度计测量温度，而复杂的系统要由若干个测量设备和测量仪表组成。

测量系统规模的大小及其复杂程度与被测量的多少、被测量的性质以及具体的被测对象密切相关。图 1-1 给出了一个涵盖各功能模块的测量系统的构成框图。它包含将被测量转换成电气量或电路元件参数的检测部分，进行阻抗匹配、信号变换和放大等处理的变换部分，对变换得到的数字信号进行去伪存真和特征提取的分析处理部分，表达测量结果和对结果进行存储的显示记录部分，以及将信号传送到控制器、其他测量系统或上位机系统的通信接口部分。

一个完整的检测过程，一般应包括检测部分（信息的提取）、信号变换部分（信号的放大、转换与传输）、分析处理显示部分（信号的处理和分析及信号的显示和记录）等。

（2）测量系统各部分的作用。

1）检测部分。检测部分是测量系统中形式最多样、与被测对象关联最密切的部分。承担检测功能的器件统称为传感器。

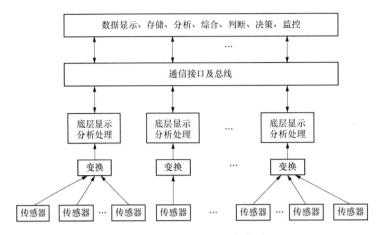

图 1-1 　测量系统的一般构成

传感器也称为敏感元件、一次元件，是与被测对象直接发生联系的环节。它接收来自被测介质的能量，感受其变化并变换成相应的便于测量的其他量作为输出信号。传感器性能的优劣将直接影响整个测量系统的质量，它是仪表的关键环节。

对传感器有以下的要求：

a. 传感器的输出信号与被测参数在数值上应呈单值关系，最好是线性关系；

b. 传感器的输出信号应该只响应被测参数的变化，其他一切可能的输入信号（包括噪声信号）不能影响其输出信号；

c. 传感器对被测对象状态的影响应尽量小。

传感器负责把被测量作为信号提取出来并传输到信号变换部分。许多情况下，检测和变换并没有明确的界限，因为传感器实质上完成的也是一种变换，即将被测量或被测对象的特征参数转化为有用信号的变换。

传感器的合理选择建立在使用者对被测对象和各种传感器特性充分了解的基础上。选择时要充分考虑测量准确度要求、被测量变化范围、被测对象所处的环境条件以及对传感器体积和整个检测系统的成本等的限制。

2) 信号变换部分。信号变换是使检测的信号变换成适合于分析处理的信号。进行变换时，重要的是考虑原始信号中哪些信息是希望了解的，以及如何不丢失和不歪曲有用信息。

完成信号变换的电路有时又称为信号调理电路。信号变换部分的任务是多种多样的，例如，传感器的输出阻抗很高时，信号变换部分进行阻抗变换；传感器的输出信号微弱时，信号变换部分进行信号的放大；信号淹没在噪声中时，信号变换部分进行抑制噪声的处理；需要进行电流传输时，信号变换部分进行电压/电流变换；需要进行数字信号的传输时，变换部分进行模拟/数字转换（简称模数转换）。另外，信号变换还可以变换信号的性质（最常见的是把非电气量信号转换成电气量信号）、线性化、开方等。

对于信号变换部分，不仅要求它的性能稳定、准确度高，而且应使信息损失最小。

3) 分析处理显示部分。显示部分是测量系统的输出部分。测量系统通过它的显示元件向观察者反映被测参数的数值。

显示元件按其显示方式的不同可分为模拟式显示元件、数字式显示元件和图形式显示元件三种；按照显示功能的不同，可分为指示式、记录式、积算式、调节式。

常规的测量只是将传感器获得的信号进行放大和变换，以进行显示或传送，而分析处理则需由人工完成。以计算机为基础的分析处理部分的加入，使得现代检测系统具有强大的问题解析能力，从而使得对复杂系统的实时控制成为可能。

随着计算机技术和信号处理技术的发展，现代检测系统在科学研究和工业生产中的地位日趋重要。通过信息论、系统论、控制论、预测论、智能与模糊推理、相关理论、谱分析、随机过程、卡尔曼滤波、自适应滤波、模式识别、故障诊断、神经网络和小波变换（时域、频域联合分析）等现代理论的运用，分析处理功能使得现代检测系统能解决过去常规检测无法解决的问题，真正实现检测的自动化和智能化。

4）通信接口与总线部分。其基本功能是管理两个不同系统之间的数据、状态和控制信息的传输和交换。一个大型检测系统中有许多测量分系统或测量节点，分系统向上位机传送数据信息和测量状态、上位机向下发布命令，各分系统之间交换信息都通过接口进行。

1.1.3　测量仪表的评价指标

检测技术的外在表现是以指标来描述的。通过指标对比，可以客观评价某项检测方案或某台测量仪器的先进程度；依托新原理、新材料、新器件、新工艺，实现检测技术的创新研发，也应该以提升指标为目的；检测技术的应用，更离不开对仪器指标的仔细、综合筛选，从而在具体场合得到检测仪器的最佳配置，发挥最佳功效，这个过程也称为检测工程设计。

技术、经济、环境方面的性质往往是人们所关注的，因此也就有了测量仪表的技术、经济、环境三大类指标。技术指标属于技术层面，具体包括功能指标、性能指标和物理指标三类；经济指标包括成本、价格、维护费等（常说的"性价比"，实际是兼顾了技术指标和经济指标的综合指标）；环境指标指检测方案、检测仪表使用过程中的环境代价，例如，是否会产生强电磁辐射，是否对电网回馈噪声，是否易导致人身伤害等。

下面介绍功能指标、性能指标和物理指标这三种技术指标。

1. 功能指标

功能指标用于表明某检测方案、检测仪表所能够完成的功能，一般包括适用的工艺介质、被测量、被测量变化范围、输出信号类型等。功能指标在所有指标中是最基础的。

下面以压力测量仪表为例，说明功能指标。

（1）工艺介质：水、汽油。这意味着本仪表可能不适于酸、碱等腐蚀性溶液，也不适于原油、食物油等高黏度、易堵塞的液体。

（2）测量范围：100～1000kPa。测量范围是指在正常的工作条件下，测量系统或仪表在保证测量准确度的前提下能够测量的被测量值的总范围。其最低值和最高值分别称为测量范围的下限和上限，测量范围用下限值至上限值来表示。本仪表所能测量的最小压力为100kPa，最大压力为1000kPa，若用于测量超出范围的压力，则无法保证准确度等性能指标，甚至造成仪器的永久损坏。

测量范围的下限也称为零点。为使用方便，该零点是可以人为调整的，甚至可调整到远离零的数值上（本例为100kPa），此时的零点调整过程又称为"零点迁移"。

测量范围上限与下限的代数差称为测量量程。本例中量程是900kPa。一般来说量程也是可以人为调整的。

可见，测量范围的上限、下限都是可以调整的，以适合不同的测量场合。标注测量范围时，往往给出最小测量范围和最大测量范围，如标注为"0～500kPa 到 0～5000kPa"。

（3）输出信号：模拟 4～20mA。这表明在压力为 100kPa 时，仪器输出电流 4mA；在压力为 1000kPa 时，输出电流 20mA。对于中间压力 p（单位 kPa），相应线性的输出电流为

$$I = 16 \times (p - 100)/(1000 - 100) + 4 \quad \text{（mA）} \tag{1-3}$$

一般希望仪器的输入、输出之间具有线性关系。若为非线性或者是近似线性关系，应该在指标中说明其线性度。

注意，仪表的输出信号模式是由行业协议、国家标准甚至国际标准所规定的，以便于不同厂家制造的仪表之间的互连。常用的输出信号模式有下面几种：

1）模拟电流 0～10mA 模式。这种模式在热工量、电气量、机械量测量仪表中经常采用。若上述压力测量采用这种模式，则输入、输出关系表示为

$$I = 10 \times (p - 100)/(1000 - 100) \quad \text{（mA）} \tag{1-4}$$

2）模拟电流 4～20mA 模式。这是目前最广泛采用的一种输出模式。若某台仪表掉电，则输出电流必然降落到 0mA。这在 4～20mA 模式的仪表中很容易识别的故障；但对采用 0～10mA 模式的仪表来说，也会被误认为压力降低到了 100kPa。因此，4～20mA 模式比 0～10mA 模式更容易识别电源故障。

上述两种模式都采用电流而非电压来传递，这是因为在长距离传输时导线的电阻不会带来附加误差。这类仪器的输出级电路都是恒流源，或者说是受被测量控制的恒流源。当这类信号被传递到其他仪表时，考虑到后续仪表的输入级多为电压接收电路，应该利用"标准电阻"进行电流电压的转换。标准电阻是一种高准确度、低温度系数、具有较大功率的电阻。

若信号传输距离不远（如 1m 以内），也可以采用 0～5V 或 1～5V 电压输出模式。这类仪表的输出级电路都是恒压源，或者说是受被测量控制的恒压源。其优点是不同仪表之间可以直接连接，省去了"标准电阻"。当然，具体连接时还必须考虑阻抗匹配、电平兼容等详细指标。

3）总线传输模式。将模数转换、网络通信技术用于检测仪表的信号传输，就是所谓的总线传输模式。其显著优点是数字信号抗干扰能力强，数据传输量大（如可附带传输自检状态等），双向传输（如远地调零和调量程），节省线缆数量，线路施工及日常维护工作量小。目前多个国际组织已经制定了多种总线协议，分别应用在不同领域里，例如，流程工业中普遍采用的 FF 总线，制造业采用的 ProfiBus 总线，汽车及船舶业的 CAN 总线，以及楼宇自动化的 Longworks 总线等。

4）HART 传输模式。HART（Highway Addressable Remote Transducer）传输模式是在 4～20mA 模拟信号之上调制出小幅度的数字信号，以增大信息传输量。

2. 性能指标

性能指标以量化的形式来衡量仪表的功能。例如，检测仪表的主要功能是实现特定的输入、输出关系，即被测量与输出信号之间的特定关系。仪表的性能指标是正确选择和使用仪表所必须具备的知识，它与仪表的设计、制造质量有关。

（1）描述输入、输出关系的性能指标。式（1-3）和式（1-4）给出了压力测量仪表的

输入、输出关系。但是，在检测方案及检测仪表的任何一个环节中都会存在很多影响因素，实际的关系式是很复杂的。不妨将仪表输出 y 与输入（被测量）x 之间的关系表示为三项之和，即

$$y = f(x,t) + n_1 + n_2 \tag{1-5}$$

式中，第一项 $f(x,t)$ 的具体形式取决于仪表的结构原理，是确定的函数关系，被认为是输出中的信号部分，即

$$s = f(x,t) \tag{1-6}$$

若仪表结构中含有动态元件，如电感、电容，则该函数还以时间 t 为自变量；若含有非线性因素，如二极管、传动间隙、静摩擦力，则该函数还会与被测量的变化方向（即 $\mathrm{d}x/\mathrm{d}t$ 的正负号）有关。

第二项 n_1，是由可以预见的环境因素决定的，例如，工作温度变化会造成输出漂移。

第三项 n_2，囊括了大量不可控、不可测因素的影响，被认为是输出中的随机噪声。

检测仪表的输入、输出关系可以从静态和动态两个角度来衡量。在输入信号不变或缓慢变化的场合，可以不考虑式（1-5）中的时间变量（认为 $t \to \infty$），用准确度、线性度、灵敏度、变差、稳定性、重复性等性能指标来描述。如果检测技术用于动态测试，则会用微分方程、传递函数、脉冲响应等表达的动态关系，由上升时间、响应时间、过冲量等性能指标来描述。下面主要介绍静态特性指标。

1）准确度。仪表的准确度给出了测量结果与被测真值之间的接近程度，一般用误差表示。假设此时输入、输出关系表达为

$$y = f(x) + n_1 + n_2 \tag{1-7}$$

则必认为被测量

$$x = f^{-1}(y - n_1 - n_2) \tag{1-8}$$

这个测量结果显然与真实值

$$x_0 = f^{-1}(y) \tag{1-9}$$

不同，即存在着测量误差

$$e = x - x_0 \tag{1-10}$$

a. 仪表示值误差。

Ⅰ. 绝对误差：仪表的测量值与真实值之间的代数差，即

$$\delta = x - \alpha \tag{1-11}$$

式中：δ 为绝对误差；x 为被测量的测量值；α 为被测量的真实值。

在工程中，往往很难知道被测变量的真实值。一般采用标准表的指示值作为测量的"真实值"。

若将测量值加上一个与绝对误差大小相等，而符号相反的代数值 C，便可求得被测量的真实值，即

$$\alpha = x + C \tag{1-12}$$

C 称为该示值的修正值，在实际工作时通过示值加修正值的方法对示值进行修正，可提高测量结果的准确度。

Ⅱ. 相对误差：测量值的绝对误差与其真实值的比值，以百分数表示，即

$$\gamma = \frac{\delta}{\alpha} \times 100\% \tag{1-13}$$

Ⅲ. 引用误差：测量值的绝对误差与测量仪表的量程之比的百分数，即

$$\gamma_y = \frac{\delta}{A} \times 100\% \qquad (1-14)$$

式中：γ_y 为引用误差；A 为仪表的量程。

　　b. 仪表的基本误差。在规定的正常工作条件下，如环境温度、湿度、振动、电源电压、频率等均正常，仪表在全量程范围内各点示值误差中绝对值最大的误差称为仪表的基本误差。一般可用绝对误差（δ_j）和引用误差（γ_y）两种形式表示。

　　仪表的基本误差可通过对仪表的实际检定求得，不同的仪表其基本误差一般不同。

　　仪表不在规定的正常工作条件下工作时，由外界条件变动引起的额外误差，称为附加误差，例如，当仪表的工作温度超过规定的范围时，将引起温度附加误差。

　　c. 仪表的允许误差和准确度等级。仪表的允许误差是指在正常工作条件下，为了保证仪表的质量，国家规定的各类仪表的基本误差不能超过的限值，称为允许误差。某台仪表的基本误差小于或等于该表规定的允许误差时，为合格仪表，否则为不合格仪表。

　　以引用误差（γ_y）形式表示的允许误差去掉百分号余下的数值就称为仪表的准确度等级。例如某仪表的引用误差 $\gamma_y = 1.5\%$，则仪表准确度等级为 1.5 级。仪表的准确度等级通常用一定的形式标在仪表的表盘上。如在等级数字 1.5 外加一个圆圈⑴.⑸或三角形 /1.5\。GB/T 13283—2008《工业过程测量和控制用检测仪表和显示仪表精（准）确度等级》中说明，准确度等级系列值为 0.01、0.02、（0.03）、0.05、0.1、0.2、（0.25）、（0.3）、（0.4）、0.5、1.0、1.5、（2.0）、2.5、4.0、5.0。需要说明，括号内的准确度等级不推荐采用；低于 5.0 级的仪表，其准确度等级可由各类仪表的标准予以规定。

　　对于不宜用引用误差或相对误差表示准确度的仪表（如热电偶、铂热电阻等），一般可用英文字母或罗马数字等约定的符号或数字表示准确度等级，如 A，B，C…，Ⅰ、Ⅱ、Ⅲ…或 1、2、3…。按英文字母或罗马数字的先后次序表示准确度等级的高低。

　　2）灵敏度和灵敏阈。仪表的灵敏度是指当输入量变化很小时，其输出信号的变化值 Δy 与引起这种变化的对应输入信号变化值 Δx 的比值，用 S 表示，即

$$S = \lim_{\Delta x \to 0} \frac{\Delta y}{\Delta x} = \frac{\mathrm{d}y}{\mathrm{d}x} \qquad (1-15)$$

　　一般来说，灵敏度是有单位的量。例如，某压力检测仪表的灵敏度是 2.6mA/kPa，表明压力每变化 1kPa 会产生 2.6mA 的输出变化。若输入、输出的单位相同，灵敏度也称为增益并以分贝数表示。

　　仪表必须具有足够的灵敏度，以便准确测量微小的变化。但灵敏度过高，可能导致输出、输入关系的不稳定。

　　输入、输出为线性关系时，灵敏度是常数。对于输入、输出呈非线性的情况，必须指明是在某个输入点的灵敏度，而且在可能出现极大、极小灵敏度的区域必须做相应的数据处理。

　　由于仪器结构的各个环节可能会存在死区，例如，传递角位移的齿轮之间的啮合间隙，力传递机构中的静摩擦力等，因此并非任何微小的输入量变化都能够引起输出量的变化。只有当输入量的变化大于某个限值以后，才会引起输出量的变化。这个限值就称为仪表的灵敏阈，其单位与输入量的单位相同，它衡量了仪表的分辨能力。

3）线性度（非线性误差）。线性度反映了仪表的输入—输出特性曲线与选用的对比直线之间的偏离程度。仪表的线性度用实测输入、输出特性曲线与理想拟合直线之间的最大偏差与量程之比的百分数来衡量，又称为非线性误差。对于模拟仪表，若具有线性特性则分度均匀、读数方便；对于数字仪表，若具有线性特性则不用另加线性化处理环节。因此人们希望仪表的输入—输出关系最好呈线性特性。

实际仪表很难实现理想的线性特性。对于轻微非线性关系的仪表，可以用线性度来描述。但是对于测量原理属于明显非线性的情况，则不用线性度描述，例如孔板流量计中，输入量压差与流量指示之间呈方根关系。

根据选定的理想拟合直线不同，线性度可分为有端基线性度、零基线性度、最小二乘线性度等。

4）回差（也称为变差、滞后误差）。在外界条件不变的情况下，仪表上、下行程输入—输出曲线之间的最大偏差对量程范围的百分比称为仪表的回差。

回差反映了仪表工作时所得的上升曲线与下降曲线经常出现的不重合现象。引起回差的原因很多，例如仪表各机械元件间的间隙与摩擦、弹性元件的不完全弹性、磁性元件的磁滞现象等均会引起回差。回差是反映仪表准确度的一个指标，合格的仪表要求回差不得大于仪表的允许误差。

（2）保障输入、输出关系的性能指标。为了衡量仪表能否保持上述输入、输出关系的能力，可采用下列指标进行描述：

1）过载能力。能够保证恢复原输入、输出关系的最大过载量，称为过载能力。若被测量严重超出测量范围，会导致仪表部件的永久性损坏。

例如，测量范围 0～50MPa 的压力计，标称过载能力 120% 意味着可以承受高达 60MPa 的压力。当然，超出 50MPa 后就不存在线性输入、输出关系了，但只要压力下降到 50MPa 以下，原来的线性关系仍然成立。若压力曾经达到过 70MPa，则原来的线性度、准确度等指标将无法保证。

2）重复性。同一工作条件下，按同一方向输入信号，并在全量程范围多次变化信号时，对应于同一输入值，仪表输出值的一致性称为重复性。重复性的大小是以全量程上，对应于同一输入值输出的最大值和最小值的差与量程范围之比的百分数来表示的。

重复性衡量的是仪表在重复测量过程中能够再现输入、输出关系的能力。它是反映输入、输出关系在短期内随时间而变化程度的指标。重复性差，表明测量原理不完善，或尚有未知的影响因素，这在新的检测技术开发中要特别关注。

3）稳定性。稳定性衡量仪表在环境条件（如工作温度、工作压力）变化下输入、输出关系的变动状况。

如果没有采取恰当的补偿措施，稳定性往往比较差，输出漂移，呈现系统误差。对敏感部件和电子元件进行抗老化处理，消除机械部件的内应力，是提高检测仪表稳定性的重要途径。

4）可靠性。可靠性是一种长期指标，与短时间内的重复性指标不同，它与仪表部件的失效机制有关，是衡量仪表质量的关键指标。

仪表在规定条件下、规定时间内，保持其功能和性能的概率，称为仪表的可靠性。这种可靠性 R（或者说概率）随时间 t 变化的关系一般表示为

$$R(t) = e^{-\lambda(t)t} \tag{1-16}$$

$$\lambda(t) = -\frac{\partial R(t)/\partial t}{R(t)} \tag{1-17}$$

式中：$\lambda(t)$ 称为 t 时刻的失效率，是指已经工作到时刻 t 的产品在单位时间内失效的概率。

例如，假设开始有 N 个产品，使用 t 时间后其中 n 个失效，$N-n$ 个正常。在 $t \sim t + \Delta t$ 时间段内又有 Δn 个失效，则在该时间段内的失效率（概率用频数解释）为 $\Delta n/(N-n)$，即单位时间内失效率为 $\Delta n/[(N-n)\Delta t]$。

5）可用性。在评价一个检测系统时，会提到可用性。它综合考虑了系统的平均无故障时间 $MTBF$（Mean Time Between Failures）和故障下平均停运修复时间 MDT（Mean Down Time）。可用性定义为

$$A = MTBF/(MTBF + MDT) \tag{1-18}$$

例如，手术过程中使用的医疗检测系统，必须具备很高的可用性；化工危险品生产中的测控系统可用性要求也很高。采用后备电源、部件冗余和带电插拔卡技术，是提高可用性的有效途径。

3. 物理指标

检测仪器的物理指标包括工艺连接方式、材质、机械连接、电气连接、仪器尺寸、工作环境要求等。

例如，传感器螺纹规格、防腐材质，仪表体积、质量、所需电源电压及电流、功耗、通风散热、工作温度限、工作湿度限、外壳防护等级 IP（Ingress Protection）等。

虽然检测仪器的物理指标与工作原理关系不大，但在有些应用中却是最关心的指标。例如，便携式检测仪器的尺寸、质量、低功耗等指标往往比准确度还重要。

下面介绍一下仪表的防爆和外壳防护等级 IP。

（1）仪表的防爆。在某些工业生产现场（如炼化、化工现场）存在着各种易燃、易爆气体，安装在这种危场所的仪表如果产生火花，就容易引起爆炸，因而此类仪表必须具有防爆性能。

气动仪表从本质上来说具有防爆性能（不可能产生火花），电动仪表必须采取必要的防爆措施才具有防爆性能。

防爆仪表应遵循国家标准 GB 3836.1—2010《爆炸性环境用防爆电气设备通用要求》。按照国标 GB 3836.1—2010 规定，防爆电气设备分为两大类：Ⅰ类，煤矿井下用防爆电气设备；Ⅱ类，工厂用防爆电气设备。

Ⅱ类工厂用防爆电气设备又分为八种类型。Ⅱ类防爆仪表的八种类型及其标志见表 1-1。

表 1-1　　　　　　　　　　　　　Ⅱ类防爆仪表的类型

类型	标志	类型	标志
隔爆型	d	增安型	e
本质安全型	i	正压型	p
油浸型	o	充砂型	q
无火花型	n	浇封型	m

1) 本质安全型防爆仪表。本质安全型防爆仪表也称安全火花型防爆仪表，在正常状态下或规定的故障状态下产生的电火花和热效应均不会引起规定的易爆性气体混合物爆炸。

正常状态是指在设计规定条件下的工作状态，故障状态是指电路中非保护性元件损坏或产生短路、断路、接地及电源故障等情况。

本质安全型又分为 ia 和 ib 两个等级。

ia 等级：在正常工作时一个故障和两个故障均不能点燃爆炸性气体混合物的电气设备。正常工作和一个故障时，安全系数均为 1.5；两个故障时，安全系数为 1.0；正常工作时，有火花的触点须加隔爆外壳、气密外壳。

ib 等级：在正常工作和一个故障时均不能点燃爆炸性气体混合物的电气设备。正常工作时，安全系数为 2.0；一个故障时，安全系数为 1.5；正常工作时，有火花的触点须加隔爆外壳或气密外壳保护，并且有故障自显示的措施。

2) 隔爆型防爆仪表。隔爆型防爆仪表的特点是仪表的电路和接线端子全部置于防爆壳体内。防爆措施包括：①采用耐压 80~100N/cm² 以上的表壳；②表壳外部的温升不得超过由易爆性气体或蒸气的引燃温度所规定的数值；③表壳接合面的缝隙宽度及深度，应根据它的容积和易爆性气体的级别采用规定的数值。

使用隔爆型防爆仪表应注意两点，一是揭开仪表表壳，其将失去防爆性能；二是长期使用，其防爆性能会逐渐降低。

在爆炸性气体或蒸气中使用的仪表，有两方面原因可能引起爆炸：①仪表产生能量过高的电火花或仪表内部因故障产生的火焰通过表壳的缝隙引燃仪表外的气体或蒸气；②仪表过高的表面温度。因此，根据上述两个方面对 II 类防爆仪表进行了分级和分组，规定其适用范围。

根据 GB/T 3836.12—2008《爆炸性环境气体或蒸气混合物按照其最大试验安全间隙和最小点燃电流的分级》，II 类（工厂用）防爆仪表分为 A、B、C 三级，即 II A、II B、II C。它们对应着不同的 MESG 和 MICP，见表 1-2。MESG 为最大试验安全间隙，是指两个容器由长度 25mm 的间隙连通，在规定试验条件下，一个容器内燃爆时，不会使另一个容器内燃爆的最大连通间隙的宽度。MICP 是爆炸性混合物最小点燃电流与甲烷最小点燃电流的比值。由表 1-2 可以看出，II C 的防爆等级最高，II A 的防爆等级最低。

表 1-2　　　　　　　　　　　　　防 爆 仪 表 的 分 级

级别	MESG（mm）	MICP
II A	1.14 > MESG > 0.9	MICP > 0.8
II B	0.9 ⩾ MESG > 0.5	0.8 ⩾ MICP ⩾ 0.45
II C	0.5 ⩾ MESG	0.45 > MICP

爆炸性气体与高温物体表面接触也可能自燃。根据仪表最高表面温度，II 类（工厂用）防爆仪表分为 T1~T6 六组，见表 1-3。其中 T6 组允许表面温度最低，最容易自燃，T1 组最难自燃。

表 1 - 3 　　　　　　　　　　　　　　防 爆 仪 表 的 分 组

温度组别	T1	T2	T3	T4	T5	T6
最高表面温度（℃）	450	300	200	135	100	85

　　防爆仪表的分级和分组，是与易燃易爆气体或蒸气的分级和分组相对应的，它也是仪表能适应的某种爆炸性气体混合物的级别和组别。易燃易爆气体或蒸气的分级和分组见表 1 - 4，表中列举出若干气体，便于设计防爆仪器时采取相应措施。由该表可知，工业易燃易爆气体中以水煤气、氢、乙炔等Ⅱ类 C 级最为危险，其中又以硝酸乙酯最容易自燃，因为它是T6 组。

表 1 - 4 　　　　　　　　　　　　　易爆性气体或蒸气的级别和组别

组别 级别	T1 ＞450℃	T2 300～400℃	T3 200～300℃	T4 135～200℃	T5 100～135℃	T6 85～100℃
ⅡA	甲烷、氨、乙烷、丙烷、丙酮、苯、甲苯、一氧化碳、丙烯酸、苯乙烯、醋酸乙酯、醋酸、氯苯、醋酸甲酯	乙醇、丁醇、丁烷、醋酸丁酯、醋酸戊酯、环戊烷、丙烯、乙苯、甲醇、丙醇	环乙烷、戊烷、己烷、庚烷、辛烷、汽油、煤油、柴油、戊醇、已醇、环乙醇	乙醛、三甲胺		亚硝酸乙酯
ⅡB	丙烯酯、二甲醚、环丙烷、市用煤气	环氧丙烷、丁二烯、乙烯	二甲醚、丙烯醛	乙醚、二乙醚		
ⅡC	氢、水煤气	乙炔			二硫化碳	硝酸乙酯

　　防爆仪表的防爆标识为"Ex"。仪表的防爆等级标识的顺序为防爆型式（d、e、i、n、o、p、q、m）、气体组别级别（ⅡA、ⅡB、ⅡC）、温度组别（T1～T6）。例如 Ex（ia）ⅡCT6的含义见表 1 - 5。

表 1 - 5 　　　　　　　　　　　　　　防爆等级标志的含义

标志内容	符号	含　义
防爆声明	Ex	符合某种防爆标准，如我国的国家标准
防爆方式	ia	采用 ia 级本质安全防爆方法
气体类别	ⅡC	允许涉及ⅡC类爆炸性气体
温度组别	T6	仪表表面温度不超过 85℃

　　（2）外壳防护等级 IP。IP 由国际电工协会 IEC（International Electrotechnical Commission）起草，并在 IED529（BS EN 60529：1992）外包装防护等级（IP code）中采用。

　　防护等级多以"IP××"表示。"IP"是防护标识，表述对外来物体侵入的防护和对水侵入的防护。"××"是两个数字，用来明确防护的等级。第一个数字表明设备抗微尘的范围，或者是人们在密封环境中免受危害的程度，最高级别是 6；第二个数字表明设备防水的程度，最高级别是 8。第一个数字和第二个数字的具体说明见表 1 - 6、表 1 - 7。

表 1-6　　　　　　　　　　IP××中的固体防护等级（第一个数字）

数字	防护范围	说　　明
0	无防护	对外界的人或物无特殊的防护
1	防止直径大于 50mm 的固体外物侵入	防止人体（如手掌）因意外而接触到电器内部的零件，防止较大尺寸（直径大于 50mm）的外物侵入
2	防止直径大于 12mm 的固体外物侵入	防止人的手指接触到电器内部的零件，防止中等尺寸（直径大于 12.5mm）的外物侵入
3	防止直径大于 2.5mm 的固体外物侵入	防止直径或厚度大于 2.5mm 的工具、电线及类似的小型外物侵入而接触到电器内部的零件
4	防止直径大于 1.0mm 的固体外物侵入	防止直径或厚度大于 1.0mm 的工具、电线及类似的小型外物侵入而接触到电器内部的零件
5	防止外物及灰尘	完全防止外物侵入，虽不能完全防止灰尘侵入，但灰尘的侵入量不会影响电器的正常运作
6	防止灰尘	完全防止灰尘侵入

表 1-7　　　　　　　　　　IP××中的防水保护等级（第二个数字）

数字	防护范围	说　　明
0	无防护	对水或湿气无特殊的防护
1	防止水滴侵入	垂直落下的水滴（如凝结水）不会对电器造成损坏
2	倾斜 15°时，仍可防止水滴侵入	当电器由垂直倾斜至 15°时，滴水不会对电器造成损坏
3	防止喷射的水侵入	防雨或防止与垂直的夹角小于 60°的方向所喷洒的水侵入电器而造成损坏
4	防止飞溅的水侵入	防止各个方向飞溅而来的水侵入电器而造成损坏
5	防止喷射的水侵入	防止来自各个方向由喷嘴射出的水侵入电器而造成损坏
6	防止大浪侵入	装设于甲板上的电器，可防止因大浪的侵袭而造成的损坏
7	防止浸水时水的侵入	电器浸在水中一定时间或水压在一定的标准以下，可确保不因浸水而造成损坏
8	防止沉没时水的侵入	电器无限期沉没在指定的水压下，可确保不因浸水而造成损坏

1.1.4　仪表的检定

为评定仪表的计量性能（准确度、灵敏度等），并确定其性能是否合格所进行的全部工作称为检定，又称校验。检定是计量工作的主要任务之一，仪表出厂、验收时要检定，使用过程中检定工作也要定期进行。检定工作应遵循国家法定的检定技术文件进行。

按产生被测量标准量值的方法不同，仪表的检定方法可归纳成标准物质检定法和示值比较检定法两种。

（1）标准物质检定法。标准物质是指能提供某一种参数的标准量值的物质。例如在某种标准条件下，纯金属的固—液相平衡点（熔点）温度为恒定值即可作为温度检定的标准量值。一种标准物质一般只能提供一个标准量值。用被检定仪表去测标准物质提供的标准量以确定其性能的方法就称为标准物质检定法。用这种方法检定的准确度较高，但操作复杂，而且只能检定一个点。它适于对精密仪器、标准器具的检定。

（2）示值比较检定法。这种方法是用标准表对被检定仪表进行检定。被检表和标准表同时测同一被测量，把标准表的示值当成真值（约定真值），比较二者的示值以确定被检仪表有关性能指标，这就是示值比较检定法。为保证检定工作的质量，一是要求标准表的准确度要足够高，一般要求其允许误差应小于被检表允许误差的 $1/3 \sim 1/10$；二是在检定时，应严格保证标准表与被检表测量的是同一参数值。

1.2　测量误差的基本理论

在对各种生产过程的参数进行测量时，总会有能量形式的一次或多次转换过程，以及测量单位的比较过程。如果这些过程是在理想的环境、条件下进行，则检测结果将是十分准确的。但实际检测过程不可能是理想状态，如用检测元件对被测变量进行测量时，信号转换往往不是十分准确；检测元件的实际工作条件偏离设计时的工作状态；有些检测元件经过一段时间的使用，会产生磨损；环境温度波动等周围各种因素的影响以及观测者本身的原因，都会使测量产生误差。下面就误差的分类及其处理方法分别予以讨论。

1.2.1　误差的分类

1. 按误差出现的规律分类

（1）系统误差。在相同测量条件下，对同一参数进行多次重复测量时，所出现的数值大小和符号都保持不变或按一定规律变化的误差称为系统误差。前者称为恒值系统误差，后者称为变值系统误差。在变值系统误差中，又可按误差变化规律的不同分为累进性系统误差、周期性系统误差和按复杂规律变化的系统误差。累进性系统误差是指误差随测量过程的时间（或被测量值）的延伸而呈线性递增或递减；周期性系统误差是指误差按周期规律变化，最常见的为正弦周期性系统误差；按复杂规律变化的系统误差的变化规律比较复杂，这类误差可用实测经验曲线来表示。例如，仪表指针零点偏移将产生恒值系统误差；电子电位差计滑线电阻的磨损将导致累进性系统误差；而测量现场电磁场的干扰，往往会引入周期性系统误差。引起系统误差的原因有仪表实际使用的环境温度与校验时不同；测量前仪表的零位未调整好；仪表本身材料、零部件、工艺上的缺陷；测试工作中使用仪表的方法不正确等。系统误差的处理多属测量技术上的问题，可以通过实验的方法加以消除，也可以通过加修正值的方法加以修正。

在我国最新制定的国家计量技术规范 JJF 1001—2011《通用计量术语及定义技术规范》中，系统误差的定义是，在重复测量中保持不变或按可预见方式变化的测量误差的分量。可用对同一被测量进行无限多次重复测量所得结果的平均值 $\bar{y}$ 与被测量的真值 y_0 之差来表示，即

$$\varepsilon = \bar{y} - y_0 \tag{1-19}$$

系统误差表明了测量结果偏离真值或实际值的程度。系统误差越小，测量就越准确。所以经常用系统误差表征测量准确度的高低。由于实际工作中，重复测量只能进行有限次，所以系统误差也只能是一个近似的估计值。

（2）随机误差。在相同测量条件下（指在测量环境、测量人员、测量方法和测量仪器都相同的条件下），重复多次对同一参数进行测量时，每次的测量结果彼此仍不完全相同，每

一个测量值与被测量真实值之间或多或少仍然存在着误差。其数值大小和性质都不固定，难以估计，这样的误差称为随机误差。随机误差是由很多暂时未能掌握或不便掌握的微小因素综合作用的结果，例如仪表内部存在有摩擦和间隙等不规则变化，测量过程中温度的微小波动、湿度与气压的微小变化以及电磁场的变化，测定时测量人员的瞄准、读数的不稳定等。随机误差或大或小，或正或负，就个体来说变化是无规律的。但在相同的条件下，只要测量次数足够多，从总体来看，随机误差是服从一定的统计规律的。

在我国最新制定的国家计量技术规范 JJF 1001—2011《通用计量术语及定义技术规范》中，随机误差的定义是：在重复测量中按不可预见方式变化的测量误差的分量。可用测量结果 y_i 与在重复条件下对同一被测量进行无限多次测量所得结果的平均值 $\overline{y}$ 之差来表示，即

$$\delta_i = y_i - \overline{y} \tag{1-20}$$

随机误差是测量值与数学期望之差，表明了测量结果的分散性，它经常用来表征测量准确度的高低。随机误差越小，准确度越高。

（3）粗大误差。在相同的条件下，多次重复测量同一值时，明显地歪曲了测量结果的误差，称为粗大误差。粗大误差是由于疏忽大意、操作不当或测量条件的超常变化而引起的。含有粗大误差的测量值称为坏值，所有的坏值都应去除，但不是凭主观随便去除，必须科学地舍弃。

2. 按误差表示方法分类

（1）绝对误差。仪表的测量值与真值之间的代数差，称为绝对误差。

真值是被测量的真实值。但测量总有误差，真值也就不可测。实际的计算和测量工作会用下列值来替代真值。

1）理论真值。理论真值是指某些被测量的真值可以从理论上证明且定量描述，如三角形的三个内角之和为 180°，匀速直线运动的加速度为 0，真空中的气体密度为 0 等。

2）约定真值。约定真值是指按照现有的科学技术的认知水平约定的真值，约定真值应该是真值的最佳估计。实际测量中常以在没有系统误差的情况下，足够多次的测量值的平均值作为约定真值。

3）相对真值。相对真值是指用高一级准确度等级的测量仪器所测得的值。

注意，标称值不是真值。标称值是计量或测量器具上标注的量值。如标准砝码上标注的数值，或标准电池标注的数值。由于制造上的不完备、测量不准确度及环境条件的变化，标称值并不一定等于它的实际值。

根据真值的获取方法，常见的绝对误差可以用真误差、剩余误差、最大绝对误差、算术平均误差、标准误差、或然误差、极限误差等表示。绝对误差是有正、负号并有量纲的。

（2）相对误差。相对误差是用测量值的绝对误差除以被测量的真值的百分数表示的。测量值的绝对误差除以被测量的约定真值的百分数，称为实际相对误差；测量值的绝对误差除以被测量的示值的百分数，称为示值相对误差；测量值的绝对误差与测量仪表的量程之比的百分数，称为引用误差。相对误差具有正号或负号，无量纲。

为了减小测量中的示值相对误差，在选择仪器仪表的量程时，应该使被测参数尽量接近满度值至少一半以上，这样示值相对误差会比较小。

3. 按使用时工作条件分类

（1）基本误差。基本误差也称固有误差，是指仪表在规定条件下使用所存在的误差。它

是由仪表本身的内部特性和制作质量等方面的缺陷造成的。任何仪表都存在基本误差,只是其大小不同而已。

(2) 附加误差。附加误差是指测量仪表在非规定条件下使用时所增加的误差。测量仪表实际使用与检定、校准时的环境条件不同时,必然会增加误差,这就是附加误差。如经常出现的温度附加误差、压力附加误差等。当测量仪表在静态条件下检定、校准,而在实际动态条件下使用时,也会带来附加误差。

4. 按误差的状态分类

(1) 静态(稳态)误差。当被测量处于稳定不变时的测量误差。

(2) 动态误差。当被测量处于变化过程中,检测所产生的瞬时误差。

1.2.2 测量误差的处理

1. 系统误差的处理

系统误差的一般处理原则如下:

(1) 从产生误差根源上消除误差。在测量之前,应该尽可能预见到系统误差的来源,设法消除之,或者使其影响减少到可以接受的程度。如为了防止测量过程中仪表零位的变动,测量开始和结束时都需检查零位,测量仪表经校准后再投入使用。如果误差是由外界条件变化引起的,应在外界条件比较稳定时进行测量,当外界条件急剧变化时应停止测量。

(2) 用修正方法消除系统误差。预先将测量器具的系统误差检定或计算出来,做出误差表或误差曲线,然后取与误差数值大小相等而符号相反的值作为修正值,将实际测得值加上相应的修正值,即可得到不包含该系统误差的测量结果。

(3) 在实际测量时,尽可能采用有效的测量方法,以消除或减弱系统误差对测量结果的影响。

1) 采用对置法可消除恒值系统误差。

2) 采用对称观测法可消除累进性系统误差。

3) 采用半周期法,可以很好地消除周期性系统误差。

2. 随机误差的处理

(1) 随机误差的分布特征。随机误差就个体来说变化是无规律的。但在相同的条件下,只要测量次数足够多,从总体来看,随机误差是服从一定的统计规律的。理论和实践都证明了大多数的随机误差都服从正态分布的规律,正态分布密度函数 $f(\delta)$ 的曲线如图 1-2 所示。

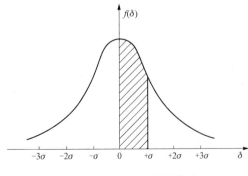

图 1-2 正态分布密度曲线

由该曲线可以看出,正态分布的随机误差具有四个特性:①绝对值相等的正、负误差出现的概率相同(对称性);②绝对值很大的误差出现的概率接近于零,即随机误差的绝对值有一定的界限(有界性);③绝对值小的误差出现的概率大,绝对值大的误差出现的概率小(单峰性);④由于随机误差具有对称性,在叠加时有正负抵消的作用(抵偿性)。在等准确度测量条件下,当测量次数趋于无穷时,全部随机误差的算术平均值趋于零,即

$$\lim_{n \to \infty} \frac{1}{n} \sum_{i=1}^{n} \delta_i = 0 \tag{1-21}$$

随机误差除了服从正态分布的规律外，有的随机误差可能符合 t 分布、均匀分布等对称分布，当然也有不对称分布的，如指数分布、泊松分布等。

掌握了随机误差的分布特征，就能用统计学的方法来分析预测测量值的分布规律，其中最常用的是随机误差的标准差以及置信度的分析。

（2）随机误差的标准差和实验标准差。正态分布密度函数为

$$f(\delta) = \frac{1}{\sigma \sqrt{2\pi}} e^{\left(-\frac{\delta^2}{2\sigma^2} \right)} \tag{1-22}$$

如果用测量值 x 本身来表示，则

$$f(x) = \frac{1}{\sigma \sqrt{2\pi}} e^{\left(-\frac{(x-\mu)^2}{2\sigma^2} \right)} \tag{1-23}$$

式中：δ 为随机误差；x 为测量值；μ 为被测量的真值；σ 为标准偏差，也称为均方根误差。

标准偏差的定义式为

$$\sigma = \lim_{n \to \infty} \sqrt{\frac{1}{n} \sum_{i=1}^{n} \delta_i^2} = \lim_{n \to \infty} \sqrt{\frac{1}{n} \sum_{i=1}^{n} (x_i - \mu)^2} \tag{1-24}$$

由于随机误差的存在，各个测得值一般各不相同，它们围绕着该测量列的真值散布。标准偏差 σ 反映了测量值在真值附近的散布程度，σ 小表明测量列中数值较小的误差占优势，测量的可靠性大，即测量准确度高。σ 大表明测量列中数值较大的误差占优势，测量的可靠性小，即测量准确度低。不同 σ 值的正态分布密度曲线如图 1-3 所示。

由图可见，σ 越小，$f(\delta)$ 减小得越快，曲线越尖锐。反之，σ 越大，$f(\delta)$ 减小得越慢，曲线越平坦。

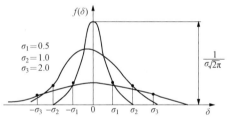

图 1-3 不同 σ 值的正态分布密度曲线

σ 具有与随机误差 δ 相同的量纲。在一定的条件下进行一系列测量时，随机误差 δ 的分布是完全确定的，σ 值也是完全确定的。虽然任何单次测量值的误差 δ_i 可能都不等于 σ，但可以认为这一系列测量值具有同样的标准偏差 σ，而不同条件下进行的两列测量，一般来说具有不同的 σ。

当被测量的真值未知时，按式（1-24）不能求得标准误差。这时用算术平均值代替真值，用残余误差 v_i 代替真误差 δ_i，得到标准误差的估计值，称为实验标准偏差。可以证明，实验标准偏差 s 计算公式为

$$s = \sqrt{\frac{1}{n-1} \sum_{i=1}^{n} (x_i - \overline{x})^2} = \sqrt{\frac{1}{n-1} \sum_{i=1}^{n} v_i^2} \tag{1-25}$$

式中：v_i 称为剩余误差或残余误差，$v_i = x_i - \overline{x}$。

式（1-25）称为贝塞尔（Bessel）公式。利用此式可由残余误差求得单次测量的实验标准偏差。

若单个测得值的实验标准偏差为 s，可以证明算术平均值的实验标准偏差

$$s_{\overline{x}} = \frac{s}{\sqrt{n}} \tag{1-26}$$

上述两个计算公式在有限次测量列的 A 类标准不确定度的估算中常常被用到（1.2.3 小节中将具体介绍不确定度）。

（3）典型分布的置信度。在实际测量中，通常希望知道测得的数据 x_i 处在数学期望（真值）M 附近某一范围的概率有多大。统计学中，采用置信区间和置信概率解决这一问题。通常用置信区间 $[M-k\sigma, M+k\sigma]$ 来表示测量数据以某一概率 P 落入的区间，$k\sigma$ 被称为区间半宽度。测量过程中，由于测量次数有限，数学期望 M 和标准偏差 σ 要用它们的估计值来代替。

当给定置信概率 P 时，要确定置信区间或置信因子 k，必须知道测量数据的概率分布密度函数，再令该函数的区间积分等于指定概率 P，就可以计算出置信区间。下面分析几种典型分布的置信度。

1）正态分布。由概率积分可知，随机误差正态分布曲线下的全部面积相当于全部误差出现的概率，即

$$\int_{-\infty}^{\infty} \frac{1}{\sigma\sqrt{2\pi}} e^{-\delta^2/(2\sigma^2)} d\delta = 1 \tag{1-27}$$

对于服从正态分布的测量误差 δ，考虑到正态分布密度函数的对称性，且均方根误差 σ 的大小反映了测量值在真值附近的散布程度，即随机误差在某一区间内出现的概率与均方根误差 σ 的大小密切相关，所以可取 σ 的 k 倍来描述随机误差出现的区间，得到

$$P(|\delta| \leqslant k\sigma) = \frac{2}{\sqrt{2\pi}} \int_0^k e^{-k^2/2} dk \tag{1-28}$$

P 与 k 的关系见表 1-8。$k=1$ 时，随机误差出现在 $[-1\sigma, +1\sigma]$ 区间的概率 $P=68.27\%$；$k=2$ 时，$[-2\sigma, +2\sigma]$ 区间的概率 $P=95.45\%$；$k=3$ 时，$[-3\sigma, +3\sigma]$ 区间的概率 $P=99.73\%$。

表 1-8　　　　　　　　正态分布置信概率 P 与对应的置信因子 k

k	P	k	P	k	P
0.0	0	1.2	0.769 68	2.4	0.983 60
0.1	0.079 66	1.3	0.806 40	2.5	0.987 58
0.2	0.158 52	1.4	0.838 49	2.58	0.990 12
0.3	0.235 82	1.5	0.866 39	2.6	0.990 68
0.4	0.310 84	1.6	0.890 40	2.7	0.993 07
0.5	0.382 93	1.7	0.910 87	2.8	0.994 89
0.6	0.451 49	1.8	0.928 14	2.9	0.992 67
0.674 5	0.5	1.9	0.942 57	3.0	0.997 30
0.7	0.516 07	1.96	0.95	3.5	0.999 53
0.8	0.576 29	2.0	0.954 50	4.0	0.999 93
0.9	0.631 88	2.1	0.964 27	4.5	0.999 993
1.0	0.682 69	2.2	0.972 19	5.0	0.999 999
1.1	0.728 67	2.3	0.978 55		

2）t 分布。实际测量中的子样容量通常很小（例如 $n<10$），甚至测量值只有 2~3 个，

并且不知道该测量条件下的测量精密度大小，如果按正态分布去推断 $s_{\bar{x}}$ 就很不准确。子样容量越小，这种情况就越严重。这时应以 t 分布的置信因子 $t_P(\nu)$ 代替正态分布的置信因子 k。t 分布的置信因子 $t_P(\nu)$ 与置信水平和自由度都有关，即考虑了子样容量的大小，其数值见表 1-9。当 n 趋于无穷大时，t 分布趋向于正态分布。

表 1-9　　　　　　　　　　　t 分布的置信因子 $t_P(\nu)$ 数值表

自由度 ν	P						
	0.9	0.95	0.975	0.99	0.995	0.999	0.999 5
1	6.313 8	12.706 2	25.451 7	63.656 7	127.321 3	636.619 2	1273.239 3
2	2.920 0	4.302 7	6.205 3	9.924 8	14.089 0	31.599 1	44.704 6
3	2.353 4	3.182 4	4.176 5	5.840 9	7.453 3	12.924 0	16.326 3
4	2.131 8	2.776 4	3.495 4	4.604 1	5.597 6	8.610 3	10.306 3
5	2.015 0	2.570 6	3.163 4	4.032 1	4.773 3	6.868 8	7.975 7
6	1.943 2	2.446 9	2.968 7	3.707 4	4.316 8	5.958 8	6.788 3
7	1.894 6	2.364 6	2.841 2	3.499 5	4.029 3	5.407 9	6.081 8
8	1.859 5	2.306 0	2.751 5	3.355 4	3.832 5	5.041 3	5.617 4
9	1.833 1	2.262 2	2.685 0	3.249 8	3.689 7	4.780 9	5.290 7
10	1.812 5	2.228 1	2.633 8	3.169 3	3.581 4	4.586 9	5.049 0
11	1.795 9	2.201 0	2.593 1	3.105 8	3.496 6	4.437 0	4.863 3
12	1.782 3	2.178 8	2.560 0	3.054 5	3.428 4	4.317 8	4.716 5
13	1.770 9	2.160 4	2.532 6	3.012 3	3.372 5	4.220 8	4.597 5
14	1.761 3	2.144 8	2.509 6	2.976 8	3.325 7	4.140 5	4.499 2
15	1.753 1	2.131 4	2.489 9	2.946 7	3.286 0	4.072 8	4.416 6
16	1.745 9	2.119 9	2.472 9	2.920 8	3.252 0	4.015 0	4.346 3
17	1.739 6	2.109 8	2.458 1	2.898 2	3.222 4	3.965 1	4.285 8
18	1.734 1	2.100 9	2.445 0	2.878 4	3.196 6	3.921 6	4.233 2
19	1.729 1	2.093 0	2.433 4	2.860 9	3.173 7	3.883 4	4.186 9
20	1.724 7	2.086 0	2.423 1	2.845 3	3.153 4	3.849 5	4.146 0

　　[例 1-1]　　对某量进行 6 次测量，测得数据为 802.40、802.50、802.38、802.48、802.42、802.46，试求出其平均值的实验标准偏差和置信概率为 99% 对应的置信因子。

　　解：（1）求平均值 $\bar{x}$

$$\bar{x} = \frac{1}{6}\sum_{i=1}^{6} x_i = 802.44$$

（2）求 $\bar{x}$ 的实验标准偏差 $s_{\bar{x}}$

$$s_{\bar{x}} = \sqrt{\frac{1}{6 \times 5}\sum_{i=1}^{6}(x_i - \bar{x})^2} = 0.019$$

(3) 根据给定的置信概率 $P=99\%$，自由度 $\nu=6-1=5$，查表 1-9，得 $k_{0.99}=4.032\,1$。

3. 粗大误差的处理

由于粗大误差是明显歪曲了测量结果而使该次测量失效的误差，因此对粗大误差的处理是设法从测量结果中发现和鉴别，进而将含有粗大误差的测得值（称为坏值或异常值）从测量列中加以剔除。产生粗大误差的原因有测量者在测量时粗心大意、操作不当或过于疲劳而造成错误的读数或记录，也有测量条件意外的改变（如外界振动、机械冲击、电源瞬时大幅度波动等），引起仪表示值的改变。因此加强测量者的工作责任心和严格的科学态度及保证测量条件的稳定也是非常重要的。

在判别某个测得值是否含有粗大误差时，要特别慎重，应作充分的分析和研究，并根据判别准则予以确定。

(1) 3σ 准则（莱伊特准则）。对于某一测量列，若各测得值只含有随机误差，则根据随机误差的正态分布规律，其残余误差落在 $\pm 3\sigma$ 以外的概率约为 0.3%，即在 370 次测量中只有一次测得值的残余误差 $|v_i|>3\sigma$。如果在测量列中，发现有大于 3σ 的残余误差的测得值，即

$$|v_i|>3\sigma \tag{1-29}$$

则可以认为它含有粗大误差，应予以剔除。

实际使用时，标准误差取其实验标准偏差 s，且按莱伊特准则剔除含有粗大误差的坏值后，应重新计算新测量列的算术平均值及标准误差，判定在余下的数据中是否还有含粗大误差的坏值。

莱伊特准则是判定粗大误差存在与否的一种最简单的方法，它是以测量次数充分大为前提的。当测得值子样容量不很大时，因为所取界限太宽，容易混入该剔除的数据，使用莱伊特准则判定粗大误差不太准确。特别是当测量次数 $n<10$ 时，即使测量列中有粗大误差，使用莱伊特准则也判定不出来。

当测量次数较少时，采用格拉布斯准则判定粗大误差的存在比较合理。

(2) 格拉布斯准则。设对某量做多次等准确度独立测量，得到一测量列：x_1，x_2，$\cdots$，x_n。当 x_i 服从正态分布时，计算得到

$$\bar{x}=\frac{1}{n}\sum_{i=1}^{n}x_i$$

$$v_i=x_i-\bar{x}$$

$$s=\sqrt{\frac{1}{n-1}\sum_{i=1}^{n}v_i^2}$$

将 x_i 按大小顺序排列成顺序统计量

$$x_{(1)}\leqslant x_{(2)}\leqslant \cdots \leqslant x_{(n)}$$

计算首、尾测得值的格拉布斯准则数

$$g_{(1)}=\frac{\bar{x}-x_{(1)}}{s},\ g_{(n)}=\frac{x_{(n)}-\bar{x}}{s}$$

给定置信水平 α（一般为 0.05 或 0.01），并根据子样容量 n，从表 1-10 中查出相应的格拉布斯准则临界值 $g_0(n,\alpha)$。若 $g_{(1)}\geqslant g_0(n,\alpha)$，$g_{(n)}\geqslant g_0(n,\alpha)$，即判断该测得值含有粗大误差，应予以剔除。

表 1 - 10			格拉布斯准则临界值 $g_0(n, \alpha)$		
n	0.05	0.01	n	0.05	0.01
3	1.15	1.16	17	2.48	2.78
4	1.46	1.49	18	2.50	2.82
5	1.67	1.75	19	2.53	2.85
6	1.82	1.94	20	2.56	2.88
7	1.94	2.10	21	2.58	2.91
8	2.03	2.22	22	2.60	2.94
9	2.11	2.32	23	2.62	2.96
10	2.18	2.41	24	2.64	2.99
11	2.23	2.48	25	2.66	3.01
12	2.28	2.55	30	2.74	3.10
13	2.33	2.61	35	2.81	3.18
14	2.37	2.66	40	2.87	3.24
15	2.41	2.70	50	2.96	3.34
16	2.44	2.75	100	3.17	3.59

注意，当 $g_{(1)}$ 和 $g_{(n)}$ 都大于 $g_0(n, \alpha)$ 时，应先剔除 $g_{(i)}$ 大者，再重新计算 $\overline{x}$ 和 s，这时子样容量为 $n-1$，然后再进行判断，直至余下的测得值中不再发现坏值。

[例 1 - 2]　为了解某恒温室实际温度对标准温度 20℃ 的波动情况，连续对室温进行了 15 次重复测量，测量数据（℃）$x_i(i=1, 2, \cdots, 15)$：20.42，20.43，20.40，20.43，20.42，20.43，20.39，20.30，20.40，20.43，20.42，20.41，20.39，20.39，20.40，试利用格拉斯准则检查其中有无粗大误差。

解：按从小到大重新排列数据 $x_i(i=1, 2, \cdots, 15)$：20.30，20.39，20.39，20.39，20.40，20.40，20.40，20.41，20.42，20.42，20.42，20.43，20.43，20.43，20.43。

计算测量列的算术平均值和实验标准偏差

$$\overline{x}_{15} = \frac{1}{15}\sum_{i=1}^{15} x_i = 20.404℃$$

$$\sigma \approx s = \sqrt{\frac{1}{15-1}\sum_{i=1}^{15}(x_i - \overline{x})^2} \approx 0.033℃$$

$$|v_1| = 0.104℃, \quad |v_{15}| = 0.026℃$$

$n=15$，取置信水平 α 为 0.01，查表 1 - 10 得 $g_0(15, 0.01)$ 为 2.70。

由于

$$\frac{|v_1|}{s} = \frac{0.104}{0.033} = 3.1515 > g_0(15, 0.01)$$

$$\frac{|v_{15}|}{s} = \frac{0.024}{0.033} = 0.7273 < g_0(15, 0.01)$$

故 $x_1 = 20.30℃$ 在置信水平 1% 之下，被判断为坏值，应剔除。

剔除坏值后，重新计算余下的 14 个测量值的算术平均值和实验标准偏差

$$\overline{x}_{14} = 20.411\text{℃}, \quad \sigma' \approx s' = 0.016\text{℃}$$

$n=14$，取置信水平 α 为 0.01，查表 1-10 得 $g_0(14,0.01)$ 为 2.66。

由于

$$\frac{|v_1|}{s} = \frac{0.021}{0.016} = 1.3125 < g_0(14,0.01)$$

$$\frac{|v_{14}|}{s} = \frac{0.019}{0.016} = 1.1875 < g_0(14,0.01)$$

故无再要剔除的坏值。

1.2.3　测量不确定度

当完成测量时，应该给出测量结果。如果给出测量结果时未给出其可信程度或可信的范围，这种测量结果是不完整的。因为测量结果是否有用，很大程度上取决于其可信程度，也就是取决于测量的质量。如何给出完整的测量结果呢？历史上曾经长期使用测量误差来表示测量结果的质量，但测量误差只能表示测量结果的量值与真值或参考值的偏差，不能从统计学上来表示测量结果的可信程度，所以现在国际上约定的做法是用测量不确定度来表示测量的质量。测量不确定度表明了测得值的分散性，带有测量不确定度的测量结果才是完整的和有意义的。表 1-11 将测量误差与测量不确定度做了全面的对比。

表 1-11　　　　　　　　　　　　　　　测量误差与测量不确定度

序号	测量误差	测量不确定度
1	测量误差表明被测量估计值偏离参考值的偏差大小	测量不确定度表明测得值的分散性
2	测量误差是一个有正、负的量值，其值为测得值减去被测量的参考值，参考值可以是真值或标准值、约定值	测量不确定度是表示被测量估计值概率分布的定量非负参数，用标准差或标准差的倍数来表示。测量不确定度与真值无关
3	误差是客观存在的，不以人的认识程度而改变的	测量不确定度与人们对被测量和影响量及测量过程的认识有关
4	参考值为真值时，测量误差是未知的	测量不确定度可以由人们根据测量数据、资料、经验等信息评定，从而可以定量确定测量不确定度的大小
5	测量误差按其性质可分为随机误差、系统误差和粗大误差，按定义，随机误差和系统误差都是无限多次测量时的理想概念	测量不确定度分量评定时一般不必区分其性质，若需要区分时应表述为："由随机影响引入的测量不确定度分量"和"由系统影响引入的测量不确定度分量"
6	测量误差的大小说明测量结果的准确程度	测量不确定度的大小说明测量结果的可信程度
7	当用标准值或约定值作为参考值时，可以得到系统误差的估计值，已知系统误差的估计值时，可以对测量值进行修正，得到已修正的被测量估计值	不能用测量不确定度对测得值进行修正，已修正的被测量估计值的测量不确定度中应考虑由修正不完善引入的测量不确定度

测量结果的完整表述应包括估计值、测量单位及测量不确定度。没有测量单位的数据不能表征被测量的大小，没有测量不确定度的测量结果不能评定测量的质量。测量结果不完整失去或削弱了测量结果的可用性和可比性。

设被测量 X 的估计值为 x，估计值的不确定度为 U，那么被测量 X 的测量结果可表示为

$$X = x \pm U \qquad (1\text{-}30)$$

式（1-30）中估计值常用算术平均值，所以上式也就变为

$$X = \bar{x} \pm U \qquad (1\text{-}31)$$

不确定度这个术语虽然在测量领域已广泛使用，但表示方法各不相同。为此，早在1978 年，国际计量大会（CIPM）责成国际计量局（BIPM）协同各国的国家计量标准局制定一个表述不确定度的指导文件。1993 年，以国际标准化组织（ISO）等 7 个国际组织的名义制定了一个指导性的文件，即《测量不确定度表示指南》（Guide to the Expression of Uncertainty in Measurement 1993，以下简称 GUM 指南）。为此，国际上有了一致认可的表征测量结果质量的概念。2005 年，国际实验室认可合作组织（ILAC）加入 GUM 委员会。其后，GUM 工作组多次对 GUM 指南进行了修订，2008 年发布了 ISO/IEC Guide 98—3：2008《测量不确定度表示指南》（简称 GUM 2008）和附录。GUM 2008 中按适用范围的不同将不确定度的评定方法分为 GUM 法和附录中介绍的蒙特卡洛法两类，我国 2012 年修订的国标 JJF 1059.1—2012《测量不确定度评定与表示》对应 GUM 2008 指南，JJF 1059.2—2012《用蒙特卡洛法评定测量不确定度》对应 GUM 2008 附录。

GUM 法适用评定对象必须符合下列三个条件：

（1）测量样本数据的概率分布可假设为对称分布，如正态分布、均匀分布、三角分布；

（2）测量系统输出量的概率分布可假设为正态分布或 t 分布；

（3）测量系统为线性系统或近似线性系统。

当测量数据属于非对称分布的不确定度的评定，如 Y 分布、指数分布、泊松分布等非对称分布时，一般来说 GUM 法是不适用的。GUM 2008 附录中的蒙特卡洛法（MCM 法）则适用于处理这类问题。

虽然 GUM 法不能适用于所有类型的测量数据的不确定度的评定，但仍是最基本和最常用的方法，也是重点介绍的评定测量结果不确定度的方法。

1. 测量不确定度的含义

在 JJF1001—2011《通用计量术语及定义技术规范》中，测量不确定度被定义为：根据所用到的信息，表征赋予被测量量值分散性的非负参数。测量不确定度是描述被测量测得值分散性的定量参数。不确定度越小，测量结果可信赖程度越高或质量越高；不确定度越大，测量结果可信赖程度越低或质量越低。例如，当得到测量结果为 $m=500\mathrm{g}$，$U=1\mathrm{g}$（$k=2$），就可以知道被测量在（500 ± 1）g 区间内，包含区间表明了测量结果的不可确定的范围。由于取 $k=2$，所以在该区间内的包含概率约为 95%（在 GUM 法中包含概率又称置信水平，表明了可信的程度）。这样的测量结果比仅为 500g 给出了更多的可信度信息。

通常情况下，不确定度都包含多种分量，每个不确定度分量都以一定影响因子来影响总的不确定度。例如，在间接测量中，当被测量是多个输入量的函数，每个输入量都有各自的不确定度，被测量的总不确定度是多个输入量的不确定度分量按照一定的规律来合成的。根据不确定度的计算方法的不同，GUM 法将不确定度分为 A、B 两类，并都推荐用实验标准偏差来评定标准不确定度，也即标准不确定度就等于实验标准偏差，而扩展不确定度的扩展倍数（即置信因子 k）一般按 95% 或 99% 置信概率查表获得。

　　A 类不确定度 u_A 评定是对在规定测量条件下用统计分析的方法对重复测量引起的不确定度进行评定，因为重复测量中存在由于随机影响导致的分散性误差，统计学用置信概率和实验标准偏差来定量描述这种分散性。由于重复测量常常用算术平均值来表示测量结果，所以测量结果的实验标准偏差就是其标准不确定度。

　　测量中不符合统计规律的不确定度统称为 B 类不确定度 u_B，如单次测量数据的不确定度显然不属于 A 类评定。B 类不确定度的评定需要根据经验或测量仪器的资料信息来确定误差的极限分布区间，这相当于知道了置信概率 $P=100\%$ 或接近 100% 时的置信区间，再假设其符合某种概率分布，这样就可以沿用置信概率和置信区间的分析方法来评定 B 类不确定度。

　　最后，测量结果的合成不确定度 u_C 为 A 类不确定度和 B 类不确定度均方根，即

$$u_C = \sqrt{u_A^2 + u_B^2} \tag{1-32}$$

　　如果进一步要求在指定概率下 P 的扩展不确定度 U_P，则还需要计算有效自由度，再查表得出置信因子 k_P，指定概率下 P 的扩展不确定度 U_P 就等于 $k_P u_C$。

　　2. GUM 法评定测量不确定度的一般步骤

　　(1) 明确被测量的定义。

　　(2) 明确测量原理、测量方法、测量条件以及所用的测量标准、测量仪器或测量系统。

　　(3) 建立被测量的测量模型：在直接测量中，被测量 y 就是输入量 x，在间接测量中，被测量 y 可能存在多个影响它的输入量，分析确定对测量不确定度有影响的因数 $x_i(i=1，2，\cdots，n)$，然后建立数学模型，即 $y=f(x_1，x_2，\cdots，x_n)$。

　　(4) 评定各输入量 x_i 的 A 类和 B 类不确定度 $u_A(x_i)$、$u_B(x_i)$ 及标准不确定度 $u(x_i)$。

　　(5) 基于各输入量 x_i 的标准不确定度 $u(x_i)$ 来合成不确定度 $u_C(y)$。

　　(6) 根据置信概率 P 或置信因子 K_P 确定扩展不确定度 U_P。

　　(7) 报告测量结果。

　　3. 标准不确定度的评定

　　用标准差表征的不确定度称为标准不确定度，用 u 表示。测量不确定度所包含的若干分量均是标准不确定度分量，用 u_i 表示。

　　(1) 标准不确定度的 A 类评定。对被测量 x，在同一条件下进行 n 次独立重复测量，得到测得值 $x_i\{i=1，2，\cdots，n\}$，剔除粗大误差，用算术平均值 $\overline{x}$ 作为被测量的最佳估计值，A 类评定得到的被测量最佳估计值（算术平均值 $\overline{x}$）的标准不确定度就等于 $\overline{x}$ 的实验标准差 $s_{\overline{x}}$，即

$$u_A = s_{\overline{x}} = \sqrt{\frac{1}{n(n-1)} \sum_{i=1}^{n} (x_i - \overline{x})^2} \tag{1-33}$$

　　当标准不确定度较大时，可以通过适当增加测量次数使其减小。A 类评定方法通常比用其他评定方法所得到的不确定度更为客观，并具有统计学的严格性，但要求有足够多的重复次数。

　　(2) 标准不确定度的 B 类评定。标准不确定度的 B 类评定是通过非统计分析法得到的数值，是借助于一切可利用的有关信息进行科学判断得到估计的标准偏差。通常是根据有关信息或经验，如检测仪表中最常见的指标如允许误差、准确度等级等，来判断被测量的可能值区间 $[x-a，x+a]$，假设被测量可能在该区间内的概率分布类型，根据概率分布类型和

指定概率 P 确定置信因子 k 值，则 B 类评定的标准不确定度为

$$u_{\mathrm{B}} = \sigma_{\mathrm{B}} = \frac{a}{k} \tag{1-34}$$

式中：a 为被测量可能值区间的半宽度；k 为置信因子或包含因子。

1）区间半宽度 a 的确定。

a. 生产厂的说明书给出测量仪器的最大允许误差为 $\pm\Delta$，并经计量部门检定合格，则评定仪器不确定度时，可能值区间的半宽度为 $a = \Delta$。

b. 校准证书提供的校准值，给出了其扩展不确定度为 U，则区间的半宽度为 $a = U$。

c. 由手册查出所用的参考数据，同时给出该数据的误差不超过 $\pm\Delta$，则区间的半宽度为 $a = \Delta$。

d. 数字显示装置的分辨力为最低位 1 个数字，所代表的量值为 δ_x，则区间半宽度为 $a = \delta_x/2$。

e. 当测量仪器或实物量具给出准确度等级为 α 时，可以按检定规程所规定的该级别的最大引用误差进行评定，即 $a =$ 量程 $\times \alpha\%$。

f. 根据过去的经验推断某量值不会超出的区间范围或用实验方法估计可能的区间为 $[L_-, L_+]$，则区间半宽度为 $a = (L_+ - L_-)/2$。

2）置信因子 k（或包含因子）的确定方法。

a. 假设为正态分布，根据指定的概率查表 1-12 可得 k 值。

表 1-12　　　　　　　正态分布的置信因子 k 与置信概率 P 的关系

P	0.50	0.90	0.95	0.99	0.997 3
k	0.675	1.645	1.960	2.576	3

b. 假设为非正态分布，根据概率分布查表 1-13 得到 k 值。

表 1-13　　　　　　几种非正态分布的置信因子 k（置信概率 $P=100\%$）

概率分布	均匀	反正弦	三角	梯形	两点
k	$\sqrt{3}$	$\sqrt{2}$	$\sqrt{6}$	$\sqrt{6/(1+\beta^2)}$	1

注　β 为梯形上底半宽度与下底半宽度之比。

3）关于概率分布的假设。

a. 被测量受许多相互独立的随机量的影响，当它们各自的效应是同等量级，即影响大小比较接近时，无论各影响量的概率分布是什么形状，被测量的随机变化近似正态分布。

b. 如果有证书或报告给出的一定置信概率 P 下的扩展不确定度 U_P，例如 $P=95\%$ 时的扩展不确定度 $U_{0.95}$，此时，除非另有说明，可以按正态分布评定标准不确定度。

c. 一些情况下，只能估计被测量的可能值区间的上限和下限，被测量的可能值落在区间外的概率几乎为零。若被测量的值落在该区间内的任意值的可能性相同，则可假设为均匀分布；若落在该区间中心的可能性最大，则假设为三角分布；若落在该区间中心的可能性最小，而落在该区间上限和下限处的可能性最大，则假设为反正弦分布。

d. 已知被测量的分布是由两个不同大小的均匀分布合成时，则可假设为梯形分布。

e. 由测量仪器最大允许误差、引用误差、分辨力、四舍五入、参考数据的误差限、度

盘或齿轮的回差、平衡指示器调零不准、测量仪器的滞后或摩擦效应导致的不确定度，通常假设为均匀分布。

f. 对被测量的可能值落在区间内的情况缺乏了解时，一般假设为均匀分布。

4. 测量不确定度的合成

(1) 合成标准不确定度。测量不确定度的合成有两层意义：

1) 对于任何一个直接测量量 x_i，由于有若干个相互独立的因素影响它的估计值，因此 x_i 对应若干标准不确定度分量 u_{xi1}，u_{xi2}，$\cdots$，u_{xim}，所以 x_i 的标准不确定度 u_i

$$u_i = \sqrt{u_{xi1}^2 + u_{xi2}^2 + \cdots + u_{xim}^2} \qquad (1-35)$$

2) 对于间接测量量 $y = f(x_1, x_2, \cdots, x_N)$，若各个直接测量量 $x_1, x_2, \cdots, x_N$ 的标准不确定度分量为 $u(x_1)$，$u(x_2)$，$\cdots$，$u(x_N)$，应把它们合并为合成标准不确定度 $u_C(y)$

$$u_C(y) = \sqrt{\sum_{i=1}^{N} \left(\frac{\partial f}{\partial x_i}\right)^2 u^2(x_i) + 2\sum_{1 \leqslant i < j}^{N} \frac{\partial f}{\partial x_i} \frac{\partial f}{\partial x_j} \rho_{ij} u(x_i) u(x_j)} \qquad (1-36)$$

当各个不确定度分量相互独立时

$$u_C(y) = \sqrt{\left(\frac{\partial f}{\partial x_1}\right)^2 u^2(x_1) + \left(\frac{\partial f}{\partial x_2}\right)^2 u^2(x_2) + \cdots + \left(\frac{\partial f}{\partial x_N}\right)^2 u^2(x_N)} \qquad (1-37)$$

(2) 扩展不确定度。扩展不确定度是被测量可能值包含区间的半宽度。扩展不确定度分为 U 和 U_P 两种。

1) 扩展不确定度 U。扩展不确定度 U 由合成标准不确定度 u_C 乘以包含因子 k 得到，即

$$U = ku_C \qquad (1-38)$$

测量结果为

$$Y = y \pm U \qquad (1-39)$$

式中：y 是被测量 Y 的最佳估计值。

被测量 Y 的可能值以较高的包含概率落在 $[y-U, y+U]$ 区间内，即 $y-U \leqslant Y \leqslant y+U$，扩展不确定度 U 是该包含区间的半宽度。

包含因子 k 的值是根据 $U = ku_C$ 所确定的区间 $y \pm U$ 需具有的包含概率来选取的。k 值一般取 2 或 3。

当 y 的概率分布近似为正态分布，且 $u_C(y)$ 的有效自由度较大的情况下，若 $k=2$，则由 $U = 2u_C$ 所确定的区间具有的包含概率约为 95%。若 $k=3$，则由 $U = 3u_C$ 所确定的区间具有的包含概率约为 99%。

在大多数情况下，取 $k=2$，当取其他值时，应说明其来源。当给出扩展不确定度 U 时，一般应注明所取的 k 值；若未注明 k 值，则指 $k=2$。

2) 扩展不确定度 U_P。扩展不确定度 U_P 等于合成标准不确定度 u_C 乘以包含因子 k_P，即

$$U_P = k_P u_C \qquad (1-40)$$

包含因子 k_P 由 t 分布的置信因子 $t_P(\nu)$ 给出，即

$$k_P = t_P(\nu) \qquad (1-41)$$

式中，ν 是合成标准不确定度 u_C 的自由度，根据自由度 ν 和事先给定的置信概率 P，查 t 分布表（表 1-9），得到 $t_P(\nu)$ 的值。

求出扩展不确定度 U_P 后，就可以用扩展不确定度表示测量结果。

$$Y = y \pm U_P \tag{1-42}$$

5. 自由度及其确定

JJF 1059.1—2012《测量不确定度评定与表示》中，自由度被定义为：在方差的计算中，和的项数减去对和的限制数。同时，该标准还规定在以下情况时需要计算有效自由度 ν_{eff}。

（1）当需要评定 U_P 时，为求得 k_P 而必须计算各个输入量合成 u_C 的有效自由度。

（2）当用户为了解所评定的不确定度的可靠程度而提出要求时，应计算并给出有效自由度。

自由度定量地表征了不确定度评定的质量，且每个不确定度（分量）都有其自由度。自由度越大，表示不确定度的评定结果越可信，评定质量越高。

标准不确定度的 A 类评定的自由度 $\nu = n-1$，n 是测量数据的个数。

标准不确定度的 B 类评定 u 的自由度

$$\nu = \frac{1}{2\left(\dfrac{\sigma(u)}{u}\right)^2} \tag{1-43}$$

式中：$\sigma(u)$ 是 u 的标准差；$\sigma(u)/u$ 称为标准不确定度 u 的相对标准不确定度。

当测量模型 $y = f(x_1, x_2, \cdots, x_N)$ 中各输入量 $x_i (i=1, 2, \cdots, N)$ 相互独立，x_i 的不确定度分量 $u(x_i)$ 的自由度为 ν_i，输出量 y 接近正态分布或 t 分布时，合成标准不确定度的有效自由度计算式为

$$\nu_{\text{eff}} = \frac{u_C^4(y)}{\displaystyle\sum_{i=1}^{N} \frac{u^4(x_i)}{\nu_i}} \tag{1-44}$$

实际计算中，得到的有效自由度 ν_{eff} 如果不是整数，可以舍去小数部分取整。例如计算得到 $\nu_{\text{eff}} = 12.85$，则取 $\nu_{\text{eff}} = 12$。

6. 不确定度报告

在进行了不确定度分析和评定后，应给出不确定度报告。测量结果一般使用扩展不确定度表示。报告中除了给出扩展不确定度 U_P 外，还应说明它计算时所依据的合成不确定度 u_C、置信概率 P 和包含因子 k_P。

例如，标称值为 100g 的砝码，其测量结果可表示为

$$Y = y \pm U_{0.95} = 100.021\,47 \pm 0.000\,79 \text{(g)}$$

扩展不确定度 $U_{0.95} = k_{0.95} u_C = 0.000\,79\text{g}$，是由合成标准不确定度 $u_C = 0.35\text{mg}$ 和包含因子 $k_{0.95} = 2.26$ 确定的，$k_{0.95}$ 是依据置信概率 $P = 0.95$ 和自由度 $\nu = 9$，并由 t 分布表（表 1-9）查得的。注意必须说明 0.000 79g 是扩展不确定度。

7. 测量不确定度评定实例

（1）圆柱形工件直径的测量。

1）测量方法。用游标卡尺直接测量标称值为 $\phi50\text{mm}$ 的圆柱形工件的直径。游标卡尺的最大允许误差为 $\pm 0.1\%$。在不同位置重复测量 3 次，测得值为 50.024、50.000、50.018mm。

游标卡尺的检定证书表明检定结论为合格，即示值误差在最大允许误差范围内。工件和卡尺随温度的变化及工件圆度对测得值的影响可忽略不计。

2）测量模型

$$y = \overline{d}$$

3）被测量的最佳估计值。测量的最佳估计值是 3 次测量的算术平均值

$$\overline{d} = \frac{1}{3}\sum_{i=1}^{3}d_i = \frac{50.024 + 50.000 + 50.018}{3} = 50.014(\text{mm})$$

4）测量不确定度分析。测量不确定度的主要来源包括：①游标卡尺不准确；②由于各种随机因素影响导致的测量重复性。

5）标准不确定度分量的评定。

a. 游标卡尺不准引入的标准不确定度分量 u_1，u_1 用 B 类方法评定。

根据检定证书和仪器说明书的信息：游标卡尺的最大允许误差为 $\pm0.1\%$，经检定合格并在检定合格有效期内使用，可得取值区间的半宽度为 $a = 50.014 \times 0.1\% = 0.050$ （mm）。

假设测得值在最大允许误差范围内为均匀分布，取 $k = \sqrt{3}$，则

$$u_1 = \frac{a}{k} = \frac{0.050}{\sqrt{3}} = 0.029(\text{mm})$$

b. 测量重复性引入的标准不确定度分量 u_2，u_2 用 A 类方法评定。

根据 3 次测量值，求得实验标准偏差 $s_{\overline{d}}$：

$$s_{\overline{d}} = \frac{s}{\sqrt{n}} = \sqrt{\frac{1}{n(n-1)}\sum_{i=1}^{n}(d_i - \overline{d})^2} = \sqrt{\frac{1}{3 \times 2}(0.010^2 + 0.014^2 + 0.004^2)}$$
$$= 0.0072(\text{mm})$$

6）合成标准不确定度 u_C

$$u_C = \sqrt{u_1^2 + u_2^2} = \sqrt{0.029^2 + 0.0072^2} = 0.030(\text{mm})$$

7）扩展不确定度的确定。取包含因子 $k = 2$，扩展不确定度 $U = ku_C = 2 \times 0.030 = 0.060\text{mm}$。取 1 位有效数字，$U = 0.06\text{mm}$。

8）测量结果的报告。由于 $U = 0.06\text{mm}$，因此 $\overline{d}$ 的小数点后也应修约为两位，得 $\overline{d} = 50.01\text{mm}$。所以 $\phi50\text{mm}$ 的圆柱形工件的直径测量结果为

$$d = \overline{d} \pm U = 50.01\text{mm} \pm 0.06\text{mm}(k = 2)$$

圆柱形工件直径测量的不确定度评定表见表 1-14。

表 1-14   圆柱形工件直径测量的不确定度评定表

测量列 i	不确定度来源	标准不确定度分量			
		a	k	u_1（mm）	u_2（mm）
1	游标卡尺不准	0.050	$\sqrt{3}$	0.029	
2	测量重复性				0.007
$u_C = 0.030\text{mm}$					
$U = 0.06\text{mm}(k=2)$					

（2）容器内温度的测量。

1）测量方法。用带 K 型热电偶的数字温度计测量一个标称温度为 $400℃$ 的温控恒温容器内某处的温度，使用的数字温度计的分辨力为 $0.1℃$，其最大允许误差为 $\pm0.6℃$；K 型

热电偶每年校准一次，当年的校准证书表明在 400℃的修正值为 0.5℃，其不确定度为 2.0℃（包含概率为 99%）；当恒温容器的指示器表明控温到 400℃时，稳定半小时后从数字温度计上重复测量 10 次，得到数据示于表 1-15。

表 1-15   温度测量数据表

测量列 i	测得值 d_i（℃）	残差 $v_i = d_i - \overline{d}$（℃）	残差平方 v_i^2（℃²）
1	401.0	0.78	60.84×10^{-2}
2	400.1	−0.12	1.44×10^{-2}
3	400.9	0.68	46.24×10^{-2}
4	399.4	−0.82	67.24×10^{-2}
5	398.8	−1.42	201.64×10^{-2}
6	400.0	−0.22	4.84×10^{-2}
7	401.0	0.78	60.84×10^{-2}
8	401.9	1.68	282.24×10^{-2}
9	399.9	−0.32	10.24×10^{-2}
10	399.1	−1.12	125.44×10^{-2}
	$\overline{d} = 400.22$		$\sum v_i^2 = 861.00 \times 10^{-2}$

$$s = \sqrt{\frac{\sum\limits_{1}^{10} v_i^2}{10-1}} = 0.98℃$$

$$s_{\overline{d}} = \frac{s}{\sqrt{n}} = \frac{0.98}{\sqrt{10}}℃ = 0.32℃$$

2）测量模型。

$$t = d + b$$

式中：t 为容器某处的温度（即被测量，也称输出量）；d 为数字温度计的显示值（即输入量 x_1）；b 为热电偶的修正值（即输入量 x_2）。

3）被测量估计值。测量模型中的 d 为 10 次测得值的算术平均值 $\overline{d}$，由热电偶的校准证书得知，其修正值为 0.5℃，所以容器温度 $t = \overline{d} + b = 400.2℃ + 0.5℃ = 400.7℃$

4）测量不确定度分析。容器内温度测量的主要不确定度来源包括：①数字温度计引入的不确定度；②热电偶修正引入的不确定度；③测量重复性引入的不确定度。

5）标准不确定度的评定。

a. 数字温度计引入的标准不确定度。用 B 类评定。由制造厂说明书给出数字温度计的最大允许误差为 +0.6℃，即温度计显示的可能值区间的半宽度为 $a = 0.6℃$，假设为均匀分布，取 $k = \sqrt{3}$，则 $u_1 = a/k = 0.6℃/\sqrt{3} = 0.35℃$。

u_1 的自由度取决于信息来源的可靠程度或可信度。假设估计 B 类评定得到的标准不确定度具有 80%的可信度，也就是不可信度为 20%，则自由度为

$$\nu_1 = \frac{1}{2}\left(\frac{\Delta u_1}{u_1}\right)^{-2} = \frac{1}{2} \times (20\%)^{-2} = 12.5；取 \nu_1 = 12$$

b. 热电偶修正引入的标准不确定度 u_2。从热电偶的校准证书得知，修正值的扩展不确

定度 $U_{0.99}$ 为 $2.0℃$，可假设为正态分布，包含因子 $k_P=k_{0.99}=2.58$，标准不确定度为 $u_2=2.0℃/2.58=0.78℃$。根据经验判断 u_2 具有 90% 的可信度，则其不可信度为 10%，得自由度为

$$\nu_2 = \frac{1}{2}\left(\frac{\Delta u_2}{u_2}\right)^{-2} = \frac{1}{2} \times (10\%)^{-2} = 50$$

c. 测量重复性引入的标准不确定度分量 u_3。被测量估计值是 10 次测量所得值的算术平均值，因此按 A 类方法评定，$u_3 = s_{\bar{d}} = \dfrac{s}{\sqrt{n}} = \dfrac{0.98}{\sqrt{10}} = 0.32℃$，自由度 $\nu_3 = n-1 = 10-1 = 9$。

由于分辨力为 $0.1℃$，由分辨力引入的标准不确定度与上述分量相比可以忽略不计。

6）计算合成标准不确定度。由于各输入量间不相关，合成标准不确定度为

$$u_C(t) = \sqrt{u_1^2 + u_2^2 + u_3^2} = \sqrt{0.35^2 + 0.78^2 + 0.32^2} = 0.91(℃)$$

$u_C(t)$ 的有效自由度

$$\nu_{eff} = \frac{u_C^4(t)}{\dfrac{u_1^4}{\nu_1} + \dfrac{u_2^4}{\nu_2} + \dfrac{u_3^4}{\nu_3}} = \frac{0.91^4}{\dfrac{0.35^4}{12} + \dfrac{0.78^4}{50} + \dfrac{0.32^4}{9}} = 71.8$$

取 $\nu_{eff}=71$。

7）确定扩展不确定度。假设包含概率为 0.95，查 t 分布值表得 $P=0.95$，$\nu_{eff}=71$ 时的 $t_P(\nu) \approx 2.00$，所以 $U_{0.95} = 2 \times 0.91℃ = 1.8℃$。

测量不确定度评定汇总见表 1-16。

表 1-16 测量不确定度评定一览表

符号	不确定度来源	评定类型	a（℃）	概率分布	k_i	u_i 的值	自由度
u_1	数字温度计不准	B	0.6	均匀	1.73	0.35	12
u_2	热电偶修正	B	2.0	正态	2.58	0.78	50
u_3	重复性	A		正态	2.58	0.32	9
$u_C(t)=0.91℃$，$\nu_{eff}=71$							
$U_{0.95}=1.8℃（\nu_{eff}=71）$							

8）报告测量结果。容器内温度测量结果为 $t=400.7℃$，$U_{0.95}=1.8℃$，$\nu_{eff}=71$。

从这个例子中可以了解如何计算自由度，B 类评定的标准不确定度的自由度的判断是建立在凭经验估计的基础上的。

实训项目　认识仪表

实训项目

生产中需要用到各种检测仪表。针对一块具体仪表，要能确定其测量的参数、型号、测量范围、量程、准确度等级、输出信号、工作时的温度和压力范围等信息，要能正确读出仪表的指示值。实训项目中给出了一些仪表，对这些仪表的认识可扫码学习。

思考题和习题

1. 过程参数检测的作用是什么？工业上常见的过程参数有哪些？

2. 检测系统由哪几部分组成，各部分有什么作用？

3. 仪表的准确度等级是如何规定的？请列出常用的一些等级。

4. 什么是仪表的测量范围，以及仪表的上限、下限和量程，彼此有什么关系？

5. 仪表常用的输出信号模式有哪几种？

6. 什么是仪表的基本误差、允许误差？什么是仪表的变差，造成仪表变差的因素有哪些？合格的仪表要满足什么要求？

7. 有人想通过减小表盘标尺刻度分格间距的方法来提高仪表的准确度等级，这种做法能否达到目的？

8. 某仪表铭牌上显示防护等级不低于 IP55，防爆等级为 ExdIIBT4，请说明其含义。

9. 对某仪表进行检定时得到其最大引用误差为 1.15%，问此仪表的准确度等级应为多少？由工艺允许的最大误差计算出某仪表的测量误差至少为 1.15% 才能满足工艺的要求，问应选几级表？

10. 用标准压力表来校准工业压力表时，应如何选用标准压力表准确度等级？可否用一台准确度等级为 0.2 级，量程为 0～25MPa 的标准表来检验一台准确度等级为 1.5 级，量程为 0～2.5MPa 的压力表，为什么？

11. 为什么在对测量数据处理时应剔除异常值？如何判断测量数据列中存在粗大误差？

12. 测量不确定度与测量误差相比较，有什么不同之处？测量不确定度有哪两类评定方法，它们的内容是什么？

13. 某线性位移测量仪，当被测位移由 4.5mm 变到 5.0mm 时，位移测量仪的输出电压由 3.5V 减至 2.5V，求该仪器的灵敏度。

14. 有两台测温仪表，其测量范围分别是 0～450℃ 和 300～1200℃，已知其绝对误差的最大值均为 ±6℃，试求它们的准确度等级。

15. 检定 2.5 级的全量程为 100V 的电压表，发现 50V 刻度点的示值误差 2V 为最大误差，问该电压表的准确度是否合格。

16. 有三台测温仪表，量程均为 0～600℃，准确度等级分别为 2.5、2.0 级和 1.5 级，现要测量 500℃ 的温度，要求相对误差不超过 2.5%，选哪台仪表合适？

17. 某压力表，量程范围为 0～25MPa，准确度等级为 1.0 级，表的标尺总长度为 270°，给出检定结果见表 1 - 17。试求：

（1）各示值的绝对误差；

（2）仪表的基本误差，并判断该仪表是否合格；

（3）仪表的平均灵敏度。

表 1 - 17　　　　　　　　　　　　　　　题 17 表

被测压力 p（MPa）	0	5	10	15	20	25
示值 x（MPa）	0.1	4.95	10.2	15.1	19.9	24.9

18. 有一台压力表，其测量范围为 0～10MPa，准确度等级为 1.0 级，经过校验得出表

1-18 所列数据。试完成：

表 1 - 18   题 18 表

被测表读数（MPa）	0	2	4	6	8	10
标准表上行程读数（MPa）	0	1.98	3.96	5.94	7.97	9.99
标准表下行程读数（MPa）	0	2.02	4.03	6.06	8.03	10.01

（1）求出该压力表的变差；

（2）判断该压力表是否合格。

19. 有一台准确度等级为 2.5 级、测量范围为 0～10MPa 的压力表，其刻度标尺的最小分格应为多少格？

20. 在等准确度条件下，对管道内压力进行了 8 次测量，数据如下（单位为 MPa）：0.665，0.666，0.678，0.698，0.600，0.661，0.672，0.664。试对其进行必要的分析和处理，并写出用不确定度表示的结果。（取显著性水平为 0.05）

21. 对某容器内液体的温度作多次重复测量，其测量数据如下所示（从小到大排列）：64.20，64.21，64.23，64.23，64.24，64.25，64.26，64.26，64.27，64.27，64.28，64.28，64.28，64.28，64.29，64.29，64.29，64.30，64.30，64.30，64.31，64.31，64.32，64.32，64.33，64.34，64.42，64.51。请用不确定度来表示测量结果。

22. 某个热电阻温度测量系统，已知热电阻的基本误差为 ±1.5℃，温度显示仪表的基本误差为 ±0.5℃，引线电阻、线路中的接触电阻，以及仪表、线路工作环境温度变化、电磁场干扰等原因引起的附加误差为 ±1℃。试计算该热电阻温度测量系统的误差。

第 2 章　温 度 检 测 及 仪 表

2.1　概　　述

2.1.1　温度及测温的意义

人们对周围环境或物体冷热的感觉，以及自然界中的热效应，都是用温度这个物理量来描述的。温度是衡量物体冷热程度的物理量，也是描述一个物体与邻近物体或临近空间是否存在热能交换及交换方向的量。从微观上讲，物体温度的高低标志着组成物体的大量分子无规则运动的剧烈程度，即对其分子平均动能大小的一种量度。例如，热金属中原子的平均动能也高。

任何物体的物理化学特性都与温度密切相关，无论科学研究、生产和生活中都离不开对温度的测量。温度在生产过程中是一个普遍且重要的物理量。在工业生产过程中，温度对许多产品的质量和产量都有很大影响，因此需要严格地测量和控制温度。在电力生产过程中，最普遍的交换形式是热量的交换，温度是最重要的被测量之一。例如，锅炉所生产的蒸汽，一般用温度、压力等参数表示其品质的优劣；进入汽轮机的蒸汽温度如果降低，就会导致汽轮机热效率显著下降；过热器和水冷壁管过热，设备就容易烧坏；对传热介质的温度进行监督，才能发现省煤器、空气预热器以及冷凝器等各种热交换器的传热过程是否正常进行。

在火电厂中，温度的测点很多，表 2-1 列举了一些测点及测量元件。

表 2-1　　　　　　　　　　某 600MW 机组温度测点举例

序号	用途	名称	型号	型式规范	安装地点
1	除氧器水温度	双金属温度计	WSS-5611A	$0 \sim 200℃$，$l = 300$	就地
2	给水泵入口温度	热电阻	WZPK2-230	Pt100，$L \times l = 450mm \times 200mm$（$l$ 不包括管座和保温层厚度），抽芯式，管座高度 50mm	就地
3	高压调节汽阀外壁温度	双支热电偶	WRNK2-231-R1/4	K 分度，$\phi 6$，$L = 4000mm$	就地
4	水冷壁出口混合集箱温度	铠装热电偶	WRNK-235	K 分度，$L \times l = 6000mm \times 300mm$，铠丝直径 $\phi 5$，铠套材质 1Cr18Ni9Ti，锥形套管 15CrMo，300mm，管座高度 100mm	就地
5	空气预热器入口一次风温度	热电阻	WZP-230	Pt100，$\phi 16$ 保护套管、材质 1Cr18Ni9Ti，铠丝直径 $\phi 5$，铠套材质 1Cr18Ni9Ti，$L \times l = 1650mm \times 1500mm$	就地
6	磨煤机入口风温度	耐磨热电阻	WZP2-230NM	Pt100，铠丝直径 $\phi 5$，耐磨保护管（整体耐磨段长度 300mm，耐磨硬度为 HRC65），$L \times l = 450mm \times 250mm$，耐磨型涂层 1mm	就地

序号	用途	名称	型号	型式规范	安装地点
7	左侧高温过热器出口集箱外壁温度	铠装热电偶	WRNK - 191M	K 分度，$\phi6$，$L=15000mm$，带接触块，铠套材质 GH3030	就地

2.1.2　温度标尺

温度标尺又简称为温标，它是用数值表示温度的一整套规程。建立现代化的温标必须具备三个条件：①固定温度点。物质是由分子组成的，在不同温度下它会呈现固、液、气三相。利用物质的相平衡点可以作为温标的固定温度点，也称为基准点，它具有确定的温度值。②测温仪器。确定测温仪器的实质是确定测温质和测温量，如铂电阻温度传感器的测温质是铂金属丝，而测温量是电阻。③温标方程。用来确定各固定点之间任意温度值的数学关系式称为温标方程，也称为内插公式。温标是用一些物质的"相平衡温度"作为固定点刻在"标尺"上，而固定点中间的温度值则用内插公式来描述。

温标的发展经历了几百年的历史过程，历史上曾经建立过许多的温标。

1. 经验温标

借助某一种物质的物理量与温度变化的关系，用实验方法或经验公式所确定的温标，称为经验温标，有华氏、摄氏、兰金氏、列氏温标等，常用的为华氏、摄氏温标。

（1）华氏温标规定水的沸点温度为 212°F，氯化氨和冰的混合物为 0°F，冰的熔点为 32°F，在沸点和冰点之间等分为 180 份，每一份为 1 华氏度（1°F）。

（2）摄氏温标把冰点定为 0℃，水的沸点定为 100℃，将两个固定点中间等分为 100 份，每一份为 1 摄氏度（1℃）。

经验温标的缺点在于它的局限性和随意性。当被测温度在冰点和沸点之外时就无法进行标定，因而具有局限性；即使在冰点和沸点之内，经验温标选择的测温物质是水银，它的纯度不同，其膨胀性质也不同，具有任意性。

2. 热力学温标

物理学家开尔文根据卡诺定理提出了热力学温标，即根据热力学第二定律来定义温度的数值，这样就可以与任何物质的性质无关了。

根据卡诺定理，可以得到以下方程式

$$\frac{Q_1}{Q_2} = \frac{T_1}{T_2} \tag{2-1}$$

它表示工质在温度 T_1 时从高温热源吸收热量 Q_1，而在温度 T_2 时向低温热源放出热量 Q_2。如果指定了一个定点温度 T_2 的数值，就可以由热量的比例求得未知量 T_1。

由于卡诺热机是不存在的，只好从与卡诺定理等效的理想气体状态方程入手来复现热力学温标。考虑到实际气体与理想气体的差异，当用气体温度计测量温度时，总要进行一些修正，因此气体温标的建立相当繁杂，而且使用同样繁杂，很不方便。

3. 国际温标

国际温标是用来复现热力学温标的，自 1927 年建立以来曾先后做了多次修改，以便更好地符合热力学温标。1989 年 7 月第 77 届国际计量委员会（CIPM）批准的国际温度咨询委员会（CCT）制定的新温标是 ITS—1990。我国自 1994 年 1 月 1 日起全面实施 90 国际温标至今。

ITS—1990 由温度单位、1990 年国际温标的通则、1990 年国际温标的定义、补充资料和早期温标的差值四部分组成。

（1）温度单位。在 ITS—1990 中，热力学温度（符号为 T）是基本的物理量，其单位为开尔文（符号为 K），水三相点的热力学温度定义为 273.16K。

考虑到早期温标的定义习惯，ITS—1990 中仍保持用摄氏温度符号（符号为 t）来表示温度，摄氏温度的单位为摄氏度（符号为℃），开尔文与摄氏度的关系为

$$t_{90}(\text{℃}) = T_{90}(\text{K}) - 273.15 \qquad (2-2)$$

式中：T_{90} 是 ITS—1990 的开尔文温度；t_{90} 为 ITS—1990 的摄氏温度。

（2）ITS—1990 国际温标的通则。ITS—1990 国际温标的通则中规定，ITS—1990 的温度范围由 0.65K 向上直到用普朗克辐射定律和单色辐射可测量的最高温度。在 ITS—1990 通则中，将整个温度范围定义成若干个温区和分温区。某些温区和分温区是重叠的，重叠区的温度定义有差异，然而这些定义是等效的。在相同温度下使用此差异的定义时，只有高准确度的不同测量之间的数值差才能显示出来。在相同温度下，即使使用同一个温度定义，对于两支可以接受的内插仪器，如电阻温度计，也可产生细微的差值。实际上这些差值可以忽略不计。

（3）ITS—1990 国际温标的定义。

1）温度固定点。该部分规定了 17 个固定点温度，其中 14 个为物质的平衡点（6 个三相点，7 个凝固点，1 个熔点），另外 3 个为由规定的温度计在指定的某温度附近测量确定。

2）内插仪器。ITS—1990 国际温标将温区分为 4 个，各个温区中使用的内插仪器为：

a. 0.65~5.0K 之间使用 ^{3}He 和 ^{4}He 蒸气压温度计；

b. 3.0~24.5561K 之间使用 ^{3}He 和 ^{4}He 定容气体温度计；

c. 13.8033~961.78℃ 之间使用铂电阻温度计；

d. 961.78℃ 以上使用光学或光电高温计。

有关这些温度计的分度方法和相应的内插公式，在 ITS—1990 中有详细的介绍，可以参考。

4. 温标的传递

为了将国际温标从定义变成现实的温度标准，各国都建立了自己国家的温度标准作为本国的温度测量的最高依据——国家基准，并通过经常的国际对比，以保证国际间温度量值的统一。

测温仪表按其准确度可分为基准、工作基准、一等标准、二等标准以及工作用仪表。不管哪一等级的仪表都要定期到上一级计量部门进行检定，这样才能保证准确可靠。

对测温仪表进行检定是除了对测温仪表分度以外的另一项重要工作。工作温度计的检定装置采用各种恒温槽和管式电炉，用比较法进行检定。比较法是将标准温度计和被校温度计同时放入检定装置内，以标准温度计测定的温度为真值，将被校温度计的测量值与其相比较，从而确定被校温度计的准确度。

2.1.3 测温仪表分类

温度定义本身并没有提供衡量温度高低的数值标准，因此不能直接加以测量，只能借助

于冷热温度不同物体间的热交换以及物体的某些物理性质随冷热程度不同而变化的特性来加以间接测量。两个温度不同的物体，在仅能发生热交换的条件下互相接触，热量将由温度高的物体传给温度低的物体，经过一定时间后达到热平衡状态，表现出相同的温度。人们基于这一原理，利用已知物质的物理性质和温度之间的关系，设计出各种接触式温度测量仪表，如利用物质热胀冷缩制成玻璃温度计，利用物质的电阻值随温度变化制成电阻温度计，利用物质的热电效应制成热电偶温度计等。除此之外，利用物体的热辐射现象还可制成非接触式温度测量仪表，如光学高温计等。

　　测温仪表按使用范围，可分为高温计和温度计。高温计的测量温度一般在 600℃ 以上，温度计的测量温度一般在 600℃ 以下。按测量方式分，工业上常用的测温仪表可分为接触式和非接触式测温仪表，其详细分类见表 2-2 所列。

表 2-2　　　　　　　　　　　　　　测温仪表的分类

按测量方式分类	按测量原理分类		按测量方式分类	按测量原理分类	
接触式温度计	膨胀式温度计	液体膨胀式温度计	接触式温度计	热电阻温度计	金属热电阻温度计
		固体膨胀式温度计			半导体热敏电阻温度计
		压力式温度计	非接触式温度计	辐射式高温计	单色辐射高温计
	热电偶温度计	标准材料热电偶温度计			辐射高温计
		特殊材料热电偶温度计			比色高温计

2.2　膨胀式温度计

　　利用物质的热膨胀（体膨胀或线膨胀）性质与温度的物理关系制作的温度计称为膨胀式温度计。

　　膨胀式温度计具有结构简单、使用方便、价格低廉等优点，其测温范围为 −200～600℃，在石油、化工、医疗卫生、制药、农业和气象等工农业生产和科学研究的各个领域中有着广泛的应用。

　　膨胀式温度计种类很多，按制造温度计的材质可分为液体膨胀式（如玻璃液体温度计）、气体膨胀式（如压力式温度计）和固体膨胀式（如双金属温度计）三大类。

2.2.1　玻璃液体温度计

1. 玻璃液体温度计的原理及结构

　　基于液体（水银、酒精、煤油等）的热胀冷缩特性来制造的温度计即液体膨胀式温度计，通常液体盛放于玻璃管之中，又称玻璃液体温度计。由于液体的热胀冷缩系数远远大于玻璃的膨胀系数，因此通过观察液体体积的变化即可知温度的变化。

　　玻璃液体温度计由感温泡（也称玻璃温包）、工作液体、毛细管、刻度标尺及膨胀室（也称安全泡）等组成。根据结构不同，又可分为棒式温度计、内标式温度计、外标式温度计。如图 2-1 所示为棒式温度计，它具有厚壁的毛细管，温度标尺直接刻度在毛细管表面。玻璃毛细管又分透明棒式和熔有釉带棒式两种。当被测温度升高时，温包里的工作液体因膨胀而延毛细管上升，根据刻度标尺可以读出被测介质的温度。为防止温度过高时液体膨胀胀破温度计，在毛细管顶部留一膨胀室。内标式温度计，其标尺是一长方形薄片，一般为乳白色玻璃或白瓷板。玻璃毛细管紧贴靠在标尺板上，两者一起封装在一个玻璃外套管内。外标式温度计，其玻璃毛细管紧贴在标尺板上。这种温度计的标尺板可用塑料、金属、木板等材料制成。

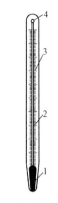

图 2-1 棒式温度计
1—玻璃温包；2—毛细管；
3—刻度标尺；4—膨胀室

另外，还有一种特殊用途的温度计，是由内标式温度计和金属保护套紧密组装而成，称为金属保护套温度计，简称金属套温度计，如图 2-2 所示。它通过下端的螺纹直接安装固定在配套的机械设备上，安装后金属套起到固定保护的作用，使内部的温度计能够安全稳定的工作。金属保护套温度计按其形状不同，可以分为直形、90°和135°三种玻璃棒式温度计；按工作液体不同，又可以分为水银和有机液体两种类型。水银温度计可测-30～+500℃以内温度；有机液体温度计可测-100～+200℃以内温度。

图 2-2 金属保护套
温度计（配彩图）

2. 玻璃液体温度计的分类

玻璃液体温度计按用途可分为标准温度计、高精密温度计和工业用温度计。

（1）标准温度计。标准温度计包括一等标准水银温度计、二等标准水银温度计和标准贝克曼温度计。

1）一等标准水银温度计目前主要作为在各级计量部门量值传递使用的标准器。一等标准水银温度计的测量范围为-60～500℃，最小分度值为 0.05℃或 0.1℃。

2）二等标准水银温度计也是目前各级计量部门量值传递使用的标准器，其最小分度值仅为 0.1℃，较一等标准水银温度计差。由于该温度计在量值传递时所使用的设备简单，操作方便，数据处理容易，所以在-60～500℃范围内，可作为工作用玻璃液体温度计以及其他各类温度计、测温仪表的标准器使用。

3）贝克曼温度计属于结构特殊的玻璃液体温度计，专用于测量温差，所以又被称为差示温度计。它分为标准和工作用两大类，测量起始温度可以调节，使用范围为-20～125℃，其示值刻度范围为 0～5℃，最小分度值是 0.01℃。贝克曼温度计与一般的玻璃液体温度度计不同之处在于它有两个储液泡和两个标尺。

（2）高精密温度计。这是一种专门用于精密测量的玻璃液体温度计，其分度值一般不大于 0.05℃。在检定该温度计时可用一等标准铂电阻温度计作为标准，而不能使用一、二等标准水银温度计。

（3）工作用温度计。直接用在生产和科学实验中的温度计统称为工作用温度计。工作用温度计包括实验室用和工业用温度计两种。

实验室用玻璃液体温度计常常是为一定的实验目的而设计制造的，其准确度比工业用玻璃液体温度计要高，属于精密温度计。

实验室温度计的最小分度值一般为 0.1、0.2℃或 0.5℃。准确度最高的实验室温度计是量热式温度计和贝克曼温度计，它们最小分度值可达 0.01℃或 0.02℃。

工业用玻璃液体温度计，也会根据不同用途冠以不同的名称，如石油产品用玻璃液体温度计、粮食用温度计、气象用温度计等。

3. 玻璃液体温度计使用

使用玻璃液体温度计应注意以下问题：

（1）读数时视线应正交于液柱，避免视差误差。

（2）注意温度计的插入深度。标准温度计和许多精密温度计背面一般标有"全浸"字样，要做到液柱浸泡到顶；工业用温度计一般要求"局浸"，应将尾部全部插入被测介质中或者插入到标志的固定位置深度，否则将引起测量误差。局浸式因大部分液柱露出，受环境温度影响较大，准确度低于全浸式温度计。

（3）玻璃的热后效应会使玻璃泡体积化变化，引起温度计零点漂移，出现示值误差，因此要定期对温度计进行校验。

2.2.2　双金属温度计

双金属温度计结构简单、耐振动、耐冲击、使用方便、维护容易、价格低廉，适用于振动较大场合的温度测量，因此它是工业生产中使用非常多的一种就地仪表。

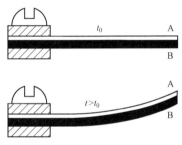

1. 双金属温度计的工作原理及结构

双金属温度计的感温元件是用两片线膨胀系数不同的金属片叠焊在一起制成的。双金属受热后由于膨胀系数大的主动层 B 的膨胀量大于膨胀系数小的被动层 A，造成了双金属向被动层 A 一侧弯曲，如图 2-3 所示。在规定的温度范围内，双金属片的偏转角与温度有关。双金属温度计就是利用这一原理制成的。

图 2-3　双金属片

工业上广泛应用的双金属温度计如图 2-4 所示。其感温元件为直螺旋形双金属片，一端固定，另一端连在刻度盘指针的芯轴上。为了使双金属片的弯曲变形显著，要尽量增加双金属片长度。在制造时把双金属片制成螺旋形状，当温度发生变化时，双金属片产生角位移，带动指针指示出相应温度。

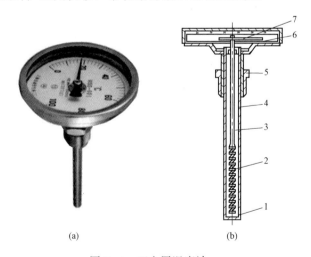

(a)　　　　　　　　(b)

图 2-4　双金属温度计

（a）外形（配彩图）；（b）内部结构

1—固定端；2—双金属螺旋；3—芯轴；4—外套；5—固定螺帽；6—度盘；7—指针

目前国产双金属温度计的使用温度范围 $-80 \sim +500℃$，型号为 WSS，有轴向型、径向型、135°型、万向型等结构型式。万向型双金属温度计标度盘公称直径有 60、100、150，准确度等级有 1.0 级和 1.5 级，热响应时间小于等于 40s，防护等级为 IP55。

2. 双金属温度计的规格型号

双金属温度计规格型号组成及其代码含义如图 2-5 所示。

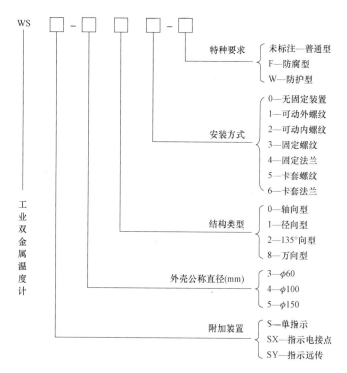

图 2-5　双金属温度计型号及其代码含义

3. 双金属温度计的应用及安装

双金属温度计可以连续指示温度，还可以做成温度开关。双金属温度开关是由一端固定的双金属条形敏感元件直接带动电触点构成的，如图 2-6 所示。温度低时电触点接触，电热丝加热；温度高时双金属片向下弯曲，电触点断开，加热停止。温度切换值可用调温旋钮调整，它可以调整弹簧片的位置，也就改变了切换温度的高低。

双金属温度计垂直于管道安装时，如果操作人员是从与地面垂直的位置观察测量数据，可采用图 2-7（a）的安装方式；如果操作人员是从与地面平行的位置观察测量数据，可采用图 2-7（b）的安装方式。如果双金属温度计安装在弯道上，可采用图 2-8 所示方式；如果管道内压力较大或对密封要求严格，可采用法兰的连接方式，如图 2-9 所示。

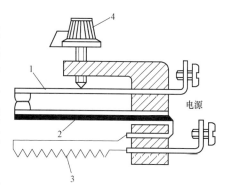

图 2-6　双金属温度开关
1—弹簧片；2—双金属片；
3—电热丝；4—调温旋钮

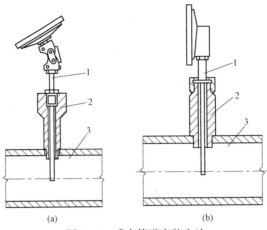

图 2-7　垂直管道安装方法

（a）与地面垂直观察；（b）与地面平行观察

1—双金属温度计；2—直形连接头；3—管道

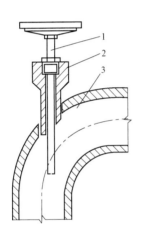

图 2-8　弯曲管道安装方法

1—双金属温度计；2—直形连接头；3—管道

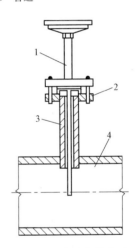

图 2-9　法兰安装方法

1—双金属温度计；2—安装法兰；3—支撑管；4—管道

双金属温度计安装时注意：①双金属温度计保护管浸入被测介质中的长度必须大于感温元件的长度，一般浸入长度大于 100mm，0～50℃量程的浸入长度大于 150mm，以保证测量的准确性。②双金属温度计在保管、使用、安装及运输中，应避免碰撞保护管，切勿使保护管弯曲变形及将表壳当扳手使用。

双金属温度计使用时注意：①双金属温度计应在－30～80℃环境温度中工作。②保持表体清洁以便读数，避免感温部分腐蚀、锈烂。③双金属温度计在正常使用情况下，应定期检验，一般每隔 6 个月检验一次。④所有类型双金属温度计均不适合测量敞开容器内的介质温度；带电触点双金属温度计不宜在振动较大场合使用。

2.2.3　压力式温度计

压力式温度计工作原理也是基于物质受热膨胀的原理，但它不是靠物质受热膨胀后体积变化来指示温度，而是靠在密闭容器中压力变化来指示温度。因此这种温度计是由测温温包与压力表组成的一体化结构，只不过压力表的表盘上是温度刻度。

压力式温度计结构示意如图 2-10 所示，它主要由温包、毛细管和压力弹性元件（如弹簧管、波纹管等）组成。三者内腔相通，共同构成一个封闭的空间，内装工作物质。当温包受热后，工作物质膨胀，由于容积是固定的，所以压力升高，使弹簧管变形，自由端产生位移带动指针指示温度。根据工作物质的不同又分为气体式、液体式和蒸气式压力温度计。气体式一般充氮气，温包体积大，线性刻度。液体式一般充二甲苯或甲醇，温包体积小，线性刻度。蒸气式一般充有丙酮、氯甲烷、乙醚等，它是利用低沸点蒸发液体的饱和蒸气压力随温度变化的性质工作的，但其刻度是非线性的。

根据所测介质的不同，压力式温度计可分为普通型和防腐型。普通型适用于不具腐蚀作用的液体、气体和蒸气；防腐型采用全不锈钢材料，适用于中性腐蚀的液体和气体。压力式温度计的测量范围为 $-80 \sim 600 ℃$。

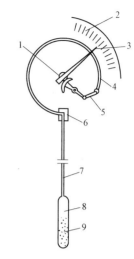

图 2-10 压力式温度计结构示意图
1—传动机构；2—刻度盘；3—指针；
4—弹簧管；5—连杆；6—接头；
7—毛细管；8—温包；9—工作介质

压力式温度计的结构简单、价格便宜、抗振性强、防爆性好，且方便清晰，信号可以远传。其缺点是热惯性较大，动态性能差，示值的滞后较大，不易测量迅速变化的温度。另外，测量准确度不高，只适用于一般工业生产中的温度测量。

2.3 热电偶温度计

自从 1821 年赛贝克发现热电效应以来，随着测温技术的发展，热电偶已成为应用最广泛的测温元件之一。

2.3.1 热电偶的测温原理及基本定律

热电偶温度传感器将被测温度转化为毫伏（mV）级热电动势信号输出。它通过导线与显示仪表（如电测仪表）相连接组成测温系统，实现远距离温度自动测量，如图 2-11 所示。热电偶温度传感器本身虽然不能直接指示出温度值，但习惯上被称为热电偶温度计。

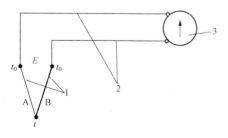

图 2-11 热电偶测温示意图
1—热电偶；2—连接导线；3—显示仪表

热电偶温度传感器的敏感元件是热电偶。热电偶由两根不同的导体或半导体一端焊接或绞接而成，如图 2-11 中 A、B 所示。组成热电偶的两根导体或半导体称为热电极；焊接的一端称为热电偶的热端，又称测量端、工作端，如图 2-11 中温度 t 端；与导线连接的一端称为热电偶的冷端，又称参考端、自由端，如图 2-11 中温度 t_0 端。

热电偶的热端一般要插入需要测温的生产设备中，冷端置于生产设备外，如果两端所处温度不同，则测温回路中会产生热电动势 E。在冷端温度 t_0 保持不变的情况下，用显示仪表测得 E 的数值后，便可知道被测温度的大小。

热电偶温度计一般用于测量 500℃以上的高温，长期使用时其测温上限可达 1300℃，短期使用时可达 1600℃，特殊材料制成的热电偶可测量的温度范围为 2000～3000℃。

由于热电偶的性能稳定、结构简单、使用方便、测温范围广，有较高的准确度，信号可以远传，所以在工业生产和科学实验中应用十分广泛。

1. 热电偶测温原理

将两种不同的导体或半导体两端相接组成如图 2-12 所示的闭合回路，当两接点分别置于 t 和 t_0（设 $t > t_0$）两种不同温度时，在回路中就会有电动势存在，称为热电动势，常用符号 $E_{AB}(t, t_0)$ 表示。形成的回路电流称为热电流。这种现象称为塞贝克效应，即热电效应。热电偶就是基于热电效应而工作的。

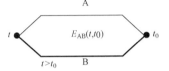

图 2-12　热电偶回路

理论和实验已经证明热电偶回路产生的热电动势由接触电动势和温差电动势两部分组成，下面以导体为例说明热电动势的产生原理。

（1）接触电动势。不同的导体由于材料不同，电子密度不同，设材料 A 的电子密度为 N_A，材料 B 的为 N_B，且 $N_A > N_B$。当两种导体相接触时，从 A 扩散到 B 的电子数比从 B 扩散到 A 的电子数多，在 A、B 接触面上形成从 A 到 B 方向的静电场 E_S，如图 2-13 所示。这个电场又阻碍扩散运动，最后达到动态平衡，此时接点处形成电位差，这个电位差称为接触电动势。接触电动势的大小与接点处温度高低及导体电子密度有关。温度越高，接触电动势越大；两种导体电子密度的比值越大，接触电动势也越大。如导体 A 和 B 相接触，接点温度为 t，则接点处的接触电动势为 $\phi_{AB}(t)$，函数 ϕ_{AB} 的形式只与 A 和 B 的性质有关。

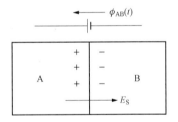

图 2-13　接触电动势

（2）温差电动势。同一根导体两端处于不同温度，导体中会产生温差电动势。如图 2-14 所示，导体 A 两端温度分别为 t 和 t_0。温度不同，从高温端移动到低温端电子数比低温端移动到高温端的多，于是在高、低温端之间形成静电场。与接触电动势的形成同理，形成温差电动势 $e_A(t, t_0)$，其大小的计算式为

$$e_A(t, t_0) = \psi_A(t) - \psi_A(t_0) \tag{2-3}$$

式中：函数 ψ_A 只与导体 A 的性质有关；$e_A(t, t_0)$ 只与导体材料的电子密度和导体两端温度及其分布有关，而与导体长度、截面大小、沿导体长度上的温度分布无关。

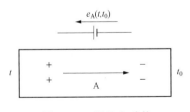

图 2-14　温差电动势

（3）热电偶回路热电动势。热电偶回路接触和温差电动势分布如图 2-15 所示，则热电偶回路热电动势为

$$
\begin{aligned}
E_{AB}(t, t_0) &= \phi_{AB}(t) + e_B(t, t_0) - \phi_{AB}(t_0) - e_A(t, t_0) \\
&= \phi_{AB}(t) + \psi_B(t) - \psi_B(t_0) - \phi_{AB}(t_0) - \psi_A(t) + \psi_A(t_0) \\
&= [\phi_{AB}(t) + \psi_B(t) - \psi_A(t)] - [\phi_{AB}(t_0) + \psi_B(t_0) - \psi_A(t_0)] \\
&= f_{AB}(t) - f_{AB}(t_0)
\end{aligned}
\tag{2-4}
$$

式（2-4）说明：

1）热电偶回路的热电动势与相应热电极材料的性质及两接点温度 t 和 t_0 有关。在热电极材料一定时，$E_{AB}(t, t_0)$ 是两端点温度的函数差。注意不是温度差的函数，且热电动势与温度的关系不呈线性关系。其大小取决于热电偶两个热电极材料的性质和两端接点温度，而与热电极几何尺寸无关。

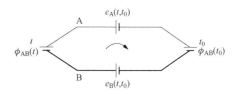

图 2-15　热电偶回路电动势分布

2）若将冷端温度 t_0 保持恒定，则对一定材料的热电偶，其热电动势就只是热端温度 t 的单值函数，即 $E_{AB}(t, t_0) = f_{AB}(t) - C$。只要测出热电动势的大小，就能得到热端温度（被测温度）的数值。这就是热电偶的测温原理。

热电偶的热电动势 $E_{AB}(t, t_0)$ 与温度 t 的数量关系称为热电特性，可用数据表或曲线表示，称为热电偶分度表或分度特性曲线。不同材料制成的热电偶在相同温度下产生的热电动势是不同的。迄今为止，热电特性还不能由理论计算确定，通常都是在规定热电偶冷端温度 $t_0 = 0℃$ 条件下，通过实验实测求出。常用热电偶的分度表参见本书配套资源。

2. 热电偶的基本定律

使用热电偶时还有一些问题需要解决，例如，制作热电偶的材料要求是均质材料，如何判定材料的均匀性？热电偶产生的电信号使用什么样的导线传送到远方？测量热电动势的仪表接到测温回路中，如何做才不影响热电偶回路中的电动势？热电偶的热端不焊接到一起，能测出温度吗？冷端温度不为 0℃ 时，如何正确使用分度表？热电偶的基本定律对这些问题给出了解决方法。

（1）均质导体定律。由一种均质材料组成的闭合回路，不论材料上温度如何分布以及材料的粗细长短如何，回路中均不产生热电动势。反之，如果回路中有热电动势存在，则材料必为非均质的。可见，热电偶必须由两种不同的材料构成。

这条规律还要求组成热电偶的两种材料 A 和 B 各自都是均质材料，否则会由于沿热电偶长度方向存在温度梯度而产生附加动势，从而导致因热电偶材料不均匀引入误差。因此在进行准确度测量时要尽量对热电极材料进行均质性检查和退火处理。对热电极材料进行均质性检查的方法是将该热电极的两端连接到一起成为闭合回路，让回路各处感受不同的温度，若没有电动势产生，则为均质材料。

（2）中间导体定律。不同导体组成的热电偶回路，当接点温度相同时，回路热电动势为零。如图 2-16 所示，三种均质导体 A、B 和 C 组成闭合回路，接点温度均为 t_0，根据中间导体定律有

$$E_{ABC}(t_0) = f_{AB}(t_0) + f_{BC}(t_0) + f_{CA}(t_0) = 0 \qquad (2-5)$$

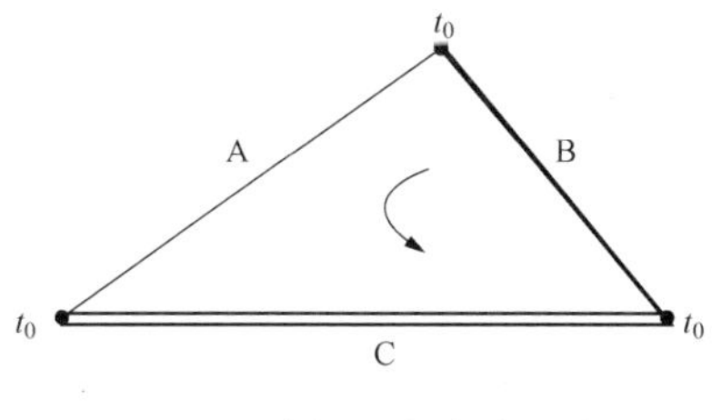

由此定律可得到如下结论：

1）在热电偶回路中接入第三种均质导体，只要中间接入的导体两端具有相同的温度，就不会影响热电偶回路的热电动势。

在热电偶实际测温应用中，常采用热端焊接、冷端开路的形式，冷端经连接导线与显示仪表连接构成测温系统。显示仪表的接入有冷端接入和中间

图 2-16　中间温度定律示意图

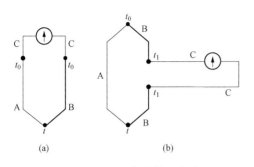

图 2-17 显示仪表接入方式

（a）冷端接入；（b）中间接入

接入两种，如图 2-17 所示。中间导体定律表明热电偶回路中接入测量热电动势的仪表，只要保证热电偶与显示仪表连接处的温度相同，仪表处于稳定的环境温度，原热电偶回路的热电动势将不受接入测量仪表的影响。

中间导体定律还表明热电偶的接点不仅可以焊接而成，也可以借用均质等温的导体加以连接。如在测量液态金属或金属壁面温度时，可采用开路热电偶，如图 2-18 所示。

热电偶的两根热电极 A、B 的端头同时插入或焊在被测金属上，液态金属或金属壁面即相当于第三种导体接入热电偶回路，只要保证两热电极插入处的温度一致，对热电偶回路的热电动势就没有影响。

2）如果两种导体 A、B 对另一种参考导体 C 的热电动势为已知，则这两种导体组成热电偶的热电动势是它们对参考导体热电动势的代数和，如图 2-19 所示。

参考电极又称为标准电极。因为铂的物理、化学性能稳定，熔点高，易提纯，复制性好，所以标准电极常用纯铂丝制作。这个结论大大简化了热电偶的选配工作。只要取得一些热电极与标准铂电极配对的热电动势，其中任何两种热电极配对的热电动势就可通过计算求得。

（3）中间温度定律。接点温度为 t_1、t_3 的热电偶产生的热电动势等于接点温度分别为 t_1、t_2 和 t_2、t_3 的两支同性质热电偶产生的热电动势的代数和，t_2 称为中间温度。如图 2-20 所示，即有

$$E_{AB}(t_1,t_3) = E_{AB}(t_1,t_2) + E_{AB}(t_2,t_3)$$

$$(2-6)$$

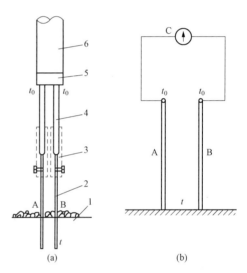

图 2-18 开路热电偶的使用

（a）测量液态金属温度；（b）测量金属壁面温度

1—熔融金属；2—热电偶；3—连接管；

4—补偿导线；5—绝缘物；6—保护套

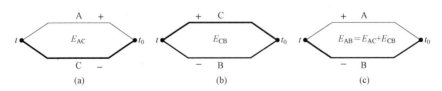

图 2-19 不同材料构成的热电偶热电动势之间的关系

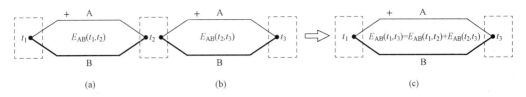

图 2-20　中间温度定律示意图

热电偶分度表是表示冷端温度 $t_0 = 0℃$ 时热电动势与热端温度的关系，冷端温度 $t_0 \neq 0℃$ 时不能直接使用分度表。利用中间温度定律则可视实际冷端温度 t_0 为中间温度，并满足

$$E_{AB}(t,0) = E_{AB}(t,t_0) + E_{AB}(t_0,0) \tag{2-7}$$

式中：$E_{AB}(t, t_0)$ 为热电偶回路产生的热电动势；$E_{AB}(t, 0)$ 为热电偶热端温度对应的热电动势；$E_{AB}(t_0, 0)$ 为热电偶冷端温度对应的热电动势。

式（2-7）说明，当冷端温度 t_0 在任何数值时，经过适当修正均可采用热电偶的分度表求出热电动势与温度间的数值关系。

2.3.2　热电偶的结构及标准化热电偶

1. 热电偶的结构

在工业生产过程和科学实验中，根据不同的温度测量要求和被测对象，需要设计和制造各种结构的热电偶。从结构上看热电偶主要分为普通型、铠装型与薄膜型三种。

（1）普通型热电偶。普通型热电偶也叫装配式热电偶。图 2-21 所示是普通型热电偶的结构，其焊接端即为测量端。它主要由热电极、绝缘套管、外保护套管和接线盒组成。贵金属热电极直径不大于 0.5mm，廉金属热电极直径一般为 0.5～3.2mm；绝缘套管一般为单孔或双孔瓷管；外保护套管要求气密性好，有足够的机械强度，还要求导热性好和稳定的物理化学特性，最常用的材料为铜及铜合金、钢和不锈钢以及陶瓷材料。整支热电偶的长度由安装条件和插入深度决定，一般为 350～2000mm。

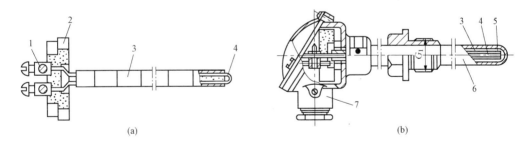

图 2-21　普通型热电偶结构

（a）内部结构；（b）带保护套管的热电偶

1—接线杆；2—接线座；3—绝缘套管；4—热电极；5—热电偶热端；6—外保护套管；7—接线盒

（2）铠装型热电偶。铠装型热电偶的测温元件是将热电偶丝、绝缘材料（氧化镁粉等）和金属保护套管三者组合装配后，经拉伸加工而成的一种坚实的组合体，如图 2-22 所示。它的外径一般为 0.5～8mm，其长度可根据需要截取。铠装型热电偶测量端的热容量小、响应速度快、挠性好，可以安装在狭窄或结构复杂的测量场合，而且耐压、耐振、耐冲击，因此在多种领域得到了广泛的使用。铠装型热电偶实物如图 2-23 所示。

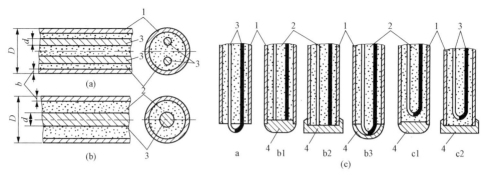

图 2 - 22　铠装型热电偶结构

(a) 双芯；(b) 单芯；(c) 测量端形状

1—保护套管（金属）；2—绝缘材料；3—热电极；4—封帽；

a—露头型；b1、b2、b3—带帽碰底型；c1、c2—带帽不碰底型

图 2 - 23　铠装型热电偶实物图

铠装型热电偶除双芯结构外，还有单芯、四芯等多种结构型式，其接线装置的型式有无接线盒型、简易型、防护型（防淋、防溅、防喷等）、隔爆型、插接座型等几种。

（3）薄膜型热电偶。薄膜型热电偶是采用真空蒸镀或化学涂层的方法将两种热电极材料附着在绝缘基板上形成薄膜状的热电偶，如图 2 - 24 所示。其热接点很薄，厚度最薄为 $0.01 \sim 0.1 \mu m$。其热电极一般为镍铬—镍硅或铜—康铜等。使用时将其粘贴在被测物体的表面上，使薄膜层成为待测面的一部分，所以可略去热接点与待测面间的传热热阻。

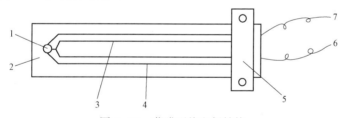

图 2 - 24　薄膜型热电偶结构

1—测量端点；2—衬架；3—铁膜；4—镍膜；5—接头夹具；6—镍丝；7—铁丝

薄膜型热电偶非常适用于动态测温以及测量微小面积的物体温度。其动态特性的好坏与其热接点材料和厚度密切相关，可以达到几十微秒，测温范围一般在 300℃ 以下。

通过前面对热电偶的测温原理介绍可知，热电偶感受待测温度时直接输出的是毫伏级电动势信号。若在热电偶接线装置内装入转换器，就可以构成输出直流 4～20mA 标准化信号的热电偶，称为带转换器热电偶，如图 2 - 25 所示。有的带转换器热电偶还附加显示功能。该仪表的输出信号传输方式为两线制，负载电阻 250Ω，传输导线电阻不大于 100Ω。仪表标准供电电压为直流 24V，转换器准确度等级有 0.2、0.5 和 1.0 级。

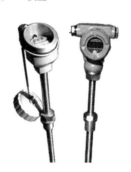

图 2 - 25　带转换器的热电偶

该热电偶由测温元件和转换器模块两部分构成，如图 2-26 所示。转换器模块把测温元件的输出信号 E_t，转换成为统一标准信号，主要是 4～20mA 的直流电流信号。

由于这种热电偶直接安装在现场，在一般情况下转换器模块内部集成电路的正常工作温度最宽的范围为 $-40～+80$℃，超过这一范围，电子器件的性能会发生变化，转换器将不能正常工作，因此在使用中应特别注意转换器模块所处的环境温度。

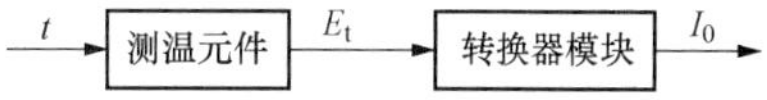

图 2-26 带转换器热电偶结构框图

带转换器热电偶品种较多，其转换器模块大多数以一片专用芯片为主，外接少量元器件构成，常用的芯片有 AD693、XTR101、XTR103、IXR100 等。下面以 AD693 构成的带转换器热电偶为例进行介绍。其电路原理如图 2-27 所示，由热电偶、输入电路和 AD693 等组成。

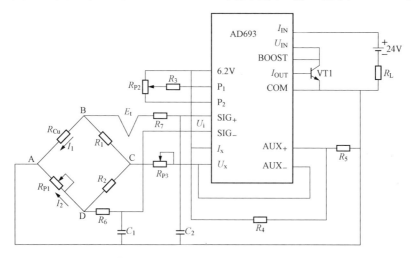

图 2-27 带转换器热电偶电路原理

图 2-27 中输入电路是一个冷端温度补偿电桥，B、D 是电桥的输出端，与 AD693 的输入端相连。R_{Cu} 为铜补偿电阻，通过改变电位器的阻值 R_{P1} 可以调整转换器的零点。R_{P2} 和 R_3 起调整放大器转换系数的作用，即起到了量程调整的作用。

AD693 的输入信号 U_i 为热电偶所产生的热电动势 E_t 与电桥的输出信号 U_{BD} 的代数和，如果设 AD693 的转换系数为 K，可得其输出与输入之间的关系为

$$I_0 = KU_i = KE_t + KI_1(R_{Cu} - R_{P1}) \qquad (2-8)$$

由式（2-8）可以看出：①转换器的输出电流 I_0 与热电偶的热电动势 E_t 成正比关系；②R_{Cu}阻值随温度而变，合理选择 R_{Cu} 的数值可使 R_{Cu} 随温度变化而引起的 I_1R_{Cu} 变化量近似等于热电偶因冷端温度变化所引起的热电动势的变化值，两者互相抵消。

（4）特种热电偶。为满足不同测量要求，对常规热电偶的结构做了一些改动，出现了一些用于特殊场合的特种热电偶。

1）热套式热电偶。热套式热电偶是专用于主蒸汽管道上的测量蒸汽温度的新型高强度热电偶。它能在高温、高压、大流量的介质中安全可靠地工作，在其技术性能允许的很多专业领域也用来测量气态或液态介质的温度。

在电厂中测量主蒸汽温度时，由于高温高压汽流的冲刷，伸至管道中心处的热电偶容易发生振动断裂事故。为了防止断裂，应减小热电偶插入管道中的深度。插入深度的减小必将

导致测温误差增大，为了减小测温误差采用了热套式热电偶，如图 2-28 所示。热电偶保护套管 6 焊接在水平主蒸汽管道上部的一根垂直套管上，蒸汽通过热电偶保护套管与主蒸汽管道壁之间的空隙进入垂直套管内部（热套管 4），对热电偶保护套管进行加热。因此，虽然热电偶插入主蒸汽管道中的深度减小了，但受蒸汽加热的保护套管长度反而增加了，这样既保证了测温的准确性，又避免了热电偶易断裂的问题。

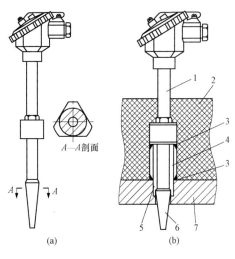

图 2-28　热套式热电偶
（a）结构；（b）安装示意图
1—热套式热电偶；2—保温层；3—电焊接口；
4—热套管；5—充满蒸汽的热套；
6—热电偶保护套管；7—主蒸汽管道壁

热套式热电偶采用热套管与热电偶可分离的结构，在火电厂的主蒸汽温度测量中得到广泛应用。使用时可先将热套管焊接在主蒸汽管道上，然后再安装热电偶。热套式热电偶的感温元件一般采用铠装热电偶。

2）高温耐磨热电偶。煤粉炉、磨煤机、水泥厂等工业现场测量温度时，热电偶不仅要耐热冲击及高温固体颗粒冲刷造成的磨损，而且还要具有足够的机械强度。采用铠装或高温铠装芯体，配以不同材质及规格的耐磨套管的热电偶，具有耐磨损、耐振动、抗热性能好的优点，其在各种磨损程度极高的恶劣场合中产品的使用寿命可达普通产品的几倍之高。耐磨套管的材质一般有耐磨高温合金、复合铸造耐磨合金、离子注渗碳化钨等。

3）锅炉炉壁热电偶。锅炉炉壁热电偶如图 2-29 所示，它采用铠装热电偶作感温元件，测量端紧固在带有曲面的导热板上，适合于锅炉炉壁、管壁及其他圆柱体表面温度测量。它的安装方式为三点焊接（A、B、C 为焊接点），或用 M8 螺栓固定，其分度号有 K 和 E 两种。

4）隔爆热电偶。隔爆热电偶主要用于工厂或实验室内有爆炸性气体混合物的场所。该种热电偶采用特殊结构的接线盒，将其外壳内部爆炸性混合气体因受到火花或电弧等影响而发生的爆炸局限在接线盒内，使生产现场不会引起爆炸。隔爆热电偶的感温元件一般采用普通型热电偶或铠装热电偶。

5）吹气热电偶。吹气热电偶在热电偶和保护管之间构成一定的气

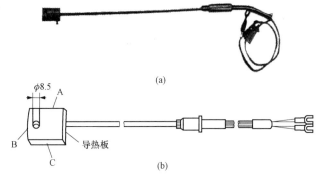

图 2-29　锅炉炉壁热电偶
（a）外形；（b）结构示意

路，其内通入具有一定压力的惰性气体，以排除或减小热电偶在高温高压条件下，还原气体的渗入。其主要用于高温高压条件下，对气体浓度高于 30% 的氢气、甲烷等介质的温度测量。吹气热电偶的感温元件一般采用普通型热电偶。

6）消耗式热电偶。消耗式热电偶又称快速微型热电偶，是一种专为测量钢水和其他熔

融金属温度而使用的热电偶，在每次测量后都要更换。它的测温探头由最前端的保护帽、U形石英管及其内部的热电偶丝构成。使用时，将测温探头接到专用插座上，并把此热电偶插入钢液中，保护帽迅速熔化，这时 U 形石英管和热电偶即暴露在钢液中。由于它们的热容量都很小，因此能迅速反映出钢液的温度，反应时间为 4～6s。在测出温度以后热电偶就被马上烧毁，即使用一次就报废，因此被称为消耗式热电偶，但其中的铂铑丝可回收。消耗式热电偶的感温元件一般采用铠装型热电偶。

2. 标准化热电偶

热电偶的品种很多，各种分类方法也不尽相同。按照工业标准化的要求，可分为标准化热电偶和非标准化热电偶两种。所谓标准化热电偶是指工艺上比较成熟，能批量生产，性能稳定，应用广泛，具有统一分度表并已列入国际和国家标准文件的热电偶。标准化热电偶可以互换，准确度有一定的保证，并有配套的显示、记录仪表可供选用，应用方便。

到目前为止，国际电工委员会（IEC）共推荐了 8 种标准化热电偶。它们的型号和热电极用英文字母表示，第一个字母表示热电偶的类型，也称为分度号。第二个字母是 P 或 N，分别代表热电偶的正极和负极。我国目前完全采用国际标准并制定了我国热电偶的系列型谱。在执行 1990 年国际温标（ITS—1990）后，我国的热电偶分度表国家标准代号为GB/T 16839.1—1997，热电偶允差国家标准代号为 GB/T 16839.2—1997。标准化热电偶的名称、分度号、测量范围、准确度等级、允许误差见表 2-3。几种典型标准热电偶的分度表参见本书配套资源。

表 2-3　　　　　　　　　　　　　标准化热电偶技术数据

热电偶名称 （国标号）	分度号	热电极 代号	100℃电动势（mV） （冷端0℃）	测温上限（℃）		
				热电极直径（mm）	长期	短期
铂铑10—铂 (GB/T 1598—2010)	S	SP	0.646	0.5	1400	1600
		SN				
铂铑13—铂 (GB/T 1598—2010)	R	RP	0.647	0.5	1400	1600
		RN				
铂铑30—铂铑6 (GB/T 1598—2010)	B	BP	0.033	0.5	1600	1700
		BN				
镍铬—镍硅 (GB/T 2614—2010)	K	KP	4.096	0.3	700	800
				0.5	800	900
		KN		0.8，1.0	900	1000
镍铬硅—镍硅镁 (GB/T 17615—1998)	N	NP	2.774	1.2，1.6	1000	1100
				2.0，2.5	1100	1200
		NN		3.2	1200	1300
镍铬—铜镍 (GB/T 4993—2010)	E	EP	6.319	0.3，0.5	350	450
				0.8，1.0，1.2	450	550
				1.6，2.0	550	650
		EN		2.5	650	750
				3.2	750	900

热电偶名称（国标号）	分度号	热电极代号	100℃电动势（mV）（冷端0℃）	测温上限（℃）		
				热电极直径（mm）	长期	短期
铜—铜镍（GB/T 2903—1998）	T	TP	4.279	0.2，0.3	150	200
				0.5，0.8	200	250
		TN		1.0，1.2	250	300
				1.6，2.0	300	350
铁—铜镍（GB/T 4994—1998）	J	JP	5.269	0.3，0.5	300	400
				0.8，1.0，1.2	400	500
		JN		1.6，2.0	500	600
				2.5，3.2	600	750

级别

热电偶名称	Ⅰ级		Ⅱ级		Ⅲ级	
	温度范围（℃）	允许误差（℃）	温度范围（℃）	允许误差（℃）	温度范围（℃）	允许误差（℃）
铂铑10—铂	0～1100 1100～1600	±1 ±[1+0.003(t-1100)]	0～600 600～1600	±1.5 ±0.0025|t|	—	—
铂铑13—铂	0～1100 1100～1600	±1 ±[1+0.003(t-1100)]	0～600 600～1600	±1.5 ±0.0025|t|	—	—
铂铑30—铂铑6	—	—	600～1700	±0.0025|t|	600～800 800～1700	±4 ±0.005|t|
铂铬—镍硅（镍铬硅—镍硅镁）	-40～+375 375～1000	±1.5 ±0.004|t|	-40～+333 333～1200	±2.5 ±0.0075|t|	-167～+40 -200～-167	±2.5 ±0.015|t|
镍铬—铜镍	-40～+375 375～800	±1.5 ±0.004|t|	-40～+333 333～900	±2.5 ±0.0075|t|	-167～+40 -200～-167	±2.5 ±0.015|t|
铜—铜镍	-40～+125 125～350	±0.5 ±0.004|t|	-40～+133 133～350	±1 ±0.0075|t|	-67～+40 -200～-67	±1 ±0.015|t|
铁—铜镍	-40～+375 375～750	±1.5 ±0.004|t|	-40～+333 333～750	±2.5 ±0.0075|t|	—	—

　　下面简要介绍几种标准化热电偶的性能和特点。

　　（1）铂铑10—铂热电偶（分度号S）。铂铑10—铂热电偶（S型热电偶）是一种贵金属热电偶，偶丝线径规定为0.5mm。其正极（SP）的名义化学成分为铂铑合金，其中含铑为10%，含铂为90%。负极为纯铂，故俗称单铂铑热电偶。它长期使用的最高温度可达1400℃，短期使用可达1600℃。S型热电偶在热电偶系列中具有准确度最高、稳定性最好、测温区宽、使用寿命长等优点。它的物理、化学性能良好，热电动势稳定性及在高温下抗氧化性能好，适用于氧化和惰性气体中。S型热电偶的不足之处是热电动势率较小，灵敏度低，高温下机械强度下降，对污染敏感，且用贵金属材料制成，一次性投资大。

（2）铂铑 13—铂热电偶（分度号 R）。铂铑 13—铂热电偶（R 型热电偶）的综合性能与 S 型热电偶相当，在我国一直难以推广，除在进口设备附带的测温装置上有所应用外，国内测温很少采用。

（3）铂铑 30—铂铑 6 热电偶（分度号 B）。铂铑 30—铂铑 6 热电偶（B 型热电偶）也是贵金属热电偶，热电偶丝线径规定为 0.5mm。其正极（BP）和负极（BN）的名义化学成分均为铂铑合金，只是含量不同，故俗称双铂铑热电偶。该热电偶长期使用最高温度可达 1600℃，短期使用可达 1700℃。B 型热电偶具有准确性高、稳定性好、测温区宽、使用寿命长、测温上限高等优点，适用于氧化性和惰性气体中，也可短期用于真空中，但不适用于还原性气体或含有金属或非金属蒸气气体中。它还有一个明显的优点是参比端不需用补偿导线进行补偿，因为在 0～50℃范围内热电动势小于 $3\mu V$。B 型热电偶不足之处是热电动势率较小，灵敏度低，高温下机械强度下降，抗污染能力差，且用贵金属材料制成，一次性投资大。

（4）镍铬—镍硅热电偶（分度号 K）。镍铬—镍硅热电偶（K 型热电偶）是目前用量最大的廉金属热电偶，其用量为其他热电偶的总和。正极（KP）的名义化学成分为 Ni：Cr＝90：10，负极（KN）的名义化学成分为 Ni：Si＝97：3。其使用温度为 -200～1300℃。K 型热电偶具有线性度好、热电动势较大、灵敏度较高、稳定性和均匀性较好及抗氧化性强、价格便宜等优点，能用于氧化性和惰性气体中。K 型热电偶不能在高温下直接用于硫、还原性或还原、氧化交替的气体中和真空中，也不推荐用于弱氧化气体之中。

（5）镍铬硅—镍硅镁热电偶（分度号 N）。镍铬硅—镍硅镁热电偶（N 型热电偶）为廉金属热电偶，是一种最新国际标准化的热电偶。正极（NP）的名义化学成分为 Ni：Cr：Si＝84.4：14.2：1.4，负极（NN）的名义化学成分为 Ni：Si：Mg＝95.5：4.4：0.1。其使用温度范围为 -200～1300℃。N 型热电偶具有线性度好、热电动势较大、灵敏度较高、稳定性和均匀性较好及抗氧化性强、价格便宜等优点，其综合性能优于 K 型热电偶，具有很大的应用前景。它的缺点是在高温下不能直接用于硫、还原性或还原、氧化交替的气体中和真空中，也不推荐用于弱氧化气体之中。

（6）镍铬—铜镍（康铜）热电偶（分度号 E）。镍铬—铜镍热电偶（E 型热电偶）又称镍铬—康铜热电偶，也是一种廉金属热电偶，其正极（EP）为镍铬 10 合金，化学成分与 KP 相同，负极（EN）为铜镍合金，名义化学成分为 55％的铜、45％的镍以及少量的钴、锰、铁等元素。该热电偶使用温度为 -200～900℃。E 型热电偶电动势之大、灵敏度之高属所有标准化热电偶之最，宜制成热电堆测量微小的温度变化。对于高湿度气体的腐蚀不甚灵敏，宜用于湿度较高的环境。E 型热电偶还具有稳定稳定性好，抗氧化性能优于铜—康铜、铁—康铜热电偶，价格便宜等优点，能用于氧化性、惰性气体中，广泛为用户采用。但不能直接在高温下用于硫、还原性气体中，热电特性均匀性较差。

（7）铁—铜镍（康铜）热电偶（分度号 J）。铁—铜镍热电偶（J 型热电偶）又叫铁—康铜热电偶，是一种价格低廉的热电偶。它的正极（JP）的名义化学成分为纯铁，负极（JN）是铜镍合金，常被通俗的称为康铜。其名义化学成分为 55％的铜、45％的镍以及少量的钴、锰、铁等元素。尽管它也叫康铜，但不能用 EN 或 TN 来代替。铁—康铜热电偶覆盖测量温区为 -210～1200℃，但常使用的温度范围为 0～750℃。J 型热电偶线性度好、热电动势较大、灵敏度较高、稳定性和均匀性较好、价格便宜，已得到广泛的应用。它可用于真空、氧化、还原和惰性气体中。但正极铁在高温下氧化较快，故测温上限受到限制。

(8) 铜—铜镍（康铜）热电偶（分度号 T）。铜—铜镍热电偶（T 型热电偶）又叫铜—康铜热电偶，它是一种最佳的测量低温的廉金属热电偶。它的正极（TP）是纯铜，负极（TN）是铜镍合金，俗称为康铜，它与 EN 可以通用，但与 JN 不能通用。铜—康铜热电偶测量温区为 $-200 \sim 350℃$。它的线性度好、热电动势大、灵敏度高、稳定性和均匀性好、价格便宜；特别是在低温 $-200 \sim 0℃$ 区间使用，年热电动势漂移小于 $\pm 3 \mu V$，经低温检定可作为二等标准进行低温量值传递。但 J 型热电偶的正极铜在高温下抗氧化能力差，故使用上限受到限制。

8 种标准化热电偶热电动势与温度之间的关系如图 2 - 30 所示。

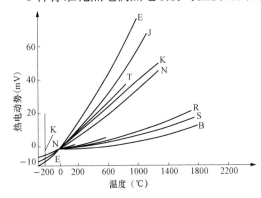

图 2 - 30　标准化热电偶热电动势与温度之间的关系

值得一提的是，钨铼热电偶被我国标准化的有 WRe3—WRe25、WRe5—WRe26 两种，其正极分别为 WRe3 和 WRe5，名义化学成分含钨 97%、铼 3% 和钨 95%、铼 5%；负极分别为 WRe25 和 WRe26，名义化学成分含钨 75%、铼 25% 和钨 74%、铼 26%。两种热电偶性能基本一致，最高使用温度均为 2300℃。目前国内使用面和使用量 WRe3—WRe25 均大于 WRe5—WRe26，前者约占总使用量 80% 以上。例如，一种专门用于快速测量钢液温度的 WRe3—WRe25 热电偶丝，其特点是准确度高、线径小，测温上限为 1800℃，其综合性能与 S 型快速热电偶相当，但价格便宜，普遍被钢厂采用。钨铼热电偶最大的优点是使用的温度高，能在还原性气体下使用，不足之处是易氧化，不适用于氧化气体下使用。

钨铼热电偶的线径有 0.1、0.3、0.5mm 三种。当使用温度范围为 $0 \sim 400℃$ 时，允许偏差为 $\pm 4℃$；使用温度范围为 $400 \sim 2300℃$ 时，允许偏差为 $\pm 1\% |t|$。

2.3.3　热电偶的冷端处理方法

由热电偶的测温原理可知，热电偶的输出电动势 $E(t, t_0)$ 不仅随热端 t 变化，同时也要受到 t_0 的影响。在实际使用时，热电偶的冷端放置在距热端很近的大气中，受高温设备和环境温度波动的影响较大，因此冷端温度不可能是恒定值，为消除冷端温度变化对测量的影响，可采用下述几种冷端温度处理方法。

1. 计算法

在实际应用中，热电偶的参比端往往不是 0℃，而是环境温度 t_1，这时测量出的回路热电动势要小，因此必须加上环境温度 t_1 与 0℃ 之间温差所产生的热电动势后才能符合热电偶分度表的要求。根据中间温度定律有

$$E(t,0) = E(t,t_1) + E(t_1,0) \tag{2-9}$$

可用室温计测出环境温度 t_1，从分度表中查出 $E(t_1, 0)$ 的值，然后加上热电偶回路热电动势 $E(t, t_1)$，得到 $E(t, 0)$ 值，反查分度表即可得到准确的被测温度 t 值。

[例 2 - 1]　用镍铬—镍硅（K）热电偶进行温度测量，热电偶冷端温度 $t_0 = 35℃$ 时产

生的热电动势为 17.537mV，试求热电偶所测的热端温度。

解：查 K 分度表 $E_K(35，0)=1.407mV$，则

$$E_K(t,0)=E_K(t,35)+E_K(35,0)=17.537+1.407=18.944(mV)$$

反查 K 分度表，得

$$t=460.14℃。$$

这里需要特别强调的是，由于热电动势的非线性，因此热电动势是温度函数的差，而不是温差的函数。

采用这种人工计算补偿的方法在测温现场使用很不方便，因此只适用于实验室。现场中利用热电偶信号采集卡，并依靠软件编程实现了计算法对热电偶冷端的自动补偿。在计算机监控系统中，有专门设计的热电偶信号采集卡（I/O 卡的一种），一般有 8 路或 16 路信号通道，带有隔离、放大、滤波等处理电路。使用时要求把热电动势信号通过补偿导线与采集卡上的输入端子连接起来，每一块采集卡上都在接线端子附近安装有热敏电阻，在采集卡驱动的支持下，计算机每次都采集各路热电动势信号和热敏电阻信号。根据电阻信号可得到 $E(t_0，0)$，再按计算修正法计算出每一路的 $E(t，0)$ 值，就可以得到准确的 t 值了。

分散控制系统（DCS）中对热电偶冷端温度的补偿就采用了上述方法。

2. 冷端恒温法

（1）冰点槽法。冰点槽法是将热电偶冷端的两个电极丝分别插入盛有绝缘油的试管中，然后将试管放入装满冰水混合物的冰点槽中。为了保持 0℃时误差能在 ±0.1℃之内，对水的纯度、碎冰块的大小和冰水混合状态都有要求。

目前采用的零度恒温器是为热电偶参考端提供稳定而精确的零摄氏度温度的设备，它可以取代冰点槽法。

零度恒温器采用半导体制冷技术和精密控温技术。半导体制冷器的电源接通时，半导体制冷器开始工作，恒温器的工作区的温度开始下降，其上部有风排出。当零度恒温器的工作区温度下降到 0℃时，零度恒温器进入恒温状态。进入恒温状态 15min 左右，零度恒温器即可作为热电偶的参考端温度使用。零度恒温器上具有若干个测试井孔，可以将热电偶的正负热电极插入到井孔中。

零度恒温器使参考端保持在 0℃，准确度可达到 0℃±0.05℃，稳定度达到 ±0.005℃/30min，并且体积小，操作简单，使用方便。图 2-31 为某厂家生产的零度恒温器。

冰点槽法只适用于实验室和精密测量中，不便于在工业现场中应用。

（2）恒温箱法。恒温箱法是将热电偶的输出通过补偿导线引至带有电加热器的恒温器内，维持冷端为某一恒定的温度。通常一个恒温箱中可以放入多支热电偶的冷端，此法适于工业应用。

3. 补偿导线法

一般温度显示仪表放在远离热源、环境温度 t_0 较稳定的地方（如控制室），而热电偶通常做得比较短（满足插入深度即可），其冷端（即接线盒处，温度为 t_0'）在现场。若

图 2-31　零度恒温器

用普通铜导线连接，冷端温度变化将给测量结果带来误差。若将热电极做得很长，使冷端延

伸到温度恒定的地方，一方面贵金属使用量大，很不经济，另一方面热电极线路不便于敷设且易受干扰，因此不可行。解决这一问题的方法是使用补偿导线。

　　补偿导线是由两种不同性质的廉价金属材料制成的，在一定温度范围内（0～100℃）与所配接的热电偶具有相同的热电特性的特殊导线。用补偿导线连接热电偶和显示仪表，由于补偿导线具有与热电偶相同的热电特性，将在热电偶回路中产生 $E'(t'_0, t_0)$ 的热电动势，$E'(t'_0, t_0)$ 等于热电偶在相应两端温度下产生的热电动势 $E(t'_0, t_0)$。根据中间温度定律，热电偶与补偿导线产生的热电动势之和为 $E(t, t_0)$，因此补偿导线的使用相当于将热电极延伸至显示仪表的接线端，使回路热电动势仅与热端和补偿导线与仪表接线端（新冷端）温度 t_0 有关，而与热电偶接线盒处（原冷端）温度 t'_0 变化无关。

　　补偿导线起到了延伸热电极的作用，达到了移动热电偶冷端位置的目的。正是由于使用补偿导线，在测温回路中产生了新的热电动势，实现了一定程度的冷端温度自动补偿。如果新冷端温度不能恒定在 0℃，则不能实现冷端温度的"完全补偿"，还需要配以其他补偿方法。必须指出，补偿导线本身不能消除新冷端温度变化对回路热电动势的影响，应使新冷端温度恒定。

　　补偿导线按其材料与热电偶材料是否相同，可分为延伸型（X）补偿导线和补偿型（C）补偿导线。延伸型补偿导线的金属材料和热电极材料相同；补偿型补偿导线所选用的金属材料与热电极材料不同。补偿导线，按热电特性的允许误差不同，分为精密级和普通级两种；按使用温度范围，分为一般用和耐热用两类；按线芯型式，还分为单股线芯和多股线芯（软线）两种。补偿导线的结构一般由绝缘层、护套或加屏蔽层组成，如图 2-32 所示。

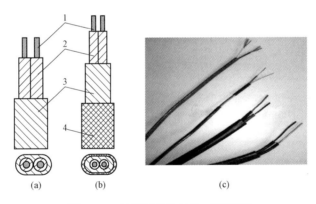

图 2-32　补偿导线的结构（配彩图）

（a）普通型；（b）带屏蔽层型；（c）补偿导线实物图

1—线芯；2—塑胶绝缘层；3—塑胶保护层；4—屏蔽层

　　常用热电偶补偿导线材料及绝缘层着色标志见表 2-4。

表 2-4　　　　　　　　　　常用热电偶补偿导线材料及绝缘层着色标志

补偿导线型号	配用热电偶	补偿导线材料		补偿导线绝缘层着色	
		正极	负极	正极	负极
SC	S	100Cu	99.4Cu+0.6Ni	红色	绿色
KC	K	100Cu	60Cu+40Ni	红色	蓝色

续表

补偿导线型号	配用热电偶	补偿导线材料		补偿导线绝缘层着色	
		正极	负极	正极	负极
KX	K	90Ni+10Cr	97Ni+3Si	红色	黑色
NC	N	100Fe	82Cu+18Ni	红色	灰色
NX	N	84Ni+14.5Cr+1.5Si	95.5Ni+4.5Si	红色	灰色
EX	E	90Ni+10Cr	55Cu+45Ni	红色	棕色
JX	J	100Fe	55Cu+45Ni	红色	紫色
TX	T	100Cu	55Cu+45Ni	红色	白色

在使用补偿导线时注意，补偿导线型号要与热电偶型号匹配、正负极应与热电偶正负极对应连接、补偿导线所处温度不超过 100℃，否则将造成测量误差。

4. 集成温度传感器冷端补偿法

为提高热电偶的测量准确度，一些厂家相继推出了集成温度传感器冷端补偿法，如美国 AD 公司生产的集成电路芯片 AC1226、带冷端补偿的单片热电偶放大器 AD594/AD595 等。

（1）AC1226 冷端补偿电路。AC1226 是专用的热电偶冷端补偿集成电路芯片，在 0～70℃补偿范围内具有很高的准确度，其补偿绝对误差小于 0.5℃。该芯片的补偿输出信号不受其电源电压变化的影响，可和各种温度测量芯片或线路组成带有准确冷端补偿的测温系统。图 2-33 为由隔离型 AC1226 组成的高温测量冷端补偿电路图。它具有信号处理功能，这是 1B51 本身所具备的。它可以和 E、J、K、S、R 或 T 型热电偶相接。图中 * 号表示所连接引脚必须和所用热电偶信号相对应。其测温范围为所连热电偶的测温范围。

（2）AD594/AD595 冷端补偿电路。AD594/AD595 是具有热电偶信号放大和冰点补偿双重功能的集成芯片，共有 C 级和 A 级两个等级，分别具有 ±1℃ 和 ±3℃ 的基本误差。其中 AD594 适用于 T 型热电偶，AD595 适用 K 型热电偶。其输出电动势与热电偶的热电动势关系如下

$$E_{AD594} = 193.4(E_T + 0.016) \quad (2-10)$$
$$E_{AD595} = 247.3(E_K + 0.016) \quad (2-11)$$

式中：E_{AD594}、E_{AD595} 分别为 AD594 和 AD595 的输出电动势，mV；E_T、E_K 分别为 T 型热电偶和 K 型热电偶热电动势，mV。

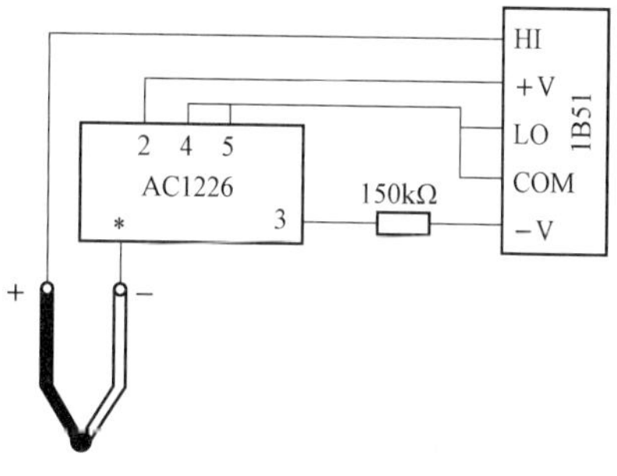

图 2-33 AC1226 冷端补偿电路图

2.3.4 热电偶多路温度检测通道

通常热电偶测量要先对热电偶输出的信号进行放大、补偿、线性化、A/D 转换后由数据总线传输至 CPU 进一步进行处理。如图 2-34 所示，为了节省硬件，在热电偶多路温度检测通道设计中常使多路测点通过多路开关的切换共用放大、冷端补偿以及 A/D 转换电路。

其中，冷端补偿方法可根据不同场合与需要进行选择。

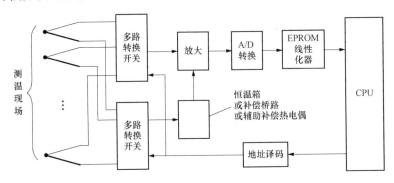

图 2-34　热电偶多路温度测量

随着集成 IC 的飞速发展，出现了专门针对热电偶的串行模数转换器，它能独立完成信号放大、冷端补偿、线性化、A/D 转换及 SPI 串口数字化输出功能，如 MAX6675 等。使用时，可根据具体的需要为每路测温点配备独立的集成 A/D 测温芯片或使用共用的集成 A/D 测温芯片。

如图 2-35（a）所示，每路温度测量点各自配用一个集成 A/D 测温芯片，这样采样线路误差较小，稳定性相对较高，但是造价也较图 2-35（b）所示电路高出很多。图 2-35（b）所示共用集成 A/D 转换芯片的方案造价低，但是由于热电偶检测信号直接经过多路开关电路，中间的准确度及抗干扰能力就难以得到保证。

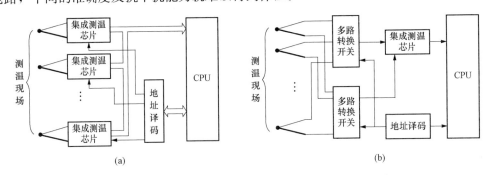

图 2-35　基于集成 A/D 测温芯片的多路测量通道
（a）独立芯片；（b）共用芯片

2.3.5　热电偶的应用

使用热电偶测量温度，了解热电偶型号含义，根据应用场合选择合适的热电偶、热电偶在特殊电路的应用以及热电偶正确的安装和使用，对保证温度测量的准确度都是非常重要的。

1. 铠装热电偶的型号

普通型热电偶和铠装型热电偶的型号含义略有不同，下面对应用更为广泛的铠装型热电偶的型号进行介绍。

铠装型热电偶的型号由两节组成，第一节与第二节之间用一短横线隔开，其代号及含义见表 2-5。

表 2-5 铠装型热电偶型号组成及其代号含义

第一节				第二节		
第一位	第二位	第三位	第四位	第一位	第二位	第三位
代号 含义	代号 含义	代号 含义	代号 含义	代号 含义	代号 含义	代号 含义
W 温度仪表	R 热电偶	N K(镍铬—镍硅) E E(镍铬—康铜) F J(铁—康铜) C T(铜—康铜) M N(镍铬硅—镍硅镁) 热电偶分度号及材料	K 铠装型	安装固定装置 1 无固定装置 2 固定卡套螺纹 3 可动卡套螺纹 4 固定卡套法兰 5 可动卡套法兰	接线盒型 0 或 1 简易型 2 防溅型 3 防水型 6 插接型 8 手柄型	测量端形式 1 绝缘式 2 接壳式 3 露端式

注 在型号第一节字母后，下角注有"2"的为双支铠装热电偶。

例如：铠装型热电偶 WRNK2-321，$\phi 5 \times 1500$，$M16 \times 1.5$，说明它是镍铬—镍硅双支铠装型热电偶，可动卡套螺纹，防溅型接线盒，绝缘式，$\phi 5$ 表明保护管直径 5mm，1500 表明总长 1500mm，$M16 \times 1.5$ 表明螺纹直径 16mm、牙距 1.5mm。

2. 热电偶选用原则

选择热电偶要根据使用温度范围、所需准确度、使用气体、测定对象的性能、响应时间和经济效益等综合考虑。

(1) 按测量准确度和温度测量范围选择。使用温度在 1300～1800℃，要求准确度又比较高时，一般选用 B 型热电偶；要求准确度不高，气体又允许高于 1800℃，一般选用钨铼热电偶；使用温度在 1000～1300℃，要求准确度又比较高，可用 S 型热电偶和 N 型热电偶；在 1000℃以下一般用 K 型热电偶和 N 型热电偶，低于 400℃一般用 E 型热电偶；250℃以下以及负温测量一般用 T 型热电偶。

(2) 按使用气体选择。S、B、K 型热电偶适合于强的氧化和弱的还原气体中使用，J 型和 T 型热电偶适合于弱氧化和还原气体。若使用气密性比较好的保护管，对气体的要求就不太严格。

(3) 按耐久性及热响应性选择。线径大的热电偶耐久性好，但响应较慢一些；热容量大的热电偶，响应也慢，在测量梯度大的温度时作为控制信号使用，控温效果较差。在要求响应时间快又要求有一定的耐久性时，选择铠装型热电偶比较合适。

(4) 按测量对象的性质和状态选择。振动物体、高压容器的测温要求机械强度高，有化学污染的气体要求有保护管，有电气干扰的情况下要求绝缘性比较好。

3. 热电偶测温的特殊电路

(1) 串联测量回路。采用串联多支热电偶测温的回路如图 2-36 所示。将若干同型号热电偶正向串联起来，所有热端感受同一被测温度，则构成了热电堆。热电堆的排列形状有十字形、星形和梳形等。

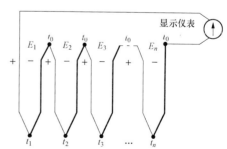

图 2-36 串联测量回路

多支特性相同的热电偶串联,产生的热电动势为各支热电偶的热电动势的总和,故灵敏度高。平均温度则由总热电动势除以热电偶的支数 N 得到的值反查分度表获取。但应用串联热电偶回路时应当注意两点,一是各支串联热电偶,其电阻值应相等;二是如某支热电偶短路,不易被发现,此时会造成极大的误差。

(2) 并联测量回路。将几只相同分度号的热电偶并联起来使用的测温回路称为并联测量回路,见图 2 - 37。并联测量回路的总热电动势等于所用热电偶热电动势的平均值,即

$$E = \frac{E_1 + E_2 + \cdots + E_n}{n} \tag{2 - 12}$$

当并联的热电偶工作在电动势和温度关系的线性区时,并联测量回路的总热电动势与单支热电偶的热电动势相当。当其中一支热电偶断路时,不影响整个测温工作。并联测量回路常被用来测量平均温度或用于需要准确测量温度的场合。

(3) 反接测量回路。将两只相同分度号的热电偶的电极反向串联起来,并保持两热电偶的冷端温度相同(见图 2 - 38),称为反接测量回路。使用反接测量回路时,在显示仪表上显示的数值为两热电偶的差,所以此回路被用来进行温差测量。

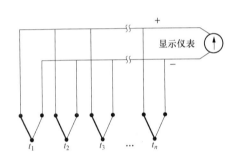
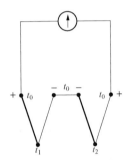

图 2 - 37　并联测量回路　　　　　　图 2 - 38　反接测量回路

4. 热电偶测温的误差分析

热电偶在正确安装和使用条件下,测温误差来源有热电偶分度误差,冷端温度补偿误差及配用显示仪表的误差等。这些误差虽然具有随机性,但可按允许误差计算。

(1) 热电偶的分度误差。这是因为热电偶是按产品批量统一分度的,不可避免地存在误差,以 ε_t 表示。

(2) 热电偶冷端温度补偿误差。工业应用中不可能将冷端保持在 0℃,即使在实验室条件下也可能有波动。采用补偿导线引起的误差,以 ε_f 表示。采用其他补偿方法引起的误差,以 ε_c 表示。

(3) 显示仪表误差。显示仪表产生的误差,以 ε_d 表示,是根据仪表的准确度等级得出。

(4) 总误差。上述几项误差就是热电偶测温的基本误差,则总误差 ε 一般可采用方和根法计算,即

$$\varepsilon = \sqrt{\varepsilon_t^2 + \varepsilon_f^2 + \varepsilon_c^2 + \varepsilon_d^2} \tag{2 - 13}$$

5. 热电偶安装和使用

(1) 安装时的注意事项。热电偶温度计和热电阻温度计(见 2.4 节)的安装包括测温元件(热电偶或热电阻)的安装及电缆、电线的安装。热电偶温度计还涉及补偿导线的安装。

1)热电偶(或热电阻)在管道(设备)上的安装。由于被测对象不同,环境条件不同,测量要求不同,热电偶和热电阻的安装方法及采取的措施也不同,需要考虑的问题比较多,但原则上可以从测温的准确性、安全可靠、维修方便三方面来考虑。

a.测温元件的安装应确保测温的准确性。

①正确选择测温点。测温点应具有代表性而不应将测温元件插到被测介质的死角区域;测温点应避开强电磁场干扰源,避不开时,应采取抗干扰措施。

②合理确定测温元件的插入深度。所谓插入深度是指测温元件的感温端部至外螺纹连接头的长度 L_1,如图 2-39 所示。对金属保护管热电偶,插入深度应为直径的 15~20 倍;对非金属保护管热电偶,插入深度应为直径的 10~15 倍。此外,热电偶保护管露在设备外的部分应尽可能短,最好加保温层,以减少热损失。如果插入深度不够,外露部分又空气流通,这样所测出的温度比实际温度偏低。

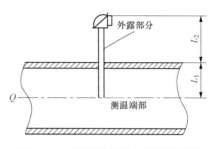

图 2-39 测温元件插入深度示意图

③在管道上安装热电偶或热电阻时,测温元件应与被测介质形成逆流(至少应与被测介质流束方向成 90°),切勿顺着被测介质的流动方向安装。正确的安装方式如图 2-40 所示。无论测量何种介质的温度,测温元件应放置于管道中介质流速最大区域内,该区域为管道直径 1/3 的中心区域。

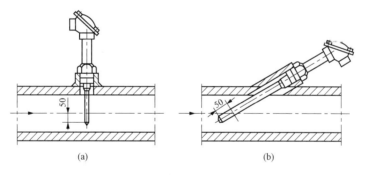

图 2-40 管路上测温元件的安装
(a)垂直于管路轴线;(b)迎着被测介质流向

图 2-41 热套式热电偶(配彩图)

④对于高温高压和高速流体的温度测量(如主蒸汽温度),为了减小保护套对流体的阻力和防止保护套在流体作用下发生断裂,可采用热套式热电偶,如图 2-41 所示。热电偶采用热套式保护管,与电偶芯可快速分离。使用时,用户可将热套焊接或通过螺纹固定在主设备上,然后将热电偶旋入就可工作。在测量细管道(直径小于 80mm)内流体温度时,往往因插入深度不够而引起测量误差,安装时应接扩大管,或选择适宜部位安装,以减小或消除此项误差。

⑤为了避免液体、尘埃渗入热电偶（或热电阻）接线盒内，应将其接线盒朝上，出线孔螺栓朝下，尤其是在雨水溅落的场合应特别注意。

⑥避免热辐射所产生的测温误差。在高温测量场合，应尽量减小被测介质与管道（或设备）壁表面之间的温差。对器壁暴露于空气的场合，应在其表面加保温层，以减少介质与器壁之间热辐射的热量损失。必要时，可在测温元件与器壁之间加防辐射罩，以消除测温元件与器壁之间的直接热辐射，防辐射罩最好是用耐高温和反光性强的材料做成。

⑦测温元件安装于负压管道或设备（如烟道）中时，应保证其密封性，以免外界冷空气进入，而降低测温指示值，如图 2-42 所示，也可用绝缘物质堵塞空隙。

⑧用热电偶测量炉膛温度时，应避免热电偶与火焰直接接触，否则会使测量值偏高。热电偶的冷端温度不能过高。如果被测物体很小，在安装时应注意不要改变原来的热传导及对流条件。

b. 测温元件的安装应确保安全可靠。为确保安全、可靠，测温元件的安装方法应视具体情况（如待测介质的温度、压力，测温元件的长度及其安装位置、形式等）而定。如为避免测温元件损坏，应保证其有足够的机械强度；为保护感温元件不受磨损，应加保护屏或保护管等。

①凡安装承受压力的测温元件，都必须保证其密封性。

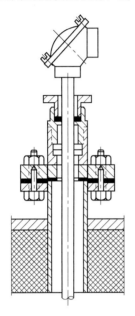

图 2-42 测温元件在烟道中的安装

②安装热电偶时，应尽可能保持垂直，以防保护管在高温下产生变形。若水平安装热电偶，则在高温下会因自重的影响而向下弯曲，因此其不宜过长，并可用耐火砖或耐热金属支架来支撑，以防止弯曲，如图 2-43 所示。

③若测温元件安装于介质流速较大的管道中，则其应倾斜安装。为防止测温元件受到过大的冲击，最好安装在管道的弯曲处。

④当介质压力超过 10MPa 时，必须在测温元件上加保护外套。

⑤按照被测介质的特性及操作条件，选用合适材质、厚度及结构的保护套管和垫片。

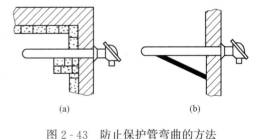

(a)　　　　　　　(b)

图 2-43 防止保护管弯曲的方法
(a) 用耐火砖支撑；(b) 用耐热金属支架支撑

c. 测温元件的安装应便于仪表工作人员的维修和校验。测温元件的安装应考虑其拆装、维修、校验的足够空间和场地，尤其是具有较长保护套管的测温元件。对于重要的测温点，若在高空时，需装有平台和梯子等。

2）连接导线与补偿导线的安装。在工业生产中，热电偶（或热电阻）与显示仪表间的连接导线与补偿导线在导线穿管安装中有如下的要求：

a. 连接导线与补偿导线应尽量避免高温、潮湿、腐蚀性及爆炸性气体与灰尘的影响，不宜敷设在炉壁、烟道及热管道上。导线周围的最高允许温度与导线的绝缘材料有关：橡胶绝缘为+70℃，纸绝缘为+80℃，石棉绝缘为+125℃。高温区使用耐高温电缆或耐高温补偿导线。

b. 为防止连接导线和补偿导线受到机械损伤，同时为削弱外界电磁场对显示仪表的干扰，导线应加以屏蔽，可将连接导线或补偿导线穿入钢管内。钢管最好只有一个接地点，以避免地电位干扰的引入。

c. 一般可采用普通的焊接钢管作为导线的保护管。钢管必须经过防锈处理，管壁厚度不应小于1mm。装于潮湿、腐蚀场合时，应采用壁厚不小于2.5mm的钢管。

管径应根据管内导线（包括绝缘层）的总面积决定，一般后者不应超过保护管截面积的2/3。

d. 当确定保护管内导线的线数时，必须考虑备用导线的数量。工作线数与备用线数的配置见表2-6。

表 2-6　保护管内工作线数与备用线数的配置

工作线数	备用线数
4～8	1
8～15	2
15～20	3
20～30	4
30 以上	5

e. 导线保护管的连接，一般宜采用丝扣连接，不准使用对焊方法连接管子，因为焊接时管内总难免要流入熔化的铁水。同时在穿线前应把管内的铁锈、砂子及碎末等清除干净，管口毛刺必须锉掉，以免导线穿管时绝缘层被破坏。管子内、外都应该刷漆，通常刷沥青。但是埋设在楼板、墙壁及混凝土内的管子，管子外壁可以不刷漆。如果管内已镀锌，则内壁也无须刷漆。

f. 在向管内穿配导线前，应详细检查导线的绝缘或外层保护皮有无破损。在管内导线不得有接头，如需中间连接要加装接线盒。补偿导线不应有中间接头，若无法避免接头时，应用气焊的方法连接，焊条应使用与补偿导线相同的材料。

g. 在穿线时，管内及导线上都必须撒上滑石粉；而当穿铅皮电缆时，则应抹上干黄油。导线在管内不得拉得过紧，穿线工作必须按顺序进行。同一管内的导线，不论多少根，必须一次性穿入。

h. 在穿补偿导线前，要求先在实验室里试验，并标注补偿导线的型号、极性、安装号等，以免弄错。补偿导线在引向仪表或热电偶时，也应注意不要把极性接错。

i. 补偿导线最好与其他导线分别敷设，尤其必须注意不得与强电导线并排敷设。在有爆炸危险的场合，管子必须用管卡固定在角钢支架上，并妥善接地。

j. 配线与穿线工作结束后，必须进行校线与绝缘试验。管内各导线之间，以及每根芯线与地之间都应进行绝缘试验。在进行绝缘试验时，导线必须与仪表断开。

3）热电偶的安装。

a. 首先应测量好热电偶螺纹的尺寸，车好螺纹座。

b. 要根据螺纹座的直径，在需要测量的管道上开孔。

c. 把螺纹座插入已开好的孔内，把螺纹座与被测量的管道焊接好。

d. 把热电偶旋进已焊接好的螺纹座。

e. 按照接线图将热电偶的接线盒接好线。注意接线盒不可与被测介质管道的管壁相接触，保证接线盒内的温度不超过 0～100℃ 范围。接线盒的出线孔应朝下安装，以防因密封不良、水汽灰尘等沉积造成接线端子短路。

4）接线。热电偶的连接导线应使用与热电偶分度号相匹配的补偿导线，应根据距离远近、环境温度及有关防护要求选择不同型号、不同截面积的补偿导线。

现场中热电偶与控制室仪表的连接如图 2-44 所示。热电偶在管道上的安装如图 2-45 所示。

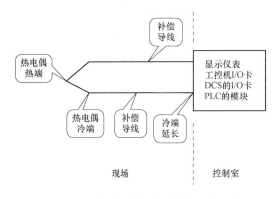

图 2-44 　热电偶与控制室仪表连接示意 　　　　　图 2-45 　热电偶在管道上的安装图（配彩图）

（2）热电偶的使用。

1）为减小测量误差，热电偶应与被测对象充分接触，使两者处于相同温度。

2）选择的保护管应有足够的机械强度，并可承受被测介质的腐蚀。保护管的外径越粗，耐热、耐腐蚀性越好，但热惯性也越大。

3）当保护管表面附着灰尘等物质时，将因热阻增加，使指示温度低于真实温度而产生误差，故应定期清洗。

4）磁感应的影响。热电偶的信号传输线，在布线时应尽量避开强电区（如大功率的电机、变压器等），更不能与电网线近距离平行敷设。如果实在避不开，也要采用屏蔽措施，并使之完全接地。若担心热电偶受影响时，可将热电极丝与保护管完全绝缘，并将保护管接地。

5）如在最高允许温度下长期工作，应注意热电偶材质是否发生变化而引起误差。

6）热电偶清洗、定期检定等应严格按照有关规定进行。

热电偶测温时难免会产生一些故障，产生的故障现象、产生故障的可能原因及处理方法可扫码获取。

延伸阅读

热电偶常见故障
及处理方法

2.3.6 　热电偶的校验

1. 热电偶检定方法

热电偶经过一段时间使用后，由于氧化、腐蚀、还原、高温下再结晶等因素的影响，使它与原分度值或标准分度表的偏离越来越大，以致产生较大误差，准确度下降。因此需对热电偶定期检定（或称校验）以监测其热电特性的变化，检定其准确性。校验是对热电偶热电动势和温度的已知关系进行校核，检查误差的大小。

热电偶的分度与检定主要有纯金属定点法、黑体空腔法和比较法三种方法。

(1) 纯金属定点法是利用纯金属相变平衡点具有恒定不变的温度特性来分度热电偶的。该方法分度热电偶准确度较高，但是这种方法需根据 ITS—1990 国际温标规定的固定点，并在相应的装置中分度，实验过程操作复杂、时间长、要求高、成本高，一次只能分度一支热电偶，此法主要用于标准热电偶组的分度。

(2) 黑体空腔法是利用标准光电高温计或标准光学高温计测量出热源黑体空腔的温度来对热电偶进行分度的方法。黑体空腔法所使用的设备复杂，操作也较麻烦，其分度的准确性主要受到光电高温计（或标准光学高温计）和热源黑体发射率的影响。这种方法主要用于高温标准热电偶的分度，如标准铂铑 30—铂铑 6 热电偶。

(3) 比较法是利用高一级标准热电偶和被检热电偶放在同一温场中直接比较的一种检定方法。这种方法设备简单、操作方便，一次可以检定多支热电偶，而且能在任意温度下检定，能够适应自动分度，对于准确度不是很高和工业用热电偶一般采用此方法。

比较法又分为双极法、同名极法和微差法。

1) 双极法是将标准热电偶和被检热电偶捆扎成束后，置于检定炉内同一温度下，用电测设备在各个检定点上分别测量出标准热电偶和被检热电偶的热电动势，并进行比较，计算出相应热电动势值或误差的一种方法。双极法检定热电偶的特点：①标准热电偶与被检热电偶可以是不同分度号的，只要检定点相同，均可混合检定。②热电偶工作端可以不捆扎在一起，但必须保证它们处于相同均匀温场中。③如果标准与被检热电偶分度号相同，则可减少测量装置产生的误差。④方法简单、操作方便、计算简单。⑤炉温控制严格，对 S、R 型热电偶检定时，炉温偏离检定点温度不得超过 ±10℃；对于 B 型热电偶和廉金属热电偶，炉温偏离检定点温度不得超过 ±5℃，否则会带来较大误差。

2) 同名极法检定是指在各个检定点上分别测量被检热电偶正极与标准热电偶正极、被检热电偶负极与标准热电偶负极之间的微差热电动势，最后用计算的方法得到被检热电偶的误差或相应热电动势值。同名极法检定热电偶的特点：①标准热电偶与被检热电偶必须是相同分度号的，如果分度号不同，不能采用同名极法。②由于热电偶同名极热电动势差很小，因此在读数过程中允许炉温变化小于 ±5℃ 而不影响检定的准确性。③测量热电动势小，电测设备对测量结果的影响也小。另外，由于每支热电偶进行两次测量 E_P 和 E_N，它们之差消除了电测设备固定不变的系统误差。④线路较双极法复杂。⑤标准和被检热电偶参考端不需要修正到 0℃，只要参考端温度恒定在常温即可。

3) 微差法检定是将同分度号的标准热电偶和被检热电偶反向串联，直接测量热电动势值 ΔE 的一种方法。微差法检定热电偶的特点：①标准热电偶与被检热电偶必须是同分度号的热电偶，不是同分度号不能采用此方法。②参考端温度可以不修正到 0℃，只要保持在同一温度即可。③测量端不需捆扎，避免了由于捆头而损坏热电偶，提高了热电偶使用寿命。④直接测量的是标准与被检热电偶热电动势的差值，操作简单，计算方便。⑤测量的微差电动势小，电测设备对测量结果的误差也小，但要求电测设备有较高的灵敏度。与同名极法比较，不能消除电测设备的系统误差。⑥由于微差电动势很小，因此在分度时允许炉温在分度点 ±5℃ 内波动。⑦微差法检定重复性差，对检定炉径向温场要求严格。

热电偶检定的具体要求需按照相应的检定规程来进行。铠装型热电偶的检定遵循铠装型热电偶校准规范（JJF 1262—2010），检定的具体要求可扫码获取。

2. 热电偶自动检定系统

热电偶的检定，以前完全是人工操作，从传感器检定安装开始，捆扎、接线，开启恒温设备，逐个温度点稳定，判断稳定性，测量记录数据，数据结果处理，打印证书，至少需要两个人操作，检定过程一次需要 4~6h。这是一个低效、费时费力的工作。

在计算机技术高度发展的今天，采用计算机技术、自动控制技术和数字化技术，可实现热电偶自动检定。使用热电偶自动检定系统，在检定人员安装好标准传感器和被校传感器后，其他全部工作交给计算机，在 2h（3~4 个检定温度点）左右就完成一次检定，其中包括检定过程的控制，到最后的数据处理和检定证书打印，省时省力，低耗高效。热电偶自动检定系统已经普遍地应用于实际检定工作中。

（1）热电偶自动检定系统的组成。图 2-46 是高温热电偶自动检定系统框图，图中设备的要求如下：

1）电测仪器。电测仪器必须是带通信接口的数字多用表，通常采用的数字多用表为 0.005 级（包括年稳定性），分辨力为 $0.1\mu V$；低电动势直流电位差计在自动检定系统中无法使用。

2）程控低热电动势转换开关。带通信接口的程控转换开关，寄生电动势小于 $0.5\mu V$。

3）热电偶检定炉。要求同常规热电偶检定。

4）检定炉温度控制器。采用带通信接口的温度程序控制器，准确度等级为 0.1 级，温度波动能控制在每分钟 0.1℃以下。

5）高温热电偶检定炉。要求同常规热电偶检定。

6）高温炉温度控制器。采用带通信接口的温度程序控制器，准确度等级为 0.1 级，并且增加带电流跟踪控制，温度波动能够在每分钟 0.1℃以下。

7）标准器。要求同常规热电偶检定。

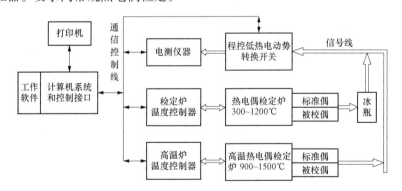

图 2-46 高温热电偶自动检定系统框图

（2）自动检定软件。热电偶自动检定软件也就是自动检定的工作程序，是一个专业性很强的软件。自动检定软件必须严格按照正在实行的检定规程编制。该软件具有下列主要功能：

1）系统的连接检查功能。判断连接是否工作正常。

2）标准检定证书数据更新功能。作为主标准器的标准热电偶，检定后新的证书要容易更新。

3）控制参数的修改功能。为了保证自动检定系统控制最优化，控制参数可以由用户重新整定，并且将新的控制参数设置到工作程序中。

4）检定信息输入和参数设置。自动检定系统在检定前，需要输入被检热电偶信息、标准选择、检定温度点等。

5）自动检定。自动检定过程框图如图 2-47 所示。首先采集炉温或槽温，判断其是否稳定及满足检定条件，如果稳定且满足，则开始测量。当一个温度检定点结束后，判断是否完成，如果完成，保存结束，如果还有检定点，设定检定设备下一个温度点。检定程序要求工作可靠，有一定的

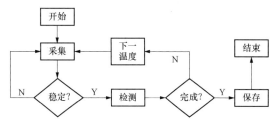

图 2-47 自动检定过程框图

容错能力，以保证在检定过程中数据偶尔出错不致于导致计算机程序跳出或死机，影响检定工作正常进行。例如，在检定过程中某一支被检热电偶损坏，检定过程照常进行。如果标准热电偶出问题，必须中断检定工作。

6）数据查询处理输出功能。检定结束后，可以立即进行数据处理。检定证书也可以直接由计算机处理和打印。需要列出计算机实际测量的原始数据及每步的分布计算结果，便于检定人员进行每步的核对计算。

2.4 热电阻温度计

2.4.1 热电阻测温原理及特点

用热电偶测量 500℃ 以下温度时，输出的热电动势小，测量准确度低，于是可采用热电阻测温。热电阻温度计有许多优点：中、低温时测量准确度高，不需要冷端温度补偿，电阻信号便于远传。其缺点是：不能测量太高温度，感温部分体积大，热惯性大；不能测取某一点的温度，只能测量一个区域的平均温度；在应用时需要外供电源；连接导线电阻易受环境温度影响而产生测量误差。

热电阻温度计由热电阻、连接导线和测量电阻值的显示仪表所组成，如图 2-48 所示。

热电阻是根据金属导体或半导体的电阻随温度变化而改变的性质工作的。大多数金属电阻每升高 1℃ 其阻值约增加 $0.4\% \sim 0.6\%$ 左右，而半导体热电阻却减少 $3\% \sim 6\%$。

表征电阻与温度之间灵敏度的参数是电阻温度系数 α，它是温度每变化 1℃ 时，材料电阻的相对变化值，即

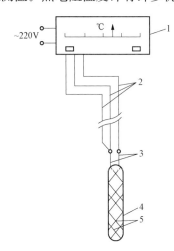

图 2-48 热电阻温度计
1—显示仪表；2—连接导线；3—引出线；
4—云母支架；5—电阻丝

$$\alpha = \frac{dR}{R} \frac{1}{dt} \approx \frac{R_{100} - R_0}{R_0 \times 100} \quad (1/℃) \quad (2-14)$$

式中：α 为电阻温度系数；R_{100} 是温度为 100℃时电阻值；R_0 是温度为 0℃时电阻值。

显然 α 越大，热电阻温度计越灵敏。通常，电阻温度系数与温度有关，所以电阻与温度呈非线性关系。

选用制作热电阻的材料时，应考虑材料应有较高的电阻温度系数，最好电阻温度系数与温度无关，近似为常数。另外，化学、物理稳定性好，易于提纯和复制且价格便宜等。工业中常用的热电阻材料是铂和铜，其次是铁、镍等。

金属的纯度可用比值 $\dfrac{R_{100}}{R_0}$ 表示，R_{100} 和 R_0 分别表示 100℃和 0℃条件下的电阻值。$\dfrac{R_{100}}{R_0}$ 越大，纯度越高，其 α 值越大，且稳定性也好；反之 α 值小也不易稳定。例如，作为基准器用的铂电阻，要求 $\alpha > 3.925 \times 10^{-3}℃^{-1}$；一般工业上用的铂电阻，则要求 $\alpha > 3.85 \times 10^{-3}℃^{-1}$。另外，$\alpha$ 值还与制作工艺有关，例如电阻丝在拉伸过程中，电阻丝的内应力会引起 α 值变化。故电阻丝在制成热电阻后须进行退火处理，以消除内应力。

2.4.2　标准化热电阻及半导体热敏电阻

1. 标准化热电阻

标准化热电阻是指具有统一分度号、互换性强的工业热电阻，主要有铂电阻与铜电阻。

（1）工业铂热电阻（PRT）。铂热电阻的特点是稳定性好、准确度高、性能可靠、测温范围宽。但在还原性气体中，由于铂在高温下很容易被还原性气体污染，材质将变脆，并将改变电阻与温度间的关系。因此，必须用保护套管把电阻体与有害的气体隔离开来。铂热电阻被广泛用于工业上和实验室中。

绕制铂热电阻感温元件的铂丝纯度是决定温度计准确度的关键。铂丝纯度越高其稳定性、复现性越好，测温准确度也越高。对于工业用铂热电阻温度计 R_{100}/R_0 为 1.385。

铂热电阻的温度特性可用下列公式表示：

−200～0℃之间

$$R_t = R_0 [1 + At + Bt^2 + Ct^3(t - 100)] \tag{2-15}$$

0～850℃之间

$$R_t = R_0 (1 + At + Bt^2) \tag{2-16}$$

以上两式中：R_t 为 t℃时的电阻值；R_0 为 0℃时的电阻值；A、B、C 为常数，对于工业用铂热电阻，$A = 3.9083 \times 10^{-3}℃^{-1}$，$B = -5.7750 \times 10^{-7}℃^{-2}$，$C = -4.1830 \times 10^{-12}℃^{-4}$。

需要说明的是，R_0 越大，则热电阻的体积越大，不仅需要更多的材料，而且使测量的时间常数增大，电流通过热电阻丝时产生的热量也增加，但引线电阻及其变化的影响变小；R_0 越小，情况与上述相反。因此，需要综合考虑选用合适的 R_0。

国产标准化工业铂热电阻的分度号为 Pt10 和 Pt100，表示其 R_0 分别为 10Ω 及 100Ω。10Ω 铂热电阻的感温元件是用较粗铂丝绕制而成，耐温性能明显优于 100Ω 铂热电阻，主要用于 650℃以上的温区；100Ω 铂热电阻主要用于 650℃以下的温区，虽也可用于 650℃以上温区，但在 650℃以上温区不允许有 A 级允差。100Ω 铂热电阻的电阻分辨率比 10Ω 铂热电阻的电阻分辨率大 10 倍，对二次仪表的要求相应低一个数量级，因此在 650℃以下温区测温应尽量选用 100Ω 铂热电阻。

工业用铂热电阻的技术性能见表 2-7。Pt100 的分度表见本书配套资源。

表 2 - 7　　　　　　　　　　　　铂热电阻和铜热电阻的技术性能

热电阻名称	代号	分度号	R_0（Ω）		R_{100}/R_0		测温范围（℃）	基本误差	
			公称值	允许值	名义值	允许误差		温度范围（℃）	允许值（℃）
铂热电阻	WZP (IEC)	Pt10 Pt100	10	A 级：±0.006 B 级：±0.012	1.385	±0.001	−200～850	−200～850	A 级：±(0.15+2×10⁻³|t|) B 级：±(0.3+5×10⁻³|t|)
			100	A 级：±0.006 B 级：±0.012					
铜热电阻	WZC	Cu50 Cu100	50	±0.05	1.428	±0.0002	−50～150	−50～150	$\Delta t=±$（0.3+6×10⁻³t）
			100	±0.1					

（2）工业铜热电阻（CRT）。铜热电阻的价格比较便宜，电阻值与温度几乎是线性关系，且电阻温度系数也比较大，材料容易提纯，工业上在 −50～+150℃测温范围内使用较多。铜热电阻的缺点是容易氧化，其电阻率 ρ 比较小，所以做成一定阻值的热电阻时体积就不可能很小。一般用在低温及没有腐蚀性的介质中。

铜热电阻的分度号是 Cu50 和 Cu100，表示其 R_0 分别为 50Ω 及 100Ω。

铜热电阻在其测量范围内的温度特性可用下式表示

$$R_t = R_0 \left[1 + \alpha t + \beta t(t-100) + \gamma t^2(t-100) \right] \qquad (2-17)$$

式中：R_t 为 t℃时的电阻值；R_0 为 0℃时的电阻值；α、β、γ 为常数，对于工业用铜热电阻，$\alpha=4.280\times10^{-3}$℃$^{-1}$，$\beta=-9.31\times10^{-8}$℃$^{-2}$，$\gamma=1.23\times10^{-9}$℃$^{-3}$。

工业用铜热电阻的技术性能见表 2 - 7。Cu100 的分度表见本书配套资源。

2. 半导体热敏电阻

半导体热敏电阻是用金属氧化物半导体材料制成的测温敏感元件。制作热敏电阻的材料主要是氧化锰、氧化镍、氧化铜、氧化钴、氧化镁、氧化钛等。按某种比例将几种氧化物混合、研磨后加进黏合剂，埋入适当的引线（如铂丝等），挤压成形再经烧结而成。热敏电阻有正温度系数（PTC）、负温度系数（NTC）和临界温度系数（CTR）三种，它们的温度特性曲线如图 2 - 49 所示。温度检测用的主要是负温度系数热敏电阻，PTC 和 CTR 热敏电阻则利用在特定温度下电阻值急剧变化的特性构成温度开关器件。

负温度系数热敏电阻的阻值与温度的关系可近似表示为

$$R_T = R_{T_0} \, \mathrm{e}^{B\left(\frac{1}{T}-\frac{1}{T_0}\right)} \qquad (2-18)$$

式中：R_T、R_{T_0} 分别为热敏电阻在温度为 T、T_0 时的电阻值；B 为取决于半导体材料和结构的常数。

根据电阻温度系数 α 的定义，可求得负温度系数热敏电阻的 α 值为

$$\alpha = \frac{1}{R_T} \frac{\mathrm{d}R_T}{\mathrm{d}T} = -\frac{B}{T^2} \qquad (2-19)$$

由式（2 - 19）可以看出，α 值为负，并与 T^2 成反比。

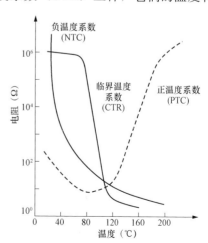

图 2 - 49　各种热敏电阻的特性

负温度系数热敏电阻的 t_0 为 25℃，所以标准电阻值 R（25℃）和 B 值是它的两个重要参数，应选择合适的值使热敏电阻在测温范围内有较好的准确度和稳定性。

与金属测温电阻相比，半导体热敏电阻的优点是：电阻系数大，一般为金属电阻的几十倍，灵敏度高；电阻率大，在使用时引线电阻所引起的误差可以忽略；体积小，热惯性小，可测点温。它的不足之处主要是：非线性严重，互换性差，部分产品稳定性不好。但由于它结构简单，热响应快，灵敏度高并且价格便宜，因此在汽车、家电等领域得到大量应用。

2.4.3　热电阻的结构

与热电偶一样，工业热电阻的结构有普通型（也称装配型）和铠装型。它们都由感温元件（热电阻体）、引线、保护套管、接线盒、绝缘材料等组成。普通型热电阻是将感温元件焊上引线组装在一端封闭的金属或陶瓷保护套管内，再装上接线盒制成。铠装型热电阻是将电阻感温元件、过渡引线、绝缘粉末组装在不锈钢管内再经模具拉伸而形成的坚实整体，具有坚实、抗振、可挠、线径小、使用安装方便等特点。普通型和铠装型热电阻结构如图 2-50 所示，铠装型实物图如图 2-51 所示。

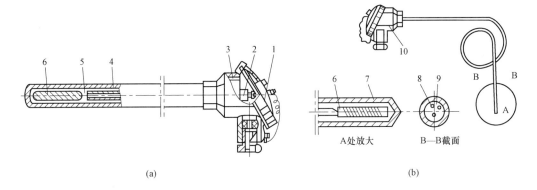

(a)　　　　　　　　　　　　　　　(b)

图 2-50　热电阻结构示意图

(a) 普通型热电阻；(b) 铠装型热电阻

1—接线盒；2—接线柱；3—接线座；4—保护套管；5—引出线；6—感温元件；7—金属套管；
8—金属导线；9—绝缘材料；10—接线盒

图 2-51　铠装型热电阻实物图（配彩图）

此外，还有一些适用于特殊场合的热电阻。

（1）端面热电阻。端面热电阻感温元件由特殊处理的热电阻丝绕制而成，紧贴在温度计端面。它与一般轴向热电阻相比，能更正确和快速地反映被测端面的实际温度，适用于测量汽轮机和电机轴瓦以及其他机件的端面温度。端面热电阻分端面铂热电阻和端面铜热电阻两种，它们的外形、结构及安装一样，如图 2-52 所示。

（2）电机绕组铜热电阻。电机绕组铜热电阻主要用于测量电机绕组、定子等的温度，其感温元件压制在非金属绝缘材料的保护片中。它除具有热电阻的一般特性外，还具有抗振、耐压、绝缘等优点，其分度号为 Cu50，测温范围为 0～120℃。

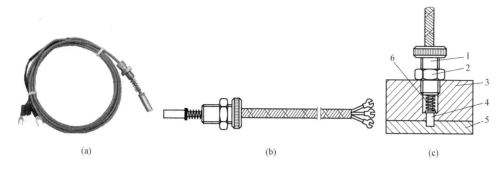

图 2 - 52 端面热电阻

(a) 外形图；(b) 结构图；(c) 安装图

1—螺栓；2—锁紧螺母；3—轴衬；4—热电阻体；5—轴瓦；6—压紧弹簧

（3）隔爆型热电阻。隔爆型热电阻可用于具有爆炸性危险场所的温度测量。其隔爆原理同隔爆型热电偶。

值得一提的是，无论是普通型热电阻还是铠装型热电阻，都可以在其接线装置内装入转换器，构成与热电阻一体、输出直流 4～20mA 标准化信号的热电阻，称为带转换器热电阻，如图 2 - 53 所示。有的带转换器热电阻还附加显示功能。该仪表的输出信号传输方式为两线制，负载电阻 250Ω，引线电阻不大于 100Ω。仪表标准供电电压为直流 24V，转换器准确度等级有 0.2、0.5 和 1.0 级。使用时，铂热电阻（Pt100）的极限测量范围为 -200～$+500℃$；铜热电阻（Cu50 和 Cu100）的极限测量范围为 -50～$+150℃$。

引线是测量热电阻阻值所必需的零件。引线有一定的阻值和它自己的电阻温度系数，它们附加到电阻体上造成误差。引线向电阻体导入热量或从电阻体导出热量都会引起误差。因此对引线材料要有一定的要求，如电阻率小、电阻温度系数小、与电阻体接点处产生的热电动势尽量小、化学性质稳定、导热率尽量低等。常用的引线是铂、金、银和铜丝。

图 2 - 53 带转换器的热电阻（配彩图）

国产热电阻的引线有两线制、三线制和四线制三种。

（1）两线制：在热电阻体的电阻丝两端各连接一根导线的引线方式为两线制，见图 2 - 54 (a)。这种引线方法很简单，但由于连接导线必然存在引线电阻 r，r 大小与导线的材质和长度等因素有关，因此这种引线方式只适用于测量准确度较低的场合。

（2）三线制：在热电阻体的电阻丝的一端连接两根引出线，另一端连接一根引出线，此种引出线方式称三线制，见图 2 - 54 (b)。采用三线制连接的目的是减小引线电阻变化引起的附加误差。

热电阻与电桥配套使用，采用三线制连接时，是将导线一根接到电桥的电源端，其余两根分别接到热电阻所在的桥臂及与其相邻的桥臂上，这样可以较好地消除引线电阻带来的测量误差。

（3）四线制：在热电阻的根部两端各连接两根导线的方式称为四线制，见图 2 - 54 (c)。其中两根引线为热电阻提供恒定电流 I，把 R 转换成电压信号 U_1，再通过另两根引线把 U_1

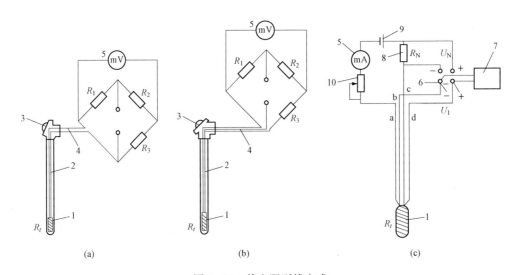

图 2 - 54　热电阻引线方式

(a) 两线制；(b) 三线制；(c) 四线制

1—热电阻体；2，4—引线；3—接线盒；5—电流表；6—转换开关；7—电位差计；8—标准电阻；9—电源；10—滑线电阻

引至显示仪表。这种引线方式可完全消除引线的电阻影响，主要用于高准确度的温度检测。

2.4.4　热电阻阻值的测量及多路温度检测

1. 热电阻阻值的测量

热电阻阻值的测量方法很多，为人熟知。热电阻阻值的测量，常采用电桥。电桥按电源分为直流电桥和交流电桥，按工作方式分为平衡电桥和不平衡电桥。平衡电桥又包括手动平衡电桥和自动平衡电桥。

下面介绍利用手动平衡电桥测量热电阻阻值的原理及其三线制连接的优点。

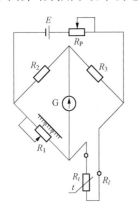

图 2 - 55　手动平衡电桥测量电阻原理图

手动平衡电桥测量电阻的原理如图 2 - 55 所示。图中 R_2 和 R_3 为两个锰铜丝绕制的已知电阻（通常令 $R_2 = R_3$），R_1 为滑线电阻。R_t 为热电阻，采用两线制接线方式接入桥路，R_l 为连接导线的电阻，G 为检流计，E 为电池。

电桥平衡时，检流计中无电流通过，根据电桥平衡原理

$$R_1 R_3 = R_2 (R_t + R_l) \qquad (2 - 20)$$

因为

$$R_2 = R_3 \qquad (2 - 21)$$

所以可得

$$R_t = R_1 - R_l \qquad (2 - 22)$$

在滑线电阻 R_1 上进行电阻或温度刻度，根据 R_1 的滑动触点位置便可确定热电阻的阻值。

从式（2 - 22）可知，R_t 不仅取决于 R_1 的触点位置，还与 R_l 有关，而 R_l 是随环境温度变化的，这就导致了测量结果的误差。

为了减小此误差，可采用如图 2 - 56 所示的三线制连接，此时电桥的平衡条件为

$$R_1 + R_W = (R_t + R_W)\frac{R_2}{R_3} \qquad (2-23)$$

利用式（2-21），可得

$$R_t = R_1 \qquad (2-24)$$

可见三线制连接有利于消除连接导线电阻变化对测量的影响。

2. 多路温度检测

对热电阻进行多路温度检测，是将多路电阻值先转变为电压信号，然后通过多路开关的选择实现多路温度的测量。其中将电阻值转换为电压信号的常用方法有恒流驱动法与电桥测量法。

（1）恒流驱动法。恒流驱动法实质上就是将恒定电流通入被测热电阻，将电阻信号转换成电压信号进行测量的方法。在使用恒流驱动的转换方式时只可以采用三线制和四线制的引线结构。

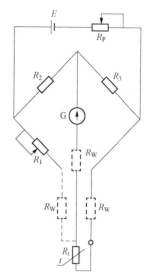

图 2-56　手动平衡电桥测量电阻的三线制连接

下面介绍四线制多路测量。

图 2-57 所示是多路四线制的接线，K1、K2、K3 是多路模拟开关，箭头表示通过电阻 R_2 电流 I 的走向，K1 用于切换电流，K2、K3 用来切换输入的差分电压，根据恒流驱动的原理可得

$$R_2/R_t = U_{R_2}/U_{R_t} \qquad (2-25)$$

$$R_t = R_2 U_{R_t}/U_{R_2} \qquad (2-26)$$

式中，U_{R_2} 为电阻 R_2 两端电压，已经作为参考电压直接引入集成测温 A/D 芯片的参考电压端；U_{R_t} 为热电阻两端电压，作为测量电压由多路开关切换进行测量。

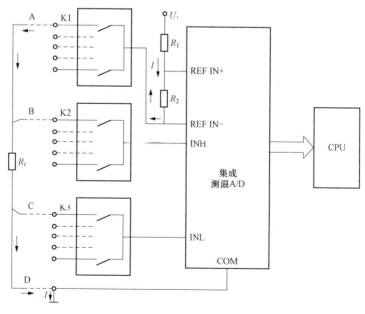

图 2-57　恒流驱动四线制多路测温

相对于集成 A/D 芯片的高阻抗，模拟开关 K2、K3 的导通电阻以及引线 B、C 的电阻可以忽略不计；模拟开关 K1 导通电阻的串入以及引线 A、D 的电阻的影响可以改变 I，却并不影响 R_2、R_t 两端电压的比值，式（2-26）会保持不变。因此，四线制的独特优点是对引线电阻的对称性无特殊要求。

（2）电桥测量法。在热电阻多路温度测量中，可以通过模拟多路开关的选择使多路热电阻共用一个测量桥路，也可以为各路热电阻分别设计一个独立桥路，所不同的是后者虽然结构较为复杂，但能够更好地消除导线以及多路开关产生的误差，在实际设计中常常使用独立的测量桥路。

下面以三线制电桥多路测量为例进行介绍。如图 2-58 所示是典型的三线制热电阻电桥多路测量电路，在 R-t 转换中，电桥电源 E 必须十分稳定，一般要求电源误差小于 0.1%，因为 E 的误差将直接影响桥路的输出。

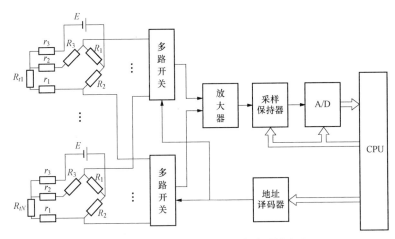

图 2-58   三线制热电阻电桥多路测量电路

电桥中一般取桥臂电阻 $R_1 = R_2$，同时为了使变换器在整个变换范围内有线性变换关系，桥臂电阻 R_1、R_2 应远大于被测电阻 R_t。r_1、r_2 和 r_3 是线路电阻，由于 r_1、r_2 对输出电压有直接影响，故实际使用中调整使 $r_1 \sim r_3$ 为 5Ω。

总之，R_1、R_2、R_3，r_1、r_2 对输出电压都有直接影响，故要求它们的电阻稳定度和准确度都比较高，否则将影响整个仪表的测量准确度。

现场中热电阻与控制室中相关仪表的连接如图 2-59 所示。

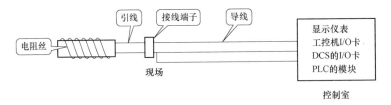

图 2-59   现场中热电阻与控制室中相关仪表的连接

2.4.5 热电阻的应用

1. 热电阻的型号

工业用热电阻的型号由两节组成，第一节与第二节之间用"-"线隔开，具体含义如

图 2-60 所示。

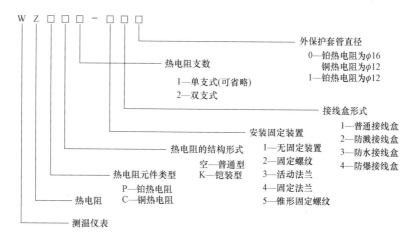

图 2-60　工业用热电阻的型号

例如，WZPK2-110 表示工业测温用无固定装置的双支铠装型铂热电阻，它采用普通接线盒，外保护套管直径为 16mm。

2. 热电阻的安装方式

热电阻安装方式与热电偶安装方式相同。

3. 安装注意事项

在选择对热电阻的安装部位和插入深度时要注意以下几点：

（1）为了使热电阻的测量端与被测介质之间有充分的热交换，应合理选择测点位置，尽量避免在阀门、管道和设备的死角附近装设热电阻。

（2）带有保护套管的热电阻有传热和散热损失，为了减少测量误差，热电阻应该有足够的插入深度。当介质为水和气体时，其插入深度应分别为管径的 15 倍和 25 倍以上。

（3）对于测量管道中心流体温度的热电阻，一般都应将其测量端插入管道中心处（垂直安装或倾斜安装）。

（4）当测量元件插入深度超过 1m 时，应尽可能垂直安装，或加装支撑架和保护套管。

4. 热电阻的使用

（1）为了能保持热电阻的特性稳定，应尽可能避免其处于温度急剧变化的环境。

（2）为保证测量准确度，应在经过充分接触换热，即约为时间常数的 5～7 倍以后再开始测量。

（3）在测量热电阻时，需要通以电流。虽然电流增大可以提高灵敏度，但电流过大会引起电阻发热，而造成测量误差，甚至损坏。

（4）如果引线间或者绝缘体表面上附着有水滴或灰尘时，将使测量结果不稳定并产生误差。因此，要注意使热电阻具有防水、防尘等性能。

（5）注意热电阻的性能劣化，其产生原因主要如下：一是因热电阻丝材料的劣化而引起电阻温度特性的变化；二是由于机械作用或化学腐蚀，使保护套管强度降低而引起破损。

5. 热电阻的误差分析

热电阻若使用不当，会产生较大的误差。可能产生误差的因素主要有以下几方面：

（1）动态误差。由于电阻体体积较大，热容量较大，其动态误差比热电偶大，这也制约了热电阻在快速测温中的应用。测温时待温度计与介质完全达到热平衡后才能进行测量，否则将会带来较大的误差。

（2）连接导线电阻变化引起测量误差。不论何种材料制成的连接导线，当周围环境温度变化时，导线电阻都会发生变化。为了减小或消除连接导线电阻变化的影响，需要采用三线制或四线制接法。

（3）热电阻通电发热引起误差。热电阻在测量过程中，必然会因电流流过而发热，使其温度升高，导致阻值的增加，带来测量误差。对于标准铂热电阻，此项误差已修正，可不考虑。对于工业热电阻，为了避免或减小自热效应引起的误差，规定在使用中其工作电流不超过 $6\sim8$ mA，在检定中不超过 1mA。

（4）机械力带来的误差。热电阻的电阻丝在绕制后都要经过严格的退火处理，以最大程度地消除内应力。当热电阻受到冲击、振动等机械力的作用时，会导致电阻丝的变形、弯曲而产生内应力，从而改变其电阻值和电阻温度特性，带来测量误差。

（5）氧化带来的误差。热电阻长期使用在高温氧化条件下时，其阻值会因氧化而变化，带来测量误差。

（6）淬火效应的误差。当热电阻从高温下快速冷却时，其作用相当于淬火。淬火作用会在热电阻内产生应力，还可以产生微观组织缺陷。这些都会引起电阻值的变化，带来测量误差。

热电阻在使用过程中难免会出现故障。热电阻的常见故障是电阻短路或断路，其中以断路为多，这是由于电阻丝较细所致。断路和短路极易判别，用万用表欧姆挡可方便检查。热电阻在运行中常见故障及处理方法可扫码获取。

延伸阅读

热电阻常见故障
及处理方法

2.4.6 热电阻自动检定系统

热电阻在投入使用之前要进行检定，在投入使用后也要定期进行检定。关于这方面的工作，我国有统一规程 JJG 229—2010《工业铂、铜热电阻检定规程》。对工业铂、铜热电阻的检定方法可扫码学习。

知识拓展

工业铂、铜热电阻
检定方法

与热电偶的自动检定系统相似，目前热电阻的检定也常使用热电阻自动检定系统。在检定人员安装好标准和被校热电阻后，其他工作交给计算机，在 2h（3~4 个检定温度点）左右就完成一次检定。图 2 - 61 是热电阻自动检定系统组成框图。

图中设备的要求如下：

（1）电测仪器。电测仪器需求 A 级以上为 0.005 级以上的电测设备，B 级以下为 0.02 级的电测设备。通常采用带通信接口的数字多用表（$6\frac{1}{2}$ 和 $7\frac{1}{2}$ 数字多用表）。

（2）程控低热电动势转换开关。带通信接口的程控转换开关，寄生电动势小于 $1.0\mu V$。

（3）恒温水槽。采用带通信接口的温度程序控制器，工作温度为 $R_T+10\sim95$℃（注 R_T 为室温）；温场均匀，最大温差小于 0.02℃；温度波动小于 0.04℃/10min。

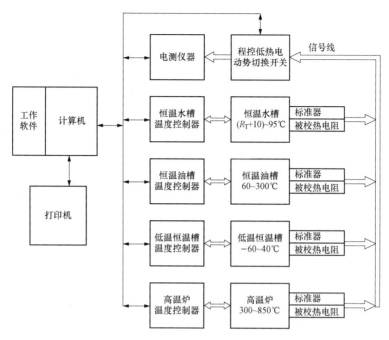

图 2-61 热电阻自动检定系统组成框图

（4）恒温油槽。采用带通信接口的温度程序控制器，工作温度为 60～300℃；温场均匀，最大温差小于 0.02℃；温度波动小于 0.04℃/10min。

（5）低温恒温槽。采用带通信接口的温度程序控制器，工作温度为 −60～40℃；温场均匀，最大温差小于 0.02℃；温度波动小于 0.04℃/10min。

（6）高温炉。采用带通信接口的温度程序控制器，工作温度为 300～850℃，测温区域温差不大于热电阻上限允差的 1/8。

（7）标准器。二等标准铂热电阻温度计。

热电阻自动检定软件的功能同热电偶，这里不再赘述。

2.5 新型温度传感器

随着科学技术的迅猛发展，新效应、新材料、新工艺的不断发现以及信号处理方法的不断改进，推动了温度传感器的发展。在温度测量方面，以集成温度传感器、总线式数字温度传感器具有代表性。

2.5.1 集成温度传感器

集成温度传感器是利用晶体管 PN 结的电流、电压特性与温度的关系，将感温 PN 结及有关电子线路集成在一个小的硅片上，构成一个小型化、一体化的专用集成电路片。集成温度传感器具有体积小、反应快、线性好、价格低等优点，但由于 PN 结受耐热性能和特性范围的限制，因此它只能用来测量 150℃ 以下的温度。

按输出电气量类型的不同来区分，集成温度传感器可分为电压型、电流型两种。电流型集成温度传感器输出阻抗极高，因此可以简单地使用双股绞线传输数百米远；电压型集成温度传感器的优点是直接输出电压，输出阻抗低，易于读出或与控制电路连接。

1. 电流型集成温度传感器

若集成温度传感器的输出电流 I_0 与温度成正比，则称其为电流型集成温度传感器。

典型的代表器件是美国模拟器件公司生产的 AD590 集成温度传感器（简称 AD590）。

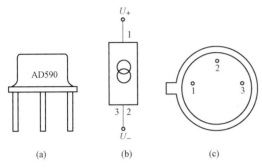

图 2-62　AD590 集成温度传感器
(a) 外形；(b) 电路图形符号；(c) 引脚

（1）AD590（SL590）外形、符号和引脚功能。AD590 的输出电流与环境绝对温度成正比，可以直接制成绝对温度仪。

AD590 有 I、J、K、L、M 等型号系列，SL590 是仿 AD590 的产品。SL590 和 AD590 可以直接互换使用。AD590 采用金属管壳封装，外形、电路图形符号及引脚如图 2-62 所示。AD590 集成温度传感器各引脚功能见表 2-8。

表 2-8	AD590 集成温度传感器各引脚功能	
引脚编号	符号	功能
1	U_+	电源正端
2	U_-	电流输出端
3		金属外壳，一般不用

（2）内部电路。AD590 内部电路由两只 PN 结对管组成的温度敏感元件和两只恒流源组成，如图 2-63 所示。其中 V1 和 V2 是相互匹配的晶体管，I_1 和 I_2 分别是 V1 和 V2 的集电极电流，由恒流源提供。V1 和 V2 的两个发射极和基极电压之差 ΔU_{be} 的计算式为

$$\Delta U_{be} = \frac{KT}{q}\ln\left(\frac{I_1}{I_2}\gamma\right) \qquad (2-27)$$

式中：q 为电子电荷量（1.59×10^{-19} C）；K 为波尔兹曼常数（1.38×10^{-23} J/K）；T 为绝对温度；γ 为常数，由设计和制造决定。

由式（2-27）可知，ΔU_{be} 正比于绝对温度 T，这就是集成温度传感器的测温原理。

（3）主要特性和应用。AD590 的灵敏度为 $1\mu A/K$，具有良好的互换性和线性关系，在整个使用温度范围内误差在 0.5℃ 以内。它还具有消除电源波动的特性，即使电源电压从 5V 变化到 15V，电流也只在 $1\mu A$ 以内变化，也就是说只有不到 1℃ 的变化，因而广泛应用在高准确度温度测量和计量等方面。其主要特性见表 2-9。

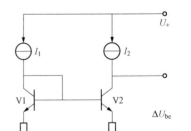

图 2-63　AD590 集成温度传感器
内部电路

表 2 - 9   **AD590 集成温度传感器的主要特性**

参数名称	AD590I	AD590J	AD590K	AD590L	AD590M
最高正向电压（V）			44		
最高反向电压（V）			−20		
工作温度范围（℃）			−55～+150		
储存温度（℃）			−65～+175		
工作电压范围（V）			4～30		
额定输出电流（μA）			298.2		
额定温度系数（μA/℃）			1		
非线性（−55～+150℃）（℃）	±3	±1.5	±0.8	±0.4	±0.3
校正误差（在 25℃时）（℃）	±10	±5	±2.5	±1	±0.5

1）温度测量电路。图 2 - 64 是一个简单的测温电路。AD590 在 25℃（298.16K）时，理想输出电流为 298.16μA，但实际上存在一定误差，可以在外电路中进行修正。将 AD590 串联一个可调电阻，在已知温度下调整电阻值，使输出电压 U_0 满足 1mV/K 的关系（如 25℃时，U_0 应为 298.16mV）。调整好以后，固定可调电阻，即可由输出电压 U_0 读出所处的热力学温度。

2）控温电路。简单的控温电路如图 2 - 65 所示。AD311 为比较器，它的输出控制加热器电流，调节 R_P 可改变比较电压，从而改变了控制温度。AD581 是恒压源，为 AD590 提供一个合理的稳定电压。

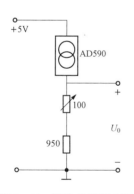

图 2 - 64　简单的测温电路

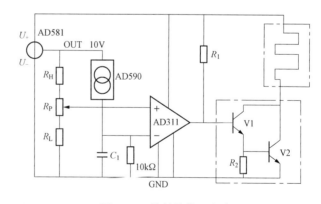

图 2 - 65　简单的控温电路

2. 电压型集成温度传感器

若集成温度传感器的输出电压 U_0 与温度成正比，则称其为电压型集成温度传感器。LM35 系列是美国国家半导体公司生产的电压输出式集成温度传感器，它们具有很高的工作准确度和较宽的线性工作范围，输出电压与摄氏温度成正比。有关 LM35 集成温度传感器外形、符号和引线，内部电路，主要特性和应用可扫码获取。

延伸阅读

LM35集成温度
传感器

2.5.2　总线式数字温度传感器

总线式数字温度传感器属于智能化产品，其主要优点是采用数字化技术，能以数字形式直接输出被测温度值，具有测温误差小、分辨率高、抗干扰能力强、能够远程传输数据、用户可设定温度上下限、越限自动报警、自带串行总线接口等优点。典型的产品有 DS1820、DS18B20、DS18S20、DS1821、DS1822、DS1624、DS1629 等型号。

该类传感器根据串行总线来划分，有单线总线、二线总线两种类型，输出为 9～12 位的二进制数据，测温分辨率一般可达 0.5～0.0625℃。DS1624 型高分辨率数字温度传感器能够输出 13 位二进制数据，其分辨率高达 0.03125℃。下面以 DS18B20 为例对总线式数字温度传感器加以介绍。

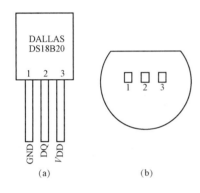

图 2-66　DS18B20 引脚及封装图
(a) 引脚图；(b) TO-92 封装图
GND—电源地；DQ—数字信号输入/输出端；
V_{DD}—外接供电电源输入端

1. DS18B20 的结构

DS18B20 是 DALLAS 公司生产的一线式数字温度传感器，具有 3 引脚 TO-92 小体积封装形式，如图 2-66 所示。温度测量范围为 -55～+125℃，可编程，为 9～12 位 A/D 转换器，测温分辨率可达 0.0625℃。被测温度用符号扩展的 16 位数字量方式串行输出。其工作电源既可在远端引入，也可采用寄生电源方式产生。多个 DS18B20 可以并联到 3 根或 2 根线上，CPU 只需一根端口线就能与诸多 DS18B20 通信，占用微处理器的端口较少，可节省大量的引线和逻辑电路。以上特点使 DS18B20 非常适用于远距离多点温度检测系统。

DS18B20 内部结构如图 2-67 所示，主要由四部分组成，即 64 位 ROM、温度传感器、非易失性温度报警触发器 TH 和 TL、配置寄存器。

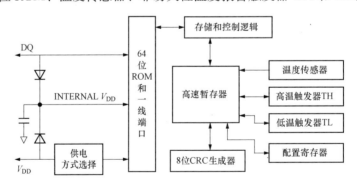

图 2-67　DS18B20 内部结构框图

ROM 中的 64 位序列号是出厂前被光刻好的，它可以看作是该 DS18B20 的地址序列码，每个 DS18B20 的 64 位序列号均不相同。ROM 的作用是使每一个 DS18B20 都各不相同，这样就可以实现一根总线上挂接多个 DS18B20 的目的。另外，用户还可以自设定非易失性温度报警（TH、TL）上下限值（掉电后依然存在）。DS18B20 在完成温度变换后，所测温度值将自动与存储在 TH 和 TL 内的触发值相比较，如果测温结果高于 TH 限制或低于 TL 限制，DS18B20 内部的报警标志就会被置位，表示温度超出了测量范围。

2. DS18B20 的测温原理

DS18B20 的测温原理如图 2 - 68 所示，图中低温度系数晶振的振荡频率受温度的影响很小，用于产生固定频率的脉冲信号送给减法计数器 1；高温度系数晶振随温度变化其振荡频率明显改变，所产生的信号作为减法计数器 2 的脉冲输入。图中还隐含着计数门，当计数门打开时，DS18B20 就对低温度系数振荡器产生的时钟脉冲后进行计数，进而完成温度测量。计数门的开启时间由高温度系数振荡器来决定。每次测量前，首先将 -55℃ 所对应的基数分别置入减法计数器 1 和温度寄存器中，减法计数器 1 和温度寄存器被预置在 -55℃ 所对应的一个基数值。减法计数器 1 对低温度系数晶振产生的脉冲信号进行减法计数，当减法计数器 1 的预置值减到 0 时温度寄存器的值将加 1，减

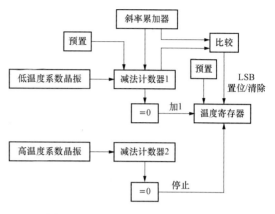

图 2 - 68 DS18B20 的测温原理框图

法计数器 1 的预置将重新被装入，减法计数器 1 重新开始对低温度系数晶振产生的脉冲信号进行计数，如此循环直到减法计数器 2 计数到 0 时，停止温度寄存器值的累加，此时温度寄存器中的数值即为所测温度。图 2 - 68 中的斜率累加器用于补偿和修正测温过程中的非线性，其输出用于修正减法计数器的预置值。

被测温度用符号扩展的 16 位数字量方式串行输出，如图 2 - 69 所示。前面 5 位为符号位，如果测得的温度大于 0，这五位为 0，只要将测得的数值乘以 0.0625 即可得到实际温度；如果温度小于 0，这 5 位为 1，测得的数值需要取反加 1 再乘以 0.0625 即可得到实际温度。温度/数字对应关系见表 2 - 10。

	bit 7	bit 6	bit 5	bit 4	bit 3	bit 2	bit 1	bit 0
LS Byte	2^3	2^2	2^1	2^0	2^{-1}	2^{-2}	2^{-3}	2^{-4}
	bit 15	bit 14	bit 13	bit 12	bit 11	bit 10	bit 9	bit 8
MS Byte	S	S	S	S	S	2^6	2^5	2^4

图 2 - 69 温度测量转换数据

表 2 - 10 **DS18B20 若干温度与其串行数字对照表**

温度（℃）	数字输出二进制	数字输出十六进制	温度（℃）	数字输出二进制	数字输出十六进制
+125	0000 0111 1101 0000	07D0H	0	0000 0000 0000 0000	0000
+85	0000 0101 0101 0000	0550H	-0.5	1111 1111 1111 1000	FFF8H
+25.0625	0000 0001 1001 0001	0191H	-10.125	1111 1111 0101 1110	FF5EH
+10.125	0000 0000 1010 0010	00A2H	-25.0625	1111 1110 0110 1111	FE6FH
+0.5	0000 0000 0000 1000	0008H	-55	1111 1100 1001 0000	FC90H

例如：+125℃的数字输出为07D0H，+25.0625℃的数字输出为0191H，−25.0625℃的数字输出为FE6FH，−55℃的数字输出为FC90H。

3. DS18B20使用注意事项

DS18B20虽然具有系统简单、准确度高、连接方便、占用口线少等优点，但在实际应用中也应注意以下几方面的问题。

(1) 硬件成本小，但软件补偿相对复杂。由于DS18B20与微处理器间采用串行数据传送，因此在对DS18B20进行读写编程时，必须严格保证读写时序，否则将无法读取测温结果。在使用PL/M、C等高级语言进行系统程序设计时，对DS18B20操作部分最好采用汇编语言实现。

(2) 在DS18B20的有关资料中均未提及单总线上所挂DS18B20数量问题，容易使人误认为可以挂任意多个DS18B20，在实际应用中并非如此。当单总线上所挂DS18B20超过8个时，就需要解决微处理器的总线驱动问题，这一点在进行多点测温系统设计时要加以注意。

(3) 连接DS18B20的总线电缆是有长度限制的。这主要是由总线分布电容使信号波形产生畸变造成的，因此，在用DS18B20进行长距离测温系统设计时要充分考虑总线分布电容和阻抗匹配问题。

(4) 在DS18B20测温程序设计中，向DS18B20发出温度转换命令后，程序总要等待DS18B20的返回信号，一旦某个DS18B20接触不好或断线，当程序读该DS18B20时，将没有返回信号，程序进入死循环。这一点在进行DS18B20硬件连接和软件设计时也要给予一定的重视。

(5) 测温电缆线建议采用屏蔽4芯双绞线，其中一组接地线与信号线，另一组接V_{DD}和地线，屏蔽层在源端单点接地。

2.5.3 光纤测温技术

1. 光纤的基本结构及分类

光纤是光导纤维的简称，一般由纤芯、包层、涂覆层和护套构成，如图2-70所示。纤芯和包层为光纤结构的主体，对光波的传播起着决定性作用。涂覆层与护套则主要用于隔离杂光，提高光纤强度，保护光纤。在特殊应用场合不加涂覆层与护套，为裸体光纤，简称裸纤。纤芯直径一般为$5\sim75\mu m$，材料主体为二氧化硅，其中掺杂极微量其他材料，如二氧化锗、五氧化二磷等，以提高纤芯的化学折射率。包层为紧贴纤芯的材料层，其光学折射率稍小于纤芯材料。根据需要，包层可以是一层，也可以是折射率稍有差异的两层或多层。包层总直径一般为$100\sim200\mu m$。包层材料一般也是二氧化硅，但其中微

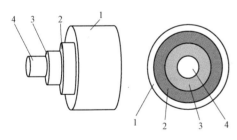

图2-70　光纤的结构
1—护套；2—涂覆层；3—包层；4—纤芯

量掺杂三氧化二硼或四氧化二硅，以降低包层的光学折射率。由于纤芯的折射率n_1大于包层的折射率n_2，光进入光纤，可以发生全反射现象。

光纤在温度传感器中的使用总的可分为两类。一类是光纤只作为传光用，在两段光纤的中间放置温度传感器部件。该部件是一种对温度敏感的物体，当温度变化时光纤传输的光也

就相应地变化。常用的温度传感部件有感温晶体和偏振随温度变化、荧光随温度变化、反射光表面随温度变化的部件。另一类是利用光在光纤中传输特性受温度的影响，从而检测出环境的温度变化。

2. 光纤布拉格光栅温度传感器

光栅是由很多相等节距的透光和不透光刻线相同排列构成的栅形光器件。光栅的主要特点是间距小、条纹长、大多数情况下线宽度等于缝隙宽度。

光纤布拉格光栅（Fiber Bragg Grating，FBG）传感器是一种新型的光纤传感器。它是利用光纤材料的光敏性，通过紫外光曝光的方法将入射光的相干场图形写入纤芯，在纤芯内产生沿纤芯轴向的折射率周期性变化，从而形成永久性空间的相位光栅，其作用实质上是在纤芯内形成一个窄带的（透射或反射）滤波器或反射镜。当一束宽光谱光经过光纤光栅时，满足光纤布拉格光栅条件的波长将产生反射，其余的波长将透过光纤光栅继续往前传输。而光纤光栅的反射或透射波长光谱主要取决于光栅的栅距 Λn_{eff} 和有效折射率 n_{eff}。任何使这两个参量发生改变的物理过程都将引起光栅波长的漂移。利用光纤光栅这一特性可制成许多性能独特的光电子器件。

由耦合波理论可得，当满足相位匹配条件时，光栅的布拉格波长为

$$\lambda_{\mathrm{b}} = 2n_{\mathrm{eff}}\Lambda \tag{2-28}$$

式中：λ_{b} 为布拉格波长；n_{eff} 是光纤传播模式的有效折射率；Λ 是相位掩模光栅的周期。

如图 2-71 所示，当一宽谱光源入射进入光纤后，经过光纤光栅会有波长为式（2-28）的光返回，其他的光将透射。反射的中心波长信号 λ_{b}，跟光栅周期 Λ 和纤芯的有效折射率 n 有关，所以当外界的被测量引起光纤光栅温度、应力改变都会导致反射的中心波长的变化。也就是说，光纤光栅反射光中心波长的变化反映了外界被测信号的变化情况。光纤光栅的中心波长与温度和应变的关系为

$$\frac{\Delta\lambda_{\mathrm{b}}}{\lambda_{\mathrm{b}}} = (\alpha_{\mathrm{f}} + \xi)\Delta T + (1 - P_{\mathrm{e}})\Delta\varepsilon \tag{2-29}$$

式中：α_{f} 为光纤的热膨胀系数，$\alpha_{\mathrm{f}} = \dfrac{1}{\Lambda}\dfrac{\mathrm{d}\Lambda}{\mathrm{d}T}$；$\xi$ 为光纤材料的热光系数，$\xi = \dfrac{1}{n}\dfrac{\mathrm{d}n}{\mathrm{d}T}$；$P_{\mathrm{e}}$ 为光纤材料的弹光系数，$P_{\mathrm{e}} = -\dfrac{1}{n}\dfrac{\mathrm{d}n}{\mathrm{d}\varepsilon}$。

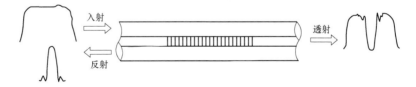

图 2-71　光纤光栅结构与传光原理

在 1550nm 窗口，中心波长的温度系数约为 10.3pm/℃，应变系数为 1.209pm/$\mu\varepsilon$。如果将 FGB 封装在温度增敏材料中，可以提高它的温度系数灵敏度，进而得到更大的测量准确度。

光纤布拉格光栅传感器的基本原理结构如图 2-72 所示，其中包括宽谱光源（如面发光二极管 SLED 或放大自发辐射光源 ASE 等）将有一定带宽的光通过光耦合器或者光环

行器入射到光纤光栅中。由于光纤光栅的波长选择性，符合条件的光被反射回来，再通过耦合器或者环行器送入解调装置测出光纤光栅的反射波长变化。当光纤布拉格光栅做探头测量外界的温度、压力或应力等被测量时，光栅自身的折射率或栅距发生变化，从而引起反射波长的变化，解调装置即通过检测波长的变化推导出外界被测温度、压力或应力等值。

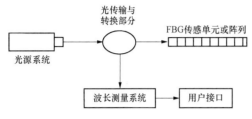

图 2-72　光纤布拉格光栅（FBG）
传感器原理图

电力系统经常需要对电气设备进行在线监测，而这些设备测量需要的传感器应具有很好的绝缘性能，一般电信号传感器无法使用。光纤布拉格光栅传感器具有绝缘性好、抗电磁干扰、体积小等特点，是进行这些环境下测量的最佳选择。光纤布拉格光栅传感器在电力系统中的应用，主要是对电气设备进行温度的在线监测，诊断过热的原因，再经过处理分析故障，实现在线安全监测。

　　例如，通过监测开关柜内触点温度的运行情况，可有效防止开关柜的火灾发生，保证高压开关柜安全运行。某公司开发的光纤布拉格光栅温度在线监测系统结构如图 2-73 所示。这套系统的温度测量范围为−20～130℃，测量准确度为±0.5℃，分辨率为 0.1℃，光纤的传输距离大于 10km，单通道可以复用 12～40 个传感器。该系统安装在开关柜中，当电缆接头温度过高时，及时报警，并可实现实时长期监测，布设方便。

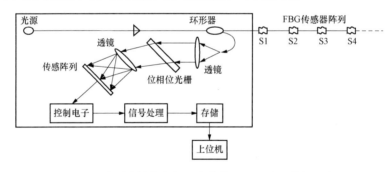

图 2-73　光纤布拉格光栅温度在线监测系统的结构示意图

2.5.4　声波测温技术

1. 基本原理

声波测温是近 40 年发展起来的一种新型的测温技术，其理论基础是声波在气体、液体、固体中的传播速度与介质温度有确定的函数关系。在理想气体中声速与绝对温度的平方根成正比；在大多数液体中，声速与温度呈线性关系；在一般固体中，当温度升高时，声波在其中的传播速度减小。所以，通过测量介质中的声速就可以计算出介质温度。

声学法测量气体温度时，气体介质中声波的传播速度是该气体介质温度的函数，同时与该气体的组分有关。根据理想气体定律

$$p = \rho R T \tag{2-30}$$

式中：p 为理想气体压强；ρ 为密度；R 为理想气体常数；T 为理想气体的热力学温度。

在上述关系中，声速和定压定容比有下列关系

$$v^2 = cp/\rho \tag{2-31}$$

式中：v 为声速；c 为定压定容状态下的比热容。

综合式（2-30）和式（2-31）可以得到

$$v = \sqrt{cRT} \tag{2-32}$$

这是声速和温度之间的基本关系式。

声波在介质中的传播速度取决于气体的温度及声波的传播路径。在实际测量中，将两个声波收发器置于待测温度场两侧，发射的声波及接收的声波在温场内形成一条声学路径，如图 2-74 所示。

待测温场的空间结构已知，声波收发器两者之间的距离 L 通过测量得到，测定声波在其飞渡距离 L 所用的时间 Δt，便可求得声波在该传播路径上的平均速度。

图 2-74 单路径声学测温原理示意图

如果要提高声学测温系统的温度分辨率，需要在测量温度的横截面上布置一定数量的声波收发传感器，以获得多条声波传播路径。图 2-75 是一个典型的温度场测量系统的声波收发传感器的布阵示意图，它由对称分布的 8 个声波收发传感器（S1，S2，…，S8）组成。声波在不同侧的 2 个收发器之间进行传播，可形成 24 条声波传播路径。在进行温度场的测量时，在一个检测周期内，顺序启闭各个声波收发器，测量声波在每一条路径上的传播时间，并按照一定的重建算法建立这个平面上的二维温度场分布。

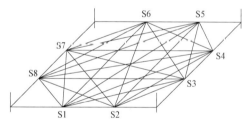

图 2-75 8 个声波收发器形成 24 条声波路径

2. 声学测温系统的基本构成

声学测温系统主要包括以下四部分：

（1）电路系统。电路系统由发射机、接收机、信号处理单元及通信单元组成。

（2）声波收发单元。声波收发单元包括换能器单元和声波导管。

（3）软件系统。软件系统由反演算法和图形绘制部分构成。

（4）其他部分。其他部分包括上位计算机及其显示输出等外围设备。

声学测温系统构成如图 2-76 所示。它的主要任务是测量声波在两个声波收发器之间的传播时间，经通信系统，将测量到的声波传播时间数据送入系统进行处理，计算并反演待测温度场（如炉膛）的温度信息。

3. 应用举例

某电厂 1000MW 超超临界锅炉采用美国 Enertechnix 公司开发的 PyroMetrix 声波测温

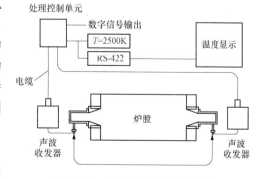

图 2-76 声学测温系统构成图

系统。PyroMetrix 声波测温系统由声波发生器（ASG）、触发器（AST）、声波接收器（ASR）、信号处理器（SPC）等重要部件组成。其通过声波发生器（ASG）将压力为 0.6MPa 的仪用气体压缩成 3.0MPa 的高压气体，形成一股强烈、高速的声波，触发 AST 动作的同时，发射到炉膛内，由声波接收器（ASR）接收高速声波，记录发射和接收声波的时间，通过 SPC 内部逻辑计算，得出该声波轨迹内一个平均温度。系统框图如图 2-77 所示。

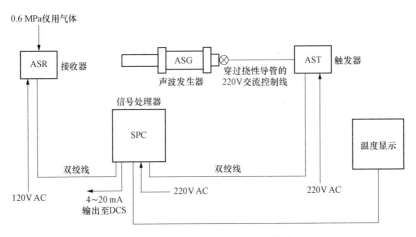

图 2-77 PyroMetrix 声波测温系统框图

该电厂♯6 锅炉上安装有 2 层声波测温系统，每层系统独立，互不影响。上层安装在 67m，下层安装在 51m。声波测温系统分现场部分和集控室电子间部分。每套系统组成主要包括 2 个声波发生器（ASG）和 6 个声波接收器（ASR）。2 套系统共用 1 个信号处理器（SPC）。炉膛温度测量系统配置如图 2-78 所示。通过测量得到 8 个通道上烟气的平均温度，再经计算机特殊算法处理得到炉膛温度场分布并在分散控制系统（DCS）显示器上显示出来（见图 2-79），指导运行人员操作。

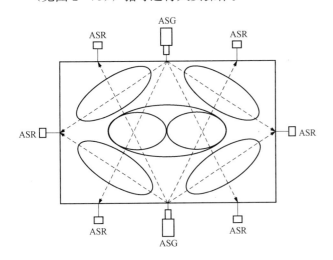

图 2-78 炉膛温度测量系统配置图

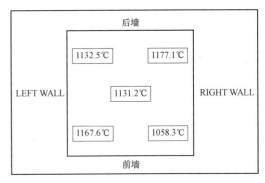

图 2-79 炉膛温度场分布 DCS 显示图

2.6 红外测温仪与红外热像仪

辐射式测温仪表是目前高温测量中应用广泛的一种仪表，主要应用于冶金、化工、铸造以及玻璃、陶瓷和耐火材料等工业生产过程中。它是利用物体的辐射能随其温度而变化的原理制成的。在测量时，只需将测温仪光学接收系统对准被测物体，不必与物体接触，就能测得被测物体的温度，因此可以测量运动物体的温度并不会破坏物体的温度场。另外，由于感温元件只接收辐射能，它不必达到被测物体的实际温度，从理论上讲测量上限是没有限制的，因此可测高温。这类测温仪大致分成两类，一类是通常所说的光学辐射式高温计，包括光学高温计、光电高温计、辐射高温计、比色高温计等；另一类是红外辐射测温仪，包括全红外线辐射型、单色红外辐射、比色型等。

辐射测温方法常应用于 900℃ 以上的高温区测量中，但随着红外技术的发展，测温的下限已下移到常温区，大大扩展了非接触式测温的使用范围。

2.6.1 热辐射测温的基本知识

任何物体的温度高于绝对零度时，因其内部带电粒子的运动，都会以一定波长电磁波的形式向外辐射能量，其中以热能方式向外发射的那一部分称为热辐射。辐射温度探测器所能接收的热辐射波段约为 $0.3 \sim 40 \mu m$，属于可见光和红外线的波长范围。

1. 热辐射测温的基本定律

（1）普朗克定律与维恩公式。全辐射体的辐射出射度 $M_{0\lambda}$ 与波长 λ 和温度 T 的关系可由普朗克定律表示为

$$M_{0\lambda} = C_1 \lambda^{-5} (e^{\frac{C_2}{\lambda T}} - 1)^{-1} \tag{2-33}$$

式中：C_1 为普朗克第一辐射常数，$C_1 = 3.7413 \times 10^{-16} W \cdot m^2$；$C_2$ 为普朗克第二辐射常数，$C_2 = 1.4388 \times 10^{-2} m \cdot K$。

在温度 $T < 3000K$ 和可见光波长（波长 λ 较小）范围内，式（2-33）可以简化成维恩公式

$$M_{0\lambda} = C_1 \lambda^{-5} e^{-\frac{C_2}{\lambda T}} \tag{2-34}$$

式中符号含义同式（2-33）。

由式（2-33）和式（2-34）可知，在波长一定时，$M_{0\lambda}$ 就只是温度的单值函数，二者有一一对应关系，这是单色辐射高温计的理论依据。

（2）斯特藩—玻尔兹曼定律。全辐射体的辐射出射度 M_0（波长从 $0 \sim \infty$）与温度 T 关系为

$$M_0 = \int_0^\infty M_{0\lambda} d\lambda = \sigma T^4 \tag{2-35}$$

式中：σ 为斯特藩—玻尔兹曼常数，$\sigma = 5.67032 \times 10^{-8} W/(m^2 \cdot K^4)$

由式（2-35）可知，全辐射体的辐射出射度 M_0 是温度的单值函数，测得辐射出射度即可求出被测物体的温度，这是辐射高温计的理论依据。

需要说明的是，由于实际物体不是全辐射体，式（2-33）～式（2-35）用于实际物体时可用以下方法修正：

$$M_\lambda = \varepsilon_\lambda C_1 \lambda^{-5} (e^{\frac{C_2}{\lambda T}} - 1)^{-1} \tag{2-36}$$

$$M_\lambda = \varepsilon_\lambda C_1 \lambda^{-5} e^{-\frac{C_2}{\lambda T}} \tag{2-37}$$

$$M = \varepsilon \sigma T^4 \tag{2-38}$$

式中：ε_λ 为实际物体在波长 λ 下的光谱发射率（光谱黑度）；ε 为实际物体的全辐射发射率（发射率）。

发射率 ε 是实际物体的辐射出射度与相同温度下全辐射体的辐射出射度之比。对于全辐射体，$\varepsilon=1$；对于实际物体，$0<\varepsilon<1$。

2. 热辐射测温的常用方法

（1）亮度测温。它是通过测量目标在某一波段的辐射亮度来获得目标的温度。按这种方法工作的测温仪表称为亮度测温仪，它所测出的温度是目标的亮度温度。这种测温仪通常使用限定入射辐射波长的滤光片来选择接收特定波长范围内的目标辐射。但是，为了在测量较低温度时能够获得足够的辐射能量，往往选用较宽的辐射波段。亮度测温仪的优点是结构简单、使用方便、灵敏度较高，而且能够抑制某些干扰，因此在高温或低温范围都有较好的使用效果。但是，这种测温仪测出的亮度温度与目标的真实温度 T 有一定的偏差。

（2）全辐射测温。它是通过测量物体发出的全辐射能量（$\lambda=0\sim\infty$）来测量物体的温度。按这种方法工作的测温仪表称为辐射测温仪，它所测出的是目标的辐射温度，在数值上完全遵从斯特藩—玻耳兹曼定律的四次方关系。实际的全辐射测温仪，并非要求真正测量全部波长的辐射能量，这样可以简化测温仪的结构，使用更加方便。全辐射测温仪的灵敏度较低，用这种测温仪测量得到的目标辐射温度与其真实温度 T 之间有较大偏差。

（3）比色测温。所谓比色测温，就是利用两组（或多组）带宽很窄的不同单色滤光片，搜集两个（或多个）相近波段内的辐射能量，转换成电信号后在电路上进行比较，由此比值确定目标温度。按这种方法工作的测温仪表称为比色测温仪，它所测出的是目标的比色温度。比色测温仪的优点是灵敏度较高，测出的比色温度与目标真实温度 T 偏差较小，在中高温度范围内使用效果较好，抗干扰能力强；缺点是结构较为复杂，价格比较昂贵。

2.6.2 红外测温仪

1. 红外测温仪概述

红外辐射又称红外线，它是一种人眼看不见的光线，波长范围大致在 $0.76\sim1000\mu m$ 的频谱范围之内，分为四个区域，即近红外区、中红外区、远红外区和极远红外区。自然界中任何物体，只要它的温度高于绝对零度（$-273.15℃$），就会有红外线向周围空间辐射。

红外辐射在大气中传播时，由于大气中的气体分子、蒸气以及固体微粒、尘埃等物质的吸收和散射作用，使辐射在传输过程中逐渐衰减。但空间的大气、烟云对红外辐射的吸收程度与红外辐射的波长有关，特别对波长范围在 $2\sim2.6\mu m$、$3\sim5\mu m$ 和 $8\sim14\mu m$ 的三个波段吸收相对很弱，红外线穿透能力较强，透过率高，因此统称为"大气窗口"。这三个波段对红外探测技术特别重要，因为红外探测器一般都工作在这三个波段（大气窗口）之内。

红外辐射出射度与辐射源的温度之间仍遵循热辐射的基本定律。根据普朗克定律绘制的辐射曲线中可知，2000K 以下的曲线最高点所对应的波长已不是可见光，而是红外线，所以较低温度的测量常采用红外测温仪表。

2. 红外测温仪的工作原理及结构

红外测温仪是红外辐射测温仪的简称，也称红外温度计。现场人员常称其为点温枪，有便携式和固定式两种。

红外测温仪由光学系统、红外探测器、信号放大及处理、显示输出等部分组成。光学系统汇聚其视场内的目标红外辐射能量，视场的大小由测温仪的光学零件及其位置确定。红外能量聚焦在光电探测器上并转变为相应的电信号。该信号经过放大器和信号处理电路，并按照仪器内部的算法和目标发射率校正后转变为被测目标的温度值。

光学系统与红外探测器是整个仪表的关键。红外光学材料是光学系统中的关键器件，它对红外辐射透过率很高，而对其他波长辐射不易透过的材料。红外探测器的作用是将接收到的红外辐射强度转换成电信号，有光电型和热敏型两种类型。光电型探测器是利用光敏元件吸收红外辐射后其电子改变运动状况而使电气性质改变的原理工作的，常用的有光电导型和光生伏特型两种。热敏型探测器是利用了物体接收红外辐射后温度升高的性质来测量温度的，有热敏电阻型、热电偶型及热释电型等几种。在光电型和热敏型探测器中，前者用得较多。

红外测温仪的一个重要参数是距离系数 K，被定义为由测温仪探头到目标之间的距离 L 与被测目标直径 d 之比，它取决于红外测温仪的光学系统。红外测温仪的距离系数与视场如图 2-80 所示。

距离系数越大，允许被测物体越远越小。在测量距离远目标小的物体，例如变压器套管头、穿墙套管头等，应选用距离系数大的红外测温仪，否则可能会造成很大的误差。

图 2-81 所示为红外测温仪工作原理。光学系统的作用是收集辐射能量并将其汇聚到红外探测器上，它的测量准确性取决于距离系数。具有目视瞄准系统的测温仪还有一个 45°反射分光镜，

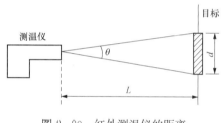

图 2-80 红外测温仪的距离
系数与视场

它把红外辐射反射到探测器上，把可见光透射到分划板上。分划板上刻有一个圆环，圆环的面积等于探测器光阑孔的面积，分划板后有一套目视透镜组。使用者通过目视透镜组观察被测物在分划板上所成的图像，以便确定对被测物体的瞄准情况和目标是否已经充满小环。

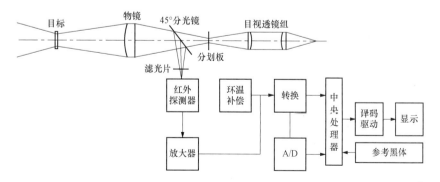

图 2-81 红外测温仪工作原理示意图

3. 红外测温仪的选用

(1) 确定测温范围。测温范围是红外测温仪能够测量的温度下限和上限的这段区间，它

是测温仪重要的性能指标。每种型号的测温仪都有自己特定的测温范围。一般来说，测温范围窄，监控温度的输出信号分辨率高，测温准确度容易解决。测温范围过宽，会降低测温准确度。在允许的情况下最好不要选择过宽的测温范围，这样会增加成本和误差。

（2）确定目标尺寸。一般亮度测温仪在进行测温时，被测目标面积应充满测温仪的视场，且其面积以超过视场 50% 为宜。如果目标尺寸小于视场，背景辐射就会进入测温仪的视场，使光学系统汇聚的红外辐射能量发生偏差，造成误差。对于比色测温仪，其温度是由两个独立的波长带内辐射能量的比值来确定的。当被测目标很小，不充满视场，测量通路上存在烟雾、尘埃、阻挡，对辐射能量有衰减时，都不对测量结果产生重大影响。因此，对于细小而又处于运动或振动之中的目标，比色测温仪是最佳选择。如果存在测量通道弯曲、狭小、受阻等情况，测温仪和目标之间不可能直接瞄准，则比色光纤测温仪是最佳选择。

（3）确定距离系数（光学分辨率）。不同的测温仪的距离系数不同，其范围为 2∶1～300∶1。距离系数越大，允许被测目标越小。如果测温仪远离目标，而目标又小，就应选择高距离系数的测温仪。

（4）确定工作波长范围。工作波长是红外测温仪根据测温范围所选择的红外辐射波段。选择正确的工作波段区域至关重要，同时被测物体必须在工作波长区域有较高的辐射率、较低的透射率和反射率。

目标材料的发射率和表面特性决定测温仪的光谱响应或波长。在高温区，测量金属材料的最佳波长是近红外，可选用 $0.8\sim1.0\mu m$。其他温区可选用 1.6、$2.2\mu m$ 和 $3.9\mu m$。另外，测低温区选用 $8\sim14\mu m$ 为宜。

（5）确定响应时间。响应时间是指被测目标突然进入并充满视场后到温度显示值稳定后的时间，它与光电探测器、信号处理电路及显示系统的时间常数有关。确定响应时间，主要取决于目标的运动速度和目标的温度变化速度。对于温度变化快的静止目标，如果变化速度是每秒 5℃，要识别的温差为 1℃，那么每变化 1℃ 的时间是 0.2s。测温仪的响应时间应为 0.2s 的一半，即 0.1s。对于存在热惯性的静止目标，或现有控制设备的速度受到限制，测温仪的响应时间就可以放宽要求了。

（6）信号处理功能。考虑到离散过程（如零件生产）和连续过程不同，所以要求红外测温仪具有多信号处理功能（如峰值保持、谷值保持、平均值），可供选用。

（7）环境条件考虑。当环境温度高，且存在灰尘、烟雾和蒸气的条件下，比色测温仪是最佳选择。在存在噪声、电磁场、振动和难以接近的环境等恶劣条件下时，宜选光纤比色测温仪。当测温仪工作环境中存在易燃气体时，可选用本征安全型红外测温仪。

测温仪所处的环境条件对测量结果有很大影响，会影响测温准确度甚至引起损坏。为了避免被测物周围高温辐射源反射与透射的影响，可采用遮挡其背面高温热源的方法，如加石棉挡板等。为避免现场环境温度过高对高温计造成损害，可在现场高温计加隔温装置或冷却装置。

图 2-82 所示为美国福禄克（FLUKE）电子仪器仪表公司生产的 F59 手持式红外测温仪。它通过接收被测物体发射、反射和传导的能量来测量其表面温度。测温仪内的探测元件将采集的能量信息送到微处理器中进行处理，然后转换为数字信号在 LCD 液晶屏上显示。F59 技术参数可扫码获取。

红外测温在电力系统中的应用已日趋广泛。手持式红外测温仪主要用来测量高压隔离开关触头的温度、高压线夹的温度、设备引流接点的温度等。

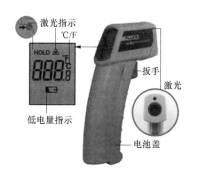

图 2-82 福禄克 F59 手持式红外测温仪外形（配彩图）

2.6.3 红外热像仪

1. 红外热像仪的工作原理及组成

红外测温仪主要用于测量物体一个相对小的面积上的平均温度，因此每次测量的区域有限。当需要大面积测量时，必须在被测区域内选择多点、多次测量才能完成，相当麻烦。

红外热像仪通过接收物体发出的红外线（红外辐射），再由红外探测器将物体辐射的功率信号转换成电信号，经电子信息处理系统处理，得到与物体表面热分布相应的热像图。这种热像图与物体表面的温度分布场相对应，主要是由温度差和发射率差产生的，实质上是被测目标各部分的红外辐射分布图。通俗地讲，红外热像仪就是将物体发出的不可见红外能量转变为可见的热像图。热像图上面的不同颜色代表被测物体的不同温度。

红外热像仪一般包括四个基本组成部分，即光学成像系统（包括扫描系统）、红外探测器及制冷器、电子信息处理系统和显示系统。光学成像系统的作用是将物体发射的红外线会聚到红外控测器上，扫描器既要实现光学系统大视场与探测器小视场匹配，又要按照显示制式进行扫描，红外探测器将红外辐射变成电信号，信息处理系统对电信号进行放大和处理，显示器系统电信号用可见的图像形式显示出来。其基本组成如图 2-83 所示。

2. 红外热像仪的主要技术指标

（1）工作波段。工作波段是指红外热像仪中所选择的红外探测器的响应波长区域，一般是 $3\sim5\mu m$ 或 $8\sim14\mu m$。

（2）像素（像元数）。像素是指在由一个数字序列表示的图像中的一个最小单位。由像素可以反映出红外探测器的

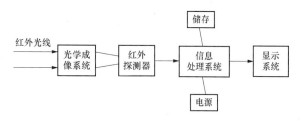

图 2-83 红外热像仪的基本组成

分辨率。目前市场主流分辨率为 160×120（19.2 万像素），此外还有 384×288（110 万像素）以及 640×480（300 万像素）等。分辨率越高，成像效果也就越清晰。

（3）视场角。视场角（FOV）表示在光学系统中能够向平面视场光阑内成像的空间范围，即是物体在热像仪中成像的空间最大张角，一般是矩形视场，表示为水平 $\alpha\times$ 垂直 β，单位为度。视场取决于热像仪光学系统的焦距。

（4）空间分辨率。空间分辨率是指图像中可辨认的物体空间几何长度的最小极限，通常用热像仪的瞬时视场角（Instantaneous Field Of View，IFOV）的大小来表示（毫弧度 mrad）。IFOV 表示热像仪的最小角分辨单元，决定着红外热成像仪画面的清晰度，是热像

仪所能测量的最小尺寸。它与光学像质、光学会聚系统焦距和红外传感器的线性尺寸相关。IFOV越小，最小可分辨单元越小，图像空间分辨率越高。

（5）最小检测目标尺寸。最小检测目标尺寸为空间分辨率和最小聚焦距离的乘积。空间分辨率越小，最小聚焦距离越小，则可检测到越小的目标。

（6）热灵敏度。一般采用在30℃时的噪声等效温差（NETD@30℃）来表示。其定义为用热像仪观察标准试验图案，图案上的目标与背景之间能使基准化电路输出端产生峰值信号与均方根噪声之比为1时的温差。

（7）最小聚焦距离。最小聚焦距离由红外热像仪所配的镜头所决定。长焦镜头会提高远距离的辨识率，但是会大大缩小视野。相反，短焦镜头，大大提高视野范围，但是会降低辨识率。

（8）帧频。热像仪每秒钟产生完整图像的画面数称为帧频，单位为Hz。帧频的高低，直接说明了红外热像仪的反应速度。高帧频的热像仪适合抓拍高速物体的温度移动，以及温度高速变化的物体。一般来说红外热像仪的帧频应该达到30Hz，最好能达到50Hz，否则在很多工作场合下，红外热像仪无法胜任工作。

（9）测温范围。测温范围是指红外热像仪在满足准确度的条件下测量温度的区间。每种型号的热像仪都有自己特定的测温范围。用户对被测温度范围一定要考虑准确、周全，既不要过窄，也不要过宽，需要购买在自己测量温度内的红外热像仪。

（10）测温准确度。测温准确度反映了测温的准确程度。一般红外热像仪的测温准确度都是±2℃或读数的±2%。

福禄克（FLUKE）的手持式红外热像仪的外形如图2-84所示，某电容器老化发热的热像图如图2-85所示。福禄克红外热像仪主要技术参数扫码获取。

图2-84　福禄克红外热像仪的外形（配彩图）

图2-85　某电容器老化发热热像图（配彩图）

延伸阅读

红外热像仪技术参数

知识拓展

红外热像仪在电气设备故障诊断中的应用

电气设备出现故障往往导致设备运行的温度状态发生异常，因此通过检测电气设备的这种变化，可以对设备故障做出诊断。由于红外热像仪能将物体发出的红外辐射变为可见的热分布图像，这就为人们提供了一个直观的观察工具，即直接观察记录这种红外热分布图像的变化，用来分析判断物体的各种状况，达到故障诊断的目的。红外热像仪在电气设备故障诊断中的应用情况可扫码学习。

实训项目　热电偶和热电阻的检定

实训项目

　　工业生产中对热电偶和热电阻的检定是必须完成的一项工作。通过完成热电偶和热电阻的检定实训项目，可以加深对检定方法的进一步理解，并对检定设备及操作方法有直观的认识。热电偶和热电阻的检定实训内容可扫码获取。此外，对与测温仪表相关的国家标准、国家计量检定规程、中国机械行业标准的名称及编号进行了汇总，也可扫码获取。

思考题和习题

1. 温度测量仪表的种类有哪些，各使用在什么场合？

2. 国际实用温标中温度的单位是什么？如何用摄氏度和开尔文来表示水的三相点温度？

3. 双金属温度计的测温原理是什么？其型号是什么？

4. 热电偶产生热电动势必须具备什么条件？

5. E 分度号的热电偶输出热电动势 E（300，50）和 E（500，250）一样吗？注意两个温差是一样的。

6. 可否在热电偶闭合回路中接入导线和仪表，为什么？

7. 在分度号为 S、K、E 三种热电偶中，试问：

（1）哪种热电偶适用在氧化气体和中性气体中测温？

（2）允许误差最小、测量准确度最高的是哪种热电偶？

（3）热电动势最大、灵敏度最高的是哪种热电偶？

（4）哪种热电偶价格最高，哪种热电偶价格最低？

8. 铠装型热电偶的结构与普通型热电偶的结构有什么不同，各有何优点？

9. 什么叫做消耗式热电偶，这种热电偶有什么用途和特点？

10. 耐磨热电偶保护套管有何特点？当发现保护套管磨穿时应如何处理？

11. 用热电偶测温时，为什么要进行冷端温度补偿，补偿的方法有哪几种？

12. 热电偶补偿导线的作用是什么？在选择使用补偿导线时需要注意什么问题？补偿导线规格为 KC - GB - VV70RP4 * 1.5，试说明其含义。

13. 一台测温仪表的补偿导线与热电偶的极性接反了，同时又与仪表输入端接反了，会产生附加测量误差吗？附加测量误差大约是多少？

14. 在热电偶安装中，热电偶的热端与保护套管的管壁接触，相当于接地。热电偶的热端接地与不接地有何区别？

15. 某加热炉在停工检修时，发现测炉膛温度的热电偶套管拔不出来，这是什么原因？

16. 校验工业热电偶时，需要准备哪些仪器与设备？应该怎样对热电偶进行校验？

17. 试述热电偶温度计、热电阻温度计各包括哪些元件和仪表？输入、输出信号各是什么？带转换器的热电偶或热电阻输出什么信号？

18. 试述热电阻测温原理，常用热电阻的种类及 R_0 各为多少，各有什么特点。

19. 热电阻信号有哪几种常用的连接方式，各有什么特点？

20. 一支测温电阻体，分度号已看不清，如何用简单方法鉴别出电阻体的分度号？

21. 为什么要定期校验热电阻？热电阻元件有几种校验方法？说明对工业用热电阻校验的方法及所用的主要设备。

22. 试述测温元件的安装和布线的要求。

23. 简述 DS18B20 的工作原理。

24. 光纤光栅温度传感器的测温原理是什么，适用于什么场合工作？

25. 说明红外辐射的特点，并分析红外测温仪的工作原理。红外测温仪为什么可以测低温？

26. 红外热像仪与红外测温仪有什么不同，有什么应用？

27. 将一支灵敏度为 0.08mV/℃ 的热电偶与电位差计相连，已知接线端温度为 50℃，电位差计读数是 60mV，试求热电偶热端温度。

28. 用 K 热电偶测某设备的温度，测得的热电动势为 20mV，冷端（室温）为 25℃，求设备的温度。如果改用 E 热电偶来测温时，在相同的条件下，E 热电偶测得的热电动势为多少？

29. 测温系统如图 2-86 所示。请说出这是工业上用的哪种温度计？已知该测温元件的分度号为 K，但错用与 E 配套的显示仪表，在没有采取冷端温度补偿的情况下，当仪表指示为 160℃ 时，请计算实际温度 t_x（室温为 25℃）。

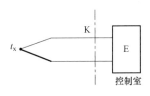

图 2-86　题 29 图

30. 已知热电偶的分度号为 K，工作时的冷端温度为 30℃，测得热电动势以后，在没有考虑冷端温度补偿的情况下，错用 E 分度表查得工作端的温度为 515.2℃，试求工作端的实际温度是多少？

31. 若用铂铑 10—铂热电偶测量温度，其仪表指示值为 600℃，而冷端温度为 65℃，在没有冷端温度补偿的情况下，实际温度为 665℃，对不对，为什么？正确值应是多少？

32. 如果将镍铬—镍硅补偿导线极性接反，当电炉温度控制于 800℃ 时，若热电偶接线盒处温度为 50℃，仪表接线板处温度为 40℃，问测量结果与实际相差多少？

33. 一只分度号为 Cu100 的热电阻，在 130℃ 时它的电阻 R_t 是多少（要求精确计算和估算）？

34. 用 Pt100 测量温度，在使用时错用了 Cu100 的分度表，查得温度为 150℃，试问实际温度应该为多少？

35. 已知某负温度系数的热敏电阻，温度为 25℃ 时的阻值为 6324Ω。热敏电阻的材料常数 $B = 2274K$。试求温度为 100℃ 时的电阻值及电阻的变化率。

第3章 压力检测及仪表

3.1 概 述

在工业生产过程中，压力如同其他的状态参数一样，需要检测和控制。通过对液体、蒸汽和气体的压力检测和控制，不仅可以保证生产过程的正常运行，还可以达到高产、优质、低消耗和安全生产的目的。它是保证工业生产过程经济性和安全性的重要环节。例如在火电厂中，为了保证锅炉、汽轮机以及辅机等设备的安全、经济运行，就必须对生产过程中的水、汽、油、空气等工质的压力进行检测。凝汽器内的真空、炉膛负压、汽包压力、主蒸汽压力、给水压力、各处油压和烟风压力等，都是运行中需要经常检测的重要参数。差压测量还广泛地应用于流量和液位测量中。再有，在化工生产中，压力是决定其反应过程的重要参数。如在合成氨的生产中，压力太低合成氨的产量就很低，而压力太高又会对安全生产带来一定的影响。

表 3-1 列举了某 600MW 机组中一些压力（差压）测点及测量元件。测量压力的仪表称为压力表或压力计。

表 3-1　　　　　　　　　　　　某 600MW 机组压力测点举例

序号	用途	名称	型号	型式规范	安装地点
1	主蒸汽压力	智能压力变送器	3051TG6A2B21AB4M5	0～40MPa　4～20mA 两线制；带液晶显示屏准确度 ≤0.075%	就地
2	主蒸汽压力	不锈钢压力表	Y-150B-F	0～40MPa，1.6 级	就地
3	轴封加热器进汽压力	不锈钢压力真空表	YTF-150H	−0.1～0.6MPa，1.6 级，M20×1.5	就地
4	密封风机入口滤网前后差压	差压开关	107AL-K40-P1-F1A 5-40	$P=20$kPa；$t=27℃$；动作值：1kPa	就地
5	密封风母管风压低	压力开关	12NN-KK2-M4-C2A-TTVVYY	$P=20$kPa；$t=27℃$ 动作值：17kPa	就地
6	排汽装置真空	真空表	YTF-150H	−0.1～0MPa	就地

3.1.1 压力相关基本概念

1. 压力的定义

工程上将均匀而垂直作用于物体单位面积上的力称为压力，实际上就是物理学中所称的"压强"。其基本公式为

$$p = \frac{F}{A} \tag{3-1}$$

式中：p 为压力（压强），Pa；F 为均匀垂直作用力，N；A 为受力面积，m^2。

2. 压力的表示方法

在工业技术上，为了使用上的方便，采用多种表示压力的方法，主要有：

（1）大气压力。大气压力是指地球表面上的空气因自重所产生的压力，它随测点的位置和气象情况的不同而不同。大气压力一般用 p_b 表示。

（2）绝对压力。以绝对压力零线（绝对真空）作起点的压力称为绝对压力，用符号 p_a 表示。它表征某一测点真正所受到的压力。

（3）表压力。以大气压力 p_b 为参考零点所表示的压力称为表压力，用符号 p 表示。通常压力测量仪表处于大气之中，故其测得的压力值等于绝对压力和大气压力之差，为表压力。

当绝对压力高于大气压力时，$p>0$，称为正压力或正压，简称压力。当绝对压力低于大气压力时，$p<0$，称为负压力或负压。负压的绝对值通常也称为真空度。

表压力、绝对压力、大气压力三者之间的关系如式（3-2）所示，可用图 3-1 表示。

$$p = p_a - p_b \tag{3-2}$$

（4）差压。两个压力互相比较，其差值称为差压，用 Δp 表示。$\Delta p = p_1 - p_2 (p_1 > p_2)$。

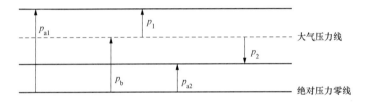

图 3-1　各压力之间的相互关系

3.1.2　压力的单位

压力的单位是一个导出单位。在国际单位制（SI）和我国的法定计量单位中，压力单位为帕斯卡，简称"帕"，符号为 Pa。其物理意义为在 $1m^2$ 的面积上均匀地垂直作用着 1N 的力，即

$$1Pa = 1N/m^2$$

由于"帕"这个单位在实际使用中过于小，不方便，目前我国生产的各种压力表都统一用千帕（kPa）或兆帕（MPa）为基本单位。

我国以前常用的压力单位有工程大气压（kgf/cm²）以及标准大气压等。现在国外生产的压力表，常用巴（bar）、毫巴（mbar）、毫米英寸（mminch）、磅力每平方英寸（psi）等其他非国际单位制的压力单位。各压力单位之间的数值换算关系见表 3-2。

表 3-2　　　　　　　　　压 力 单 位 换 算 关 系

单位名称及符号	帕 Pa	巴 bar	标准大气压 atm	工程大气压 kgf/cm²	磅力每平方英寸 psi
帕 Pa	1	1×10^{-5}	9.86923×10^{-6}	1.01972×10^{-5}	1.4504×10^{-4}
巴 bar	1×10^5	1	9.86923×10^{-1}	1.01972	1.4504×10^1
标准大气压 atm	1.01325×10^5	1.01325	1	1.01332	1.46959×10
工程大气压 kgf/cm²	9.80665×10^4	9.80665×10^{-1}	9.6784×10^{-1}	1	1.42235×10
磅力每平方英寸 lbf/in²	6.89476×10^3	6.89476×10^{-2}	6.8046×10^{-2}	7.0306×10^{-2}	1

3.1.3 压力测量仪表的分类

对目前常用的压力测量仪表,可以从不同的角度进行分类。

(1) 按压力表的准确度等级可分为精密压力表和一般压力表。精密压力表的准确度等级为 0.1、0.16、0.25、0.4 级,一般压力表常见准确度等级有 1.0,1.6,2.5,4 级。

(2) 按压力表的测量范围可分为:①微压表,0～0.1MPa;②低压表,0.1～1.6MPa;③中压表,1.6～10MPa;④高压表,10～32MPa;⑤超高压表,大于 32MPa。但这个划分并不是绝对的。

(3) 按被测量的种类可分为表压压力表(包括压力表、真空表和压力真空表)、绝对压力表和差压计。

(4) 按压力表测量介质特性不同可分为:

1) 一般型压力表,用于测量无爆炸、不结晶、不凝固,对铜和铜合金无腐蚀作用的液体、气体或蒸汽的压力。

2) 耐腐蚀型压力表,用于测量腐蚀性介质的压力,常用的有不锈钢型压力表、隔膜压力表等。隔膜压力表能通过隔离膜片,将被测介质与仪表隔离,以便测量强腐蚀、高温、易结晶介质的压力。

3) 防爆型压力表,用在环境中有爆炸性混合物的危险场所,如防爆电接点压力表、防爆变送器等。

4) 专用型压力表,由于被测量介质的特殊性,在压力表上应有规定的色标,并注明特殊介质的名称,如氧气表必须标以红色"禁油"字样,氢气用深绿色下横线色标来表示,氨用黄色下横线色标来表示等。

5) 耐震型压力表,其壳体制成全密封结构,且在壳体内填充阻尼油(现在大部分用硅油填充),由于其阻尼作用可以使用在有震动的工作环境或介质压力(载荷)脉动的测量场所。

(5) 按压力表使用功能可分为就地指示型压力表和带电信号输出型压力表。一般压力表、真空压力表、耐震压力表等都属于就地指示型压力表;带电信号输出型压力表输出信号主要有开关信号(如电接点压力表、压力开关,可以实现远传报警或控制功能)、电流信号(如电容式压力变送器,可以提供工业工程中所需要的电信号)。

(6) 按工作原理的不同可分为液柱式压力计、弹性式压力表、负荷式压力计、压力传感器(包括变送器)及压力开关等。

压力测量仪表的分类、工作原理和用途见表 3-3。

表 3-3　　　　　　　　　　压力测量仪表分类、工作原理及用途

类别	子类别	工作原理	用途
液柱式压力计	U 形管压力计	流体静力学原理	低微压测量,高准确度者可用作压力基准器,常用于静态压力测量
	单管压力计		
	斜管微压计		
	补偿微压计		
	自动液柱式压力计		

续表

类别	子类别		工作原理	用途
弹性式压力表	弹簧管压力表		胡克定律（弹性元件受力变形）	测量范围宽、准确度差别大、品种多，是常见的工业用压力仪表
	膜片式压力表			
	膜盒式压力表			
	波纹管压力表			
负荷式压力计	活塞式压力计	单活塞式	静力平衡原理（压力转换成砝码重力）	用于静压测量，是精密压力测量基准器
		双活塞式		
	浮球式压力计			
	钟罩式微压计			
压力传感器	电阻应变片压力传感器	应变式	应变效应	用于将压力转换成电信号，实现远距离监测、控制
		压阻式	压阻效应	
	压电式压力传感器		压电效应	
	压磁式压力传感器		压力引起磁路磁阻变化，造成铁心线圈等效电感变化	
	电容式压力传感器	极距变化式	压力引起电容变化	
		面积变化式		
		介质变化式		
	电位器式压力传感器		压力推动电位器滑头位移	
	霍尔压力传感器		霍尔效应	
	光纤压力传感器		用光纤测量由压力引起的位移变化	
	谐振式压力传感器	振弦式	压力改变振体的固有频率	
		振筒式		
		振膜式		
压力开关	位移式压力开关		压力推动弹性元件位移，引起开关触点动作	位式报警、控制
	力平衡式压力开关			

3.1.4 压力量值的传递与检定系统

1. 压力量值的传递

将国家计量基准所复现的计量单位量值通过各等级计量标准（或其他传递方式）传递到工作计量器具，以保证被计量对象量值的准确一致的全部工作称之为量值传递。

根据压力仪表的准确度不同，可将压力仪表分为基准器、标准器和工业用压力仪表。基准器是准确度很高的压力标准器，保存在国家计量部门。它又可以分为国家基准器（主基准器）、副基准器和工作基准器。国家基准器用于复现和保存计量单位量值，由副基准器承担量值传递工作。工作基准器经过与国家基准器或副基准器校准或比对，成为检定计量标准的计量器具，可复制多套保存在全国各地的主要部门。标准器分为一等标准、二等标准和三等标准。由工作基准器将压力工作基准传递到一等标准器，再由一等标准器传递到二等标准器，然后由二等标准器传递到三等标准器，最后由三等标准器传递到工作压力仪表。

2. 压力计量器具计量检定系统

计量检定必须按照国家计量检定系统表进行。我国实行的压力计量器具计量检定系统如图 3-2 所示。按照压力计量器具计量检定系统进行检定，既可保证被检测量仪表的准确性，又可避免用过高准确度的仪表来检定低准确度的仪表，减少了高准确度仪表的使用次数，同时也满足了检定工作的需要。

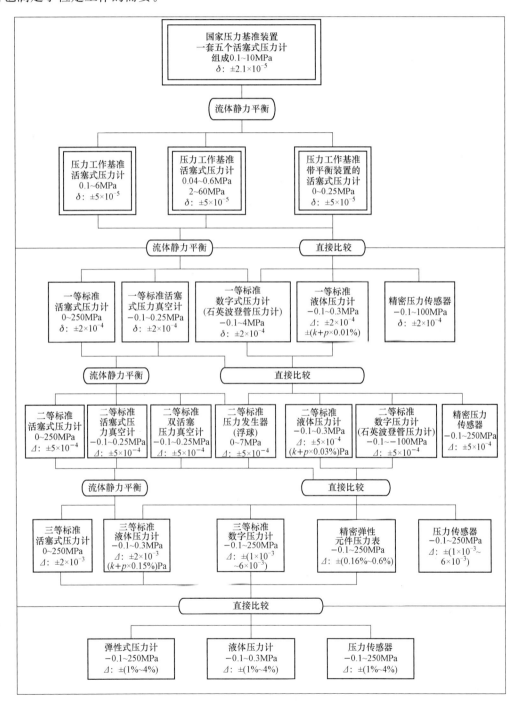

图 3-2　压力计量器具计量检定系统

3. 活塞式压力计

活塞式压力计在压力计量器具计量检定系统中发挥着很重要的作用。下面对活塞式压力计进行简单介绍。

活塞式压力计是利用压力作用在活塞上的力与砝码重力相平衡的原理工作的。它具有准确度等级高（0.002%～0.2%）、测量范围宽（－0.1～2500MPa）、计量性能稳定、结构简单、使用方便及不易损坏等优点。其不足之处是压力示值不能连续显示，且由于活塞与活塞筒之间存在间隙，在压力作用下易使工作液体发生泄漏等。

活塞式压力计由活塞、活塞筒、压力泵、砝码等组成，压力计中的工作液一般采用洁净

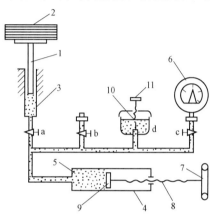

图 3-3 活塞式压力计工作原理
1—测量活塞；2—砝码；3—活塞筒；
4—压力泵；5—工作液；6—被校压力表；
7—手轮；8—丝杆；9—工作活塞；10—油杯；
11—进油阀；a、b、c—切断阀；d—进油阀

的变压器油或蓖麻油等。其工作原理如图 3-3 所示。通过手轮带动工作活塞运动而产生的压力 p 作用于具有一定面积的活塞上时，该活塞就受到一个与压力成正比的力 T，此力的方向垂直向上。加砝码于活塞上，砝码重力将作用于活塞上。当砝码和测量活塞（包括托盘）的重力 F 与力 T 平衡时，有平衡方程式

$$F = T = Ap \qquad (3-3)$$

则

$$p = \frac{F}{A} = \frac{(m + m_0)g}{A} \qquad (3-4)$$

式中：A 为活塞的有效面积；m、m_0 为砝码和活塞的质量（包括托盘）；g 为使用地点的重力加速度。

由式（3-4）可知，当活塞达到力平衡时，被测压力可由砝码重力 F 与活塞有效面积 A 的比值来确定。对于一定的活塞式压力计，其有效面积为常数，活塞和托盘的质量也是固定不变的，因此由平衡时所加砝码的质量就可确定被测压力 p 的数值。活塞式压力计在出厂前一般已将砝码校好，并标以相应的压力值。在校验压力表时，只要静压力达到平衡，直接读取砝码上的数值即可知油压系统内的压力，从而可对压力表进行校验。

按活塞系统结构和加放砝码方式的不同，活塞式压力计可分为简单活塞式压力计、带承重杆的活塞式压力计、带平衡装置的活塞式压力计、带倍增器的活塞式压力计、可控间隙活塞式压力计、浮球式压力计等。由于活塞式压力计可以达到很高的测量准确度，因而可以作为基准器、工作基准器和标准器使用。活塞式压力计作为基（标）准器的准确度等级见表 3-4。常用简单活塞式压力计规格及型号见表 3-5。

表 3-4　　　　　　　　　　活塞式压力计的准确度等级

等级	允许误差	等级	允许误差
国家基准压力计	±0.002%	二等标准压力计	±0.05%
工业基准压力计	±0.005%	三等标准压力计	±0.2%
一等标准压力计	±0.02%		

表 3 - 5 常用简单活塞式压力计规格及型号

名称	型号	结构	测量范围（MPa）	准确度等级
活塞式压力计	YS - 2.5	台式	−0.1～0.25	0.02 0.05
	YS - 6	台式	0.04～0.6	
	YS - 60	台式	0.1～6	
	YS - 600	台式	1～60	

3.2 弹性式压力表

弹性式压力表也称为弹性元件压力表，是生产过程中使用最为广泛的一类压力计。它具有结构简单、坚固耐用、性能可靠、现场使用维护方便、价格便宜、体积小、指示清楚、测量范围宽等特点，可以直接测量气体、油、水、蒸汽等介质的表压力、绝对压力和差压。

弹性式压力表主要由弹性元件、机械传动放大机构、指示机构、外壳与机座等部分组成。它是基于弹性元件受压后产生的弹性变形与压力大小有确定关系的原理工作的。弹性式压力表工作原理框图如图 3 - 4 所示。有压力的流体作用于有确定受压面积的弹性元件时，弹性元件受到与被测压力成正比的力而变形。在弹性极限内，与变形相应的弹性力平衡了作用力时，变形量的大小可以反映被测压力。因为变形量太小，利用位移变换器把该变形量转变成刻度盘上的指针位移或电信号可指示出被测压力。

3.2.1 弹性元件

弹性元件是测压仪表的关键元件。为了保证仪表的准确度、可靠性及良好的线性特性，弹性元件必须工作在弹性限度范围内，且弹性元件的弹性后效和弹性滞后要小，温度系数也要低。

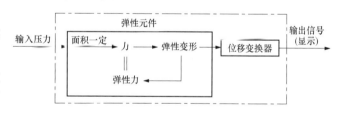

图 3 - 4 弹性式压力表工作原理框图

常用的弹性元件有弹簧管、膜片、膜盒、波纹管等。

1. 弹性元件的基本特性及材料

（1）弹性元件的基本特性。弹性元件是弹性式压力表中的敏感元件，它的特性直接关系到压力计性能的好坏。

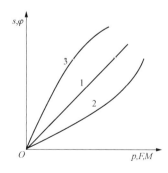

图 3 - 5 弹性元件的弹性特性

1）弹性特性。弹性元件产生的变形（位移或转角）与所加载荷（压力、力或力矩）之间的关系称为弹性元件的弹性特性。

不同类型弹性元件的弹性特性是不同的，可用曲线表示，如图 3 - 5 所示。图中，s 表示弹性元件的位移，φ 表示弹性元件的转角，p、F 和 M 分别表示作用在弹性元件上的压力、力与力矩。弹性元件的弹性特性可能是线性的（如曲线 1，弹簧管的特性曲线属此类），也可能是非线性的（如曲线 2 或 3，膜片、膜盒的特性曲线属此类）。弹性元件的弹性特性还可用公式的形式表示。

2）刚度和灵敏度。使弹性元件产生单位位移所需要的载荷量（压力、力或力矩），称为弹性元件的刚度。弹性元件承受单位载荷（压力、力或力矩）时所产生的位移量称为灵敏度。以相同的压力作用在弹性元件上，变形大的表示灵敏度高，但刚度小；变形小的灵敏度低而刚度大。

3）蠕变和疲劳形变。弹性元件持续承受载荷，当作用压力取消后，不能恢复到原来的尺寸和形状，这种特性称为弹性元件的蠕变。

弹性元件在频繁交变载荷的作用下，当载荷取消后，不能恢复原来形态，这种特性称为弹性元件的疲劳形变。蠕变和疲劳形变将会影响压力表的准确度。

4）弹性迟滞和弹性后效。弹性元件在弹性范围内加载荷与减载荷时，在同一压力下，正反行程输出值的不重合性称为弹性元件的弹性迟滞，如图 3 - 6（a）所示。

当加在弹性元件上的载荷停止变化或被取消时，弹性元件的形变并不是立即就完成，而是要经过一定的时间才完成相应的形变，这种特性称为弹性后效，如图 3 - 6（b）所示。

弹性元件的弹性迟滞和弹性后效是在工作过程中同时产生的，它是使仪表产生变差和零位误差的主要原因。图 3 - 6（c）则表示弹性迟滞和弹性后效同时产生形成的弹性滞环。

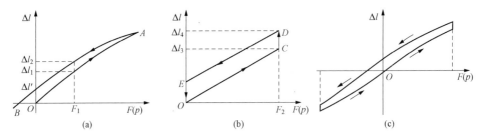

图 3 - 6　弹性元件的部分特性

(a) 弹性迟滞；(b) 弹性后效；(c) 弹性滞环

弹性元件的弹性特性只是在一定的范围内成立。当所加载荷超过了某一值时会产生永久变形，此载荷值称为弹性元件的比例极限。在实际使用时，对弹性元件应选取适当的安全系数

$$k = \frac{p_{PL}}{p_{max}} \tag{3-5}$$

式中：p_{PL} 为弹性元件的比例极限；p_{max} 为弹性元件使用时的最大压力；k 为安全系数，一般取 1.5～2.5。

加大安全系数是减小弹性迟滞和弹性后效的最有效方法。

5）温度特性。弹性元件周围环境的温度变化，会引起材料的弹性模量发生变化，从而引起弹性元件的刚度、灵敏度发生变化而带来温度误差。

温度变化引起的误差 η 为

$$\eta = \alpha_E \Delta t \tag{3-6}$$

式中：Δt 为温度变化量；α_E 为弹性模量的温度系数。

材料对弹性元件的性能和工艺性有很大的影响。通常对弹性元件材料有如下要求：①良好的工艺性，经适当的热处理后，弹性稳定。②具有较高的强度极限、弹性极限和疲劳极

限。③良好的耐腐蚀性等。

（2）制造弹性元件的材料。制造弹性元件的材料可分为金属和非金属两大类。

金属材料按其获得弹性的方法又可分为：

1）加工硬化型，如黄铜、锡青铜、镍铬合金等。这类材料在退火状态有很好的弹性，制造工艺简单，但弹性较低，弹性滞后和弹性后效较大。

2）淬火硬化型，如碳素钢、硅合金、锰钢、铬钢和钒钢等。这类材料具有较高的弹性和强度，一般用于制造在较高应力状态下工作的弹性元件。

3）弥散硬化钢，如铍青铜、锰白铜、铁基弹性合金等。这种材料的优点是元件成型后没有明显的回弹现象，可用来制作形状复杂的弹性元件，且弹性滞后和弹性后效很小。

制造弹性元件的非金属材料有橡胶、塑料等，主要用于要求弹性元件刚度较小的场合。

2. 弹性元件的类型

（1）膜片和膜盒。

1）膜片。膜片是一种沿外缘固定的片形测压弹性元件。按刚度其可分为弹性膜片和挠性膜片，其中弹性膜片按工作面形状又可分为平膜片、波纹膜片，如图 3-7 所示。膜片在压力的作用下各处产生弹性变形。其弹性位移最大的地方是中心部位，通常取其中心部位位移作为被测压力的信号。

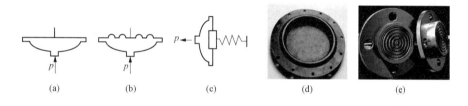

图 3-7　膜片

(a) 平膜片；(b) 波纹膜片；(c) 挠性膜片；(d) 平膜片实物图；(e) 波纹膜片实物图

a. 平膜片。平膜片是具有扁平面的、厚度一定的圆形薄片。当中心位移很小时，它的压力和位移之间有较好的线性关系。平膜片测量压力时位移很小，常用于测量较高的压力。

b. 波纹膜片。波纹膜片是压有许多同心波纹的圆形薄片，其波纹的形状有正弦波、梯形波、锯齿波、弧形波等。影响波纹膜片性能的主要参数有膜片材料、厚度、工作直径以及波纹形状、波纹深度和外线波纹等。增大膜片的直径和减少膜片的厚度，都可以提高膜片的灵敏度。波纹膜片常用于测量低压。

c. 挠性膜片。平膜片和波纹膜片均为金属膜片，而挠性膜片是采用丁腈橡胶、涤纶等制作的。这种膜片的中央部分用两块小金属圆片夹持，只起隔离被测介质的作用，被测压力全由膜片另一侧的弹簧来平衡，如图 3-7 (c) 所示。挠性膜片一般用来测量较低的压力或真空。

2）膜盒。为了提高灵敏度，把两个波纹膜片沿周边焊接起来，成为膜盒，如图 3-8 所示。膜盒分为开口膜盒和闭口膜盒两种。

a. 开口膜盒。开口膜盒是内腔与大气相通的膜盒，其灵敏度为单个膜片的两倍。如要得到更高的灵敏度，可把数个膜盒串联在一起组成膜盒组。膜盒组用于记录式压力表中，测量范围在 0.2~40kPa 压力之间。开口膜盒用于表压测量。

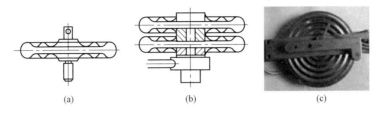

图 3-8　膜盒

（a）单膜盒；（b）膜盒组；（c）膜盒实物图

b. 闭口膜盒。闭口膜盒是内腔抽成真空的真空膜盒，或内腔充填液体（如硅油）的充填膜盒。真空膜盒可用于测量作用于膜盒外部的绝对压力。

（2）弹簧管。弹簧管又称波登管，是一种弯曲成圆弧形的空心管子，该管子具有非圆截面，且截面的短轴方向与管子弯曲的半径方向一致。弹簧管有单圈弹簧管和多圈弹簧管。多圈弹簧管又有空间螺旋形和平面螺线形，如图 3-9 所示。

图 3-9　弹簧管实物图（配彩图）

（a）单圈弹簧管；（b）空间螺旋形；（c）平面螺线形；（d）弹簧管的截面形状

弹簧管的一端封闭处于自由状态，为自由端；另一端焊接在压力表的管座上固定不动，并与被测压力的介质相连通。弹簧管的截面有用于低压测量的扁圆形和椭圆形，用于高压测量的 8 字形、厚壁扁圆形以及灵敏度很高的变壁厚截面和波纹管截面等。具有一定压力的被测介质进入弹簧管内腔时，由于短轴方向的面积较长轴方向大，非圆形截面力图变成圆形，使管子的刚度增加有伸直的趋势，而使自由端产生位移，此位移与被测压力相对应。

弹簧管自由端位移与压力的关系和很多因素有关，下面以椭圆形截面的单圈弹簧管为例对弹簧管受压后的变形情况作一定性分析。

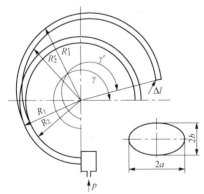

图 3-10　弹簧管变形示意图

如图 3-10 所示，设弹簧管内通入的压力较管外高，椭圆截面的长轴为 $2a$、短轴为 $2b$，弹簧管弯曲半径外侧为 R_1、内侧为 R_2，初始中心角为 γ，并设 R_1'、R_2'、b'、γ' 为受力变形后的相应值，且弹簧管变形后长度不改变。

由于弹簧管变形后长度不变，则有如下关系

$$\begin{cases} R_1\gamma = R_1'\gamma' \\ R_2\gamma = R_2'\gamma' \end{cases} \quad (3-7)$$

上两式相减得

$$(R_1 - R_2)\gamma = (R_1' - R_2')\gamma'$$

即
$$2b\gamma = 2b'\gamma' \tag{3-8}$$

弹簧管内充压后，短轴增大，即 $b'>b$，则由式（3-8）可知，$\gamma'<\gamma$，此时自由端向外移动。该位移量相应于某一压力值。同样，当弹簧管内通入的压力低于管外压力时，自由端会向内移动。

设
$$\begin{cases} b' = b + \Delta b \\ \gamma' = \gamma - \Delta\gamma \end{cases} \tag{3-9}$$

代入（3-8），可得
$$\Delta\gamma = \frac{\Delta b}{b + \Delta b}\gamma \tag{3-10}$$

由式（3-10）可以看出，弹簧管原来弯曲的角度越大，管截面短轴越短，则角度变化 $\Delta\gamma$ 越大，也就是自由端位移越大。为了得到较高的灵敏度，可以采用螺旋形多圈弹簧管。

弹簧管自由端位移与管内通入压力的关系，目前只能用半理论公式表示，然后用实验方法给出。对于薄壁扁圆形截面的弹簧管，弹簧管中心角角度的变化与压力的关系为
$$\frac{\Delta\gamma}{\gamma} = p\frac{1-\mu^2}{E}\frac{R^2}{b\delta}\Big(1-\frac{b^2}{a^2}\Big)\frac{\alpha}{\beta+x^2} \tag{3-11}$$

式中：$\Delta\gamma$ 为弹簧管中心角度变化量；γ 为弹簧管初始中心角；R 为弹簧管工作半径；μ 为弹簧管材料泊松比；E 为弹簧管材料弹性模量；δ 为弹簧管壁厚；a、b 为弹簧管截面长、短轴半径；α、β 为与 a/b 比值有关的系数；x 为弹簧管的几何参数，$x=R\delta/a^2$。

对于某特定管子而言，式（3-11）中除 p 外均已知，用常数 C_1 表示，则式（3-11）变为
$$\frac{\Delta\gamma}{\gamma} = C_1 p \tag{3-12}$$

弹簧管自由端位移 Δl 与管子中心角角度的变化之间的关系为
$$\Delta l = \frac{\Delta\gamma}{\gamma}R[(\gamma - \sin\gamma)^2 + (1-\cos\gamma)^2]^{0.5} \tag{3-13}$$

当 $\gamma=270°$ 时，则有
$$\Delta l = 0.58R\frac{\Delta\gamma}{\gamma} = 0.58RC_1 p = Cp \tag{3-14}$$

其中
$$C = 0.58RC_1$$

由式（3-14）可知，弹簧管经过精心设计制造加工后，在一定压力范围内，其输入、输出关系一般为线性。

单圈弹簧管自由端的位移量不能太大，一般不超过 2～5mm。为了提高弹簧管的灵敏度，增加自由端的位移量，可采用多圈弹簧管。多圈弹簧管多用于压力记录仪表中。

（3）波纹管。波纹管是一种壁面具有等间距同心环状波纹、一端封闭的薄壁圆管，亦称波纹筒，结构如图 3-11（a）所示。波纹管的开口端固定，由此引入被测压力。当它受到轴向力作用，或在其内腔与周围介质的差压作用下，封闭端将产生位移，此位移与压力在一定的范围内呈线性关系。由于波纹管受压时的线性输出范围比受拉时的大，故常在压缩状态下使用。为了改善仪表性能，提高测量准确度，便于改变仪表量程，实际应用时波纹管常和刚度比它大几倍的弹簧结合起来使用［见图 3-11（b）］。这时，其性能主要由弹簧决定。

图 3-11（c）为波纹管实物图。

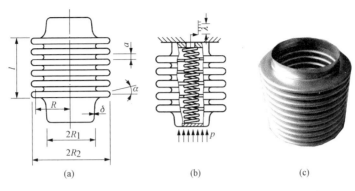

图 3-11 波纹管
(a)、(b) 结构图；(c) 实物图

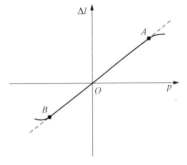

图 3-12 波纹管的特性曲线

波纹管种类很多，但大体上可分为无缝波纹管和有缝波纹管两类。无缝波纹管是由整片材料加工而成，加工较易，成本低。有缝波纹管是由许多对环状膜片沿内、外周边焊接而成。虽然制作工艺复杂些，但其性能要比无缝波纹管优越得多。

波纹管的特性曲线如图 3-12 所示，在 A、B 点范围内，波纹管的刚度为一常数。波纹管伸长到达 B 点时，由于位移太大使刚度急剧增加，波纹管的输出、输入将偏离线性关系。波纹管压缩到达 A 点时，由于波纹紧靠，也使刚度急剧增加，波纹管的输出、输入也将偏离线性关系。

3.2.2 膜片压力表和膜盒压力表

1. 膜片压力表

膜片压力表中的膜片有平膜片和波纹膜片两种。由波纹膜片构成的膜片压力表结构如图 3-13 所示。具有同心波纹的膜片 1 被固定于上膜盖 4 和下膜盖 2 的中间，两膜盖的边缘用带孔紧固螺钉 3 加以连接。当被测压力由接头 9 引入到膜腔后，膜片 1 就产生弹性变形而产生相应的位移。此位移通过连杆组 5 经传动放大机构 6 的放大，使指针 7 在表盘 8 上指示出被测压力值。

常用的膜片压力表有 YP 型普通膜片压力表和 YPF 型耐腐蚀膜片压力表等。YP 型膜片压力表用于测量对铜合金等金属不起腐蚀作用的液体、气体等介质的压力和负压；YPF 型膜片压力表可用于

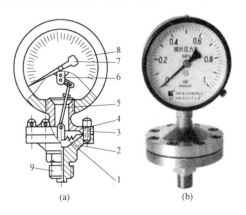

图 3-13 膜片压力表
（a）结构；（b）实物图（配彩图）
1—波纹膜片；2—下膜盖；3—紧固螺钉；4—上膜盖；
5—连杆组；6—传动机构；7—指针；8—表盘；9—接头

测量具有腐蚀性的液体、气体等各种介质的压力和负压。膜片压力表有 0～0.1、0～0.16、0～0.25、0～0.4、0～0.6、0～1、0～1.6、0～2.5MPa 等测量范围的压力表和－0.1～0MPa 测量范围的真空表。表壳外径有 100mm 和 150mm 两种。准确度等级为 2.5 级。

YPF 型耐腐蚀膜片压力表的型号组成及其代号的含义如图 3-14 所示。

2. 膜盒压力表

膜盒压力表采用膜盒作为测量微小压力的敏感元件，测量对铜合金不起腐蚀作用、无爆炸危险气体的微压和负压，广泛应用于锅炉通风、气体管道、燃烧装置等其他类似设备上。膜盒压力表的外形有圆形和矩形两种。矩形膜盒压力表有指示式和电接点式两种。目前国产的膜盒压力表的型号有 YE 系列、YEJ 系列、YEM 系列等。常用的 YEJ-101 型矩形膜盒压力指示表用于指示；YEJ-111 型单限压力指示调节仪装有压力低于下限（或高于上限）给

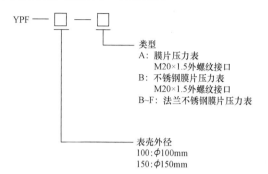

图 3-14 YPF 型耐腐蚀膜片压力表的型号组成及其代号的含义

定值时进行开关量输出的附加装置；YEJ-121 型双限压力指示调节仪装有可在低于下限或高于上限给定值时进行开关量输出的附加装置；YEM-101 型是集装式膜盒压力表，是一种可密集安装多台机心的竖式压力指示仪。膜盒压力表的准确度等级一般为 2.5 级。

膜盒压力表的结构和实物如图 3-15 所示。当被测介质从管接头 16 经导压管 17 引入波纹膜盒 4 时，波纹膜盒受压扩张产生位移。此位移通过弧形连杆 8，带动杠杆架 11 使固定在调零板 6 上的转轴 10 转动，通过连杆 12 和杠杆 14 驱使指针轴 13 转动，固定在转轴上的指针 5 在刻度板 3 上指示出压力值。

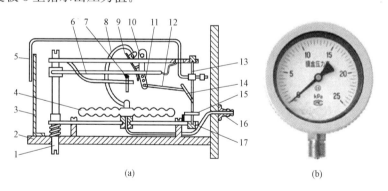

图 3-15 膜盒压力表

(a) 结构图；(b) 实物图

1—调零螺杆，2 机座；3—刻度板；4—膜盒；5—指针；6—调零板；7—限位螺钉；8—弧形连杆；
9—双金属片；10—转轴；11—杠杆架；12—连杆；13—指针轴；14—杠杆；
15—游丝；16—管接头；17—导压管

指针轴上装有游丝 15，用以消除传动机构之间的间隙。在调零板 6 的背面固定有限位螺钉 7，以避免膜盒过度膨胀而损坏。为了补偿金属膜盒受温度的影响，在杠杆架上连接着双金属片 9。在机座 2 下面装有调零螺杆，调零螺杆 1 可将指针调至初始零位。

3.2.3　弹簧管压力表

弹簧管压力表是应用非常广泛的测压仪表，用于测量对铜合金不起腐蚀作用的液体、气体和蒸汽的压力或真空。按螺纹接头和安装方式，它可分为直接安装压力表、嵌装（盘装）压力表和凸装（墙装）压力表，准确度等级有 1.0、1.6、2.5 级和 4.0 级，外壳公称直径有40、60、100、150、200、250mm。常见的弹簧管压力表有单圈弹簧管压力表和多圈弹簧管压力表。为了对被测压力系统实现预先设定的最大或最小压力值的双位自动控制和发信（报警）的目的，在普通弹簧管压力表上加装了一套上下限触点机构，制成了电接点压力表。下面对单圈弹簧管压力表和电接点压力表加以介绍。

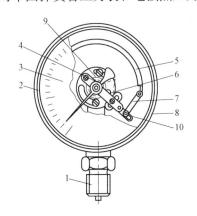

图 3-16　单圈弹簧管压力表结构图
1—接头；2—衬圈；3—刻度盘；
4—指针；5—弹簧管；6—齿轮传动机构；
7—拉杆；8—外壳；9—游丝；10—调整螺钉

1. 单圈弹簧管压力表

单圈弹簧管压力表的结构如图 3-16 所示。它主要由弹簧管、齿轮传动机构（包括拉杆、扇形齿轮、中心齿轮等）、指针、刻度盘、外壳等几部分组成。被测压力由接头 1 引入弹簧管中，当弹簧管管内的压力高于管外压力时，弹簧管 5 的自由端产生向右上方扩张的变形及位移，自由端的位移通过拉杆 7 带动扇形齿轮做逆时针偏转，进而带动中心齿轮作顺时针偏转，于是固定在中心齿轮上的指针 4 也做顺时针偏转，从而在面板的刻度盘 3 上显示出被测压力的数值。由于自由端的位移量与被测压力之间具有单值对应关系，因此弹簧管压力表的刻度标尺是均匀的。在中心齿轮上的游丝 9 的作用是消除扇形齿轮与中心齿轮间的传动啮合间隙，以减小仪表的变差。改变调整螺钉 10 的位置，可改变仪表机械传动的放大系数，从而实现压力表的量程调整。

单圈弹簧管压力表的传动如图 3-17 所示。当弹簧管充压后，自由端移动，其位移方向与拉杆的原方向的夹角是 α，拉杆 AB 被弹簧管带动移到 $A'B'$。A 点移动了 Δl。通过曲柄连杆和齿轮传动，中心齿轮带动指针在表盘上指示出被测压力。

在自由端位移很小时，指针转角 φ 与 Δl 的关系近似为

$$\varphi = \frac{Z_1}{Z_0} \frac{\Delta l \cos\alpha}{r \sin\theta} \frac{180°}{\pi} \qquad (3-15)$$

式中：Z_1 为扇形齿轮的齿数；Z_0 为中心齿轮的齿数；r 为拉杆 BO' 的长度，常用来调整 φ 和 Δl 间的比例关系；θ 为拉杆与曲柄间的夹角，用来调整 φ 和 Δl 间的线性关系；α 为自由端位移方向与拉杆原始方向的夹角。

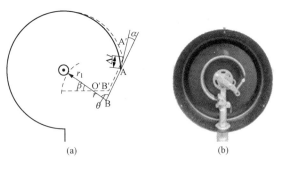

图 3-17　单圈弹簧管压力表的传动
(a) 传动示意图；(b) 内部传动结构（配彩图）

由式（3-15）可知，当 Z_1、Z_0、r、α、θ 为定值时，φ 和 Δl 为正比关系。但在测量过程中，Z_1、Z_0、r 不变，Δl 很小，α 的变化也不大；θ 值是不固定的，随 Δl 的变化而变。一

般在被测压力为满量程的一半时，使 $\theta=90°$。

单圈弹簧管压力表的型号组成及代号含义如图 3-18 所示。

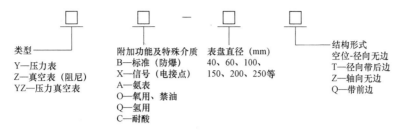

图 3-18 单圈弹簧管压力表型号组成及代号含义

单圈弹簧管压力表型号及规格见表 3-6。

表 3-6 单圈弹簧管压力表型号及规格

名称	型号	结构	测量范围（MPa）	准确度等级
弹簧管压力表	Y-60	径向无边	−0.1～0，0～0.1，0～0.16，0～0.25， 0～0.4，0～0.6，0～1，0～1.6 0～0.25，0～4，0～6	2.5
	Y-60T	径向带后边		
	Y-60Z	轴向无边		
	Y-60ZQ	轴向带前边		
	Y-100	径向无边	−0.1～0，−0.1～0.06，−0.1～0.15，−0.1～0.3， −0.1～0.5，−0.1～0.9，−0.1～1.6，−0.1～2.4， 0～0.1，0～0.16，0～0.25，0～0.4，0～0.6， 0～1，0～1.6，0～2.5，0～4，0～6 0～10，0～16，0～25，0～40，0～60	1.6
	Y-100T	径向带后边		
	Y-100TQ	径向带前边		
	Y-150	径向无边		
	Y-150T	径向带后边		
	Y-150TQ	径向带前边		
	Y-100	径向无边		
	Y-100T	径向带后边		
	Y-100TQ	径向带前边		
	Y-150	径向无边		
	Y-150T	径向带后边		
	Y-150TQ	径向带前边		

2. 电接点压力表

在某些工业生产中，有时需要将被测介质压力保持在一定范围内。利用电接点压力表可以简便地在压力偏离给定范围时自动发出报警信号，提醒操作人员或通过中间继电器实现某种联锁控制。

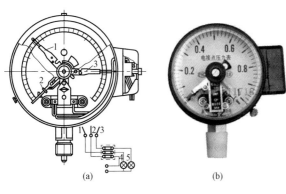

图 3-19　电接点压力表

（a）内部结构图；（b）实物图（配彩图）

1、3—静触点；2—动触点；4—绿灯；5—红灯

电接点压力表的内部结构和实物如图 3-19 所示。压力表指针上有动触点 2，表盘上另有可调节的指针，上面分别有静触点 1 和 3。当压力超过上限给定数值（此数值由上限给定指针上的触点 3 的位置确定）时，动触点 2 和静触点 3 接触，红色信号灯 5 的电路接通使红灯发光。若压力过低时，则动触点 2 和下限静触点 1 接触，接通绿色信号灯的电路使绿灯发光。静触点 1、3 的位置可根据需要进行调节。电接点压力表型号及规格见表 3-7。

表 3-7　　　　　　　　　　　　电接点压力表型号及规格

型号	结构	测量范围（MPa）	准确度等级
YX-150	径向	−0.1～0.1，−0.1～0.15，−0.1～0.3，−0.1～0.5，−0.1～0.9，−0.1～1.6，−0.1～2.4，0～0.1，0～0.16，0～0.25，0～0.4，0～0.6，0～1，0～1.6，0～2.5，0～4，0～6	1.6
YX-150TQ	径向带前边		
YX-150	径向	0～10，0～16，0～25，0～40，0～60	
YX-150TQ	径向带前边		
YX-150	径向	−0.1～0	

3.2.4　波纹管式差压计

波纹管式差压计是以波纹管为弹性元件的测压仪表，有单波纹管和双波纹管两种，主要用作流量和液位测量的显示仪表。

双波纹管差压计是一种应用较多的直读式仪表，仪表的型号组成及代号含义如图 3-20 所示。

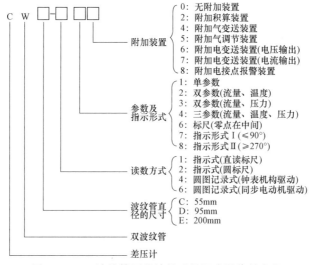

图 3-20　双波纹管压差计的型号组成及代号含义

3.2.5 弹性元件式一般压力表、压力真空表和真空表的检定与调整

所谓检定（校验）就是将被检压力表和标准器通以相同的压力，比较它们的指示数值，以确定被检压力表性能是否合格。工业压力表在使用以前或使用一段时间以后，都应根据相应的检定规程（JJG 52—2013《弹性元件式一般压力表、压力真空表和真空表》）进行检定（校验）。根据各项检定结果，检定合格的压力表，出具检定证书；检定不合格的压力表，出具检定结果通知书，并注明不合格项目和内容。检定的具体要求和步骤可扫码获取。

知识拓展

弹性元件式一般压力表、压力真空表和真空表的检定

示值误差检定后若压力表的基本误差超出其允许误差，通常需要进行压力表的调整。下面以弹簧管压力表为例说明其调整方法。

弹簧管压力表常调整的部位有指针的定位、曲柄长度（即图 3-17 中 BO′长度 r）、拉杆和曲柄之间的夹角 θ 以及游丝的初始弹力。检定后出现的情况及调整方法举例如下：

（1）具有定值系统误差，即每个校验点处误差的大小和方向都一样，如图 3-21（a）所示。这时可按正确指示重装指针，有调零机构时重调零。

（2）具有负误差或正误差，且误差的绝对值随指针转角增大而越来越大，如图 3-21（b）所示。这时以调整曲柄长度 r 为主。由式（3-15）可知，对曲线 4 情况可减小 r，对曲线 5 情况可增大 r。若曲线 4、5 出现严重的非线情况时，应检查在指针位于量程一半处，θ 角是不是 90°。若不是 90°，则要调整仪表传动机构底座的角度。

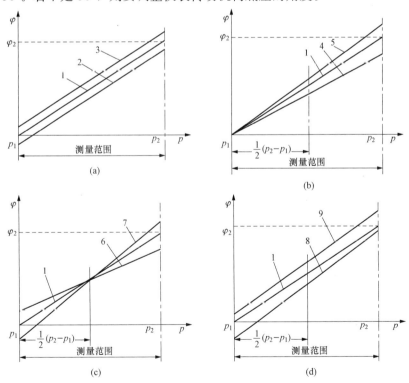

图 3-21 弹簧管压力表的检定情况举例

1—正常显示；2—显示值偏小一个定位；3—显示值偏大一个定位；4—上限偏小；5—上限偏大；
6—量程偏小；7—量程偏大；8—有定偏差且下限偏大；9—有定偏差且上限偏大

（3）若全量程前半部分误差为正，并逐渐减小，后半部分误差为负，并逐渐增大，指针转角达不到全量程，量程中部误差最小；或者，在量程前半部分出现递减的负误差，后半部分出现递增的正误差，指针转角超过全量程，量程中部误差也最小，如图 3 - 21（c）所示。这时在指针位于量程一半处，使 θ 角等于 $90°$，并适当调整 r 来配合。

（4）对图 3 - 21（d）所示的情况，可以结合（1）和（2）的方法进行调整。

知识拓展

压力表常见故障及
处理方法

（5）如果出现个别点超差现象或指针跳动，可能是传动系统磨损、脏污或夹卡异物等原因，需要检修。

（6）如果因超压、蠕变等原因使弹性元件发生永久变形，仪表应报废。

压力表在使用过程中难免会出现问题，其常见故障及处理方法可扫码学习。

3.3 压力（差压）变送器

生产中为了实现对压力参数的集中检测和控制，在需要远传压力（差压）信号时，从安全、方便和减小迟延方面出发，需要将测压弹性元件输出的位移或力转换成统一的电信号，以便远距离传送和信号处理，这就要用到压力（差压）变送器。

压力变送器是一种将压力变量转换为可传送的标准化输出信号的仪表，而且其输出信号与压力变量之间有一给定的连续函数关系（通常为线性函数），其主要用于工业过程压力参数的测量和控制。压力变送器有电动和气动两大类。电动的标准化输出信号主要为 $0\sim 10mA$ 和 $4\sim 20mA$（或 $1\sim 5V$）的直流电信号。气动的标准化输出信号主要为 $20\sim 100kPa$ 的气体压力。

差压变送器是测量变送器两端压力之差的变送器，输出标准信号（如 $4\sim 20mA$、$1\sim 5V$）。差压变送器与一般的压力变送器均有 2 个压力接口，不同的是差压变送器一般分为正压端和负压端，一般情况下，差压变送器正压端的压力应大于负压端压力才能测量。测压力时，要将差压变送器的负压端接大气；测真空时，要将差压变送器的正压端接大气。差压变送器常用于流量和液位的测量。

压力（差压）变送器通常由两部分组成，即感压单元、信号处理和转换单元。有些变送器增加了显示单元，有些还具有现场总线功能。其结构原理如图 3 - 22 所示。

图 3 - 22 压力（差压）变送器结构原理框图

因环境、介质、工作原理、输出信号等不同，压力（差压）变送器种类千差万别，特点各有千秋。从测量范围分类，可分为差压、表压、绝压。按变送器的信号传输方式，有二线制、三线制和四线制。

（1）二线制。二线制是指变送器的电源与输出信号共用两根线，如图 3 - 23 所示。供电为 24V DC，输出信号为 4～20mA DC，负载电阻为 250Ω。24V 电源的负线电位最低，它就是信号公共线，对于智能变送器还可在 4～20mA DC 信号上加载 HART 协议的 FSK 键控信号。

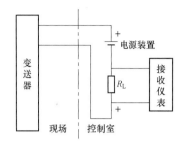

图 3 - 23 二线制接线示意图

由于 4～20mA DC（1～5V DC）信号制的普及和应用，在控制系统应用中为了便于连接，就要求信号制的统一，为此要求一些非电动单元组合的仪表，如在线分析仪表、机械量测量仪表等，可以采用输出为 4～20mA DC 信号制，但是由于其转换电路复杂、功耗大等原因，无法做到二线制，就只能采用四线制。

（2）四线制。四线制是指变送器仪表电源与信号线分开，输出信号为 4～20mA DC，电源为 220V AC，负载电阻为 250Ω，如图 3 - 24 所示。

（3）三线制。有的仪表厂为了减小变送器的体积和质量，并提高抗干扰性能、简化接线，而将变送器的供电由 220V AC 改为低压直流供电，如电源从 24V DC 电源箱取用。由于低压供电，电源负端和信号负端共用一根线，这样就有了三线制的变送器产品。三线制就是电源正端用一根信号线，信号输出正端用一根信号线，电源负端和信号负端共用一根信号线。其供电大多为 24V DC，输出信号为 4～20mA DC，负载电阻为 250Ω，如图 3 - 25 所示。

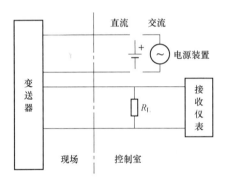

图 3 - 24 四线制接线示意图

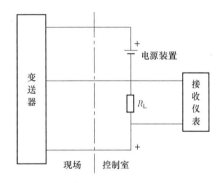

图 3 - 25 三线制接线示意图

变送器型号组成及代号含义如图 3 - 26 所示。

下面对目前电厂中常用的电容式压力（差压）变送器和扩散硅式压力（差压）变送器进行介绍。

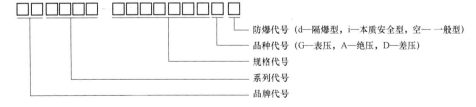

图 3 - 26 变送器型号组成及其代号含义

3.3.1 电容式压力（差压）变送器

1. 概述

电容式压力（差压）变送器是利用弹性元件受压变形来改变可变电容的电容量。在变送器中，以测压弹性膜片为电容器的可动极板，它与固定极板之间形成一可变电容。随被测压力变化，膜片产生位移，使电容器的可动极板与固定极板之间的距离改变，从而改变了电容器的电容量，这样就完成了压力信号与电容量之间的变换。

将激励电压加于电容器，产生的交变电流经整流、控制、放大，输出 4～20mA 直流电流。这就是电容式压力（差压）变送器的基本工作原理。

电容式压力（差压）变送器系统构成框图如图 3-27 所示。它主要由测量部分和转换放大部分组成。测量部分感受被测压力并将其转换成电容量的变化，转换放大部分则将电容变化量转换成 4～20mA 标准电流信号。该变送器具有准确度高、动态性能好、灵敏度高、单向过载保护性能好、调整方便、体积小、质量轻等一系列优点，已经广泛地应用在电力、石油、化工等各领域的生产过程中。电容式压力（差压）变送器结构及实物如图 3-28 所示。

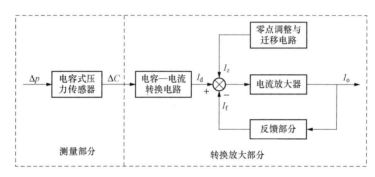

图 3-27　电容式压力（差压）变送器系统构成框图

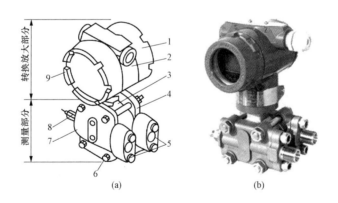

图 3-28　电容式压力（差压）变送器
(a) 结构示意；(b) 实物图（配彩图）
1—线路板罩盖；2—线路板壳体；3—差动电容敏感部件；4—低压侧法兰；5—引压管接头；
6—紧固螺栓；7—高压侧法兰；8—排气/排液阀

2. 测量部分

(1) 结构。测量部分的核心是一个球面电容器，一般为差动电容结构，如图 3-29 所示。测量膜片作为感压元件，是由弹性稳定性好的特殊合金薄片（例如合氏合金、蒙耐尔合金等）制成，作为差动电容的活动电极。它在压差作用下，可左右移动约 0.1mm 的距离。在弹性膜片左右有两个用玻璃绝缘体磨成的球形凹面，采用真空镀膜法在该表面镀上一层金属薄膜，作为差动电容的固定极板。测量膜片焊接在两个杯体之间。杯体外侧焊上隔离膜片，在两室的空腔中充满硅油（或氟油）以便传递压力。

当隔离膜片分别承受高压和低压时，通过内充的硅油（或氟油）传压，使测量膜片产生与差压成正比的微小位移，从而引起测量膜片与固定极板间的电容产生差动变化。差动变化的两电容由引线接到测量电路。

（2）差压—电容的转换关系。由于测量膜片是在施加预张力条件下焊接的，其厚度很薄，预张力很大，致使膜片的特性趋近于绝对柔性薄膜在压力作用下的特性，因此输入差压 Δp 与测量膜片位移 Δd 的关系可表示为

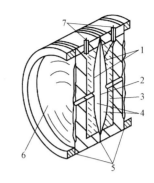

图 3-29　电容式压力（差压）
变送器测量部分结构
1—电容极板；2—测量膜片；
3—刚性绝缘体；4—灌充液；
5—焊接密封；6—隔离膜片；7—引线

$$\Delta d = K_1 \Delta p \qquad (3-16)$$

式中：K_1 是由膜片预张力、材料特性和结构参数所确定的系数。在电容式压力变送器制造好之后，K_1 为常数，即测量膜片位移 Δd 与输入差压 Δp 之间成线性关系。

由图 3-30 所示可知，当被测差压 $\Delta p=0$ 时，测量膜片与两边弧形电极之间距离相等，设其间距为 d_0，这时两电容值 C_1 和 C_2 相等，称为初始电容值，用 C_0 表示。若不考虑边缘电场的影响，其电容可表示为

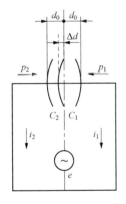

图 3-30　差动电容及转换
部分原理示意

$$C_0 = C_1 = C_2 = K\frac{\varepsilon A}{d_0} \qquad (3-17)$$

式中：ε 为两个电极间介质的介电常数；A 为极板相对面积；d_0 为可动极板与固定极板间的初始距离；K 为与所取单位有关的系数。

当被测差压 $\Delta p \neq 0$ 时，测量膜片在 Δp（假设 $p_1 > p_2$）作用下向左产生微小位移 Δd，使两电容 C_1 和 C_2 不再相等，它们分别为

$$C_1 = K\frac{\varepsilon A}{d_0 + \Delta d} \qquad (3-18)$$

$$C_2 = K\frac{\varepsilon A}{d_0 - \Delta d} \qquad (3-19)$$

因此，两个电容的电容量之差 ΔC 为

$$\Delta C = C_2 - C_1 = K\varepsilon A\left(\frac{1}{d_0-\Delta d} - \frac{1}{d_0+\Delta d}\right) \qquad (3-20)$$

可见，两个电容的电容量之差 ΔC 与测量膜片位移 Δd 成非线性关系。但若取两电容量之差与两电容量之和的比值，即取差动电容的相对变化值，则有

$$\frac{C_2-C_1}{C_2+C_1} = \frac{\Delta d}{d_0} \qquad (3-21)$$

将式（3-16）代入式（3-21），即得

$$\frac{C_2-C_1}{C_2+C_1} = \frac{K_1}{d_0}\Delta p = K_2\Delta p \qquad (3-22)$$

式中：K_2 为比例常数，$K_2 = K_1/d_0$。

可见差动电容的相对变化值与 Δp 成线性关系。

3. 电容—电流转换放大部分

电容—电流转换放大部分原理如图 3-30 所示。高、低压室的电流分别为

$$i_1 = \omega e C_1 \tag{3-23}$$

$$i_2 = \omega e C_2 \tag{3-24}$$

式中：ω 为高频振荡电源的角频率，$\omega = 2\pi f$；e 为高频振荡电源的电压。

为方便得到电流与差压的关系，在电路设计中使 i_2 与 i_1 之和等于常数，i_2 与 i_1 之差为输出信号，即有

$$i_2 + i_1 = \omega e (C_2 + C_1) = I_c (常数) \tag{3-25}$$

$$i_2 - i_1 = \omega e (C_2 - C_1) = \frac{C_2 - C_1}{C_2 + C_1} I_c \tag{3-26}$$

将式（3-22）代入式（3-26），化简为

$$i_2 - i_1 = \frac{K_1 \Delta p}{d_0} I_c \tag{3-27}$$

由于 d_0、K_1、I_c 均为常数，若令 $K_p = K_1 I_c/d_0$，则有

$$i_2 - i_1 = K_p \Delta p \tag{3-28}$$

由此可见，采用差动电容方式，可消除硅油介电常数随温度变化带来的影响，使输出的差动信号与外加差压成正比，使变送器不受高频电压频率、幅值变化的影响，提高了变送器的准确度和稳定度。

电容式差压变送器的电路主要由解调器、振荡器、振荡控制放大器、基准电压电路、调零电路、量程调整电路、电流控制放大器、电流转换电路、电流限制电路、反极性保护电路等组成，如图 3-31 所示。图中的差动信号即 $i_2 - i_1$，共模信号即 $i_2 + i_1$。

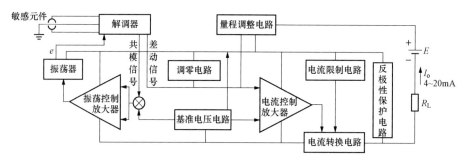

图 3-31　变送器转换放大部分原理框图

振荡器产生的高频交流激励电压供给电容回路，将载有信号的电容转换成电流信号。解调器将流过电容的交流电流解调成直流电流。一是输出差模电流，该电流代表差动电容的相对变化，输出到振荡控制放大器进行控制放大，使之成为 $4 \sim 20\text{mA}$ DC 输出。二是输出共模电流，该电流送到振荡控制放大器的输入端，目的是保证振荡器的输出电压稳定。保证其稳定的原因是当电容量变化时，流过电容的电流会随之发生变化，而振荡器输出变化时，流过电容的电流也随之发生变化。为了消除振荡器输出变化的影响，将振荡控制放大器与解调器、振荡器连接构成深度负反馈控制电路，以保证振荡器的输出电压稳定。利用调零电路、

量程调整电路、电流控制放大器、电流转换电路（功率放大）、阻尼调整电路可实现零点、量程、阻尼调整等功能。由电流限制电路和反极性保护电路完成输出电流限制和外接电压保护功能。线性调整功能由线性调整电路完成。

4. 3051T 型差压变送器

3051T 型差压变送器是美国罗斯蒙特（Rosemount）公司开发生产的一种二线制智能差压变送器。它集传感器、电子技术与单隔离膜片设计于一体，实现表压和绝压测量的校验量程从 0.3 到 10000psi。

图 3-32 为其原理框图。与模拟式电容差压变送器相比，3051T 型差压变送器除了具备电容式压力传感器之外，还配置了温度传感器，用来补偿热效应带来的误差。两个传感器的信号通过 A/D 转换器转换为数字信号送到电子组件，微处理器完成对输入信号的线性化、温度补偿、数字通信、自诊断等处理后，得到一个与输入差压对应的 4～20mA 直流电流或数字信号作为变送器的输出。

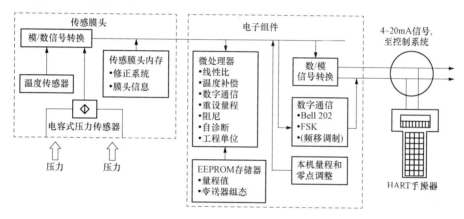

图 3-32　3051T 型差压变送器原理框图

在电子组件的 EEPROM 存储器中存有变送器的组态数据，当遇到意外停电，其中数据仍然保存，恢复供电之后，变送器能立即工作。

数字通信格式符合 HART 协议，该协议使用了工业标准 Bell 202 频移调制（FSK）技术。通过在 4～20mA DC 输出信号上叠加高频信号来完成远程通信。罗斯蒙特公司采用这一技术，能在不影响回路完整性的情况下实现同时通信和输出。

3051T 型智能差压变送器所用的手持通信器为 275 型，其上带有键盘及液晶显示器。它可以接在现场变送器的信号端子上，就地设定或检测；也可以在远离现场的控制室中，接在某个变送器的信号线上进行远程设定及检测。为了通信方便，信号回路必须有不小于 250Ω 的负载电阻。其连接示意图如图 3-33 所示。

手持通信器能够实现下列功能：

（1）组态。组态可分为两部分：一，设定变送器的工作参数，包括测量范围、线性或平方根输出、阻尼时间常数、工程单位选择；二，可向变送器输入与输出无关的参数，如设定变送器的工位号、描述符、日期、表头型式等，以便对变送器进行识别与物理描述，包括给变送器指定工位号、描述符等。

（2）测量范围的变更。当需要更改测量范围时，不需到现场调整。

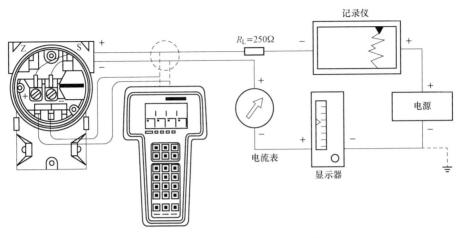

图 3-33　手持通信器的连接示意图

（3）变送器的校准。其包括零点和量程的校准。

（4）自诊断。3051T 型智能差压变送器可进行连续自诊断。当出现问题时，变送器将激活用户选定的模拟输出报警。手持通信器可以询问变送器，确定问题所在。变送器向手持通信器输出特定的信息，以识别问题，从而可以快速地进行维修。

延伸阅读

3051TG/TA压力变送器型号组成及代号含义

由于智能型差压变送器整体性能优良且可长期稳定工作，所以每五年才需校验一次。智能型差压变送器与手持通信器结合使用，可远离生产现场，尤其是危险或不易到达的地方，给变送器的运行和维护带来了极大的方便。

现以罗斯蒙特 3051TG/TA 压力变送器为例，介绍压力变送器的型号组成及代号的含义，可扫码获取。

3.3.2　EJA 型智能差压（压力）变送器

EJA 型智能差压（压力）变送器由于体积小、质量轻，不受安装场所的限制，能有效地克服静压、温度等环境因素的影响，长期连续运行仍保持优于 $\pm 0.075\%$ 的准确度和高的可靠性与稳定性，可免去三阀组安装，高低压侧可互换，以及具有完善的自诊断功能和双向通信功能（BRAIN/HART 协议，FF 现场总线）的特点，因此自投放市场以来，深受广大用户的好评。

图 3-34 是 EJA 智能差压（压力）变送器组成框图，它由膜片组件与智能电器转换组件两部分组成。

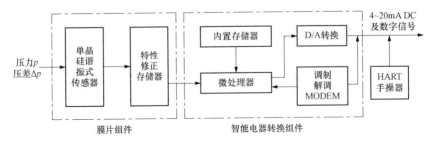

图 3-34　EJA 智能差压（压力）变送器组成框图

1. 膜片组件

膜片组件由谐振式传感器和特性修正存储器两部分组成。谐振式传感器中两个 H 形状的谐振梁尺寸、材质完全一致，它们是利用微机械加工技术，在一个单晶硅膜片表面的中心和边缘制作而成，见图 3-35（a）。H 形谐振梁处于永久磁铁提供的磁场中，与变送器、放大器等组成一正反馈回路，让谐振梁在回路中产生振荡，见图 3-35（b）。当谐振电流注入 H 形谐振梁时，谐振梁受磁场作用而振动，于是谐振梁切割磁力线而产生感应电动势，电动势的频率与梁的振动频率相同。感应电动势经放大后，一方面输出，另一方面经正反馈提供梁的励磁电流，以维持梁的等幅振动。

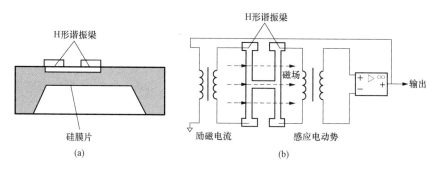

图 3-35　谐振梁及测量电路示意图
（a）谐振梁；（b）测量电路

由谐振式传感器的工作原理可知，当被测差压 $\Delta p = 0$ 时，谐振梁的振动频率等于谐振梁力学系统的固有频率 f_0。当 $\Delta p \neq 0$ 时，处于膜片中心位置的谐振梁由于受到压缩力作用，振动频率减小，而处于膜片边缘位置的谐振梁由于受到张力作用，振动频率增加，见图 3-36。两谐振梁的振动频率差值 $\Delta f = f_1 - f_2$，即为传感器的输出信号，Δf 与被测差压（压力）成正比。

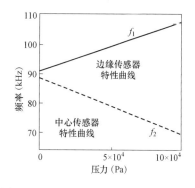

图 3-36　差压与梁的振动频率的关系

特性修正存储器存储经过三维标定的传感器的差压、温度、静压以及传感器的输入、输出特性修正数据，在测量过程中，经微处理器按照一定的规律进行运算或数据融合，从而消除了对灵敏度的影响，提高了变送器的准确度、稳定性和可靠性。

2. 智能电器转换组件

该部分的核心是微处理器（CPU）。首先，CPU 在规定的时间内对 Δf 进行计数，将频率信号 Δf 转换成数字量；然后，根据预先存储于特性修正存储器内的数据对传感器的输入/输出特性进行修正，从而得到代表被测差压（压力）的精确的数字量。该数字量一方面经 D/A 转换输出 4～20mA DC 统一标准信号，另一方面经调制解调器（MODEM）输出一个符合 HART 协议的数字信号叠加在 4～20mA DC 信号之上，用于数字通信。在进行数字通信时，频率信号不会对 4～20mA DC 信号产生任何扰动影响。

　　EJA 智能差压（压力）变送器通过输入、输出接口与外部的 HART 手操器以数字通信方式传递数据。用户可方便地调节变送器的有关参数和故障诊断等。EJA 智能差压（压力）变送器如图 3-37 所示。

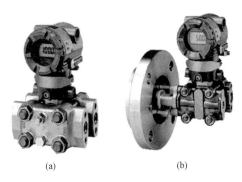

(a)　　　　　　　　　　　　　(b)

图 3-37　EJA 智能差压（压力）变送器（配彩图）
(a) EJA110A 差压变送器；(b) EJA210A 单法兰压力变送器

3.3.3　压力变送器检定

压力变送器的检定需按照 JJG 882—2015《压力变送器检定规程》进行。该规程适用于

压力（包括正、负表压力，差压和绝对压力）变送器的定型鉴定（或样机试验）、首次检定、后续检定和使用中检验。具体的操作步骤扫码获取。

　　下面以一个示例对绝对压力变送器的检定做简单说明。

　　[**例 3-1**]　如何校验一台测量范围为 0～200kPa 的绝对压力变送器？请画出校验设备及接线图。

　　解： 校验设备及接线图如图 3-38 所示。

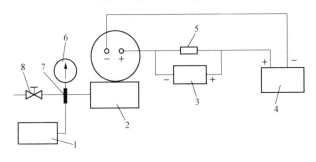

图 3-38　校验设备及接线图
1—真空泵或活塞式压力计；2—绝对压力变送器；3—数字电压表；4—直流电源 24V；
5—标准电阻 250Ω；6—精密真空表和精密压力表；7—三通接头；8—放空截止阀

　　校验时，先要了解当时的大气压力，设为 p_0，然后按以下方法校验：

　　(1) 用真空泵向变送器内抽真空，当真空表的真空度显示为 p_0 时，数字电压表的读数应为 1.0V。

　　(2) 打开放空截止阀，当真空表的指示为 p_0-50kPa 时，数字电压表的读数应为 2.0V。

　　(3) 继续打开放空截止阀，使真空表的读数为 p_0-100kPa，如该值小于 0，则把真空泵换成活塞式压力计，真空表换成压力表，并向变送器送 $100\text{kPa}-p_0$ 的压力，此时变送器读数应为 3.0V。

（4）用活塞式压力计送 $150\text{kPa}-p_0$ 和 $200\text{kPa}-p_0$ 的压力，此时变送器读数应为 4.0V 和 5.0V。

压力变送器在使用过程中难免会出现故障，其常见故障及处理方法可扫码学习。

知识拓展

压力变送器常见故障及处理方法

3.4　压　力　开　关

在生产过程中测量压力时，有的压力测点需要时时连续测量压力值，而有的压力测点只要不高于或不低于压力额定值即可，后者可以应用压力开关进行压力测量。

压力开关是一种简单的压力控制装置，当被测压力达到额定值时，压力开关可发出报警或控制信号，目前已广泛应用于工业自动化、电力、消防、航空和制冷系统等领域。

3.4.1　压力开关种类及工作原理

压力开关有机械式、电子式两大类。压力开关的开关型式有常开型、常闭型、常开及常闭一体型。

压力开关的工作原理是当系统内压力高于或低于额定的安全压力时，感应器内膜片瞬时发生移动，通过连接导杆推动开关接头接通或断开。当压力降至或升至额定的恢复值时，膜片瞬时复位，开关自动复位。

（1）机械式压力开关，是由纯机械形变而导致开关元件动作的。当系统内压力高于或低于额定的安全压力时，压力作用在传感器组件上〔常用的有膜片（可滚动式膜片、焊接膜片）、活塞．波纹管〕，使其产生形变，直接或经过比较后推动开关元件，改变开关元件的通断状态，产生电信号输出。

（2）电子式压力开关，用来替代电接点压力表或使用在工业控制要求比较高的系统上。这种压力开关内置精密压力传感器，通过高准确度的放大器放大压力信号，经高速 MCU 采集并处理数据。一般都是采用 4 位 LED 实时数显压力继电器输出信号。其上下限控制点可以自由设定，具有迟滞小、抗振动、响应快、稳定可靠、准确度高（准确度一般在 $\pm0.5\%$ FS，高则达 $\pm0.2\%$FS）等优点，利用回差设置可以有效保护压力波动带来的反复动作，保护控制设备，是检测压力、液位信号，实现压力、液位监测和控制的高准确度设备。但是价格相对较高，放大器和信号处理都需要电源。

目前国内外生产压力开关的企业较多，如浙江三花制冷集团、北方华瑞公司、美国联合电器（UE）控制公司和美国 Gems 集团等。

图 3-39 所示为美国 UE400 系列压力开关。UE400 系列有压力开关、真空开关、差压开关。压力可调范围为 $-0.1\sim41.37\text{MPa}$，差压开关的可调范围为 $-0.1\sim1.38\text{MPa}$，其有单点和多点输出。多点开关有 3 个设定点，适用于需要多点输出和控制的场合。

3.4.2　压力开关线路连接

如图 3-40 所示，压力开关未工作状态下，1-3 闭合，1-2 断开；当压力上升至开关切换时，1-3 断开，1-2 闭合。从而根据检测开关的情况，判断当前压力是否超出设定压力值，以此为依据进行压力报警或进一步处理。

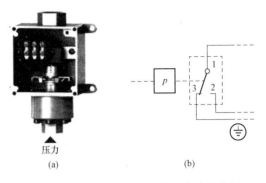

压力
(a)
(b)

图3-39 UE400系列压力开关外形图   图3-40 压力开关内部结构及线路示意图

(a) 内部结构; (b) 线路示意

3.4.3 压力开关的有关术语

(1) 设定点：预先设定的开关元件动作值。

(2) 设定点可调范围：开关可以被设定的范围界限。

(3) 重复性：在每一次动作时设定点重复操作的性能。

(4) 死区（切换差）：开关复位所需要的最小的压力变化。例如当设定值为1MPa，实际复位值为0.9MPa时，死区为0.1MPa。

(5) 耐压：压力开关保持其正常性能所能承受的最大压力。当压力开关用于过压场合时，敏感元件将会产生持续形变，这时压力设定值将变化，压力开关将不能发挥其正常性能甚至可能损坏。

(6) 爆破压力：使得传感元件破损的压力。一般测试最小为设定点可调范围的4倍。

(7) SPDT（单刀双掷）：由一个常开触点、一个常闭触点和一个公共端构成。

(8) DPDT（双刀双掷）：由一个对称的左、右公共端，两组常开、常闭触点构成。

压力开关选型要考虑量程、设定点（包括上行程报警还是下行程报警）、介质（介质是否有腐蚀性）、工作环境（工作环境温度及是否洁净干燥）、输出形式（SPDT、DPDT、两个SPDT）、是否防爆、设定点在工厂标定还是自己标定，双点报警的上下行程动作的要注意开关的固有死区。

3.4.4 压力开关的安装

(1) 在安装的时候，要根据工况要求，核对型号、规格、量程、接头和接压口规格以及防爆等级。

(2) 周围环境要有要求，如温度-40～70℃，湿度不大于85%，振动以及压力波动等要满足仪表能可靠工作的要求。

(3) 仪表安装力求反映该点的被测压力。

(4) 在对压力开关进行安装和拆卸时，用扳手夹持传感器六角体，避免开关壳体与传感器壳体移位。

(5) 通过旋动相应的压力调节螺钉，可进行上限切换值和下限切换值的设置。

3.4.5 压力开关的维护与检修

压力开关维护与检修的基本要求如下：

(1) 首先要确定安全措施已正确执行。

（2）压力开关上所有工器具、备件、消耗性材料定置化管理，摆放整齐。

（3）压力开关外观完整、清洁。

（4）压力开关的外壳光洁、完好、无锈蚀和无霉斑，内部无杂屑、残渣。

（5）压力开关的铭牌完整、清晰，已注明产品名称、型号、规格、使用范围等。

（6）压力开关的零部件装配应牢固，无松动现象。

（7）压力开关拆线时要做好两端记号，防止恢复时接错线，电缆侧的记号要用塑料带或胶布包好防止丢失。

（8）压力开关的接头无松动。

（9）一、二次门要打开。

（10）开关刻度、紧固件、调节件、微动开关和机械触点完好。

3.5 压力表的选择与安装

3.5.1 压力表的选择

为了使工业生产过程中的压力测量达到经济、合理和有效，正确地选择压力表是十分重要的。压力表选择的原则是根据工艺过程对压力测量的要求、被测介质的性质和现场环境情况等条件来确定仪表的种类、型号、量程、准确度和指示形式。

1. 压力表种类和型号的选择

（1）从工艺要求来考虑。需要观察压力的变化情况时选用记录式压力表，如波纹管压力表或多圈弹簧管压力表；需远距离传送压力信号时可选用压力变送器；需报警或位式调节，可选用电接点压力表等。

（2）从被测介质性质来考虑。根据被测介质的性质，如温度的高低、腐蚀性、易结晶、易燃、易爆等，确定压力表的种类和型号。对于稀硝酸、酸、氨及其他腐蚀性介质，应选用防腐压力表，如以不锈钢为膜片的膜片压力表；对于强腐蚀性、含固体颗粒、黏稠液体等介质，应选用膜片压力表，其膜片的材质必须根据测量介质的特性选择；对于氧气、氢气、乙炔等特殊的介质，应选用专用压力表。

值得说明的是，适用于特殊介质的压力表，如 YA 型氨用压力表、YO 型氧气压力表、YQ 型氢气压力表和耐酸压力表等，其承受压力的部件由相应的特殊材料制成。测量氧和测量氢压力的仪表，在标度盘上的仪表名称下分别有一条天蓝色或深绿色横线，测氧仪表还应标以红色禁油字样。

（3）从使用环境来考虑。对于易燃、易爆的场合，使用电气压力表时，应选择防爆型压力表；对于机械震动较强的场合，应选用耐震压力表等；对于大气腐蚀性较强、粉尘较多和易喷淋液体等环境恶劣的场合，宜选用密闭式全塑压力表。

（4）从仪表输出信号的要求来考虑。若只需就地观察压力变化，应选用就地指示用弹性式压力表；若需远传，则应选用气动或电动压力变送器；若需报警或位式调节，应选用电接点压力表。

对于就地压力指示，在测量一般介质时，压力在 $-40 \sim 0 \sim 40 \mathrm{kPa}$ 时，宜选用膜盒式压力表；压力在 $40 \mathrm{kPa}$ 以上时，宜选用弹簧管压力表或波纹管压力表；压力在 $-101.33 \mathrm{kPa} \sim 0 \sim 2.4 \mathrm{MPa}$ 时，宜选用压力真空表；压力在 $-101.33 \sim 0 \mathrm{kPa}$ 时，宜选用弹簧管真空表。

2. 压力表量程的选择

压力表的测量范围，常用的有 $0\sim1.0$、1.6、2.5、4.0、6.0×10^n 个系列（其中 n 为自然整数，可为正、负值）。

为了保证测压仪表安全可靠地工作，并兼顾被测对象可能发生的异常超压情况，对仪表的量程选择必须留有裕度。

（1）测量稳定压力时，正常操作压力值应在仪表测量范围上限值的 $1/3\sim2/3$。

（2）测定脉动压力时，正常操作压力值应在仪表测量范围上限值的 $1/3\sim1/2$。

（3）测定高、中压力时，正常操作压力值应在仪表测量范围上限值的 $1/2\sim3/5$。

（4）为了保证压力测量准确度，最小压力测量值应高于压力表测量量程的 $1/3$。

按此要求算出仪表量程后，实取稍大的相邻系列值。当被测压力变化范围大，最大和最小工作压力可能不能同时满足上述要求时，应首先满足最大工作压力条件。测量差压的仪表还应注意工作压力的选择，应使其与被测对象的工作压力相对应。

3. 压力表准确度的选择

压力表准确度主要是根据生产允许的最大测量误差来确定。在确定仪表的准确度时，应以实用、经济为原则。精密压力表的准确度等级为 0.1、0.16、0.25、0.4 级。一般压力表准确度等级有 1.0、1.6、2.5、4 级，常选用 1.0、1.6 或 2.5 级。压力变送器准确度等级为 $0.075\sim0.25$ 级。

4. 压力表外形尺寸及安装形式的选择

压力表的表盘直径的选取原则是，应保证工作人员能清楚地看到压力指示值。

（1）在管道和设备上安装的压力表，表盘直径为 100mm 或 150mm；

（2）在仪表气动管路及其辅助设备上安装的压力表，表盘直径应小于 60mm；

（3）安装在照度较低、位置较高或示值不易观测场合的压力表，表盘直径应为 150mm 或 200mm。

弹簧管压力表的外形依压力接头的方向与安装环边不同，分为径向（压力表接头在表盘径向，即压力表的连接口径与表盘成 I 型）、轴向（压力表接头在指针轴向，即压力表的连接口径与表盘成 T 型）、直接安装式（没有安装环）、凸装式（指后部带有安装环，俗称带后边）、嵌装式（指前部带有安装环，俗称带前边）等几种，如图 3-41 所示。图中型号首字母 Y 表示压力表，无后缀字母表示径向无边，后缀字母 T、Z、Q 分别表示径向带后边、径向无边、带前边，中间数字表示压力表公称直径（mm）。

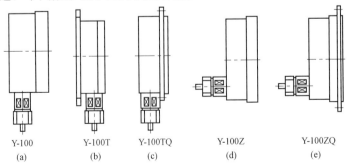

Y-100	Y-100T	Y-100TQ	Y-100Z	Y-100ZQ
(a)	(b)	(c)	(d)	(e)

图 3-41　弹簧管压力表的型式

(a) 径向无边；(b) 径向后边；(c) 径向前边；(d) 轴向无边；(e) 轴向前边

5. 安装附件的选择

测量水蒸气和温度大于 60℃的介质时，应选用冷凝管或虹吸器；测量易液化的气体时，若取压点高于仪表，应选用分离器；测量含粉尘的气体时，应选用防尘器；测量脉动压力时，应选用阻尼器或缓冲器；在使用环境温度接近或低于测量介质的冰点或凝固点时，应采取绝热或伴热措施。

另外，压力变送器的选型还需要考虑以下几点：

(1) 结构和型式的选择。变送器根据结构不同分为一般型、防爆型和防腐型几种，应根据环境和介质的特点选择。在易燃、易爆的危险场所（如氢、煤气、天然气、轻柴油等）应选择防爆型或本安型；被测介质为一般腐蚀性介质时，可选择防腐型，当为强腐蚀性介质时，则应选择防腐隔离容器。当安装地点含有对电气元件有腐蚀作用气体（如氯、氨、酸、碱等）时，也宜选用防腐型；被测介质为高黏度、易结晶、含微小机械颗粒或纤维等介质时，宜选用隔离容器与一般变送器配用；测量液位时，也可选择法兰型差压变送器直接安装在被测对象上；差压法测量流量时，可选用带开方输出的流量（差压）变送器，其输出信号与流量成正比；用于负压或负压和压力联合测量的检测可选用绝对压力变送器。

(2) 规格选择。被测介质的工作压力不能大于变送器的允许静压，同时根据被测参数的变化范围，选择合理的量程。例如，某压力最大变化范围为 0~10MPa，压力变送器量程应选用 10MPa；某液位变化范围为－3.2~＋3.2kPa，则差压变送器量程应选为 6.4kPa。当参数的最大变化范围未知时，变送器量程可按参数额定值的 1.2~1.3 倍考虑。

对于某已确定规格的变送器而言，它的最小量程和最大量程是固定的，相当于变送器从零到满刻度输出范围的最小输入变化量和最大输入变化量已固定。这时，实际使用的量程可在最小和最大量程之间连续可调，但不允许小于最小量程或大于最大量程。

变送器的量程比是最大测量范围（URV 或 HRV）和最小测量范围（LRV）之比。量程比大，调整的余地就大，便于在工艺条件改变时更改变送器的测量范围，而不需更换仪表，减少了库存备表数量。但要注意，使用量程和最大量程相差越大，则仪表的技术性能越差。例如某变送器的使用量程为最大量程的 1/10 时，仪表的准确度为±0.1％，温度附加误差为±0.75％/55℃。但当使用量程为最大量程的 1/50 时，仪表的准确度降为±0.30％，温度附加误差为±2.75％/55℃。所以仪表的实际使用量程不能和最大量程相差太大。

在一般情况下变送器的量程是按测量起始值为零整定的，但在实际应用中某些参数的变化范围不是从零开始，这时可进行变送器的零点迁移。

所谓零点迁移，就是将变送器测量范围的下限值由零调至某一个不为零的数值。把测量范围下限值由零调至某一正值，称为正迁移；反之，就称为负迁移。零点经正迁移或负迁移后，量程上下限间的绝对值不可超过最大测量范围的上限。

零点调整和零点迁移的实质是平移输出特性曲线，使变送器输出信号的下限值 $I_{\min}$ 与测量信号的下限值 $p_{\min}$ 相对应。在 $p_{\min}=0$ 时称为零点调整，在 $p_{\min}\neq0$ 时称为零点迁移。也就是说，零点调整使变送器的测量起始点为零，而零点迁移是将测量的起始点由零迁移到某一数值（正值或负值）。零点迁移如图 3-42 所示。

需考虑采用零点迁移的测量对象如下：

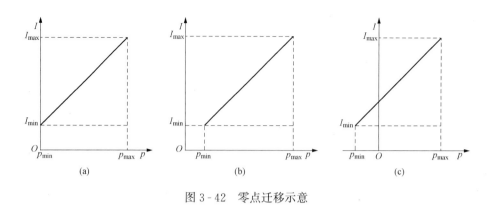

图 3-42 零点迁移示意
(a) 无迁移；(b) 正迁移；(c) 负迁移

1）参数的测量从某一正值开始，如在锅炉燃料量调节中对蒸汽压力的测量，为了提高灵敏度，其起始值改为从某一压力开始。这时，变送器采用零点正迁移，迁移量即等于测量的起始值。

2）被测参数从负值到正值的范围内变化时，如对锅炉炉膛负压的测量，此时变送器应采用负迁移。

3）在开口容器的液位测量中，变送器安装地点（膜盒位置）比最低液位低时，应采用正迁移。

4）在封闭容器液位的测量中，当容器内外温差较大，气相容易凝结时，应采用平衡容器并对变送器作零点迁移。

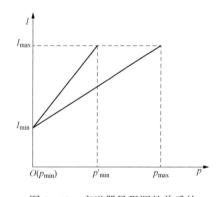

图 3-43 变送器量程调整前后的
理想输入、输出特性

在变送器的使用过程中，正确的采用正、负迁移不仅可以扩大变送器的使用范围，若同时恰当地选择量程，还可提高变送器的使用准确度和灵敏度。

量程调整的目的，是使变送器的输出信号上限值 p_{max} 与测量范围的上限值 I_{max} 相对应。图 3-43 为变送器量程调整前后的理想输入、输出特性。由该图可见，量程调整相当于改变变送器的输入、输出特性的斜率，也就是改变变送器输出信号 I 与输入信号 p 之间的比例系数。

（3）材质的选择。对材质的选择要考虑压力变送器所测量的介质，黏性液体、泥浆会堵住压力接口，溶剂或有腐蚀性的物质可能会破坏变送器中与这些介质直接接触的材料。一般的压力变送器的接触介质部分的材质采用的是 316 不锈钢，如果介质对 316 不锈钢没有腐蚀性，那么基本上所有的压力变送器都适合对该介质压力的测量；如果介质对 316 不锈钢有腐蚀性，那么就要采用化学密封，这样不但可以测量介质的压力，也可以有效阻止介质与压力变送器部件的直接接触，从而保护压力变送器，延长压力变送器的寿命。

（4）性能指标的选择。性能指标包括准确度、非线性误差、迟滞性、重复性、零点偏置刻度和温度的影响等。这些性能指标可根据工艺过程对测量结果的要求来选取。

（5）温度范围的选择。通常一个变送器会标定两个温度范围，即正常操作的温度范围和温度可补偿的范围。正常操作的温度范围是指变送器在工作状态下不被破坏的温度范围。温度可补偿的范围是一个比正常操作的温度范围小的范围。在这个范围内工作，变送器肯定会达到其应有的性能指标。温度变化从两方面影响着其输出，一是零点漂移，二是影响满量程输出。

[例 3 - 2]　　某台往复式压缩机的出口压力范围为 $25 \sim 28$MPa，测量误差不得大于 1MPa；工艺上要求就地观察，并能高低限报警，试正确选用一台压力表，确定其型号、准确度等级与测量范围。

解：由于往复式压缩机的出口压力脉动较大，所以选择仪表的上限值为

$$28 \div \frac{1}{2} = 56\text{MPa}$$

根据就地观察及能进行高低限报警的要求，可选用 YX - 150 型电接点压力表，测量范围为 $0 \sim 60$MPa。

根据测量误差的要求，可算得允许误差为

$$\frac{1}{60} \times 100\% = 1.67\%$$

准确度等级为 1.6 级的仪表可以满足其误差要求。因此，最终选择的压力表为 YX - 150 型电接点压力表，测量范围为 $0 \sim 60$MPa，准确度等级为 1.6 级。

3.5.2　压力检测系统的安装

压力检测系统由取压口、导压管、压力表及一些附件组成。正确选取压力表很重要，而合理地安装压力检测系统也是准确测量的保证。

1. 取压口的位置

取压口是从被测对象上引取压力信号的开口。选择取压口的原则是要使选取的取压口能反映被测压力的真实情况。图 3 - 44 为取压口位置选择示意图。

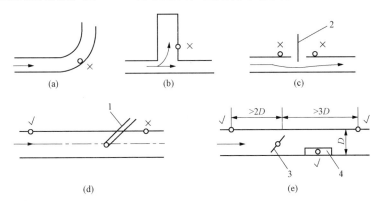

图 3 - 44　取压口位置选择示意图

1—温度计；2—挡板；3—阀；4—导流板

×—不适于作取压口的地点；√—可用作取压口的地点

取压口位置选取具体可遵循以下几条：

（1）取压口的位置要选在被测介质直线流动的管段上，不要选在管道拐弯、分岔、死角及流束形成涡流的地方，如图 3 - 44（a）～（c）所示。

（2）就地安装的压力表在水平管道上的取压口，一般在顶部或侧面。

（3）引至变送器的导压管，其水平管道上的取压口方位要求如下：流体为气体时，取压

口应在管道水平中心线以上，与管道截面水平中心线夹角 45°以内；流体为液体时，取压口应在管道水平中心线以下，与管道截面水平中心线夹角 45°以内；测量水蒸气压力时，取压口可在管道的上半部或下半部。

（4）取压口处在管道阀门、挡板前后时，其与阀门、挡板的距离应大于 2～3 倍的 D（D 为管道直径），如图 3-44（e）所示。

2. 取压口的形状

（1）取压口一般为垂直于容器或管道内壁面的圆形开口。

（2）取压口的轴线应尽可能地垂直于流线，偏斜不得超过 5°～10°。

（3）取压口应无明显的倒角，表面应无毛刺和凹凸不平。

（4）口径在保证加工方便和不发生堵塞的情况下应尽量小，但在压力波动比较频繁和对动态性能要求高时可适当加大口径。

3. 导压信号管路

导压信号管路的作用是将被测压力从取压口传递到测压仪表。管路的长短和导管的粗细对测量静压是没有影响的。但被测压力变化时，测压仪表的测量容积或多或少会有些改变，使得导管中的流体也发生移动产生能量的损耗，影响测压系统的动态特性（如传递迟延、振荡等）。导压信号管路在传递压力的同时，由于该管路中介质的静压力作用会对压力仪表产生附加压力，正常情况下，该附加压力可以通过对压力仪表的零点调整或计算进行修正。这就要求导压信号管路中介质的密度必须稳定，否则会产生较大的测量误差。导压信号管路的选择与安装应保证压力传递的精确性和快速性，一般应遵循以下原则：

（1）导压管管径的选择。就地压力表一般选用 $\phi18\times3$ 或 $\phi14\times2$ 的无缝钢管。就地压力表环形弯或冷凝弯优先选用 $\phi18\times3$，而引远的导压管通常选用 $\phi14\times2$ 的无缝钢管。压力高于 22MPa 的高压管道应采用 $\phi14\times4$ 或 $\phi14\times5$ 的优质无缝钢管，在压力低于 16MPa 的管道上，导压管有时也采用 $\phi18\times3$ 的钢管。对于低压或微压的粉尘气体，常采用 1in 水煤气管作为导压管。

（2）安装导压管应遵循原则。

1）安装压力变送器的导压管应尽可能地短，并且弯头尽可能地少。为防止高温介质在温度很高时进入仪表，导压管也不能过短，如介质为蒸汽时一般导压管应长于 3m。

2）在取压口附近的导压管应与取压口垂直，管口应与管壁平齐，不得有毛刺。

3）导压管路水平敷设时，要保持 1:10～1:20 的倾斜度。当被测介质为液体时，从导压管向仪表方向向下倾斜；介质为气体时，则向上倾斜。

4）当被测介质易冷凝或易冻结时，应加装保温伴热管。在取压口与仪表之间要装切断阀，以备仪表检修时使用，切断阀应靠近取压口。

5）根据被测介质情况，在导压信号管路上要加装附件，如加装集液器、集气器以排除积液或积气；加装隔离器，使仪表与腐蚀性介质隔离；加装凝液器，防止高温蒸汽介质对仪表的损坏等。

4. 压力表的安装

（1）压力表尽可能安装在温度为 0～40℃，相对湿度小于 80% ，振动小，灰尘少，没有腐蚀性物质的地方。对电接点压力表及压力变送器还要求安装在磁干扰小的地方。

（2）压力表必须垂直于水平面安装，所在地光线要充足或具有良好的照明。

（3）测量特殊介质时，要考虑必要的防护措施。

1）测量高于 60℃以上的介质的压力时，压力表之前要加装 U 形管或环形盘管等形式的冷凝器，使其存储一部分冷凝介质，以免启动仪表时高温介质直接进入仪表。

2）测量腐蚀性介质的压力时，除选择具有防腐性能的压力表外，还可以装置隔离容器，用隔离容器中的隔离液将被测介质与测压元件隔离开来。

3）测量波动剧烈和频繁的压力时，应在压力表前装设针形阀、缓冲器，必要时还应装设阻尼器。

具体的安装情况如图 3 - 45 所示。

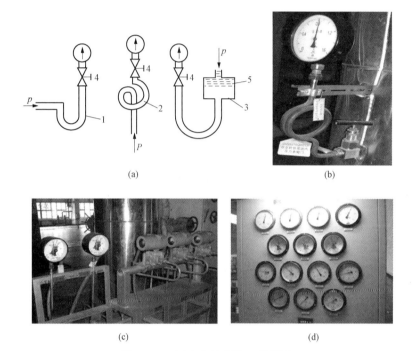

图 3 - 45　压力表的安装（配彩图）

(a) 压力表安装示意；(b) 带环形盘管的压力表现场安装；

(c) 电接点压力表和压力变送器现场安装；(d) 汽轮机就地压力表盘

1—U 形管冷凝器；2—环形盘管冷凝器；3—隔离容器；4—截止阀；5—隔离液

实训项目　压力表的识别与校验

实训项目

不同压力表所测的压力种类及使用的压力单位有可能不同，要能识别所测的是哪种压力，了解表的测压范围、准确度等级、使用的压力单位及适用的场合。实训项目中给出了一些压力表供识别，可扫码获取。

通过完成弹簧管压力表校验与调整、压力变送器的认识与校验、压力开关的校验实训项目，可进一步加深对这些仪表工作原理及特性参数的理解，掌握其检验方法，提高动手能力。弹簧管压力表校验与调整、压力变送器的认识与校验、压力开关的校验实训内容可扫码获取。

此外，对与压力表相关的国家标准、国家计量检定规范、中国机械行业标准的名称及编号进行了汇总，也可扫码获取。

🧠 思考题和习题

1. 压力的定义。表压力、绝对压力、负压力（真空度）之间有什么关系，一般工业用压力表读出的是什么压力？

2. 测压仪表有哪几类，各基于什么原理？

3. 在校验一台准确度为1级、输出为20～100kPa的气动压力变送器时，手头只有一块0～600kPa、0.35级标准压力表。试问可否将它当作标准输出表使用？

4. 弹性式压力表的测量原理是什么，作为感受压力的弹性元件有哪几种，各有什么特点？

5. 弹簧管压力表的弹簧管截面为什么要做成扁圆形或椭圆形的，可以做成圆形截面吗？

6. 试述弹簧管压力表的主要组成和测压过程。

7. 画出电容式压力（差压）变送器的变换过程示意图，并推导电容—差压转换关系式。

8. 压力表与测压点所处高度不同时，如何进行读数修正？

9. 差压变送器三阀组件的作用是什么？

10. 何谓变送器的零点调整、量程调整和零点迁移，作用各是什么？

11. 压力表的使用范围一般在量程的哪一段为宜，为什么？

12. 生产过程中哪些情况需要使用压力开关？压力开关的开关形式有哪些？什么是压力开关的设定点？

13. 压力表的选择要考虑哪些方面？

14. 某一待测压力约为12MPa，能否选用量程范围为0～16MPa的压力表来测量，为什么？

15. 用10MPa量程的标准压力表来检定一只量程为10MPa、准确度等级为2.5级的工业压力表。问应选用何种准确度等级的标准压力表？若改用16MPa量程的标准压力表，则准确度等级又为多少？

16. 安装压力表时，如何确定测量工艺管道气体和蒸汽的引压口位置？

17. 压力表在什么情况下要加装冷凝弯（圈），什么情况下要采用介质隔离装置？

18. 有一鼓风系统的风量采取孔板、三阀组件和差压变送器来测流量，风压在5kPa左右，差压变送器经检定是合格的。但投入运行时，差压变送器的指针立即超量程，打开平衡阀，表针仍不能回来。请分析是何原因？

19. 某容器的顶部压力和底部压力分别为−50kPa和300kPa，若当地的大气压力为标准大气压，试求容器顶部和底部处的绝对压力以及顶部和底部间的差压。

20. 用弹簧管压力表测量蒸汽管道内压力，仪表低于管道安装，二者所处标高为1.6m和6m。若仪表指示值为0.7MPa，试求蒸汽管道内的实际压力值。已知蒸汽凝结水的密度ρ=966kg/m³，重力加速度g=9.8m/s²。

21. 一台压力变送器的量程范围为0～500kPa，计算输入多少压力时仪表输出为8、12、16、20mA？在变送器接通电源而不输入压力信号时，其输出为多少毫安？

22. 有一工作压力约为14MPa的容器，采用弹簧管压力表测量其压力，要求测量误差不超过0.4MPa。试选择压力表的型号、量程和准确度等级。

23. 某台空气压缩机的缓冲器，其工作压力范围为1.1～1.6MPa，工艺要求就地观察罐内压力,并要求测量结果的误差不得大于罐内压力的 ±5%,试选择一台合适的压力计(类型、测量范围、准确度等级),并说明其理由。

24. 已知弹簧管压力表的温度系数 $\alpha_g = 0.0001$,当仪表所处的环境温度为 40℃,与设计环境温度 20℃ 不同时,该压力表将产生温度附加误差。试求被测压力为 650kPa 时仪表的温度附加误差。

25. 现有一台测量范围为 0~1.6MPa,准确度为 1.6 级的普通弹簧管压力表,校验后,其结果见表 3-8。

表 3-8   题 25 表

读数	上行程					下行程				
被校表(MPa)	0.0	0.4	0.8	1.2	1.6	1.6	1.2	0.8	0.4	0.0
标准表(MPa)	0.00	0.38	0.79	1.21	1.59	1.59	1.21	0.81	0.40	0.00

试问这台压力表是否合格?它能否用于某空气储罐的压力测量(该储罐工作压力为 0.8~1.0MPa,测量的绝对误差不允许大于 0.05MPa)?

26. 现校验了三块 2.5 级、0~6MPa 的弹簧管压力表,结果见表 3-9。试分析各个表产生误差的原因,应如何调整才能交付使用?

表 3-9   题 26 表

标准表(MPa)	1.0	2.0	3.0	4.0	5.0
1 号压力表读数(MPa)	1.5	2.5	3.5	4.5	5.5
2 号压力表读数(MPa)	1.1	2.2	3.3	4.4	5.5
3 号压力表读数(MPa)	1.5	2.6	3.7	4.8	5.9

第4章 流量检测及仪表

4.1 概　　述

对流量参数的检测在工业生产和人民生活中都是必不可少的。流量仪表在生活中的应用是家用燃（煤）气表和家用水表。在电力、冶金、石油、化工、轻工等工业生产过程中，工质流量是判断生产过程的工作状况，衡量设备的效率和经济性的重要指标，流量检测也是企业能源管理的重要手段。在火力发电厂热力过程中，需要连续监视水、汽、煤和油等的流量或总量。表4-1列举了一些流量测点和测量元件及装置，它们对保证电厂安全经济运行具有重要意义。例如，在火电厂中，主蒸汽流量累积误差若为2%～3%，则将引起煤耗计算误差10g/℃左右，这对评价电厂的经济性会有很大影响；又如，大容量锅炉瞬时给水流量减少或中断，都可能造成严重的爆管或干锅事故。由此可见，对流量的准确及时测量是非常重要的。

表4-1　　　　　　　　　　　某600MW机组流量测点举例

序号	用途	名称	型号	型式规范	安装地点
1	空气预热器出口二次风流量	测风装置	根据实际工况单独设计	工作压力：4.68kPa；工作温度：365℃；介质：空气；刻度流量：2100000m³/h；最大流量：2055000m³/h；正常流量：1712000m³/h；最小流量：0m³/h；管径：5500×4000×4；管材：Q235-A	就地
		智能差压变送器	3051CD3A22A1AB4M5	静压：6kPa，差压值随测风装置定；4～20mA DC二线制；带液晶显示屏；准确度不大于0.075%	就地
2	凝结水再循环流量	孔板	环室取压	压力：3.7MPa；温度：88℃；测量介质：凝结水；刻度流量：630t/h；q_{max}=500t/h，q_{min}=0t/h，$q_{正常}$=440t/h；管道规格：ϕ273×8.5；管材：20号钢；介质流向：水平；差压取样孔1对，配2对正反法兰	就地
		智能差压变送器	3051CD3A22A1AB4M5	差压值随孔板定；静压：0～4MPa；4～20mA二线制	就地

续表

序号	用途	名称	型号	型式规范	安装地点
3	给水泵入口流量	V 锥流量计	根据实际工况单独设计	压力：2.65MPa；温度：190.2℃；测量介质：给水；刻度流量：1200t/h；$q_{max}=1135t/h$；$q_{min}=276t/h$；$q_{正常}=955t/h$；管道规格：$\phi406\times13$；管材：20号钢；介质流向：水平；焊接，差压取样孔 4 对，带 2 对反法兰	就地
		智能差压变送器	3051CD3A22A1AB4M5	差压值随 V 锥流量计定；静压：4MPa；4～20mA 二线制	就地
4	再热器事故喷水减温水流量	长径喷嘴	LJCJ - 06 - 42	工作压力：16MPa；工作温度：181.9℃；介质：水；刻度流量：40t/h；最大流量：34t/h；正常流量：17t/h；最小流量：0t/h；介质流向：水平；管径：$\phi89\times9$；管材：12Cr1MoVG；连接方式：焊接，差压取样孔 1 对	就地
		智能差压变送器	3051CD3A22A1AB4M5	差压值随测量装置定；静压：17MPa；4～20mA DC 二线制；带液晶显示屏，准确度不大于 0.075%	就地

随着科学技术的发展，人们对于流量检测准确度的要求也越来越高，主要有：①不断提高测量准确度和可靠性以满足生产需要；②测量对象遍及高黏度、低黏度以及强腐蚀介质，且从单相流扩展为双相流、多相流；③耐高温高压和低温低压；④适合层流、紊流和脉动流等各种流动状态。由于流体性质、流动状态、流动条件以及测量机理的复杂性，形成了如今流量测量仪表的多样性、专用性和价格差异的悬殊性。目前已出现一百多种流量计，分别适用于不同的场合，限于篇幅，本书仅介绍几种常用的流量计。

4.1.1 流量的定义和单位

根据 JJF 1004—2004《流量计量名词术语及定义》中对流量的定义，流体流过一定截面的量称为流量。流量也是瞬时流量和累积流量的统称。在一段时间内流体流过一定截面的量称为累积流量，也称总量。当时间很短时，流体流过一定截面的量与时间的比称为瞬时流量。流量用体积表示时称为体积流量，用质量表示时称为质量流量。

瞬时流量一般用符号 q 表示，累积流量一般用 Q 表示。相应地，用 q_m 表示瞬时质量流量；q_V 表示瞬时体积流量；Q_m 表示累积质量流量；Q_V 表示累积体积流量。

质量流量和体积流量的关系为

$$q_m = \rho q_V \tag{4-1}$$

式中：ρ 为测量体积流量时的温度和压力下的流体密度。

流量的国际单位是千克/秒（kg/s）、立方米/秒（m^3/s），常用的还有吨/小时（t/h）、千克/小时（kg/h）、立方米/小时（m^3/h）等；总量的国际单位是千克（kg）、立方米（m^3），常用的总量单位还有吨（t）。

对于气体，密度受温度、压力变化影响较大，因此在测量气体流量时，必须同时测量流体的温度和压力。为了便于比较，常将在工作状态下测得的体积流量换算成标准状态下（温度为 20℃，压力为 101325Pa）的体积流量，用符号 Q_n 表示，单位符号为 m^3/s。

4.1.2 流量测量仪表的分类

用于测量流量的计量器具称为流量测量仪表（流量计），通常由一次装置（又称流量传感器）和二次仪表组成。一次装置安装于流体导管内部或外部，根据流体与一次装置相互作用的物理定律，产生一个与流量有确定关系的信号。二次仪表接收一次装置的信号，并实现流量的显示、输出或远传。按照不同的方法，流量计可进行不同的分类。常见的流量计分类方法见表 4-2。

表 4-2　　　　　　　　　　　　　流 量 计 的 分 类

序号	分类法	流量计类别
1	按测量方法分类	容积法、速度法、质量流量法
2	按测量要求分类	大流量测量仪表、微小流量测量仪表、高温高压工质流量测量仪表、脉动流体流量测量仪表、强腐蚀性工质流量测量仪表、低温工质流量测量仪表、高黏度工质流量测量仪表、血流量计、呼吸流量计、单相流体流量测量仪表、两相流体流量测量仪表、多相流体流量测量仪表等
3	按测量对象分类	封闭管道流量计和明渠流量计
4	按用途分类	指示型流量计、记录型流量计、积算型流量计、远传型流量计等

4.1.3 流量测量中常用的术语

1. 流量范围

流量计的流量范围是指流量计在正常使用条件下，测量误差不超过允许值的最大至最小流量范围。最大与最小流量值的代数差称为流量量程。在保证仪表的准确度的条件下可测的最大流量与最小流量的比值通常称作流量计的量程比。

2. 额定流量

流量计在规定性能或最佳性能时的流量值，称为该流量计的额定流量。

3. 流量计特性曲线

流量计特性曲线是描述流量计性能随流量变化的曲线，主要有两种不同的表示形式：一种是表示流量计的某种特性（通常是流量系数或仪表系数，也有的是某一与流量有关的输出量）与流量 q 或雷诺数 Re 的关系；另一种是表示流量计测量误差随流量 q 或雷诺数 Re 变化的关系，这种特性曲线一般称为流量计的误差特性曲线。

流量计的特性曲线可以通过对流量计进行理论分析得到，而更为准确可靠的是通过对流量计的检定，即在整个流量计的流量范围上进行一系列的实验得到。

4. 流量系数

流量计的流量系数表示通过流量计的实际流量与理论流量的比值，一般是通过实验确定。

5. 仪表系数

流量计的仪表系数表示通过流量计的单位体积流量所对应的信号脉冲数。它是脉冲信号输出类型流量计的一个重要参数。

6. 重复性

流量计的重复性表示用该流量计连续多次测量同一流量时给出相同结果的能力。

7. 线性度

流量计的线性度是表示在整个流量范围上的特性曲线偏离最佳拟合直线的程度。对于用仪表系数 K 来评定流量计特性的脉冲输出流量仪表来说，其线性度通常用整个流量范围的平均仪表系数 $\overline{K}$ 与仪表系数对平均值的最大偏差 ΔK 的比值 $\Delta K / \overline{K}$ 来表示。

4.1.4　流量测量中常用的物理参数

在对工业管道流体流量测量时，要遇到一系列反映流体属性和流动状态的物理参数。常用参数有流体的密度、流体的黏度、等熵指数以及雷诺数等。

1. 流体的密度

单位体积内流体的质量称为密度，以 ρ 表示。由于流体的密度是其状态（压力、温度）的函数，即流体的密度 ρ 随压力 p 和温度 t 而变化，因此在测量流量时应该考虑流体状态对密度的影响。

在低压及常温下，压力变化对液体密度的影响很小，所以工程计算上往往可将液体视为不可压缩，即可不考虑压力变化的影响。对于气体，温度、压力变化对其密度的影响较大，所以在流量测量中必须考虑其影响。

2. 流体的黏度

所有流体在有相对运动时都要产生内摩擦力，并阻碍流层间的相对运动，这种性质称为流体的黏滞性。它阻碍流体间的相对运动，影响流体的流速分布，产生能量损失（压力损失），影响流量计的性能指标。

黏度也是温度 t、压力 p 的函数。当温度上升时，液体的黏度下降，气体的黏度则上升。在工程计算上，液体的黏度，只需考虑温度对它的影响，仅在压力很高的情况下才需考虑压力的影响。水蒸气及气体的黏度与压力、温度的关系十分密切。

表征流体的黏度，通常采用动力黏度 η 和运动黏度 ν。动力黏度是表示流体物理性质的一个比例系数，其物理意义为单位速度梯度下流体内摩擦应力的大小。它直接反映了流体黏性的大小，η 值越大，流体的黏滞性越强。由于流体的黏度和密度有关，将动力黏度 η 与流体密度之比称为运动黏度 ν。

3. 等熵指数

测量气体或蒸汽的流量时，需要了解流体流经流量测量元件（例如节流元件）时的状态变化，为此需要知道被测气体或蒸汽的绝热指数或等熵指数。

流体在状态变化（由一种状态转变至另一种状态）过程中若不与外界发生热交换，则该过程称为绝热过程。若绝热过程没有（或不考虑）摩擦生热，即可逆绝热过程。根据熵的定义，在可逆绝热过程中熵（S）值不变（S＝常数），故叫逆的绝热过程又称为等熵过程。例如，流体流经节流元件时，因为节流元件很短，其与外界的热交换及摩擦生热均可忽略，所以该过程可近似认为是等熵过程。在此过程中，流体的压力 p 与比容 v 的 k 次方的乘积为常数，即 pv^k 常数，k 称为等熵指数。实际气（汽）体的等熵指数，可从有关手册的图表上查取。如空气的等熵指数为 1.40，过热蒸汽的等熵指数为 1.30。

4. 雷诺数

根据流体力学中的定义，流体流动的雷诺数 Re 是流体流动的惯性力 F_g 与其黏性力

（内摩擦力）F_m 之比，即

$$Re = \frac{F_g}{F_m} = \frac{v}{\eta}\rho l \qquad (4-2)$$

式中：v 为特征流速，在管流中为有效截面上的平均流速，m/s；ρ 为流体密度，kg/m³；η 为在工作状态下流体的动力黏度，Pa·s；l 为流束的定型尺寸，在圆管流中为管道内径，m。

当流体在圆管内流动时，雷诺数的表达式为

$$Re_D = \frac{4}{\pi}\frac{q_m}{D_t\eta} \qquad (4-3)$$

式中：q_m 为质量流量，kg/s；D_t 为工作温度下的管道内径，m。

或者

$$Re_D = 354 \times 10^{-3}\frac{q_m}{D_t\eta} \qquad (4-4)$$

式（4-4）中，q_m 的单位 kg/h；D_t 的单位为 mm；η 的单位为 Pa·s。

雷诺数是判别流体状态的准则。一般认为，管道雷诺数 $Re \leqslant 2300$，流体为层流状态；而当雷诺数大于此值时，流动将开始转变成紊流状态。在工程应用中，认为雷诺数相等的流动是相似的，因而流量仪表在某种标定介质（通常气体流量计用空气，液体流量计用水）中标定得到的流量系数可以根据在相同雷诺数下流量系数相等的原则换算出另一种介质（被测介质）的流量（或流速）。这是许多流量计实际标定的理论基础。

4.2　节 流 式 流 量 计

4.2.1　节流式流量计组成及分类

节流式流量计是目前工业生产中用来测量液体、气体或蒸汽流量的最常用的一类流量仪表，其使用量占整个工业领域内流量计总数的一半以上。火电厂中，给水流量、蒸汽流量等常采用这种流量计进行测量，而其他流量计因被测介质的高压力、高温度大多不能使用。该流量计的缺点是测量范围窄，量程比较小，一般为 3∶1；压力损失也比较大；刻度是非线性的；上、下游要求设置足够长的直管段。

节流式流量计通常由能将流体流量转换成差压信号的节流装置、传输压力信号的管路和测量差压并显示流量的差压计（或差压变送器）组成，如图 4-1 所示。安装在流通管道中的节流装置也称"一次装置"，包括节流件、取压装置和前后直管段。显示装置也称"二次装置"，包括压力信号管路和测量中所需的仪表。

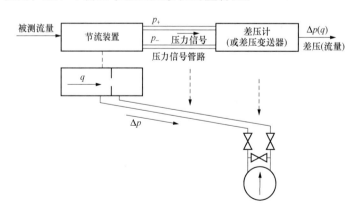

图 4-1　节流式流量计组成

节流装置有标准化和非标准化两类。所谓标准化节流装置是指按照标准文件进行节流装置设计、制造、安装和使用，无需实流校准和单独标定即可确定输出信号（差压）与流量的关系，并估算其测量不确定度。标准文件主要指节流装置国际标准 ISO 5167：2003 和国家标准 GB/T 2624—2006《用安装在圆形管道中的差压装置测量满管流体流量》。标准节流装置由于具有结构简单并已标准化、使用寿命长和适应性强等优点，因而在流量测量仪表中占据重要地位。非标准化节流装置是指成熟程度较低、尚未标准化的节流装置，多用于脏污介质、高黏度、低雷诺数、非圆管道截面、超大及过小管径等流量测量。非标准节流装置没有统一标准化的数据、资料、误差计算方法等。

4.2.2 节流式流量计测量原理和流量公式

节流式流量计的工作原理是，在管道中设置节流件，流体流经节流件时由于流通面积的变化，发生节流现象，在节流件的前后两侧产生压力差（差压）。实践证明，对于一定形状和尺寸的节流件且一定的测压位置和前后直管段，在一定的流体参数情况下，节流件前后的差压与流量之间有一定的函数关系。因此，可以通过测量节流件前后的差压来测量流量。节流式流量计也称为变压降式流量计。

1. 测量原理

如果在充满流体的管道中固定放置一个流通面积小于管道截面积的节流件，则管内流束在通过该节流件时就会造成局部收缩。在收缩处，流速增加，静压力降低，因此在节流件前后将产生一定的压力差。图 4-2 给出了流体在节流件前后压力和速度变化情况。

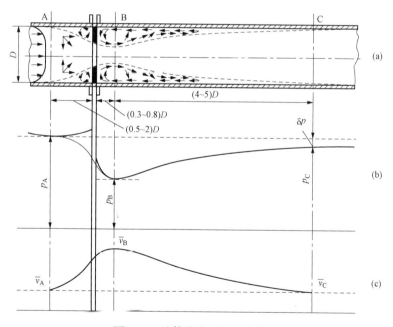

图 4-2　流体节流时的流动状态

（a）流线和涡流区示意；（b）沿轴向静压力的变化；（c）沿轴向流速的变化

由图 4-2 可知，在截面 A 之前，流体未受节流件影响，流束充满管道，流动方向与管道中心线平行，流束直径为 D，流束中心压力为 p_A，平均流速为 $\overline{v}_A$，流体密度为 ρ_1。流体通过截面 A 后，由于受到节流件的影响，在节流件前流体就向中心加速，在截面 B 处流束截面收缩到最小，此时流速最大、压力最低，流束直径为 d'，流束中心压力为 p_B，平均流速为 $\overline{v}_B$，流体密度为 ρ_2。截面 B 的位置与节流件的形式有关。通过截面 B 之后流束向外扩散，流速降低，静压升高，直到截面 C 处流束又充满管道。由于流体的黏性和局部阻力以及静压差回流等的影响将造成涡流，这时沿管壁流体的静压变化和轴线上不同。节流件前后涡流的形成以及流体的沿程摩擦，使得流体具有的总机械能的一部分不可逆地变成了热能，散失在流体内。在流束充分恢复后，静压力 p_C 不能恢复到原来的数值 p_A，而有一个压力降落，这个压力降落就是流体流经节流件后的压力损失 δp。

2. 流量公式

流量公式是描述差压和流量之间的关系式，是利用伯努利方程和流体流动连续性方程来推导的。但完全从理论上计算出差压和流量之间的关系目前仍是不可能的。关系式中的各个系数只能靠实验确定。考虑到在节流过程中由于不可压缩流体的密度不变化，而可压缩流体因膨胀其密度会发生变化，因此在推导不可压缩流体与可压缩流体的流量公式时略有不同。但为了使用上的一致和方便，两类流体的流量公式在形式上已统一起来。

（1）不可压缩流体的流量公式。对于不可压缩流体，有 $\rho_1 = \rho_2 = \rho$。在充分发展紊流的理想情况下，对于图 4-2 中的截面 A 和截面 B，列出流体流动的伯努利方程和连续性方程为

$$\frac{p_A}{\rho} + \frac{1}{2}C_A \overline{v}_A^2 = \frac{p_B}{\rho} + \frac{1}{2}C_B \overline{v}_B^2 + \frac{1}{2}\zeta \overline{v}_B^2 \tag{4-5}$$

$$\frac{\pi}{4}D^2 \overline{v}_A = \frac{\pi}{4}d'^2 \overline{v}_B \tag{4-6}$$

式中：D、d' 分别为截面 A、B 处流束的直径；$\overline{v}_A$、$\overline{v}_B$ 分别为截面 A、B 处的流束的平均流速；p_A、p_B 分别为截面 A、B 处的流束的中心静压力；ρ 为流体密度；C_A、C_B 分别为截面 A、B 的动能修正系数（与流速分布有关）；ξ 为节流件的阻力系数。

将式（4-5）、式（4-6）联立求解，可得

$$\overline{v}_B = \frac{1}{\sqrt{C_B - C_A(d'^2/D^2)^2 + \zeta}}\sqrt{\frac{2}{\rho}(p_A - p_B)} \tag{4-7}$$

引入收缩系数 μ 和节流件直径比 β

$$\mu = \left(\frac{d'}{d}\right)^2, \beta = \frac{d}{D} \quad （d 为节流件的开孔直径）$$

且因为流束最小截面 B 的位置随流速变化而变化，而实际取压点的位置是固定的，用固定取压点处的静压 p_1、p_2 替代 p_A、p_B 时，需引入一个取压系数 ψ

$$\psi = \frac{p_A - p_B}{p_1 - p_2}$$

故式（4-7）可写成

$$\overline{v}_B = \frac{\sqrt{\psi}}{\sqrt{C_B - C_A\mu^2\beta^4 + \zeta}}\sqrt{\frac{2}{\rho}(p_1 - p_2)} \tag{4-8}$$

所以，可得质量流量

$$q_m = \rho\frac{\pi}{4}d'^2\overline{v}_B = \frac{\mu\sqrt{\psi}}{\sqrt{C_B - C_A\mu^2\beta^4 + \zeta}}\frac{\pi}{4}d^2\sqrt{2\rho(p_1 - p_2)} \tag{4-9}$$

定义流量系数 α 和流出系数 C

$$\alpha = \frac{\mu \sqrt{\psi}}{\sqrt{C_B - C_A \mu^2 \beta^4 + \zeta}}$$

$$C = \alpha \sqrt{1 - \beta^4}$$

于是，不可压缩流体的流量公式为

$$q_m = \frac{C}{\sqrt{1 - \beta^4}} \frac{\pi}{4} d^2 \sqrt{2\rho \Delta p} \qquad (4 - 10)$$

$$q_V = \frac{C}{\sqrt{1 - \beta^4}} \frac{\pi}{4} d^2 \sqrt{\frac{2\Delta p}{\rho}} \qquad (4 - 11)$$

式中　　　　　　　　　　　$\Delta p = p_1 - p_2$

α 或 C 是由实验方式确定的，从前面分析可知，它们的大小与节流件形式、取压方式、β 值、雷诺数 Re_D、管道粗糙度因素有关。过去的标准推荐使用流量系数 α，现在的标准中推荐使用流出系数 C。

需要说明，由于节流件和管道的尺寸都会随流体温度发生变化，因此工程计算中采用流体工作温度下的节流件开孔直径和管道直径，用 d_t 和 D_t 表示。

（2）可压缩流体的流量公式。对于可压缩流体，$\rho_1 \neq \rho_2$，流体密度的变化是不可忽视的。为方便起见，规定公式中的 ρ 用节流件前的流体密度，C 值仍取相当于不可压缩流体时的数值，而把全部的流体可压缩性影响用可膨胀性系数 ε 来考虑（当流体为可压缩性流体时，$0 < \varepsilon < 1$；流体为不可压缩流体时，$\varepsilon = 1$）。所以流量公式可以写成

$$q_m = \frac{C}{\sqrt{1 - \beta^4}} \varepsilon \frac{\pi}{4} d_t^2 \sqrt{2\rho_1 \Delta p} \qquad (4 - 12)$$

$$q_V = \frac{C}{\sqrt{1 - \beta^4}} \varepsilon \frac{\pi}{4} d_t^2 \sqrt{\frac{2\Delta p}{\rho_1}} \qquad (4 - 13)$$

或

$$q_m = \frac{C}{\sqrt{1 - \beta^4}} \varepsilon \frac{\pi}{4} \beta^2 D_t^2 \sqrt{2\rho_1 \Delta p} \qquad (4 - 14)$$

$$q_V = \frac{C}{\sqrt{1 - \beta^4}} \varepsilon \frac{\pi}{4} \beta^2 D_t^2 \sqrt{\frac{2\Delta p}{\rho_1}} \qquad (4 - 15)$$

式中：ρ_1 为没有发生节流时可压缩流体的密度；d_t、D_t 分别为工作温度下节流件开孔直径、管道直径。

流量公式中各量的单位为：体积流量 q_V，m^3/s；质量流量 q_m，kg/s；直径 d 或 D，m；密度 ρ_1，kg/m^3；差压 Δp，Pa。

工业生产过程中，对流量公式中的各量常采用的单位为：体积流量 q_V，m^3/h；质量流量 q_m，kg/h；直径 d_t 或 D_t，mm；密度 ρ_1，kg/m^3；差压 Δp，Pa。此时流量公式成为下面的实用形式

$$q_m = 0.004 \frac{C}{\sqrt{1 - \beta^4}} \varepsilon d_t^2 \sqrt{\rho_1 \Delta p} = 0.004 \frac{C}{\sqrt{1 - \beta^4}} \varepsilon \beta^2 D_t^2 \sqrt{\rho_1 \Delta p} \qquad (4 - 16)$$

$$q_V = 0.004 \frac{C}{\sqrt{1 - \beta^4}} \varepsilon d_t^2 \sqrt{\frac{\Delta p}{\rho_1}} = 0.004 \frac{C}{\sqrt{1 - \beta^4}} \varepsilon \beta^2 D_t^2 \sqrt{\frac{\Delta p}{\rho_1}} \qquad (4 - 17)$$

式中
$$0.004 = 3600 \times \sqrt{2} \times \frac{\pi}{4} \times 10^{-6}$$

4.2.3　标准节流装置

1. 标准节流装置的组成与类型

标准节流装置是使管道中流动的流体产生压力差的装置，由标准节流件、带有取压口的取压装置、节流件上游第一个阻力件和第二个阻力件、节流件下游第一个阻力件以及它们之间符合要求的直管段组成，如图 4-3 所示。

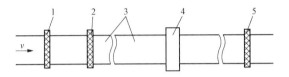

图 4-3　标准节流装置的组成

1—节流件上游侧第二个阻力件；2—节流件上游侧第一个阻力件；3—管道；
4—节流件和取压装置；5—节流件下游侧第一个阻力件

图 4-4 所示为以标准孔板为节流件的节流装置结构图。节流件是节流装置中造成流体收缩且在其上、下游两侧产生差压信号的元件，其形式很多，有的已经标准化，如标准孔板、标准喷嘴和文丘里管；有的尚未标准化，如锥形入口孔板、1/4 圆孔板、偏心孔板、圆缺孔板等。应用较多、技术较成熟的是国际上规定的标准节流件。

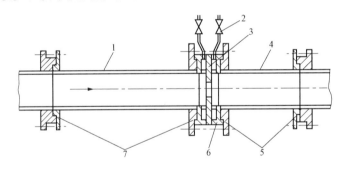

图 4-4　节流装置结构图

1—上游直管段；2—导压管；3—孔板；4—下游直管段；5、7—连接法兰；6—取压环室

我国 GB/T 2624—2006 标准中规定的标准节流装置有：①角接取压标准孔板；②法兰取压标准孔板；③D 和 $D/2$ 取压标准孔板；④角接取压标准喷嘴（ISA1932 喷嘴）；⑤D 和 $D/2$ 取压长径喷嘴；⑥经典文丘里管（入口圆筒段上取压和喉部取压）；⑦文丘里喷嘴（上游角接取压和喉部取压）。

（1）标准节流件。国家标准中目前已经规定的标准节流件有标准孔板、标准喷嘴（包括 ISA1932 喷嘴和长径喷嘴）、经典文丘里管及文丘里喷嘴。在国家标准中对节流件的形状、结构参数以及使用范围做了严格的规定。

1）标准孔板。如图 4-5 所示，标准孔板是一块具有圆形开孔、与管道同心、直角入口边缘非常锐利的薄板。

节流孔前段圆筒形孔径 d 是标准孔板的一个重要尺寸。孔板各部分的结构尺寸、粗糙

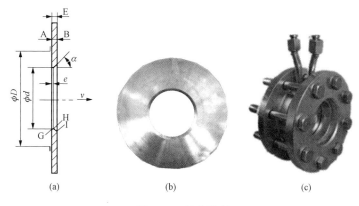

图 4-5 标准孔板

(a) 结构示意图；(b) 实物图；(c) 带取压装置的标准孔板实物图（配彩图）

A—上游端面；B—下游端面；E—孔板厚度；α—斜角；e—节流孔厚度；v—流动速度；ϕD—管道直径；

ϕd—节流孔直径；G—上游边缘；H、I—下游边缘

度在标准中都有具体的规定，可扫码获取。

标准孔板结构简单，加工方便，价格便宜，但对流体造成的压力损失较大，测量准确度较低，所以一般只适用于洁净流体介质的测量。此外，测量大管径高温高压介质时，孔板易变形。

2）标准喷嘴。标准喷嘴是一种以管道轴线为中心线的旋转对称体，有 ISA1932 喷嘴、长径喷嘴两种型式。

a. ISA1932 喷嘴。其结构形式如图 4-6（a）所示。它由垂直于轴线的入口平面 A、两段圆弧面 B 和 C 构成的收缩部分、圆筒形喉部 E 和防止边缘被损伤所要求的保护槽 F 等部分组成。圆筒形喉部 E 的孔径 d 是节流孔的特征孔径，喷嘴各部分结构尺寸、粗糙度在标准中都有严格的规定。

Ⅰ. 入口平面 A。平面入口部分 A 是由直径为 $1.5d$ 且与旋转轴同心的圆周和直径为 D 的管道内部圆周限定的。

当 $d=2D/3$ 时，此平面部分的径向宽度为零。

当 $d>2D/3$ 时，在管道内的喷嘴上游端面就不包括平面入口部分。在此情况下，喷嘴将按照 $D>1.5d$ 那样进行加工，然后将入口平面部分切平，使收缩廓形的最大直径恰好等于 D ［见图 4-6（b）］。

Ⅱ. 圆弧 B 和 C。收缩部分是由 B、C 两段圆弧组成的曲面。圆弧 B 的圆心距离平面部分 A 为 $0.2d$，距喷嘴轴线为 $0.75d$，且圆弧 B 与平面部分 A 相切。圆弧 C 的圆心与平面部分 A 的距离为 $a_n=0.3041d$，距喷嘴轴线为 $5/6d$，且圆弧 C 分别与 B 及喉部 E 相切。B、C 的半径 R_1、R_2 分别为：当 $\beta<0.50$ 时，$R_1=0.2d\pm0.02d$；$R_2=d/3\pm0.33d$；当 $\beta\geqslant0.50$ 时，$R_1=0.2d\pm0.006d$；$R_2=d/3\pm0.01d$。

Ⅲ. 圆筒形喉部 E。喷嘴的特征尺寸是其圆筒形喉部 E 的内直径 d，喉部 E 的长度 $b_n=0.3d$。

Ⅳ. 保护槽 F。保护槽 F 的直径 c_n 至少应等于 $1.06d$，轴向长度小于或等于 $0.03d$，高度为（c_n-d）/2，并且与其轴向长度之比不大于 1.2。出口边缘 G 应是锐利的。

延伸阅读

标准孔板相关规定

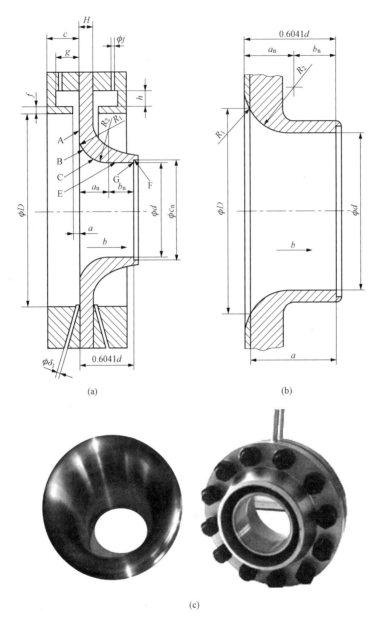

图 4 - 6　ISA1932 喷嘴
(a) $d \leqslant (2/3)D$；(b) $d > (2/3)D$；(c) 实物图（配彩图）

Ⅴ. 喷嘴总长度 L。喷嘴总长度不包括出口边缘保护槽 F 的长度，而取决于 β。当 $0.3 \leqslant \beta \leqslant 2/3$ 时，喷嘴总长度 $L = 0.6041d$；当 $2/3 < \beta \leqslant 0.8$，喷嘴总长度为

$$L = \left[0.4041 + \left(\frac{0.75}{\beta} - \frac{0.25}{\beta^2} - 0.5225 \right)^{1/2} \right] d$$

b. 长径喷嘴。长径喷嘴有两种形式：一种为高比值喷嘴〔$0.25 \leqslant \beta \leqslant 0.8$〕，一种为低比值喷嘴（$0.2 \leqslant \beta \leqslant 0.5$），分别如图 4 - 7 (a)、(b) 所示。当 β 值介于 0.25 和 0.5 之间时，可采用任意一种结构形式的喷嘴。长径喷嘴由入口收缩部分 A、圆筒形喉部 B 和下游端

面 C 三部分组成。喷嘴在管道内的部分应为圆形，但取压口的洞孔处可能例外。具体技术要求如下：

Ⅰ. 收缩部分 A。与 ISA1932 喷嘴不同的是，进口收缩部分的形状为 1/4 个椭圆的弧段，如图 4-7 中的虚线所示。其长轴平行于喷嘴轴线。对于高比值喷嘴，椭圆中心距轴线为 $D/2$，长半轴的值为 $D/2$，短半轴的值为 $(D-d)/2$。对于低比值喷嘴，椭圆中心距轴线为 $7d/6$，长半轴的值为 d，短半轴的值为 $2d/3$。

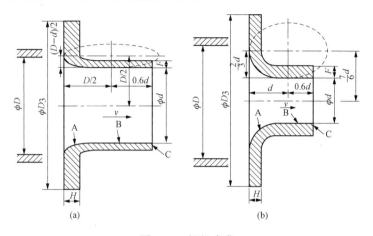

图 4-7　长径喷嘴
(a) 高比值（$0.25 \leqslant \beta \leqslant 0.8$）；(b) 低比值（$0.2 \leqslant \beta \leqslant 0.5$）

Ⅱ. 喉部 B。喉部 B 的直径为 d，长度为 $0.6d$。管壁与喉部外表面的间距应大于等于 3mm。

Ⅲ. 喷嘴厚度 H。喷嘴厚度 H 应满足：$3\text{mm} \leqslant H \leqslant 0.15D$，喉部壁厚 F 应满足：$F \geqslant$ 3mm，或当 $D \leqslant 65\text{mm}$ 时，$F \geqslant 2\text{mm}$。厚度应足够防止因机械加工应力而变形。

与标准孔板相比，标准喷嘴的测量准确度高，压力损失小，所需的直管段也较短。但结构较复杂、体积大，比孔板加工困难，成本较高，适用的管道直径范围比孔板窄。

3）文丘里管。标准文丘里管也分两种：一种为经典文丘里管或简称文丘里管；另一种为文丘里喷嘴；每一种又分长、短两种。

a. 经典文丘里管。经典文丘里管由入口圆筒段 A、圆锥收缩段 B、圆筒形喉部 C 以及圆锥形扩散段 E 组成，如图 4-8 所示。其内表面是一个对称于管道轴线的旋转表面，该轴线与管道轴线同轴。根据经典文丘管的圆锥收缩段 B 内表面的制造方法以及收缩段 B 与喉部 C 相交处的廓形，经典文丘里管可分成三种："铸造"收缩段经典文丘里管、机械加工收缩段经典文丘里管和粗焊铁板收缩段经典文丘里管。这三种型式的文丘里管的制造方法不同，应用范围有所不同。

经典文丘里管的结构尺寸，粗糙度的具体要求参见 GB/T 2624.4—2006《用安装在圆形截面管道中的差压装置测量满管流体流量　第 4 部分：文丘里管》。

b. 文丘里喷嘴。文丘里喷嘴的廓形是轴对称的，其结构如图 4-9 所示。它由圆弧廓形收缩段、圆筒形喉部和扩散段组成。

Ⅰ. 收缩段。收缩段由入口平面部分 A、圆弧曲面 B 和 C 所构成，与 ISA1932 喷嘴相同。

Ⅱ. 圆筒形喉部。喉部是由长度 $0.3d$ 的 E 部分和长度 $0.4d \sim 0.45d$ 的 E' 部分组成，其

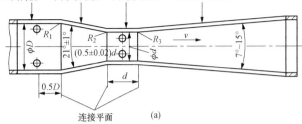
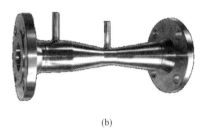

图 4-8　经典文丘里管

（a）结构图；（b）实物图

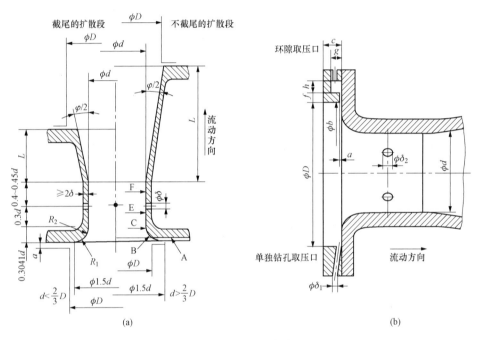

图 4-9　文丘里喷嘴

（a）结构图；（b）取压口

他要求与 ISA1932 喷嘴相同。

Ⅲ. 扩散段。扩散段与喉部 E′ 连接，其夹角 φ 应小于或等于 30°。当扩散段出口直径小于直径 D 时，称为截尾的文丘里喷嘴；当扩散段出口直径等于直径 D 时，称为不截尾的文丘里喷嘴。

扩散段的长度对流出系数无影响，但其夹角会影响压力损失。扩散段可截去其长度的35%，对压力损失不会有显著影响。

文丘里管压力损失最低，有较高的测量准确度，对流体中的悬浮物不敏感，在大管径流量测量方面应用较多。但其尺寸大、笨重、加工困难、成本高，一般用在有特殊要求的场合。

（2）取压装置。节流式流量计的输出信号就是节流件前后取出的差压信号。取压孔在节流件前后的位置不同，取出的差压值也不同。对于同一个节流件，采用的取压方式不同，流量公式中的相应系数也将不同。目前国内通常采用的取压方式有角接取压、法兰取压、D 和 $D/2$ 取压（也称径距取压）、理论取压与损失取压（又称接管取压）。表 4 - 3 列出了不同取压方式的取压位置，表中 l_1 和 l_2 分别表示上、下游取压口轴线与节流件前后端面间距离的名义值。

表 4 - 3　　　　　　　　　　　　　节流装置不同取压方式的取压位置

取压方式	角接取压	法兰取压	D 与 $D/2$ 取压	理论取压	损失取压
l_1	均等于取压口孔径（或取压口宽度）的一半	25.4mm	D	D	$2.5D$
l_2		25.4mm	$D/2$[①]	$0.34\sim0.84D$	$8D$

①下游取压口中心与节流件上游端面间的距离 l_2'。

1）角接取压装置。角接取压装置的上下游取压管中心位于节流件前后端面与管道所形成顶角处。角接取压装置有环室取压（如图 4 - 10 所示的上部分）和单独钻孔取压（如图 4 - 10 所示的下部分）两种，它们可位于管道或管道法兰上，或位于图 4 - 10 所示的夹持环上。取压口轴线与孔板各相应端面之间的间距等于取压口本身直径的 1/2 或取压口本身宽度的 1/2。这样，贯穿管壁处就与孔板端面齐平。

a. 环室取压。取压口穿透处应为圆形，其直径 j 应取 4～10mm，其长度应大于或等于 $2j$，其轴线应尽可能与管道轴线垂直。

环室缝隙，即环隙通常在整个圆周上穿通管道，连续而不中断。否则，每个环室应至少由四个开孔与管道内部连通。每个开孔的中心线彼此互成等角度，且每个开孔的面积至少为 12mm^2。

上下游夹持环不必对称，但其长度 c 和 c' 应不大于 $0.5D$。夹持环的内径 b 必须满足：$D\leqslant d\leqslant 1.04D$ 和 $\dfrac{b-D}{D}\times\dfrac{c}{D}\times100<\dfrac{0.1}{0.1+2.3\beta^4}$，以保证它不致突入管道内。夹持环接触被测流体的表面应清洁，并有良好的加工粗糙度。

环隙厚度 f 大于或等于环隙宽度 a 的两倍。

为使环室起到均压作用，环室的横截面积应大于或等于环隙与管道连通的开孔面积的一半，即满足 $gh\geqslant\dfrac{1}{2}\pi Da$。

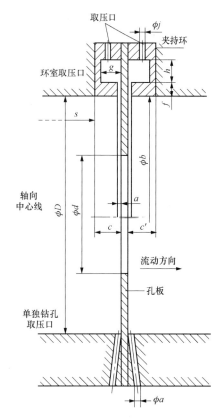

图 4 - 10　角接取压装置示意图
ϕj—环室取压口直径；g、h—环室的尺寸；
f—环隙厚度；ϕb—夹持环直径；
a—环隙宽度或单个取压口的直径；
c、c'—上下游夹持环长度

节流件前后的静压力，是从前、后环室和节流件前后端面之间所形成的连续环隙处取得的，其值为整个圆周上静压力的平均值。环室有均压作用，压差比较稳定，所以被广泛采用。但当管径超过 500mm 时，环室加工麻烦，一般采用单独钻孔取压。

b. 单独钻孔取压。如采用单独钻孔取压，则取压口的轴线应尽可能以 90°角与管道轴线相交，但在任何情况下都应在垂直线的 3°之内。若在同一上游或下游平面上，有几个单独钻孔取压口，它们的轴线应彼此互成等角。从管线内壁量起，在至少 2.5 倍于取压口内径的长度内，取压口应呈圆形和圆筒形。

单独钻孔取压口的直径与环室取压的环隙宽度 a 一样，规定如下：

Ⅰ. 对于清洁流体和蒸汽：

$\beta \leqslant 0.65$ 时，$0.005D \leqslant a \leqslant 0.03D$；

$\beta > 0.65$ 时，$0.01D \leqslant a \leqslant 0.02D$。

如果 $D < 100mm$，则 a 值达到 2mm，对于任何 β 都是可以接受的。

Ⅱ. 对于任意的 β 值：

清洁流体，$1mm \leqslant a \leqslant 10mm$；

蒸汽，用环室取压时，$1mm \leqslant a \leqslant 10mm$；

蒸汽和液化气体，用单独钻孔取压时，$4mm \leqslant a \leqslant 10mm$。

角接取压法主要优点是当实际雷诺数大于界限雷诺数时，流出系数只与直径比 β 有关，沿程压力损失变化对差压测量的影响小。其主要缺点是对取压点的安装要求严格，如果安装不准确，对差压测量准确度影响较大；另外，取压管的脏污和堵塞不易排除。

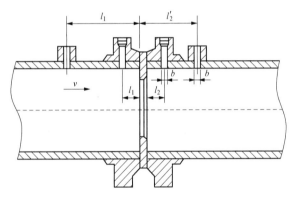

图 4-11 法兰取压、D 和 $D/2$ 取压示意图

2) 法兰取压装置。法兰取压装置即为设有取压口的法兰，其结构如图 4-11 所示。可以在孔板上下游规定的位置上同时设有几个法兰取压口，但在同一侧的取压口最好按等角距配置。

上、下游取压口的 l_1 和 l_2 名义上都等于 25.4mm，但在下列数值之间时无需对流量系数进行修正：

a. 当 $\beta > 0.60$ 和 $D < 150mm$ 时，l_1 和 l_2 之值均应在 25.4mm ± 0.5mm 之间。

b. 当 $\beta \leqslant 0.60$ 或 $\beta > 0.60$ 但 $150mm \leqslant D \leqslant 1000mm$ 时，l_1 和 l_2 之值均应在 25.4mm ± 1.0mm 之间。

上、下游取压孔直径 b 相同，取压孔直径 b 应小于 $0.13D$，同时小于 13mm。从管线内壁起，在至少 2.5 倍取压口内径的长度内，取压口应呈圆形和圆筒形。

3) D 和 $D/2$ 取压装置。此取压装置的特点是：

a. 上游取压口的 l_1 名义上等于 D，但 l_1 为 $(0.9 \sim 1.1)D$ 时，无需对流量系数进行修正。

b. 下游取压口的 l_2' 名义上等于 $D/2$，但 l_2' 在下列数值之间时无需对流量系数进行修正：

Ⅰ. 当 $\beta \leqslant 0.60$ 时，l_2' 为 $(0.48 \sim 0.52)D$；

Ⅱ. 当 $\beta > 0.60$ 时，l_2' 为 $(0.49 \sim 0.51)D$。

2. 标准节流装置的适用范围

标准孔板两侧的差压信号可以采用角接取压、法兰取压和 D 和 $D/2$ 取压。ISA1932 喷嘴采用角接取压装置。长径喷嘴采用 D 和 $D/2$ 取压。标准节流装置的适用范围见表 4-4 所列。

表 4-4　　　　　　　　　　标准节流装置的适用范围

节流装置		孔径 d（mm）	管径 D（mm）	直径比 β	雷诺数 Re_D
节流元件	取压方式				
标准孔板	角接取压	$d \geqslant 12.5$	50~1000	0.10~0.75	$0.10 \leqslant \beta \leqslant 0.56$ 时，$Re_D \geqslant 5000$；$\beta > 0.56$ 时，$Re_D \geqslant 16000\beta^2$
	D 和 $D/2$ 取压				
	法兰取压				$Re_D \geqslant 5000$ 且 $Re_D \geqslant 170\beta^2 D$
标准喷嘴 ISA1932 喷嘴	角接取压		50~500	0.30~0.80	$0.30 \leqslant \beta < 0.44$ 时，$7 \times 10^4 \leqslant Re_D \leqslant 10^7$；$0.44 \leqslant \beta \leqslant 0.80$ 时，$2 \times 10^4 \leqslant Re_D \leqslant 10^7$
长径喷嘴	D 和 $D/2$ 取压		50~630	0.20~0.80	$10^4 \leqslant Re_D \leqslant 10^7$
文丘里管 经典文丘里管 "铸造" 收缩段式			100~800	0.30~0.75	$2 \times 10^5 \leqslant Re_D \leqslant 2 \times 10^6$
机械加工收缩段式			50~250	0.40~0.75	$2 \times 10^5 \leqslant Re_D \leqslant 1 \times 10^6$
粗焊铁板收缩段式			200~1200	0.40~0.70	$2 \times 10^5 \leqslant Re_D \leqslant 2 \times 10^6$
文丘里喷嘴		$d \geqslant 50$	60~500	0.316~0.775	$1.5 \times 10^5 \leqslant Re_D \leqslant 2 \times 10^6$

注：D 以毫米（mm）表示。

（1）标准节流装置适用的流体条件。使用标准节流装置时，流体的性质和状态必须满足下列条件：

1）满管流。流体必须充满管道和节流装置，并连续地流经管道。

2）单相流。流体必须是牛顿流体，在物理学和热力学上是均匀的、单相的流体，或者可认为是单相的流体。具有高分散程度的胶质溶液（例如牛奶），可认为相当于单相流体。

3）定常流。流体流量不随时间变化或变化非常缓慢。

4）无相变流。流体流经节流件时不发生相变。

5）无旋流。流体在流经节流件前，流束是平行于管道轴线的无旋流。

（2）适用的管道条件。

1）节流件前后应有足够长的直管段。节流装置前后直管段 l_1 和 l_2、上游侧第一与第二个局部阻力件（又称管件和阻流件）间的直管段 l_0 以及差压信号管路，如图 4-12 所示。

节流装置应安装在两段有恒定横截面积的圆筒形直管段之间。在此直管段内应无流体的流入或流出，但可设置排泄孔和（或）放气孔。使用时应注意，在流量测量期间不得有流体

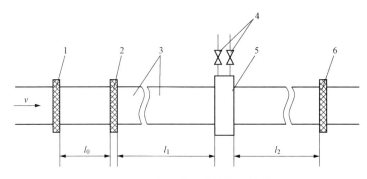

图 4-12　节流装置的管段与管件

1—节流件上游侧第二个阻力件；2—节流件上游侧第一个阻力件；3—管道；4—差压信号管路；

5—节流件和取压装置；6—节流件下游侧第一个阻力件；

l_0—节流件上游侧第一和第二阻力件之间的直管段；l_1—节流件上游侧第一阻力件和节流件之间的直管段；

l_2—节流件下游侧的直管段

通过排泄孔和放气孔。

　　节流件上下游侧最短直管段长度与节流件上下游侧阻力件的形式、节流件的形式和直径比 β 值有关。在不安装流动调整器的情况下，标准孔板与管件之间的最短直管段要求、标准喷嘴和文丘里喷嘴所需直管段要求和经典文丘里管所需直管段要求分别见表 4-5～表 4-7。使用这些表时应遵循以下原则：

　　a. l_0 的确定。在上游侧第一个阻力件与第二个阻力件之间的直管段长度 l_0，对标准孔板，按第二个阻力件的形式和 $\beta = 0.67$（不论实际的 β 值是多少）取表 4-5 所列数值的一半；对其他节流装置按第二个阻力件的形式和 $\beta = 0.7$ 取表 4-6 或表 4-7 所列数值的一半。

　　b. 表中所列数值是针对阀门全打开的情况。建议调节流量的阀门应安装在节流装置的下游，位于节流装置上游的隔断阀应为全孔型阀，且全开。阀最好配备定位杆，使阀芯对准全开位置。

　　c. 附加不确定度确定：

　　Ⅰ. 当直管段长度不小于表 4-5～表 4-7 中 A 栏规定的"零附加不确定度"的值时，就不必在流出系数不确定度上加上任何附加不确定度。

　　Ⅱ. 对于标准孔板、标准喷嘴和文丘里喷嘴，当上游或下游侧直管段长度小于表 4-5～表 4-7A 栏的"零附加不确定度"的值，且不小于 B 栏的"0.5%零附加不确定度"的值时，应在流出系数的不确定度上算术相加±0.5%的附加不确定度。

　　Ⅲ. 对于经典文丘里管，仅当上游侧直管段长度小于表 4-5～表 4-7A 栏值，且不小于 B 栏值时，算术相加±0.5%的附加不确定度。

　　Ⅳ. 其他情况国家标准均未给出附加不确定度值。

　　其他情况，如温度计的使用、直管段的选用、流动调整器的使用以及不适用于本标准的情况请参考 GB/T 2624—2006《用安装在圆形截面管道中的差压装置测量满管流体流量》。

表 4 - 5　无流动调整器情况下标准孔板与管件之间所需的直管段（数值以管道内径 D 的倍数表示）

直径比 β	孔板的上游（入口）侧																						孔板的下游（出口）侧	
1	2 单个90°弯头 任一平面上两个90°弯头 S形结构 (S>30D)a		3 同一平面上两个50°弯头 S形结构 (30D≥S>10D)a		4 同一平面上两个90°弯头 S形结构 (10D≥S)a		5 互成垂直平面上两个90°弯头 (30D≥S≥5D)a		6 互成垂直平面上两个90°弯头 (5D>S)a,b		7 带或不带延伸部分的单个90°三通 斜变90°弯头a		8 单个45°弯头 同一平面上两个45°弯头 (S≥2D)a		9 同心渐缩管 (在1.5D~3D长度内由2D变为D)		10 同心渐扩管 (在D~2D长度内由0.5D变为D)		11 全孔球阀或闸阀全开		12 突然对称缩管		13 温度计插套或套管c 直径≤0.03Dd		14 管件 (2~11栏和密度计套管)	
—	A e	B f	A e	B f	A e	B f	A e	B f	A e	B f	A e	B f	A e	B f	A e	B f	A e	B f	A e	B f	A e	B f	A e	B f	A e	B f
≤0.20	6	3	10	g	10	g	19	18	34	17	3	g	7	g	5	g	6	g	12	6	30	15	5	3	4	2
0.40	16	3	10	g	10	g	44	18	50	25	9	3	30	9	5	g	12	8	12	6	30	15	5	3	6	3
0.50	22	9	18	10	22	10	44	18	75	34	19	9	30	18	8	5	20	9	12	6	30	15	5	3	6	3
0.60	42	13	30	18	42	18	44	18	65h	25	29	18	30	18	12	5	26	11	14	7	30	15	5	3	7	3.5
0.67	44	20	44	18	44	20	44	20	60	18	36	18	44	18	12	6	28	14	18	9	30	15	5	3	7	3.5
0.75	44	20	44	18	44	22	44	20	75	18	44	18	44	18	13	8	36	18	24	12	30	15	5	3	8	4

注1: 所需最短直管段是孔板上游或下游各种管件与孔板之间的直管段长度。直管段应从最近的（或唯一的）弯头或三通的弯曲部分的下游端测起，或者从渐缩管或渐扩管的弯曲或圆锥部分的下游端测量起。

注2: 本表中直管段所依据的大多数弯头之间的曲率半径等于1.5D。

a. S 是上游弯头的下游曲部分的下游端到下游弯头弯曲部分的上游端测得的两个弯头之间的间隔。
b. 这不是一种好的上游安装。如有可能宜使用流动调整器。
c. 安装温度计插套或套管将不变更其他管件所需的最短直管段。
d. 只要 A 栏和 B 栏给的值加大到20和10，就可"安装直径0.03D~0.13D的温度计插套或套管"（见 GB/T 2624.2—2006 6.2.3）。
e. 每种管件的 A 栏都给出了对应于"零附加不确定度"的直管段（见 GB/T 2624.2—2006 6.2.4）。
f. 每种管件的 B 栏都给出对应于"0.5%附加不确定度"的直管段。
g. A 栏中的直管段给出零附加不确定度：目前尚无较短直管段的数据可用于给出 B 栏的所需直管段。
h. 如果 $S<2D$，$Re_D>2\times10^6$，需要95D。

表 4-6　标准喷嘴和文丘里喷嘴所需直管段（数值以管道内径 D 的倍数表示）

直径比 β^a		一次装置上游（入口）侧																					一次装置下游（出口）侧	
	1	2 单个90°弯头或三通（仅从一支管流出）		3 同一平面上两个或多个90°弯头		4 不同平面上两个或多个90°弯头		5 渐缩管（在1.5D~3D长度内由2D变为D）		6 渐扩管（在D~2D长度内由0.5D变为D）		7 球形阀全开		8 全孔球阀或闸阀全开		9 突然对称收缩		10 直径≤0.03D的温度计插套或套管^b		11 直径在0.03D~0.13D之间温度计插套或套管^b		12 各种管件（第2栏至第8栏）	
	—	A^c	B^d	A^c	B^d	A^c	B^d	A^c	B^d	A^c	B^d	A^c	B^d	A^c	B^d	A^c	B^d	A^c	B^d	A^c	B^d	A^c	B^d
0.20		10	6	14	7	34	17	5	e	16	8	18	9	12	6	30	15	5	3	20	10	4	2
0.25		10	6	14	7	34	17	5	e	16	8	18	9	12	6	30	15	5	3	20	10	4	2
0.30		10	6	16	8	34	17	5	e	16	8	18	9	12	6	30	15	5	3	20	10	5	2.5
0.35		12	6	16	8	36	18	5	e	16	8	18	9	12	6	30	15	5	3	20	10	5	2.5
0.40		14	7	18	9	36	18	5	e	16	8	20	10	12	6	30	15	5	3	20	10	6	3
0.45		14	7	18	9	38	19	5	e	17	9	20	10	12	6	30	15	5	3	20	10	6	3
0.50		14	7	20	10	40	20	6	5	18	9	22	11	12	6	30	15	5	3	20	10	6	3
0.55		16	8	22	11	44	22	8	5	20	10	24	12	14	7	30	15	5	3	20	10	6	3
0.60		18	9	26	13	48	24	9	5	22	11	26	13	14	7	30	15	5	3	20	10	7	3.5
0.65		22	11	32	16	54	27	11	6	25	13	28	14	16	8	30	15	5	3	20	10	7	3.5
0.70		28	14	36	18	62	31	14	7	30	15	32	16	20	10	30	15	5	3	20	10	7	3.5
0.75		36	18	42	21	70	35	22	11	38	19	36	18	24	12	30	15	5	3	20	10	8	4
0.80		46	23	50	25	80	40	30	15	54	27	44	22	30	15	30	15	5	3	20	10	8	4

注1：所需最短直管段是位于一次装置上游各种管件与一次装置之间的管段，所有直管段都应从一次装置的上游端面起测量。

注2：这些直管段长度并非建立在最新数据基础上。

a. 对于某些类型的一次装置，并非所有 β 值都是允许的。

b. 安装温度计套管或插管不改变其他管件所需的最短直管段。

c. 各种管件的 A 栏给出相当于"零附加不确定度"的值（见 GB/T 2624.3—2006 6.2.3）。

d. 各种管件的 B 栏给出相当于"0.5%附加不确定度"的值（见 GB/T 2624.3—2006 6.2.4）。

e. A 栏中的直管段给出相当于"0.5%附加不确定度"；目前尚无可用于 B 栏所需的较短直管段数据。

表 4-7　　　　经典文丘里管所需直管段（数值以管道内径 D 的倍数表示）

直径比 β	单个90°弯头[a]		同一平面或不同平面上两个或多个90°弯头[a]		渐缩管（在2.3D长度内由1.33D变为D）		渐扩管（在2.5D长度内由0.67D变为D）		渐缩管（在3.5D长度内由3D变为D）		渐扩管（在D长度内由0.75D变为D）		全孔球阀或闸阀全开	
1	2		3		4		5		6		7		8	
—	A[b]	B[c]	A[b]	B[c]	A[b]	B[c]	A[b]	B[c]	A[b]	B[c]	A[b]	B[c]	A[b]	B[c]
0.30	8	3	8	3	4	d	4	d	2.5	d	2.5	d	2.5	d
0.40	8	3	8	3	4	d	4	d	2.5	d	2.5	d	2.5	d
0.50	9	3	10	3	4	d	5	4	5.5	2.5	2.5	d	3.5	2.5
0.60	10	3	10	3	4	d	6	4	8.5	2.5	3.5	2.5	4.5	2.5
0.70	14	3	18	3	4	d	7	5	10.5	2.5	3.5	d	5.5	3.5
0.75	16	8	22	8	4	d	7	6	11.5	3.5	6.5	4.5	5.5	3.5

　　所需最短直管段是经典文丘里管上游的各种管件与经典文丘里管之间的直管段。直管段应从最近（或仅有）的弯头弯曲部分的下游端或是从渐缩管或渐扩管的弯曲或圆锥部分的下游端测量到经典文丘里管的上游取压口平面。

　　如果经典文丘里管上游装有温度计插套或套管，其直径应不超过 $0.13D$，且应位于文丘里管上游取压口平面的上游至少 $4D$ 处。

　　对于下游直管段，喉部取压口平面下游至少 4 倍喉部直径处的管件或其他阻流件（如本表所列）或密度计的插套不影响测量的准确度。

a. 弯头的曲率半径应大于或等于管道直径。
b. 各种管件的 A 栏给出对应于"零附加不确定度"的值（见 GB/T 2624.4—2006　6.2.3）。
c. 各种管件的 B 栏给出对应于"0.5%附加不确定度"的值（见 GB/T 2624.4—2006　6.2.4）。
d. A 栏中的直管段给出零附加不确定度；目前尚无可用于给出 B 栏所需直管段的较短直管段数据。

　　2）管道圆度。标准节流装置适用于圆形截面管道。在节流件上游至少 $2D$ 长度范围内，管道应是圆的。管道直径 D 应该实测，不得用管道公称直径。上游测量管直径应是上游取压口上游 $0.5D$ 长度范围内的平均内径，该平均内径应是至少 12 个直径测量值的算术平均值，亦即在 $0.5D$ 长度范围内平均分布至少 3 个横截面，每个横截面上分布彼此间角度近似相等的 4 个直径。其中两个截面距上游取压口 $0D$ 和 $0.5D$。如有焊接颈部结构的情况，其中一个横截面必须在焊接平面内。如果有夹持环，则 $0.5D$ 值从夹持环上游边缘算起。任意单测值与平均值的偏差不得大于 $\pm0.3\%$。符合这一要求的管道就算满足管道圆度要求，其算术平均值 D 可作为节流装置设计计算的依据。

　　在离节流件上游端面至少 $2D$ 范围内的下游直管段上，管道内径与节流件上游的管道平均直径 D 相比，其偏差应在 $\pm2\%$ 之内。

　　3）直管段的表面粗糙度。标准孔板、标准喷嘴、文丘里喷嘴直管段的表面粗糙度是指在节流件上游 $10D$ 范围内有关粗糙度的规定。孔板上游管道的内表面相对粗糙度上、下限值 $10^4 Ra/D$ 应满足表 4-8 的要求。ISA1932 喷嘴和文丘里喷嘴上游管道相对粗糙度上限值分别满足表 4-9 和表 4-10。

表 4-8　　　　　　　　　　孔板上游管道的相对粗糙度上、下限值 $10^4Ra/D$

	孔板上游管道的相对粗糙度上限值										孔板上游管道的相对粗糙度下限值			
Re_D ＼ β	$\leq 10^4$	3×10^4	10^5	3×10^5	10^6	3×10^6	10^7	3×10^7	10^8	Re_D ＼ β	$\leq 3\times10^6$	10^7	3×10^7	10^8
≤ 0.20	15	15	15	15	15	15	15	15	15	≤ 0.50	0.0	0.0	0.0	0.0
0.30	15	15	15	15	15	15	15	14	13					
0.40	15	15	10	7.2	5.2	4.1	3.5	3.1	2.7	0.60	0.0	0.0	0.003	0.004
0.50	11	7.7	4.9	3.3	2.2	1.6	1.3	1.1	0.9					
0.60	5.6	4.0	2.5	1.6	1.0	0.7	0.6	0.5	0.4	≥ 0.65	0.0	0.013	0.016	0.012
≥ 0.65	4.2	3.0	1.9	1.2	0.8	0.6	0.4	0.3	0.3					

表 4-9　　　　　　　　　ISA1932 喷嘴上游管道相对粗糙度上限值

β	≤ 0.35	0.36	0.38	0.40	0.42	0.44	0.46	0.48	0.50	0.60	0.70	0.77	0.80
$10^4Ra/D$	8.0	5.9	4.3	3.4	2.8	2.4	2.1	1.9	1.8	1.4	1.3	1.2	1.2

注：本表数据是在 $Re_D\leq10^6$ 情况下得到的；更高雷诺数时，要求更严格的管道粗糙度限值。

表 4-10　　　　　　　　　文丘里喷嘴上游管道的相对粗糙度上限值

β	≤ 0.35	0.36	0.38	0.40	0.42	0.44	0.46	0.48	0.50	0.60	0.70	0.775
$10^4Ra/D$	8	5.9	4.3	3.4	2.8	2.4	2.1	1.9	1.8	1.4	1.3	1.2

3. 压力损失

流体流经节流件时，由于流体微团的碰撞及其在节流件前后附近产生的涡流，将造成能量损失。这种能量损失表现为不可恢复的压力损失。该压力损失是在其他压力影响可忽略不计时，邻近标准节流装置上游侧和下游侧所测得的静压之差。其中上游侧大约在标准节流装置上游 $1D$ 处，下游侧大约在标准节流装置下游 $6D$ 处，静压恰好完全恢复。压力损失的大小因节流件的形式而异，并随 β 值的减少而增大，随差压 Δp 的增加而增加。标准孔板、ISA1932 喷嘴和长径喷嘴的压力损失计算公式为

$$\delta p = \frac{\sqrt{1-\beta^4(1-C^2)}-C\beta^2}{\sqrt{1-\beta^4(1-C^2)}+C\beta^2}\Delta p \qquad (4-18)$$

对于标准孔板还可以用下式近似计算压力损失

$$\delta p = (1-\beta^{1.9})\Delta p \qquad (4-19)$$

4.2.4　标准节流装置中有关系数的确定

在标准节流装置中，流出系数 C 和可膨胀性系数 ε 是两个极为重要的参数。由流量公式（4-12）～式（4-17）可知，当 C 和 ε 确定以后，流量 q_V 或 q_m 与差压 Δp 之间的关系才能确定下来。

1. 流出系数 C

标准节流装置的流出系数 C 是通过在流量试验台上测定 q_m 和与之相对应的 Δp，然后用流量公式计算得到的。实验确定 C 的过程如下：① 在流量标准装置上求得各种实验流体（一般为水、空气、油、天然气等）的流出系数 C 的试验数据；② 在建立回归数据库，即积累大量试验数据的基础上，用数理统计的回归分析方法求得 C 的函数关系式。

实验表明，流出系数 C 与节流件的形式、取压方式、直径比 β 以及雷诺数 Re_D 等因素有关。在一定的节流件和取压方式下，测量直管段满足相对粗糙度上限要求，节流件满足适用范围条件时，流出系数 C 是关于 β 和 Re_D 的函数。只要节流装置符合标准节流装置的要求，就可以直接引用标准所规定的 C 值，并可确定其误差范围。

（1）标准孔板的流出系数。流出系数 C 用 Reader - Harris/Gallagher（1998）公式计算

$$
\begin{aligned}
C = & 0.5961 + 0.0261\beta^2 - 0.216\beta^8 + 0.000521\left(\frac{10^6\beta}{Re_D}\right)^{0.7} \\
& + \left[0.0188 + 0.0063\left(\frac{19000\beta}{Re_D}\right)^{0.8}\right]\beta^{3.5}\left(\frac{10^6}{Re_D}\right)^{0.3} \\
& + (0.043 + 0.080e^{-10L_1} - 0.123e^{-7L_1})\left[1 - 0.11\left(\frac{19000\beta}{Re_D}\right)^{0.8}\right]\frac{\beta^4}{1-\beta^4} \\
& - 0.031\left[\frac{2L_2'}{1-\beta} - 0.8\left(\frac{2L_2'}{1-\beta}\right)^{1.1}\right]\beta^{1.3}
\end{aligned}
\tag{4-20}
$$

当 $D<71.12$mm 时，式（4-20）应加入下项

$$
+ 0.011(0.75 - \beta)\left(2.8 - \frac{D}{25.4}\right)
$$

式中：β 为直径比，$\beta = d/D$；Re_D 为与管道 D 有关的雷诺数；L_1 为孔板上游端面到上游取压口的距离除以管道直径得出的商；L_2' 为孔板下游端面到上游取压口的距离除以管道直径得出的商。

对于角接取压口，$L_1 = L_2' = 0$；

对于 D 和 $D/2$ 取压口，$L_1 = 1$，$L_2' = 0.47$；

对于法兰取压口，$L_1 = L_2' = 25.4/D$，D 以毫米（mm）表示。

（2）标准喷嘴的流出系数。标准喷嘴的流出系数 C 由下列计算式给出：

对于 ISA1932 喷嘴

$$
C = 0.9900 - 0.2262\beta^{4.1} - (0.00175\beta^2 - 0.0033\beta^{4.15})\left(\frac{10^6}{Re_D}\right)^{1.15}
\tag{4-21}
$$

对于长径喷嘴，分两种情况：

当涉及上游管道雷诺数 Re_D 时

$$
C = 0.9965 - 0.00653\left(\frac{10^6\beta}{Re_D}\right)^{0.5}
\tag{4-22}
$$

当涉及喉部雷诺数 Re_d 时

$$
C = 0.9965 - 0.00653\left(\frac{10^6}{Re_d}\right)^{0.5}
\tag{4-23}
$$

（3）文丘里管的流出系数。

1）经典文丘里管。

"铸造"收缩段经典文丘里管的流出系数

$$
C = 0.984
$$

机械加工收缩段经典文丘里管的流出系数

$$
C = 0.995
$$

粗焊铁板收缩段经典文丘里管的流出系数

$$
C = 0.985
$$

2）文丘里喷嘴的流出系数

$$C = 0.9858 - 0.196\beta^{4.5} \tag{4-24}$$

2. 可膨胀性系数 ε

可膨胀性系数 ε 是对可压缩性流体密度变化的修正。实验表明，影响可膨胀性系数 ε 的因素是很多的。当节流件形式、取压方式确定后，其可膨胀性系数 ε 值取决于压力比、等熵指数 κ 和 β 值，即

$$\varepsilon = f\left(\beta, \frac{p_2}{p_1}, \kappa\right)$$

式中：p_1 为节流件上游侧压力；p_2 为节流件下游侧压力；κ 为被测流体的等熵指数，对于过热蒸汽可近似取 κ=1.3，对于空气 κ=1.4。

（1）标准孔板的可膨胀性系数。标准孔板的三种取压方式都采用同一可膨胀性系数的经验公式，即

$$\varepsilon = 1 - (0.351 + 0.256\beta^4 + 0.93\beta^8)\left[1 - \left(\frac{p_2}{p_1}\right)^{\frac{1}{\kappa}}\right] \tag{4-25}$$

（2）标准喷嘴的可膨胀性系数。对于标准喷嘴（ISA1932 喷嘴和长径喷嘴）、文丘里管或具有廓形的节流件，气体膨胀沿轴向进行，可以用热力过程中的绝热膨胀方程计算可膨胀性系数，即

$$\varepsilon = \left[\left(\frac{\kappa\tau^{(2/\kappa)}}{\kappa - 1}\right)\left(\frac{1 - \beta^4}{1 - \beta^4\tau^{(2/\kappa)}}\right)\left(\frac{1 - \tau^{(\kappa-1)/\kappa}}{1 - \tau}\right)\right]^{1/2} \tag{4-26}$$

式中：τ 为压力比，$\tau = p_2/p_1$。

需要说明：①式（4-25）和式（4-26）的适用范围为 $p_2/p_1 \geqslant 0.75$；②式（4-25）和式（4-26）一般由空气、蒸汽及天然气的试验结果求得，适用于等熵指数已知的其他气体。

4.2.5 标准节流装置流量测量不确定度的计算

1. 流量测量不确定度的合成

用标准节流装置进行流量测量时，即使完全符合前述对标准节流装置设计、制造、安装和使用等方面的要求，但由于流量公式中各项参数的测量都存在一定的不确定度，所以通过流量公式求得的流量值必然也存在一定的误差，可以用不确定度来表示这个误差的大小。严格地讲，流量公式中各个不确定度分量是相互影响的，在进行流量的不确定度合成时必须考虑。但在实际测量中为简便起见，仍将各因素近似为不相关。

质量流量的不确定度 δq_{m} 的实用计算公式为

$$\frac{\delta q_{\mathrm{m}}}{q_{\mathrm{m}}} = \pm\left[\left(\frac{\delta C}{C}\right)^2 + \left(\frac{\delta\varepsilon}{\varepsilon}\right)^2 + \left(\frac{2\beta^4}{1 - \beta^4}\right)^2\left(\frac{\delta D}{D}\right)^2 + \left(\frac{2}{1 - \beta^4}\right)^2\left(\frac{\delta d}{d}\right)^2 + \frac{1}{4}\left(\frac{\delta\Delta p}{\Delta p}\right)^2 + \frac{1}{4}\left(\frac{\delta\rho_1}{\rho_1}\right)^2\right]^{1/2} \tag{4-27}$$

2. 各不确定度分量的估算

（1）流出系数和可膨胀性系数的不确定度 $\frac{\delta C}{C}$ 和 $\frac{\delta\varepsilon}{\varepsilon}$。当满足：①$D$、$\beta$、$Re_D$ 和 Ra/D 已知且无误差；②节流装置的结构及安装等完全符合标准文件的要求时，流出系数相对不确定度 $\frac{\delta C}{C}$ 及可膨胀性系数相对不确定度 $\frac{\delta\varepsilon}{\varepsilon}$ 见表 4-11。如节流装置用实际流体校验，则 $\frac{\delta C}{C}$ 和 $\frac{\delta\varepsilon}{\varepsilon}$ 由实验确定。

表 4-11 流出系数和可膨胀性系数的相对不确定度

节流装置		直径比 β	$\delta C/C$（%）	$\delta\varepsilon/\varepsilon$（%）
节流元件	取压方式			
标准孔板	角接取压	$0.1\leqslant\beta<0.2$	$0.7-\beta$	$3.5\dfrac{\Delta p}{\kappa p_1}$
	法兰取压	$0.2\leqslant\beta\leqslant0.6$	0.5	
	D 和 $D/2$ 取压	$0.6<\beta\leqslant0.75$	$1.667\beta-0.5$	
标准喷嘴 — ISA1932 喷嘴	角接取压	$\beta\leqslant0.6$	0.8	$2\dfrac{\Delta p}{p_1}$
		$\beta>0.6$	$2\beta-0.4$	
标准喷嘴 — 长径喷嘴	D 和 $D/2$ 取压	$0.20\sim0.80$	2.0	
文丘里管 — 经典文丘里管 — "铸造"收缩段式			0.7	$(4+100\beta^8)\dfrac{\Delta p}{p_1}$
文丘里管 — 经典文丘里管 — 机械加工收缩段式			1.0	
文丘里管 — 经典文丘里管 — 粗焊铁板收缩段式			1.5	
文丘里管 — 文丘里喷嘴			$1.2+1.5\beta^4$	

对于标准孔板，若 $\beta>0.5$ 和 $Re_D<10000$ 时，$\dfrac{\delta C}{C}$ 应算术相加不确定度 0.5%；当 $D<71.12\text{mm}$ 时，$\dfrac{\delta C}{C}$ 应算术相加下列不确定度

$$0.9\times(0.75-\beta)\left(2.8-\frac{D}{25.4}\right)\% \qquad (4\;28)$$

（2）节流件开孔直径的不确定度 $\dfrac{\delta d}{d}$ 和管径的不确定度 $\dfrac{\delta D}{D}$。它们既可按标准文件确定最大值，也可由用户计算给出。标准文件规定如下：对于标准孔板、标准喷嘴和文丘里喷嘴，$\dfrac{\delta D}{D}$ 不超过 0.3%，$\dfrac{\delta d}{d}$ 不超过 0.05%；对于文丘里管，$\dfrac{\delta D}{D}$ 不超过 0.4%，$\dfrac{\delta d}{d}$ 不超过 0.1%。无论采用哪种方式，都应满足 $\dfrac{\delta D}{D}$ 的最大值不超过 0.4%，$\dfrac{\delta d}{d}$ 的最大值不超过 0.1%。

（3）差压测量值的不确定度 $\dfrac{\delta\Delta p}{\Delta p}$。原则上它应包括与节流装置有关的所有部件（差压信号管路、变送器、显示仪表以及它们间的连接件等）的不确定度。实际应用中，可根据差压计的准确度等级来估计，即

$$\frac{\delta\Delta p}{\Delta p}=\frac{1}{\Delta p}\times(差压计允许绝对误差) \qquad (4\text{-}29)$$

在此附带说明一下，由于流量 q_m 与 Δp 开平方成正比，当流量的量程比 $B=q_{max}/q_{min}$ 较大时，差压之比则更大。如 $B=10:1$ 时，则 $\Delta p_{max}:\Delta p_{min}=100:1$。显然，当流量较小时，对应的差压值比较小，这会使得测量的相对误差增大。为此，节流式流量计的量程比规定为 $B=(3\sim4):1$。

（4）密度值的不确定度 $\dfrac{\delta\rho_1}{\rho_1}$。$\dfrac{\delta\rho_1}{\rho_1}$ 的估计比较复杂，ρ_1 是节流件上游取压孔处流体在工作

状态下的密度值。由流体的工作状态（压力、温度）查密度表可得到密度值，但密度表中所列密度值是其压力、温度没有误差（或误差很小）时所对应的数值，在实际测量中则必须考虑到它们的影响。在各种不同的测温和测压准确度下，密度值的不确定度 $\delta\rho_1/\rho_1$ 估计值见表 4-12。

表 4-12　　　　　　　　　　　　　　　　$\delta\rho_1/\rho_1$ 的估计值

项目	液体			水蒸气					气体			
$\delta p_1/p_1$				0	±1	±5	±1	±5	0	±1	±1	±5
$\delta t_1/t_1$	0	±1	±5	0	±1	±5	±5	±1	0	±1	±5	±1
$\delta\rho_1/\rho_1$	±0.03	±0.03	±0.03	±0.02	±0.5	±3.0	±1.5	±2.5	±0.05	±1.5	±5.5	±5.5

3. 附加不确定度

当标准节流装置完全按标准规定进行设计、制造、安装和使用时，可按前面所述的方法进行不确定度评定。但如果有一项或数项不符合标准的规定，则流量和差压间的关系将发生变化。为此应对流出系数进行逐项的修正，并将由此产生的误差定为附加不确定度。附加不确定度的成因复杂，如孔板直角入口边缘不锐利、孔板安装不同轴等。例如，标准规定在同轴度方面应保证节流件与管道同心。对于各个取压口，节流孔轴线与管道轴线之间平行于取压口的距离分量 e_{cl} 应满足

$$e_{cl} \leqslant \frac{0.0025D}{0.1+2.3\beta^4} \qquad (4-30)$$

此时无附加不确定度。对于一个或多个取压口，若距离分量 e_{cl} 满足

$$\frac{0.0025D}{0.1+2.3\beta^4} < e_{cl} \leqslant \frac{0.005D}{0.1+2.3\beta^4} \qquad (4-31)$$

则流出系数 C 的不确定度应算术相加 0.3% 的附加不确定度。e_{cl} 若再增大，则视为不符合要求。

4.2.6　标准节流装置的计算

标准节流装置的计算，根据实际的需要大致可分成如下两类：

（1）校验计算。已知管道内径 D 与节流件开孔直径 d、取压方式、被测流体参数等必要条件，要求根据所测得的差压值 Δp 计算被测介质的流量。

（2）设计计算。已知管道内径 D 及其布置情况、被测介质的参数性质、流量范围，要求设计一个标准节流装置。即进行以下工作：①选择节流件形式和确定节流件开孔直径；②选择差压变送器型号和量程范围；③推荐节流件在管道的安装位置；④计算流量测量不确定度。

通常，在校验计算中，节流装置已经存在，流体参数已知，目的是对测得的流量进行校验。在设计计算中，管道条件和流体参数已知，目的是设计一套节流装置，包括确定节流件孔径 d、差压变送器量程、安装位置以及总流量测量不确定度。

1. 校验计算的计算步骤

在式（4-12）～式（4-17）的流量公式中，已知工作温度 t 下的管道内径 D_t、节流件的开孔直径 d_t、差压 Δp、流体密度 ρ 和黏度 η 等参数，并通过计算可得到直径比 β 和可膨

胀性系数 ε，此时未知的是 C 和 q_m。而流出系数 $C = f(\beta, Re_D)$ 是雷诺数 Re_D 的函数，雷诺数 Re_D 又与流量 q_m 有关，因此不能用流量公式直接计算出流量值。

由于已知雷诺数 Re_D 的计算公式

$$Re_D = 0.354 \frac{q_m}{\eta D_t} \tag{4-32}$$

同时

$$C = f(\beta, Re_D) \tag{4-33}$$

联立式（4-16）、式（4-32）和式（4-33），求解上述代数方程组，就可得到要求计算的流量 q_m 值。

（1）辅助计算。

1）查表得到管道材料的线膨胀系数 λ_D、节流件材料的线膨胀系数 λ_d，由已知的管道直径 D_{20} 和节流件开孔直径 d_{20} 计算工作状态下的管道内径 D_t 及节流件开孔直径 d_t

$$D_t = D_{20}[1 + \lambda_D(t - 20)]$$
$$d_t = d_{20}[1 + \lambda_d(t - 20)]$$

2）计算直径比

$$\beta = \frac{d_t}{D_t}$$

3）根据计算得到的 β、等熵指数 κ、差压值 Δp、被测流体的工作压力 p_1，查表或计算得到流体的可膨胀性系数 ε

$$\varepsilon = f\left(\beta, \frac{p_1 - \Delta p}{p_1}, \kappa\right)$$

注意：对于液体，$\varepsilon = 1$。

4）查表求得被测介质在工作状态下的密度 ρ、黏度 η。

（2）迭代计算。在计算流体流量时，由于流量公式中的未知数不止一个，且未知数之间有一定的关系，所以通常采用迭代算法求解，即将流量公式（4-16）和式（4-32）中已知量重新组合在等号一边，形成迭代计算中的一个不变量

$$A = 0.354 \times 0.004 \frac{\varepsilon d_t^2}{\eta D_t} \frac{\sqrt{\rho_1 \Delta p}}{\sqrt{1 - \beta^4}} \tag{4-34}$$

迭代计算中的变量

$$Re_{Di} = A C_{i-1} \tag{4-35}$$

迭代方程为

$$C_i = f(\beta, Re_{Di}) = f(\beta, A C_{i-1}) \tag{4-36}$$

选择迭代计算的流出系数初始值 C_0，由式（4-36）进行递推式的迭代计算。经过 i 次的迭代计算得到的 C_i 值如果满足迭代计算的精密度判据值，则可认为 $C = C_i$，由此便可计算出流量的具体数值。迭代计算结束的判别式为

$$\left|\frac{C_i - C_{i-1}}{C_i}\right| < Z_n \tag{4-37}$$

一般取精密度判据 $Z_n = 1 \times 10^{-n} (n \geqslant 5)$。迭代计算流程如图 4-13 所示。

注意，使用上面公式时，各量的单位为工程单位制单位，即 q_m 为 kg/h，D_t 和 d_t 为 mm，ρ_1 为 kg/m³，Δp 为 Pa。

进行迭代计算时有时收敛的速度缓慢，C_i 的计算可按快速收敛的弦截法得到，即

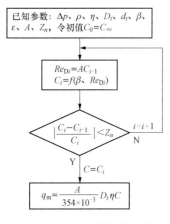

已知参数：Δp、ρ、η、D_t、d_t、β、ε、A、Z_n，令初值$C_0=C_\infty$

$Re_{Di}=AC_{i-1}$
$C_i=f(\beta, Re_{Di})$

$\left|\dfrac{C_i-C_{i-1}}{C_i}\right|<Z_n$

$i=i+1$　N

Y　$C=C_i$

$q_m=\dfrac{A}{354\times10^{-3}}D_t\eta C$

图 4 - 13　校验计算的迭代
计算流程

$$C_i = C_i^* - \delta_{i-1}\frac{C_{i-1}-C_{i-2}}{\delta_{i-1}-\delta_{i-2}} \qquad (4-38)$$

其中　　　　　　　$$\delta_i = \frac{C_i - C_{i-1}}{C_i}$$

当 $i=1$ 时　　　$C_1 = C_1^* = f(\beta, AC_0)$

当 $i=2$ 时　　　$C_2 = C_2^* = f(\beta, AC_1)$

当 $i=3$ 时　　$C_3 = f(\beta, AC_2) - \delta_2\dfrac{C_2-C_1}{\delta_2-\delta_1}$

其中　　　　$\delta_2 = \dfrac{C_2-C_1}{C_2}$，$\delta_1 = \dfrac{C_1-C_0}{C_1}$

可使用计算机编程完成上述迭代计算，且能取得较高的计算精度。

[例 4 - 1]　被测流体为过热蒸汽，已知工作压力（表压力）$p_1=13.24\text{MPa}$，工作温度 $t=550℃$；$D_{20}=221\text{mm}$；管道材料为 X20CrMoWV121 钢，新的，轧制无缝管；节流装置采用角接取压标准喷嘴，$d_{20}=153.16\text{mm}$，材料为 1Cr18Ni9Ti；节流件前后的直管段符合设计要求；差压 $\Delta p=100.42\text{kPa}$。求差压 Δp 对应的流量 q_m。

解：（1）辅助计算。工作压力（绝对）$P_1 = p_1 + p_D = 13.24 + 0.1 = 13.34(\text{MPa})$

查附表Ⅱ中相关数据表，得到过热蒸汽密度 $\rho_1=38.371\text{kg/m}^3$，过热蒸汽动力黏度 $\eta=31.23\times10^{-6}\text{Pa}\cdot\text{s}$，管道线膨胀系数 $\lambda_D=12.3\times10^{-6}/℃$，节流件线膨胀系数 $\lambda_d=18.2\times10^{-6}/℃$，过热蒸汽等熵指数 $\kappa=1.3$。计算如下

$$D_t = D_{20}[1+\lambda_D(t-20)] = 222.44(\text{mm})$$

$$d_t = d_{20}[1+\lambda_d(t-20)] = 154.64(\text{mm})$$

$$\beta = \frac{d_t}{D_t} = 0.695\,2$$

$$\tau = 1 - \frac{\Delta p}{p_1} = 0.992\,415$$

$$\varepsilon = \left[\left(\frac{\kappa\tau^{(2/\kappa)}}{\kappa-1}\right)\left(\frac{1-\beta^4}{1-\beta^4\tau^{(2/\kappa)}}\right)\left(\frac{1-\tau^{(\kappa-1)/\kappa}}{1-\tau}\right)\right]^{1/2} = 0.993\,81$$

$$A = 0.354\times0.004\frac{\varepsilon d_t^2}{\eta D_t}\frac{\sqrt{\rho_1\Delta p}}{\sqrt{1-\beta^4}}$$

$$= 0.354\times0.004\times\frac{0.993\,81\times154.64^2\times\sqrt{38.371\times100.42\times10^3}}{\sqrt{1-0.695\,2^4}\times222.44\times31.23\times10^{-6}}$$

$$= 10\,858\,072.5$$

（2）迭代计算流量 q_m。利用式（4-21），令式中 $Re_D=\infty$，此时流出系数的初始值为

$$C_0 = C_\infty = 0.990\,0 - 0.226\,2\times(0.695\,2)^{4.1} = 0.939\,05$$

则　　　　　　　　　　　$Re_{D1} = AC_0 = 10\,196\,272.98$

将 Re_{D1} 的值代入式（4-21），得

$$C_1 = 0.939\,042$$

计算 Re_{D2} 为　　　　　　$Re_{D2} = AC_1 = 10\,196\,186.12$

根据 Re_{D2}，再利用式（4-21）计算 C_2，得

$$C_2 = 0.939\,042$$

这时

$$\left| \frac{C_2 - C_1}{C_2} \right| = 1 \times 10^{-6}$$

迭代计算结束，所以

$$q_m = \frac{A}{0.354} D_t \eta C = \frac{10\,858\,072.5}{0.354} \times 222.44 \times 31.23 \times 10^{-6} \times 0.939\,042 = 200\,087(\text{kg/h})$$

2. 设计计算的计算步骤

已知被测流体及其工作压力 p_1、工作温度 t，最大流量 q_{mmax}、常用流量 q_{mch}、最小流量 q_{mmin}，管道材料、内径 D_{20}、新旧程度，节流件前后管道及阻流件的情况。给出的限制条件有最小直管段 $L \leqslant L_s$（实际直管段长度）；压力损失 $\delta p_{max} \leqslant \delta p_y$（允许压力损失）。

要求完成以下工作：

（1）选定节流装置；

（2）选定差压计；

（3）计算 C、ε、β、d_{20}；

（4）计算所需最小直管段 l_0、l_1、l_2，并验算 $L \leqslant L_s$（$L = l_0 + l_1 + l_2$）；

（5）计算最大压损 δp_{max}，并验算 $\delta p_{max} \leqslant \delta p_y$；

（6）计算所设计的节流装置的测量不确定度。

根据已知条件完成设计计算，结果不是唯一的。因为在被测流体的管道上安装的节流件，其 β 值是可大可小的。由于在已知条件中用户提出了限制要求（$L \leqslant L_s$，$\delta p_{max} \leqslant \delta p_y$），所以设计结果是在满足限制要求下的多种设计结果。

该设计计算是在一个确定的流量下进行的。考虑到差压流量计在刻度时，为提高测量精确度，使用的 C 和 ε 值是常用流量 q_{mch} 对应下的数值，所以设计计算选定在常用流量 q_{mch} 下进行。

设计步骤如下：

（1）选定节流装置。选型时应从以下几方面考虑：①管径、直径比和雷诺数范围的限制条件；②测量准确度；③允许的压力损失；④要求的最短直管段长度；⑤对被测介质侵蚀、磨损和脏污的敏感性；⑥结构的复杂程度和价格；⑦安装的方便性；⑧使用的长期稳定性。

具体选用时除需满足前面各章节所介绍的基本要求外，还应考虑如下因素：

1）流体条件。测量易沉淀或有腐蚀性的流体宜采用喷嘴，这是因为，孔板流出系数受其直角入口边缘尖锐度的变化影响较大。在高温高压、大流量的生产管线上，通常采用喷嘴，而不是用孔板。这是因为长期运行时，标准孔板的锐角冲刷磨损严重，且易发生形变，影响准确度。测量易使节流件沾污、磨损及变形的被测介质时，廓形节流件（喷嘴和文丘里管）较孔板要优越得多。

2）节流件。同等条件下标准喷嘴比标准孔板性能优越。标准喷嘴在测量中，压损较小，不容易受被测介质腐蚀、磨损和脏污，寿命长，测量准确度较高以及所需要的直管段长度比较短。与喷嘴相比，孔板的最大优点是结构简单、加工方便、安装容易、价格便宜。

3）取压方式。采用角接取压标准孔板的优点是灵敏度高，加工简单，费用较低，使用数据、资料最全；法兰取压标准孔板的优点是加工制造容易、计算简单。D 和 $D/2$ 取压标

准孔板的优点是对标准孔板与管道轴线的垂直度和同心度的安装要求较低，特别适合大管径的流体流量测量。中小口径（DN50～DN100）的节流装置，取压口尺寸和取压位置的影响显著，这时采用环室取压有一定优势。

4）准确度。标准节流装置各种类型节流件的准确度在同样差压、密度测量准确度下，取决于流出系数与可膨胀性系数的不确定度。各种节流件的流出系数的不确定度差别较大，相比之下，孔板的流出系数的不确定度最小，廓形节流件（喷嘴和文丘里管）的较大。这是因为，标准中所给出的廓形节流件流出系数计算公式所依据的数据库质量较差。但是对廓形节流件进行个别校准，也可得到高的准确度。

5）直管段长度。在相同阻流件类型和直径比情况下，经典文丘里管所需的直管段长度远小于孔板与喷嘴。

6）压力损失。在标准节流件中，孔板压力损失最大。在同样差压下，经典文丘里管和文丘里喷嘴的压力损失约为孔板与喷嘴的 $1/6$～$1/4$。而在同样的流量和相同的 β 值时，喷嘴的压力损失只有孔板的 30%～ 50%。

7）造价。在加工制造方面，孔板最为简单，喷嘴次之，文丘里喷嘴和经典文丘里管最复杂，因此其造价也依次递增。管径越大，这种差别越显著。

8）质量检查。检查节流件质量时，孔板易取出，喷嘴和文丘里管则需截断流体，拆下管道才可检查，比较麻烦。

9）温度对节流装置尺寸的影响。制造节流装置的材料，原则上只要满足节流装置的几何形状及强度要求，任何材料以任何方式制造都是可以的。为了确定节流装置在温度影响下产生的尺寸变化，必须准确知道材料的热膨胀系数。

在测量含有硬质尘粒或易引起机械磨损的流体时，应该选择高耐磨性材料。被测介质的侵蚀性会使节流件因侵蚀而改变原来的尺寸与形状，因此必须选择抗侵蚀性的材料。为了节约贵重金属，大尺寸节流件可以做成组合式的，即工作部用贵重的耐蚀性材料，而外围部分可用普通碳钢。

一般情况，测量蒸汽、湿空气和某些侵蚀性气体时，对于孔板可采用 Cr17、2Cr18Ni9、Cr23Ni13 以及其他牌号的耐酸钢；对于喷嘴和文丘里管可采用耐酸铸铁。测量温度超过 400℃和高压过热蒸汽时，可采用 Cr6Si、Cr18Ni25Si、Cr25Ni20Si2 以及其他牌号的耐热钢。测量水或某些液体时，可采用黄铜、青铜、硅铝合金、耐酸铸铁，也可采用 Cr18Ni12Mo2Ti、2Crl8Ni9 及其他牌号的耐酸钢。

在火电厂，给水流量及过热蒸汽流量测量常用的材料为不锈钢。

（2）选定差压计。选定差压计包括选定差压计的型号、确定差压计的满刻度流量 q_{mmax}^{*} 以及对应的最大差压 Δp_{max}。

1）差压计型号的选定。差压计型号的选定主要取决于现有的差压计产品。目前我国差压计的系列产品主要有 CW 系列双波纹管差压计、2000 系列 magnehelic 膜片差压计、3051 电容式差压变送器、EJA 系列差压变送器等。如果用户要求显示总量值，则要选择具有积算功能的差压计。

2）差压计满刻度流量值 q_{mmax}^{*} 的确定。q_{mmax}^{*} 的确定是根据用户给出的最大流量 q_{mmax} 向上圆整到规定系列值中的一个邻近值。规定的流量计满刻度系列值为

$$q_k = a \times 10^n$$

其中 $a=1$，1.2，1.6，2，2.5，3，4，5，6，8；$n=0$ 或任意正整数或负整数。

例如 $q_{mmax}=230t/h$ 圆整到 $q^*_{mmax}=250t/h$。

3）对应的 Δp_{max} 的确定。Δp_{max} 的确定是节流装置设计计算中的关键步骤。它不完全依靠计算来确定，而是在考虑一些相互矛盾的因素后选择一个最佳的 Δp_{max}。

定性地讲，选择较大的差压上限，至少有以下几个好处：

a. 需要的测量直管段长度较短；

b. 测量准确度较高；

c. 适用的流量范围较宽。

但是，较大的差压会引起较大的压力损失，所以可以从限制条件出发选择差压上限值。

a. 满足 $L \leqslant L_s$ 时的 Δp_{max} 取值范围的确定。由 $l_0=f(\beta=0.7,$ 上游第二阻流件形式）确定出 l_0 值。取 $l_2=5D$，则 $l_1=L_s-l_0-l_2$，由 $l_1=f(\beta,$ 上游第一阻流件形式）确定出 β^*。β^* 是最小直管段 $L=L_s$ 时对应的直径比。

根据最小直管段长度 L 与 β 的关系可知，要满足 $L \leqslant L_s$ 则必须满足 $\beta \leqslant \beta^*$。选取 $\Delta p_{max} \leqslant \Delta p_1$，通过以下计算可确定 Δp_{max} 的取值范围。

$$C=f(\beta^*,Re_{Dch})$$

$$\Delta p_1 = \frac{q^{*2}_{mmax}}{2\rho_1 \left(\frac{\pi}{4}\frac{C}{\sqrt{1-\beta^{*4}}}\beta^{*2}D^2\right)^2} \quad (\diamondsuit \varepsilon=1)$$

b. 满足 $\delta p_{max} \leqslant \delta p_y$ 时 Δp_{max} 取值范围的确定。可按下面经验公式确定差压上限值：

标准孔板

$$\Delta p_{max}=(2\sim2.5)\delta p_y$$

标准喷嘴

$$\Delta p_{max}=(3\sim3.5)\delta p_y$$

对于气体还应检查 $p_2/p_1>0.75$，p_2 为节流件下游压力，p_1 为节流件上游压力。

c. 已知节流装置型式、q_m、ρ_1、D，取 $\beta=0.5$，$C=0.6$（对于孔板），$C=1$（对于喷嘴），可按下式计算出 Δp_{max}

$$\Delta p_{max}=\left(\frac{4q_{mmax}\sqrt{1-\beta^4}}{\pi\beta^2D^2C}\right)^2\frac{1}{2\rho_1} \tag{4-39}$$

d. 为使差压变送器使用量大的部门减少备品备件型号规格，应集中选取几种差压上限值：

被测流体工作压力较高，允许压力损失较大，选 $\Delta p_{max}=40$、$60kPa$；

被测流体工作压力中等，允许压力损失中等，选 $\Delta p_{max}=16$、$25kPa$；

被测流体工作压力较低，允许压力损失较低，选 $\Delta p_{max}=6$、$10kPa$。

在确定 Δp_{max} 时，如果出现矛盾的情况，则要适当放宽已知条件中的限制要求。最后确定 Δp_{max} 的值时，要考虑选择差压值满量程规定的系列值，这些系列值包括 1、1.6、2.5、4、6×10^n，其中 n 为 0 或正、负整数。选择连续可调量程的差压计更容易满足限制要求。

确定 Δp_{max} 值后，常用流量对应的差压 Δp_{ch} 应为

$$\Delta p_{ch}=\left(\frac{q_{mch}}{q^*_{mmax}}\right)^2\Delta p_{max} \tag{4-40}$$

（3）迭代计算。计算 C、ε、β、d_{20} 时，也需要利用相关的公式进行迭代计算。计算是在常用流量 q_{mch} 和差压 Δp_{ch} 下进行，涉及的公式有

$$q_{mch} = \frac{C}{\sqrt{1-\beta^4}} \varepsilon \frac{\pi}{4} d_t^2 \sqrt{2\rho_1 \Delta p_{ch}}$$

$$C = f(\beta, Re_{Dch})$$

$$\varepsilon = f\left(\beta, \frac{p_1 - \Delta p_{ch}}{p_1}, \kappa\right)$$

1）辅助计算

$$P_1 = p_1 + p_D$$

查出流体密度 $\rho_1(P_1, t)$、管道线膨胀系数 λ_D、管道粗糙度 Ra、节流件材料线膨胀系数 λ_d、流体等熵指数 κ（过热蒸汽 $\kappa=1.30$；空气 $\kappa=1.40$）、流体的动力黏度 $\eta(P_1, t)$，并计算 $\dfrac{\Delta p_{ch}}{p_1}$、$\dfrac{Ra}{D_t}$ 值及以下量

$$D_t = D_{20}[1 + \lambda_D(t - 20)]$$

$$Re_{Dch} = \frac{4}{\pi} \frac{q_{mch}}{\eta D_t}$$

$$Re_{Dmin} = \frac{4}{\pi} \frac{q_{mmin}}{\eta D_t}$$

说明：迭代计算使用的公式中各量单位均为国际单位制单位。

2）迭代计算 C、ε、β、d_{20}。将式（4-12）中的所有已知量放在等式的一边作为不变量，令 A 为

$$A = \frac{q_m}{\frac{\pi}{4} D_t^2 \sqrt{2\rho_1 \Delta p_{ch}}} \qquad (4-41)$$

将未知量放在等式的另一边，所以迭代公式为

$$A = \frac{C\varepsilon\beta^2}{\sqrt{1-\beta^4}} \qquad (4-42)$$

设弦截法计算中的变量为

$$X = \frac{\beta^2}{\sqrt{1-\beta^4}} = A/(C\varepsilon) \qquad (4-43)$$

则在假设第一个 C_0 和 ε 后，就可根据式（4-43）和流出系数 C 及可膨胀性系数 ε 的计算公式进行迭代计算。迭代初值可假设为 $\varepsilon_0 = 1$，C_0 可根据不同的节流件假设：

对于标准孔板，可设 $C = 0.5961 + 0.0261\beta^2 - 0.216\beta^8$；

对于标准喷嘴，可设 $C_0 = 0.9900 - 0.2262\beta^{4.1}$。

迭代的具体步骤如下：

a. 根据节流件的形式，假设 C_0 和 ε_0。对于液体，$\varepsilon = 1$。

b. 将 C_0 和 ε_0 代入式（4-43）计算变量 $X_1 = A/(C_0\varepsilon_0)$。

c. 根据 X_1 计算直径比 β_1，由

$$\beta = \left(\frac{X^2}{1+X^2}\right)^{1/4}$$

得到 β_1 值后，计算流出系数 C_1 和可膨胀性系数 ε_1，则差值 $\delta_1 = A - X_1 C_1 \varepsilon_1$。

d. 将 C_1 和 ε_1 代入式（4-43）可得变量 $X_2 = A/(C_1\varepsilon_1)$，根据第 c 步可得 β_2、流出系数 C_2、可膨胀性系数 ε_2 和差值 δ_2。

e. 将 X_1、X_2、δ_1 和 δ_2 代入弦截法计算公式

$$X_n = X_{n-1} - \delta_{n-1}\frac{X_{n-1} - X_{n-2}}{\delta_{n-1} - \delta_{n-2}}$$

得 X_3，根据第 c 步可得 β_3、C_3、ε_3 和差值 δ_3。

f. 如果 $\left|\dfrac{\delta_n}{A}\right| \leqslant e$，$e = 1\times 10^{-n}$，一般 $n \geqslant 5$，迭代计算结束。根据 X_n 就可以求得 β_n，从而求得节流件开孔直径 d_t。

（4）计算节流件的安装位置和最大压损 $\delta p_{\max}$。根据节流装置直管段长度要求和实际的管路布置系统，可得节流件的最佳安装位置，并验算 $L \leqslant L_s$（$L = l_0 + l_1 + l_2$）；计算最大压损 $\delta p_{\max}$，并验算 $\delta p_{\max} \leqslant \delta p_y$。

（5）计算所设计的节流装置的测量不确定度。计算流程可扫码获取。

延伸阅读

节流装置测量不确
定度计算流程图

为帮助读者对设计过程有深入了解，现给出标准节流装置的设计实例，可扫码获取。

知识拓展

标准节流装置
设计实例

4.2.7　流量测量的温度、压力补偿

标准节流装置的设计是在一个确定工况（常用流量 q_{mch}、工作压力 p_1、工作温度 t）下进行的，这个工况称为设计工况。在设计时，将流量公式中的流出系数 C、可膨胀性系数 ε 和流体密度 ρ 均作为常数考虑，则被测流量 q 正比于 $\sqrt{\Delta p}$，即 $q = k\sqrt{\Delta p}$。若使用流量显示仪表直接显示瞬时流量，则其刻度是按设计工况下的参数进行的。但在实际流量测量中，通过流量计的流体流量、成分、压力、温度等由于多种原因常会有所波动，无法完全符合标准节流装置的设计参数，因此系数 k 就会发生变化。这时，两种状态下相同流量通过时，示值会不相同；或者说相同的示值，反映的流量却不一样。这样就会引起较大的测量误差，所以有必要对节流式流量计进行温度和压力的补偿。

当流体的温度、压力和流量偏离了设计工况时，流量公式中的流出系数 C、可膨胀性系数 ε、直径比 β、管径 D_t、流体密度 ρ_1 等都发生了变化（相对于设计给出的值）。在这些影响中，流体密度的变化影响最大。如果仅仅考虑对温度、压力而引起的流体密度变化的影响进行补偿，称为流量测量的压力、温度补偿。如果全面考虑工况的影响，对 C、ε、β、D_t、d_t、ρ_1 等参数进行实时计算，则称为流量测量的全补偿。

1. 流量测量的温度、压力补偿

为了简化，可以只对受温度压力影响比较明显的密度进行补偿，其他量的变化可以忽略。这时流量公式（4-12）就简化为

$$q_m = k\sqrt{\rho\Delta p} \qquad\qquad (4-44)$$

按照设计工况，可以计算出式（4-44）中的系数 k。ρ 可以由实际工况下介质的温度和压力值计算得出。

（1）对于液体，密度只与温度有关，其密度与温度的关系式为

$$\rho = \rho_0 [1 - \mu(t - t_0)] \tag{4-45}$$

式中：μ 为被测介质的体积膨胀系数，$1/℃$；ρ_0、t_0 分别是标准状况下被测介质的密度和温度。

对液体流量进行温度校正的原理框图如图 4-14 所示。

（2）对于低压范围内的气体，可看作理想气体，其密度与温度的关系式为

$$\rho = \rho_0 \frac{T_0}{P_0} \frac{P}{T} \tag{4-46}$$

式中：ρ_0、T_0、P_0 分别为标准状态下的密度、绝对温度、绝对压力；ρ、T、P 分别为实际工作状态下的密度、绝对温度、绝对压力。

对电厂一、二次风等低压气体流量进行温度压力校正的原理框图如图 4-15 所示。

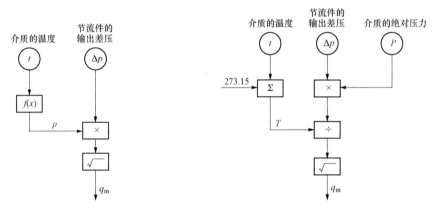

图 4-14　液体流量的温度校正原理框图　　图 4-15　低压气体流量的温度压力校正原理框图

（3）对于高温高压的蒸汽，其密度与温度压力间的关系比较复杂，有一些经验公式给出了它们之间的关系。式（4-47）为蒸汽密度与温度压力之间的经验公式

$$\left.\begin{aligned}
\rho &= \frac{k_m p}{t - c_m p + d_m} \\
k_m &= \frac{712}{1 - \dfrac{p_m}{921}\left(\dfrac{1000}{t_m + 300}\right)^{4.53}} \\
c_m &\approx \frac{k_m}{712}\left(\frac{1000}{t_m + 300}\right)^{3.53} \\
d_m &\approx k_m\left(\frac{t_m + 300}{219}\right) - t_m
\end{aligned}\right\} \tag{4-47}$$

式中：p_m、t_m 分别为使用的压力、温度范围的中心值。

当压力温度范围确定后，p_m、t_m 便能求出具体值，从而可以求出 k_m、c_m 和 d_m。蒸汽流量的温度压力校正的原理框图如图 4-16 所示。

2. 流体测量的全补偿

前面介绍的方法是只对压力和温度变化引起的密度变化进行补偿，将 C、ρ_1、ε、β、d 看作常数，而实际生产中温度压力变化后这些量都要变化，特别是流体密度 ρ_1 和可膨胀性系数 ε 的影响是不可忽视的，因而测量准确度较低。若运行中某时刻的参数值用脚码 s 表

示，则有

$$q_{ms} = \frac{C_s}{\sqrt{1-\beta_s^4}}\varepsilon_s \frac{\pi}{4}d_s^2 \sqrt{2\rho_{1s}\Delta p} \qquad (4-48)$$

在测得差压的同时，若实时计算得到 C_s、ε_s、β_s、d_s，利用式（4-48）就可得到实际流量。但由于确定 C_s 时需要知道当时流体的雷诺数，而雷诺数的确定又需要知道流体的实际流量，因而不能直接利用式（4-48）得到实际流量，需要采用 4.2.6 中的"校验计算"方法计算求解。

3. 补偿举例

某火电厂中给水流量的测量使用了节流式流量计，采用的节流件为标准孔板或标准喷嘴。为了得到准确的流量测量值，对测得的流量信号进行了温度补偿（因为水的密度主要受温度影响）。具体实现方法如图 4-17 所示。

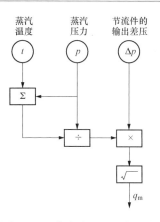

图 4-16 蒸汽流量的温度压力校正原理框图

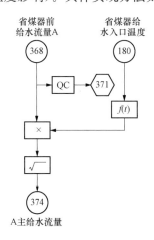

图 4-17 给水流量的温度补偿

利用安装好的差压变送器（序号 368）测得省煤器前给水流过流量计时产生的差压值 Δp；利用热电阻（序号 180）测得省煤器给水入口温度 t。给水温度与密度之间的函数关系 $f(t)$ 采用分段线性的方法提前拟合出来，测得的温度 t 经 $f(t)$ 得到对应的流体密度 ρ_1。差压信号与密度信号送入乘法器相乘再经开方器即可得到流量信号。此信号是消除了给水密度变化引起测量不准确后的真实的流量信号。

值得一提的是，中小型发电机组的主蒸汽流量测量通常采用节流式流量计。但对于大容量机组，由于主蒸汽管道管径大、喷嘴的体积大、成本高，安装时对直管段的要求高，而且产生的节流损失也是相当可观的，因此越来越多的机组采用无节流元件的主蒸汽流量测量方法。无节流元件的主蒸汽流量测量方法可扫码获取。

4.2.8 非标准节流装置

从前面的介绍可知，只有在符合标准要求的技术条件下，才能使用标准节流装置正确地测量流量。但在工程实际应用中，有时并不能满足这些要求。例如，实际使用的雷诺数 Re_D 远小于标准推荐使用的最小雷诺数 Re_{Dmin}；被测介质是含有固体微粒或有气泡析出的液体，或是含有固体微粒或液滴的气体，而不满足"单相流"的要求等。在这些情况下，非标准节流装置就显示出它

知识拓展

无节流元件的主蒸汽流量测量方法

的优越性。非标准节流装置是尚未标准化的节流装置，试验数据尚不充分，且已有数据误差较大，使用前必须进行标定。下面介绍两种常用的非标准节流装置。

1. 1/4 圆孔板

1/4 圆孔板使用广泛，主要用于低雷诺数的流体流量测量。低雷诺数流体一般是指雷诺数 $Re_D \leqslant 10^4$ 的流体，常见于中小口径、低流速及黏性介质等。它的取压方式有角接取压和

法兰取压两种，当 $D < 40$mm 时只能采用角接取压。其形状与标准孔板相似，只是其节流孔的入口边缘是 $1/4$ 圆弧，如图 4-18 所示。

$1/4$ 圆孔板的使用范围为

$$d \geqslant 15\text{mm};\ D \geqslant 25\text{mm};\ 0.245 \leqslant \beta \leqslant 0.6;\ 500 \leqslant Re_D \leqslant 2.5 \times 10^5$$

在使用范围内的流出系数为

$$C = 0.738\ 23 + 0.330\ 9\beta - 1.161\ 5\beta^2 + 1.508\ 4\beta^3$$

2. 偏心孔板

偏心孔板主要用于脏污介质和有气泡析出或含有固体微粒的液体流量测量，也可用于含有固体微粒或液滴的气体流量测量。偏心孔板形状与标准孔板相似，只是将节流孔的中心偏向管道的一边，直至节流孔与管道内圆相切，如图 4-19 所示。取压方式可以采用角接取压（只能用单独钻孔取压）、法兰取压等，取压口应设置在远离节流孔的一侧。

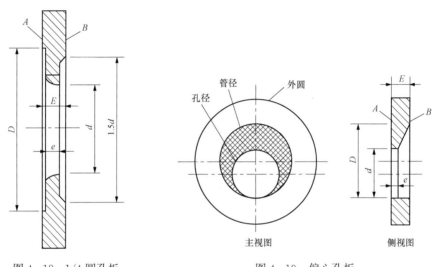

图 4-18　1/4 圆孔板　　　　　　图 4-19　偏心孔板

对于角接取压时偏心孔板的使用范围为

$$d \geqslant 50\text{mm};\ 100\text{mm} \leqslant D \leqslant 1000\text{mm};\ 0.46 \leqslant \beta \leqslant 0.84;\ 2 \times 10^5 \beta \leqslant Re_D \leqslant 10^6$$

流出系数可用下式计算

$$C = 0.935\ 48 - 1.688\ 92\beta + 3.042\ 8\beta^2 - 1.798\ 93\beta^3$$

测量含气液体时，节流孔应向管道上方偏心；测量含固体微粒的液体和气体流量时，节流孔应向管道下方偏心。测量管道应水平安装。

4.2.9　平衡式流量计（BFM）

1. 工作原理

平衡式流量计是在传统孔板流量计的基础上所研发出的新一代节流式流量计。它也由节流装置、传输差压信号的引压管路及测量信号所用的差压计三部分组成。节流装置是一个多孔的圆盘节流整流器〔见图 4-20（a）〕，安装在管道的截面上。每个节流孔的尺寸大小及分布情况都是由特定的公式及实测数据计算所得，被称为函数孔。当流体穿过圆盘的函数孔时，流体将被平衡调整，涡流被最小化，形成较稳定的紊流〔见图 4-20（b）〕，通过常规取压装置可获得稳定的差压信号，并进一步通过伯努利方程计算得出工艺所需体积流量、质量流量等流量参数，流量公式见（4 - 12）。平衡式流量计实物如图 4 - 20（c）所示。

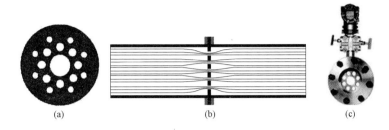

图 4 - 20　平衡式流量计
(a) 节流装置；(b) 流体的流动情况；(c) 实物图（配彩图）

2. 主要特点

（1）测量准确度高。由于平衡式流量计具有多孔对称结构特点，能对流场进行平衡整流，降低了涡流、振动和信号噪声，流场稳定性大大提高；另外，表体采用特制的精密管道和专用取压装置，因此检测准确度从传统孔板流量计的±1%～±2%提高至±0.3%～±0.5%。

（2）减小永久压力损失，缩短直管段安装距离。平衡式流量计的对称式流通孔布局设计，提升了流体通过的效率，最大程度地降低了涡流的形成，减少了流体通过节流装置时造成的紊流摩擦及动能的损失。与传统孔板流量计相比，既可获得更准确的差压信号，又降低了 1/3～1/2 的永久性的压力损失。同时，节流装置后流体压力较快的平稳恢复又可缩短流量计安装时所需的上下游直管段距离。通常，平衡式流量计的上下游安装直管段只需（0.5～2）D，是传统孔板流量计所需直管段的 1/7 甚至更短，很大程度上节省了流体测量的管道材料及安装投入成本。

（3）量程比宽，稳定性更好。平衡式流量计特殊的多孔节流装置极大程度地提高了其量程比。常规测量的量程比可以做到 7:1～10:1，如果函数孔计算参数选择合适，量程比可以达到 30:1 甚至更高，这一数据比传统孔板流量计要高出 2～7 倍。而且，传统孔板流量计的流量系数一般在雷诺数高于 4000 时才能趋于平稳。但平衡式流量计的管道内基本无滞留区，其流量系数受雷诺数的影响很小。即使在较低雷诺数的测量条件下，平衡式流量计的准确性依然能够得到保证，从根本上提升了流量检测时测量精度的稳定性。

（4）耐脏污不易堵。平衡式流量计多孔对称的设计，可以保证脏污介质顺利通过函数孔，因此可用于测量各种脏污介质，如焦炉煤气、高炉煤气、渣油、回炼油、水煤浆等。

3. 应用特点

平衡式流量计不仅适合在常见工况条件下使用，在某些特殊工况流量测量中也得到了很好的应用，如高量程比流量测量、双向流流量测量、短直管段流量测量、大口径流量测量、高温及极低温流体流量测量。它有多种管道连接方式选择，如适用于大多数工况的管道式法兰连接，适用于大口径流量测量的对夹式连接，适用于高温高压工况的焊接式连接以及适用于黏稠、有毒、强腐蚀液体和脏污及粉尘气体介质的双法兰式连接等。而节流装置的外形也从最初便管道连接的圆管形节流装置，演变出方管式节流装置，以便更简捷地与各种方形管道进行连接，可适用于空调系统送排风风量检测。

在检测仪表一体化的发展趋势带动下，平衡式流量计将节流原件、引压管路、阀组及差压计等需分步安装的仪表元件整合为一体，从而减少安装步骤，以满足适合工况条件下快速安装、使用的需求。

4.2.10　节流式流量计的定制

定制节流式流量计的过程就是根据现场工艺条件，确定节流式流量计的各种参数的过程。定制节流式流量计时，要考虑下列问题。

（1）应确定流体条件是否满足4.2.3中"标准节流装置的适用范围"要求。

（2）根据节流装置设计任务书的要求，确定必要的参数，从而通过迭代计算确定节流件的几何尺寸，其确定过程如4.2.6"设计计算"部分所述。流体的物性参数包括密度、黏度、等熵指数、气体压缩因子、气体相对湿度等在迭代计算时需要通过查表或利用经验公式计算出来。在引用经验数据或经验公式时，有三点值得注意：第一，明确经验数据的适用条件，包括介质的形态、温度、压力；第二，明确经验数据的来源，保证数据的一致性；第三，必要的情况下要确定经验数据的不确定度的数量级。

（3）确定必要的附件，完成定制流量计的过程。由于实际使用的情况非常复杂，为了能准确测量，需要部分的附件。对于直管段不符合要求的情况，要安装流动调整器（又称整流器），如加拉赫流动调整器、Zanker流动调整器等。在使用流动调整器时，同样应在考虑其整流作用的同时，注意所使用的直管段条件。

在导压管路上，根据使用条件同样需要一些附件。例如：冷凝器用于对导压管中的蒸汽进行冷凝，并使正负导压管中冷凝液面有相同的高度，且保持恒定；集气器安装于导压管的最高处，用于被测介质为液体时，收集和定期排出导压管中的气体；沉降器安装于导压管的最低处，用于被测介质为液体或气体时，收集和定期排出导压管中的污物和气体导压管中的积水；隔离器应用于高黏度、腐蚀性强、易冻结、易析出固体物的被测介质，以保护流量计；在测量脏污或危险液体时，为防止介质进入导压管，采用喷吹系统。这些附件也是根据实际需要进行选用的，有时还要组合使用。

4.2.11　节流式流量计的维护

节流式流量计安装于条件严酷的工作现场，由于长期运行，无论节流装置还是节流装置与差压变送器连接的导压管路都要发生一些变化。对于节流装置，主要面临着腐蚀、磨损、结垢、变形等的影响。由于节流装置是依靠几何形状和尺寸保持信号的准确度，因此一旦在各种影响下，节流装置的几何形状或尺寸发生了变化，测量数据就会偏离标准值，形成附加误差。导压管路受到介质和环境条件的影响，也可能出现泄漏、冻结、假信号、腐蚀、堵塞等故障，从而影响到差压变送器对差压信号的准确测量，最终影响流量计的测量准确度。所以，对于节流装置及导压管路进行定期检修是必要的。由于介质条件、使用环境条件、前期安装条件的不同，检修的周期也并不相同，应根据具体情况确定。在大多数情况下，检修周期是根据不断使用的经验总结出来的。

1. 节流装置的检修

目前发现，在使用环节上节流装置偏离标准的情况如下：

（1）孔板入口直角边缘变钝、破损。

（2）孔板上游端面不平。

（3）孔板弯曲。

（4）节流件上游端面沉积脏物。

（5）节流件上游测量管沉积脏物。

（6）文丘里管内表面粗糙度变化。

（7）管壁粗糙度增加，使流速分布曲线变陡，增大流出系数。

（8）工艺改变，雷诺数过低。

（9）工艺控制不合理，产生了脉动流或两相流。

根据以上问题，节流装置的检修大致有以下几个步骤：

（1）节流件的清洗。首先，将节流装置拆卸，然后进行全面的清洗，包括节流件的清洗，环室内沉淀物、堆积物的清除，疏通正、负导压管，清除节流件上游测量管中的沉积脏物。通过对上游管壁进行适当清洗，降低管道的粗糙度，将有利于提高测量准确度。在清洗节流件的过程中，应注意使用柔软材料，保证各端面和边缘不被划伤。

（2）节流件的几何形状和尺寸的检查。可以采用粗糙度比较样块，对节流件上下游端面的粗糙度进行检查；使用内径千分尺、孔径测量仪等工具，对孔径进行检查；使用样板直尺等，对上游端面的平面度进行检查等。

经过检查，可以根据节流件存在的几何尺寸的偏差，进行一些处理。如果能在原节流件的基础上再加工，并形成新的、可用的节流件，则可以重新进行设计，通过更换二次仪表，继续利用该节流件。否则，应重新购置节流件。

（3）上游管段的检查。由于长期使用，上游管壁可能结垢，为此应对上游管段的直径进行测量。当实际测量结果与设计值有较大偏差的情况下，应根据新计算出来的管径，重新计算差压信号与流量的关系。

（4）实际工况的检查。在节流装置设计时，用户认真填写了设计任务书，明确了各种工艺参数，例如流量范围、温度范围等。但在实际使用过程中，若运行工况偏离了设计工况，测量准确度就无法保证了，此时可根据实际情况采取补偿措施。

2. 导压管路的正确安装、配置、正确使用和日常维护

导压管路是该流量计最薄弱的环节，据统计约占流量计总故障的70%。造成这些故障的原因，一方面是导压管路安装和配置不合理，另一方面是使用操作不当和维护不及时。例如：

1）某台节流式流量计为了避免导压管中的液体凝固，导压管自环室取压开始配有蒸汽伴热，仪表及三阀组件安置在保温箱中。由于天气变暖，导致温度超过了液体的沸点，在导压管中形成了气、液两相，导致流量示值产生了较大波动。

2）在工厂进行各类仪表的大修时，操作人员对节流件清洗后重新安装过程中，由于没有按照原有的安装操作规程进行，导致气体进入导压管中，形成气、液两相，也会导致流量示值产生了较大波动。

3）经常出现的仪表操作不当，如冷凝液被冲走或隔离液被冲走，在正负导压管中，形成压力降。

4）阀门的老化是造成仪表故障的另一种原因，如果不能及时维护，也会造成故障。当平衡阀老化泄漏时，正压力侧压力通过平衡阀传递到负压，导致压力逐渐下降，流量示值逐渐变小。同时，导压管中的冷凝液或隔离液也会被冲走，同样造成正导压管中的压力慢慢下降，流量慢慢变低。

5）导压管保温层没有防护措施，由于材料破损，保温效果下降，导压管中温度下降，介质密度提高，部分介质凝固，产生测量滞后。

（1）导压管路的安装与配置注意事项。

1）取压口的位置。水平管道上的取压口的位置选择，要根据测量介质进行。对于液体介质，为了防止气体进入导压管，应使导压管向下倾斜，从而使差压信号管路有可能自动排气。有些被测液体介质由于工艺的原因，里面夹带有一部分气体，如离心泵出口液体。此时要防止气体进入导压管形成所谓的液夹气现象，这种现象也会使流量测量的稳定性和准确性变差。同样对于气体，导压管路应向上倾斜，使差压信号管道内的凝结液回流到工艺管道内。对于蒸汽，两条导压管路应保证两个取压孔处于同一水平的状态。垂直管道上的取压口应在取压位置同一平面内选择。液体流量测量、气体流量测量、蒸汽和腐蚀性介质流量测量时信号管路的敷设方式分别如图 4-21～图 4-23 所示。

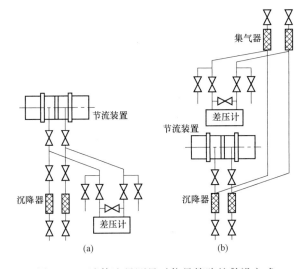

图 4-21　液体流量测量时信号管路的敷设方式

（a）差压计位于节流装置下方；（b）差压计位于节流装置上方

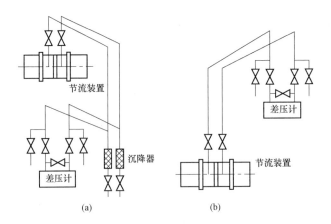

图 4-22　气体流量测量时信号管路的敷设方式

（a）差压计位于节流装置下方；（b）差压计位于节流装置上方

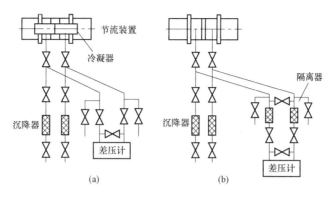

图 4-23 蒸汽和腐蚀性介质流量测量时信号管路的敷设方式
(a) 测量蒸汽时信号管路的安装；(b) 测量腐蚀性介质时信号管路的安装

2) 导压管的要求。连接节流装置与差压计的导压管的长度，应尽量使差压仪表靠近节流装置，一般为 10m×2。导压管主要采用无缝钢管制成，外径 $\phi14mm$，壁厚 2~4mm。当导压管路的长度超过了 16m，应根据介质的类型适当增加内径。当导压管水平安装时，导压管必须保持一定的坡度，在一般情况下，应保持 1∶10~1∶20。测量气体时导压管应从检测点向上倾斜，测量液体和蒸气时，导压管应从检测点向下倾斜。当导压管长度超过 30m 时，导压管应分段倾斜。正、负导压管应尽量靠近敷设，如果有冷凝器，正压端和负压端的冷凝器也应尽量靠近。

对于液体介质易凝固、气体介质易液化的情况，应根据环境温度的条件，采用不同的保温措施。例如，处于寒冷地区的流量测量装置，差压变送器和导压管中的冷凝水容易结冰，因此应进行保温。对于垂直管线较长的情况，建议将两根导压管线并在一起保温，否则会由于液体的温度变化引起的密度变化，从而造成差压值的变化，产生测量的附加误差。对于带有冷凝器的导压管路，还应保证正、负导压管的冷凝面具有同等高度。在可能的情况下，流量测量装置安装在环境温度较高的室内是最佳的选择。

3) 阀门导压管路上应有截断阀。截断阀的结构应保证流路通畅，尽量没有弯曲，从而防止气体或液体在阀体中的聚集。对于蒸汽等高温、高压介质，为保证操作安全，差压变送器必须配置三阀组件才能使用。测量蒸汽流量时，为了保证冷凝水能够完全充满导压管和差压变送器的测量室，必须进行必要的排汽操作。

4) 冷凝器、沉降器、集气器。在差压信号管路上不得有可能积留液体或气体的袋形空间，如不能避免时，应装设集气器（或排气阀）和沉降器（或疏水器）。各种附件可以单独使用，也可以组合用，在安装时应根据各种附件的安装要求进行。对于冷凝器，值得注意的是应保证其冷凝液的液面一致。

(2) 操作注意事项。

1) 蒸汽吹扫导压管的过程：①用蒸汽充分吹扫导压管，在清洁导压管的同时将导压管中的空气彻底排净。应注意此时必须将差压变送器三阀组件正、负压阀关死，防止高温蒸汽进入差压变送器测量室。②经过充分吹扫后，自然换热冷凝的冷凝水就可以保证充满整个导压管。如果导压管中存在少量空气，就会生成所谓的"水夹气"现象，这会使差压值的传递出现很大的偏差。③在保证导压管中有足够冷凝水的情况下，先拧开差压变送器两个测量室的排气塞，再打开三阀组件正、负压阀，利用管道中的蒸汽压力，用导压管中的冷凝水将差压变送器测量室中的空气排出。空气排净之后拧紧排气塞即可。注意：操作要严格按步骤进行，这样可以避免测量室中的空气进入导压管。④通过排污阀排汽时，对采用双阀组合结构的，操作程序是：排污时先开上面的阀，后开下面的阀进行排汽操作；停止排汽时先关下面的阀，后关上面的阀。这样的操作程序是将下面的阀作为节流阀使用，上面的阀作为截止阀使用。

2）隔离液的灌充过程：灌注时，使两侧导压管保持关闭状态，打开仪表平衡阀两侧的注液孔螺钉，用吸管吸取 20mL 隔离液，注入注液孔，松开仪表排气螺钉进行排气，直至排尽气泡时，拧紧排气螺钉。待隔离液充满后，拧紧注液孔螺钉。

3）正确的投入使用和停表的过程：出厂时，仪表平衡阀、两侧导压阀均呈开启状态。安装前，应将两导压阀关闭，平衡阀打开。灌充隔离液并确认变送器接线正确后，仪表可投入运行。使用时打开正向导压阀，关闭平衡阀，最后打开负向导压阀。停表时，关闭负向导压阀，打开平衡阀，最后关闭正向导压阀。

（3）导压管路日常维护。

1）检查节流件取压口、阀门、导压管，应无渗漏现象。

2）定期对集气器进行检查，并排放气体；定期检查沉降器，并排放污物或积水；定期检查冷凝器、隔离器，使正、负压室的液位相同。

3）定期检查保温措施的完好情况。

4）定期对导压管路、冷凝器、沉降器、隔离器进行防腐处理。

5）定期观察差压的零点是否有较大漂移；定期观察一固定的差压是否有漂移。

知识拓展

差压变送器常见
故障及处理方法

节流式流量计在使用过程中，若差压变送器出现故障会直接影响整个流量计的工作。差压变送器常见故障处理方法扫码获取。

4.2.12　节流式流量计的检定

1. 检测方法

（1）节流装置。节流装置的检测方法有两种：一是几何检测法，二是系数检测法。几何检测法用于对标准节流装置的检测，是一种干校验。系数检测法一般是在水流量标准装置上用实液对流出系数 C 进行检测，而在气体流量装置上对气体可膨胀系数 ε 进行检测。

应做系数检测的五种节流装置主要包括：

1）用作量值传递的标准节流装置；

2）进行质量性能评比的节流装置；

3）进行型式试验的节流装置；

4）某一部分不符合标准要求而又提不出修正系数的节流装置；

5）规程以外的非标准节流装置。

（2）差压计（或差压变送器）。差压计的检测是用标准压力计与其比较进行。

2. 节流装置的检验或检测内容

（1）几何检测法的组件。它包括对节流件，取压装置及上、下游管道的检测。

（2）系数检测法的对象。

1）几何检测法检测不合格而又提不出修正系数及不确定度的节流装置；

2）提高准确度的节流装置；

3）使用中有争议的节流装置必须做系数检测。

3. 技术要求

（1）几何检测法的技术要求。

1）标志及随机文件：节流装置明显部位应有流向标志、铭牌节流装置及传感器应有设计计算书和说明书。

2）节流件几何检测法的技术要求分别参考节流件、取压装置、前后直管段长度等有关规定内容。

（2）系数检测法的技术要求。

1）随机文件要齐全，管道内径的测定值符合标准或规程的规定。

2）节流装置的节流件内径 d 的测定值符合标准和规程的规定要求。

3）已做过检测的节流件要有检测证明。

4）节流装置的外表面色泽均匀，涂镀层均匀完好。

5）选择的差压计或差压变送器应符合国家标准或行业标准中关于计量性能和电气性能的技术要求。

由于篇幅所限，几何检测法和系数检测法的检测条件、检测项目和方法可参见 JJG 640—2016《差压式流量计检定规程》。差压变送器检测的技术要求、检测条件、检测项目和方法见 JJG 882—2015《压力变送器检定规程》，这里不再赘述。

4.3　其他差压式流量计

差压式流量计属于速度式流量计里的一种。它是利用伯努利定律，通过测量流体流动过程中产生的差压来测量流速或流量。这种差压可能是由于流体滞止造成的，也可能是由于流体通流截面改变引起流速变化而造成的。属于这种测量方法的流量计除了前面介绍的节流式流量计以外，还有皮托管和均速管流量计、弯管流量计、V 锥流量计、浮子流量计等。这些流量计的输出信号都是差压，因此其显示仪表为差压计或差压变送器。下面主要对 V 锥流量计、弯管流量计、浮子流量计进行介绍。

4.3.1　V 锥流量计

V 锥流量计源于美国麦克罗米特（McCrometer）公司，因其节流部件呈圆锥形，英文名称为 V - Cone Flowmeter，引入我国后也被称为内锥流量计。

V 锥流量计仍是一种通过节流测取差压以反映流量大小的节流装置。节流件为一个悬挂在管道中央的锥形体，高压 p_1 取自锥体前流体未扰动（即未形成节流，流体未加速）的管壁；低压 p_2 取自后锥体中央，并通过引压管引至管外，其差压 Δp 的平方根与流量成正比。火电厂中可用于送风流量的测量。

1. 工作原理及质量流量公式

如图 4 - 24 所示，流体接近锥体时的压力为 p_1。当流体通过锥体节流区时，由于管道截面积变小而流速增大，锥体下游的静压会降低，并且在锥体末端取压口处压力降到最小，引出该处压力 p_2。测取这两处的压力差 Δp，$\Delta p = p_1 - p_2$，即可得到流体的流量。

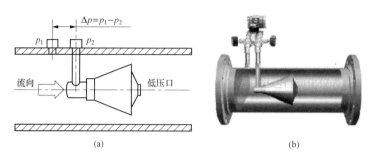

图 4-24 V 锥流量计

(a) 原理示意图；(b) 结构示意图（配彩图）

质量流量公式为

$$q_\mathrm{m} = \frac{\pi}{4} \times \frac{D^2\beta^2}{\sqrt{1-\beta^4}} C_\mathrm{D}\varepsilon \sqrt{2\rho\Delta p} \tag{4-49}$$

式中：q_m 为质量流量，kg/s；D 为运行工况下流量计内径，m；ρ 为运行工况下流体密度，kg/m³；β 为运行工况下节流比系数；C_D 为流出系数；ε 为可膨胀系数；Δp 为差压，Pa。

节流比系数 β 用来描述一个节流装置的节流程度，它等于节流装置在节流件处的最小流通面积与节流装置内部截面积比值的平方根。计算式为

$$\beta = \frac{\sqrt{D^2-d^2}}{D} = \frac{d'}{D} \tag{4-50}$$

式中：d' 为 V 锥流量计的等效开孔圆直径，m。

标准 V 锥流量计的可膨胀性系数 ε 的计算公式为

$$\varepsilon = 1-(0.649+0.696\beta^4)\frac{\Delta p}{\kappa p} \tag{4-51}$$

式中：κ 为等熵指数；p 为流体静压力，Pa。

标准 V 锥流量计流出系数的估计式为

$$C_\mathrm{D} = 1-\left(1-\frac{0.0254}{D+0.0254}\right)\beta + \left(2.5-\frac{0.1638}{D+0.0635}\right)\beta^2 - \left(2.15-\frac{0.2313}{D+0.1194}\right)\beta^3 \tag{4-52}$$

2. 测量系统

一次仪表产生的差压信号，由差压变送器进行测量，然后送入流量积算仪或计算机进行处理。对于温度、压力变化太大或计量要求较高的介质，有时还需要进行温度、压力的修正。

3. 主要特性

不考虑差压变送器和二次仪表的误差，V 锥流量计装置本身的不确定度可以达到±0.5%，重复性小于±0.1%，量程比可达 10:1。它要求的直管段很短，上游需 0~3D 的直管段，下游需 0~1D 的直管段，或者说包括流量计本体在内整个计量段的长度在 7D 之内。压力损失 $\delta p = (1.3-1.25\beta)\Delta p$，在同一流量下，V 锥的压力损失一般也只有孔板的 1/3~1/2。雷诺数允许范围为 $5\times10^3\sim1\times10^7$。

V 锥流量计内部无易损部件，耐用且防堵性好，免维护，长期稳定性好。该流量计适于测量空气、煤气、高温含尘烟气、自来水、工业用水、污水、泥浆等流体的流量。流体的条

件可以从深低温到超临界状态，工作温度最高达 800℃，最大压力可到 40MPa，最高雷诺数为 500 万，最低雷诺数为 8000 甚至更低。所产生的满刻度差压信号，从最低小于 0.1kPa 到几十千帕。

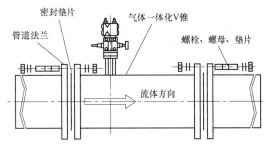

气体一体化 V 锥流量计在水平管道上的安装示意如图 4 - 25 所示。

图 4 - 25 气体一体化 V 锥流量计安装示意图

4.3.2 弯管流量计

弯管流量计的研究始于 1911 年，现已广泛应用于石油、化工、电力、冶金、钢铁等行业的液体、气体和蒸汽流量测量，能在管径 10～2000mm 的大范围管道中精确测量各种流体的流量。弯管流量计主要有 90°弯管流量计、正方形弯管流量计、环形管流量计和焊接弯管流量计等。本书以 90°弯管流量计为例进行介绍。

1. 工作原理及质量流量公式

稳定流动的流体通过弯管时，由于离心力的作用，在进入弯管前 2D 左右流体内侧被加速，而流体外侧被减速，直至进入弯管流体的流速形式成为近似于自由旋流理论描述的梯形速度流动模式，且在弯管 45°截面处达到最大。由于流速的变化，在弯管内、外侧壁上产生压力差 Δp。曲率半径一定的 90°弯头，在离开其弯曲中心最远位置和最近位置上所测得压力差的平方根正比于流体的流速，即正比于流体的质量流量。其质量流量公式如下

$$q_{\mathrm{m}} = \alpha \left(\frac{\pi}{4} D^2 \right) \sqrt{\frac{R}{2D}} \sqrt{2\rho(p_1 - p_2)} = C \left(\frac{\pi}{4} D^2 \right) \sqrt{2\rho(p_1 - p_2)} \qquad (4 - 53)$$

式中：q_{m} 为通过弯管的流体的质量流量；D 为弯管的内径；R 为弯管的曲率半径；ρ 为运行工况下流体的密度；p_1 为弯管外侧壁压力；p_2 为弯管内侧壁压力；C 为流量系数，$C = \alpha \sqrt{\frac{R}{2D}}$；$\alpha$ 为考虑实际流速分布与强制旋流的不同而引入的修正系数，其值一般由取压口位置决定。

2. 测量系统的组成

弯管流量计一般包括弯管传感器、差压变送器、压力变送器和温度变送器及显示仪表，如图 4 - 26 所示。差压变送器用来检测弯管传感器产生的差压值。流体的温度、压力变化会影响流体的密度，若测量蒸汽或其他气体流量，原则上必须配置温度和压力变送器，来对蒸汽或气体进行必要的实时温度、压力补偿。差压信号、温度信号和压力信号一起送到显示仪表中，由主机中单片机进行必要的逻辑分析和计算，从而显示出流量值。

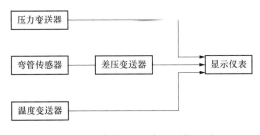

图 4 - 26 弯管流量计的系统组成

弯管传感器是经机加工而成的几何精度很高的 90°弯管，是流量计的核心部件。如图 4 - 27 所示，弯管内部中空，没有任何节流件和插入件。弯管的两端与工艺管道直接连接，内壁应尽量保持光滑。一般采用焊接方法进行安装，取消了一般流量计所固有的连接法兰及紧固件，解决了普通流量计存在

的易泄漏的难题。

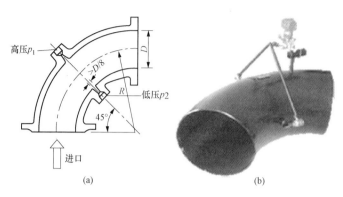

图 4 - 27　弯管传感器

(a) 结构；(b) 实物图

弯管弯径比是指弯管的中心线曲率半径 R 与弯管内径 D 的比值，即 R/D。弯径比是弯管流量传感器理论模型中唯一的几何参数，对流量的测量起着重要的作用。弯径比是一个空间量，不能用简单的方法直接准确测量出来，必须采用间接方法（等弦几何法）求得。此外，还需确定弯管弯径比的分布、90°角误差、弯管内径的同圆度等。只有全面满足各项技术指标的弯管才能作为传感器使用，从而保证流量测量的准确度和稳定性。

3. 主要特点

(1) 弯管传感器结构简单，耐高温、高压，耐磨损，免维护，可在潮湿、粉尘、振动等各种恶劣的环境中正常工作。传感器具有对称性，可满足双向测量。

(2) 流量计的量程比宽，可达 10：1，安装维护方便。测量准确度可达到 ±1.0%。

(3) 流量计安装时是将作为弯管传感器的标准弯头代替原来安装在管道上的弯头进行流量测量，没有插入件或者节流件等流量转换环节和元件，因此是无附加压力损失的节能型流量测量装置。

(4) 直管段要求不严格。在实际应用时只需保证前 7D、后 2D 直管段，远远低于其他流量测量装置的要求。

(5) 弯管流量计尚未标准化，需单独标定。

4.3.3　浮子流量计

浮子流量计又称转子流量计，其工作原理也是基于节流效应。与节流式流量计不同的是，浮子流量计在测量过程中，始终保持节流元件（浮子）前后的压降不变，而通过改变节流面积来反映流量，所以浮子流量计也称恒压降变面积流量计。浮子流量计按其制造材料的不同，可分为玻璃管浮子流量计和金属管浮子流量计，如图 4 - 28（a）、(b) 所示。玻璃管浮子流量计结构简单，浮子的位置清晰可见，刻度直观，成本低廉。但由于耐压能力低，一般为就地直读式，用于常温常压下透明介质的流量测量。金属管浮子流量计工作时无法看到浮子的位置和工作情况，需用间接的方法给出浮子的位置，一般有就地指示型和信号远传型，其多用于高温、高压、不透明及腐蚀性介质的流量测量。浮子流量计也是应用广泛的流量仪表，尤其在微小流量测量方面具有举足轻重的地位。下面主要介绍玻璃管浮子流量计。

1. 结构组成

浮子流量计主要由一个向上渐扩的锥形管和一个置于锥形管中可以上下自由移动的浮子

组成，如图 4-28（c）所示。锥形管锥度根据流量而定，在 1∶20～1∶200 范围内。锥管表面有流量的刻度线（百分数或流量刻度线）。流量计两端用法兰连接或螺纹连接的方式垂直地安装在测量管路上。

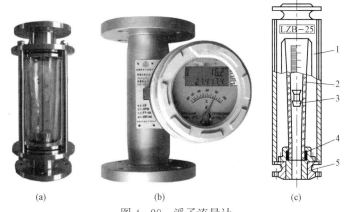

图 4-28　浮子流量计
（a）玻璃管浮子流量计实物图；（b）金属管浮子流量计实物图；（c）浮子流量计结构
1—罩壳；2—玻璃锥管；3—浮子；4—密封填料；5—连接法兰

为了使浮子在锥形管中移动时不致碰到管壁，现在常用的方法是在浮子中心加一导杆或使用带棱筋的玻璃锥形管起导向作用，使浮子只能在锥形管中心线上下运动，保持浮子工作稳定。

常用的 LZB 型系列玻璃管浮子流量计的结构形式有表盘式、可换式、固定式三种，分别适用于不同管径。对于表盘式结构，适用的管径为 4、6、10mm；对于可换式结构，适用的管径为 15、25、40mm；对于固定式结构，适用的管径为 50、80、100mm。

2. 工作原理

浮子流量计工作原理如图 4-29 所示。当被测流体自下而上流过流量计时，流体作用于浮子，使浮子受到向上的作用力，作用力大小与浮子上下游两侧的压力差及有效作用面积有关。再有浮子受到重力作用，其方向是向下的，同时在流体中浮子又受到向上的浮力的作用，因此当一定流量的流体流入浮子流量计时，浮子会沿锥形管上下移动。当浮子移动到适当位置时，作用在浮子上的上述力相互平衡，浮子就稳定地悬浮在某一高度上。由于测量过程中，浮子的重力和流体对浮子的浮力是不变的，故稳定时浮子受到的差压也始终是恒定的。流量增大时，差压增加，浮子上升，浮子与管壁之间环形流通面积增大，差压又减小。直至浮子上下的差压恢复至原来的大小，这时浮子就稳定在上面的新位置上。因此在仪表结构、流体一定的情况下，浮子悬浮的高度就代表了被测流量。

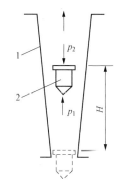

图 4-29　浮子流量计工作原理图
1—锥形管；2—浮子

流体的体积流量与浮子高度的关系式为

$$q_V = \alpha C H \sqrt{\frac{2gV_f}{A_f}} \sqrt{\frac{\rho_f - \rho}{\rho}} \qquad (4-54)$$

式中：α 为流量系数；C 为与圆锥形管锥度有关的比例系数；H 为浮子的高度；ρ 为流体密度；V_f 为浮子体积；A_f 为浮子的有效面积；ρ_f 为浮子材料的密度；g 为当地的重力加速度。

实验证明，式（4-54）可作为按浮子高度来刻度流体流量的基本公式。

流量公式中的流量系数 α 与浮子的形状以及流体的雷诺数等有关，对于一定的浮子形状，当雷诺数大于某一数值时，流量系数趋于一常数。

3. 浮子流量计的刻度修正

由式（4-54）可知，对于一定的浮子流量计在测量不同的流体时，浮子在锥形管内上升的高度与体积流量之间的关系不同。一般情况下，生产厂家用水或空气作为介质，在标准状态下对浮子流量计进行标定。

当浮子流量计实际使用时被测流体不是水或空气，或被测流体是水或空气，但流体的压力、温度不是处于标定状态时，就应对浮子流量计的刻度进行修正，否则会对流量测量带来误差。

被测流体密度变化对刻度的影响可用下式校正

$$q_V = q'_V \sqrt{\frac{(\rho_f - \rho)\rho_0}{(\rho_f - \rho_0)\rho}} \qquad (4-55)$$

式中：q'_V、q_V 分别为仪表体积流量读数和体积流量的准确值；ρ_0、ρ 分别为仪表分度时和使用时的流体密度。

当被测流体和标定流体相同但所需量程不同时，通过改变浮子的材料可改变仪表的量程。这时有

$$q_V = q'_V \sqrt{\frac{\rho'_f - \rho}{\rho_f - \rho}} \qquad (4-56)$$

式中：q'_V、q_V 分别为仪表上原来的体积流量刻度数和改量程后新的体积流量刻度数；ρ_f、ρ'_f 分别为仪表分度时和改量程后浮子的材料密度；ρ 为被测介质密度。

4. 主要特点

（1）浮子流量计适用于小管径和低雷诺数的中小流量测量。常用浮子流量计口径在15～50mm，最小口径能做到1.5～4mm。玻璃管浮子流量计最大口径为100mm，金属管浮子流量计最大口径为150mm。如果选用黏度不敏感形状的浮子，只要雷诺数大于40或300，浮子流量计的流量系数将不随雷诺数变化，流体黏度的变化也不影响流量系数。这比其他类型流量计适用的最小雷诺数要低得多。

（2）对于玻璃管浮子流量计，压力可高达2400kPa，温度的上限值为205℃；而对金属管浮子流量计，压力可高达5000kPa，温度的上限值为500℃。

（3）压力损失较低。玻璃浮子流量计的压力损失一般为2～3kPa，较高者约为10kPa；金属管浮子流量计一般为4～9kPa，较高者约为20kPa。

（4）对上游直管段的要求较低，刻度近似为线性。

（5）测量范围宽，量程比一般为10：1，采用特殊结构的浮子流量计可使量程比达到750：1，价格便宜。

（6）当被测介质与标定物质、工作状态与标定状态不同时，应进行刻度换算。

5. 选用注意事项

（1）根据使用要求选择。

1）如果仅需要现场指示，则可以考虑价格便宜的带有透明防护罩的玻璃管浮子流量计。如果测量环境为高温高压，则可选用现场指示型的金属管浮子流量计。若测量介质为气体，最好选用导杆或带棱筋导向型流量计。

2）如需要远传输出信号作总量积算或流量控制的流量计，一般选用电信号输出的金属管浮子流量计。如环境有防爆要求而现场又有控制仪表用的气源，则优先考虑气远传金属管浮子流量计，如选用电远传则必须是防爆型的。测量温度高于环境温度的高黏度液体和降温后易析出结晶或易凝固的液体，应选用带夹套的金属管浮子流量计。

3）测量不透明液体时，普遍选用金属管浮子流量计，但也可选择带棱筋锥形管的玻璃管流量计，借助浮子最大直径与棱筋接触的痕迹，以判读浮子的位置。

（2）根据实际使用介质密度选择。通常流量计刻度的测量范围，液体是常温水的标定值，气体是空气标定换算到标准状态（20℃，101.325kPa）的值。将实际使用密度按式（4-55）换算后再选择合适的口径和流量范围，但必须是使用介质的黏度与标定黏度相接近，也就是在认为 α 不变的前提下使用。

（3）根据示值刻度、准确度和范围度选择。浮子流量计的流量示值两种形式：一种是直接流量刻度，流量示值以标定介质直接用刻度值加流量单位表示；另一种是用百分刻度，百分刻度示值以百分率表示，同时在铭牌上给出 100% 时的流量值。

浮子流量计为中低等准确度的流量仪表。口径小于 6mm 的通用型玻璃管浮子流量计的基本误差为（2.5%～4.0%）FS，口径在 10～15mm 的基本误差为 2.5% FS，口径在 25mm 以上的为 1.5% FS；金属管浮子流量计就地指示型为（1.5%～2.5%）FS，远传型为（2.5%～4.0%）FS（FS 为仪表的量程）。耐腐蚀型仪表的准确度还要低一些。

通用型玻璃管浮子流量计的量程比一般为 10:1，口径大于 100mm 的为 5:1；金属管浮子流量计的量程比　般为 5:1～10:1。选择流量计的范围度时还应注意常用流量选在最大流量的 70%～80% 之间。

前面介绍了 V 锥流量计、弯管流量计、浮子流量计，都属差压流量计。皮托管和均速管流量计也属于差压式流量计。利用多个皮托管可同时测量多点流速，从而得到流量；利用均速管流量计可测量流体流过流量计时的流量。均速管流量探头主要有阿牛巴（Annubar）、威力巴（Verabar）、威尔巴（Wellbar）、德尔塔巴（Deltaflow）、托巴（Torbar）、双 D 巴等几种。皮托管和均速管流量计的具体情况可扫码获取。

知识拓展

皮托管和均速管流量计

4.4　容 积 式 流 量 计

容积式流量计，也称为正排量流量计，是出现较早的一类流量仪表。它多用于测量流经管路的流体的体积流量，广泛应用于测量石油类流体（如原油、汽油、柴油、液化石油气等）、饮料类流体（如酒类、食用油等）、气体（如空气、低压天然气及煤气等）以及水的流量。

工业上，应用容积法测量流量的方法，与日常生活中用容器计量体积的方法相类似，只是为适应工业生产的情况，需要在密闭管道中连续测量流体的体积，所以这种测量方法，实际上是用容积积分的方法，直接测量流体的体积总量。

常用的容积式流量计有椭圆齿轮流量计、腰轮（罗茨）流量计、刮板流量计、旋转活塞式流量计、圆盘式流量计、膜式气体流量计、湿式气体流量计等。

4.4.1 工作原理

容积式流量计内部都有一个具有一定容积的"计量空间"，该空间是由仪表内的运动部件和仪表壳体构成的。流体通过流量计，就会在流量计进出口之间产生一定的压力差。流量计内的运动部件（简称转子）在这个压力差作用下将产生旋转，并将流体由入口排向出口。在这个过程中，流体一次次地充满流量计的"计量空间"，并不断地被送往出口。流出流体的总量为

$$V = nV_0 \qquad\qquad (4-57)$$

式中：V_0 为运动部件每循环转动一次，从流量计内送出的流体体积；n 为运动部件的旋转次数。

容积式流量计是一种无时基的仪表，其测量时间间隔是任意选取的，因此一般不用它来测量瞬时流量，而是常用来计量累积流量（又称总量）。

下面以椭圆齿轮流量计为例加以说明。

椭圆齿轮流量计的壳体内装有两个转子，它是把两个椭圆形柱体的表面加工成齿轮，互相啮合进行联动。动作过程如图 4-30（a）～（c）所示，图中 p_1 表示流量计进口流体压力，p_2 表示流量计出口流体压力。在图 4-30（a）所示状态，由于 $p_1 > p_2$，转子 B 虽受到流入流体的压力，但不产生旋转力，而转子 A 在压差 $\Delta p = p_1 - p_2$ 的作用下沿箭头方向旋转，这时由于两个转子互相啮合，因此各自绕自身的转动轴按箭头方向旋转，变成图 4-30（b）所示状态。在图 4-30（b）所示状态下，在流体压差的作用下，两个转子都产生了沿箭头方向的旋转力，边啮合旋转，边推移到图 4-30（c）所示的状态。图 4-30（c）所示的状态与图 4-30（a）的状态相反，转子 B 产生旋转力，互相啮合旋转，又回到了图 4-30（a）所示的状态。这样一边啮合旋转一边使流体充满转子和壳体之间所构成的半月形截面的空间，并从流入口送至流出口。转子每转动一周，排出四个半月形体积的流体，因而从齿轮的转数便可以计算出排出流体的数量。由图 4-30（d）可知，流体的总量为

$$V = 4nV_0 = 4n\left(\frac{1}{2}\pi R^2 - \frac{1}{2}\pi ab\right)\delta = 2\pi n(R^2 - ab)\delta \qquad (4-58)$$

式中：n 为椭圆齿轮的旋转次数；V_0 为半月形测量室的容积；R 为容积室的半径；a、b 分别为椭圆齿轮的长半轴和短半轴；δ 为椭圆齿轮的厚度。

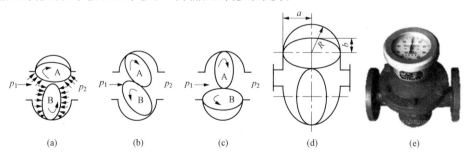

图 4-30 椭圆齿轮流量计

（a）、（b）、（c）动作过程；（d）半月形容积计算示意图；（e）实物图（配彩图）

4.4.2　主要特点

容积式流量计优点如下：

（1）测量准确度高，一般可达±（0.1～0.5）%，是所有流量仪表中测量准确度最高的一类仪表，且其特性一般不受流动状态的影响。除脏污介质和特别黏稠的流体外，可用于各种液体和气体的流量测量。

（2）安装管道条件对流量计计量准确度没有影响，流量计前不需要直管段，这使得容积式流量计在现场使用极具优势。

（3）测量范围较宽，典型的流量量程比范围为 5：1～10：1，特殊的可达 30：1。

（4）直读式仪表可直接得到流体总量，使用方便。

容积式流量计的缺点如下：

（1）机械结构较复杂，体积庞大笨重，一般只适用于中小口径仪表。

（2）大部分容积式流量计只适用于洁净单相流体。测量含有颗粒、脏污物的流体时需安装过滤器，测量含有气体的液体时必须安装气体分离器。

（3）在测量过程中会给流动带来脉动，较大口径仪表会产生较大噪声，甚至使管道产生振动。

（4）容积式流量计的适用范围不够宽，要根据被测介质和测量范围的不同，选择合适的流量计。

对于容积式流量计，还有一点要说明的是，从原理上讲，容积式仪表的准确度受流量大小、流体黏性的影响很小。但由于齿轮等运动部件与壳体之间存在间隙，除湿式气体流量计外，其他容积式流量计在进出口差压作用下，都存在着通过间隙的漏流现象，从而引起测量误差；特别在小流量时，由于漏流相对比较大，误差就很大。为减小该误差，除了提高加工精度和材料的耐磨性外，还可使用伺服式容积流量计。另外，漏流量的大小与流体黏度有关，黏度较高的流体漏流量较小，故容积式流量计适合测量高黏度的流体。

4.4.3　容积式流量计的选用与安装

1. 选用注意事项

容积式流量计的选择应从流量计的类型、性能和配套设备三方面考虑。其中，流量计类型的选择应根据实际工作条件和被测介质特性而定，并需考虑流量计的性能指标。在容积式流量计性能选择方面主要应考虑以下五个要素，即流量范围、被测介质性质、测量准确度、耐压性能（工作压力）和压力损失，以及使用目的。

（1）流量范围。流量计的流量范围与被测介质的种类（主要是黏度）、使用特点（连续还是间歇工作）、测量准确度等因素有关。同一台流量计，用于较高黏度的流体时，其流量范围较大，其下降流量可扩展到较低的量值；用于间歇测量时，其流量范围较大，上限流量可比连续工作时大；对于测量准确度，用于较低准确度测量时，其流量范围较大，而用于准确度高时的流量测量时流量范围较小。

（2）被测介质的性质。被测介质的性质主要是考虑流体介质的黏度和腐蚀性。考虑黏度以选择流量计类型，而腐蚀性是选流量计的材质。

（3）测量准确度。厂家产品样本给的测量准确度是在标定条件下得到的基本误差，而在实际使用中，由于现场条件的偏离，必然会带来附加误差。现场条件对测量准确度影响较大的主要原因是被测介质黏度和温度的影响。

（4）工作压力（耐压强度）和压力损失。流量计的工作压力要由流量计的壳体来承受，针对工作压力的不同要求，应选用不同材质的受压部件，以免引起使用上的不安全。

流体流过流量计时产生压力损失，大流量使用时，更应注意核算流量计的压力损失是否满足用户的要求。

（5）使用目的。使用目的是指流量计是用于计量交接和成本核算，还是用于过程参数的控制。用于计量交接和成本核算的流量计主要考虑计量的准确度及需要的各种配套设备；用于过程控制的流量计主要考虑其可靠性等。

2. 安装注意事项

容积式流量计是少数几种使用时仪表前不需要直管段的流量计之一。大多数容积式流量计要求在水平管道上安装，有部分口径较小的流量计（如椭圆齿轮流量计）允许在垂直管道上安装，这是因为大口径容积式流量计大都体积大而笨重，不宜安装在垂直管道上。

为了便于检修维护和不影响流通使用，容积式流量计安装一般都要设置旁路管道。在水平管道上安装时，容积式流量计一般应安装在主管道中；在垂直管道上安装时，容积式流量计一般应安装在旁路管道中，以防止杂物沉积于流量计内。

4.5　速度式流量计

速度式流量计是以测量流体在管道内的流动速度作为测量依据的流量仪表，有涡街流量计、叶轮流量计、超声波流量计、电磁流量计等。前面介绍的差压式流量计也属于速度式流量计。

4.5.1　涡街流量计

涡街流量计是 20 世纪 70 年代发展起来的一种新型流量仪表。它的主要优点是输出与流体流速成正比的脉冲信号，抗干扰性能好，便于远距离传输；测量准确度高，对于液体其准确度等级为 0.2～2.5，对于气体其准确度等级为 0.5～2.5；压力损失较小，量程比宽，有的可达到 30：1；无可动部件，可靠性高，根据工艺管道的不同，可水平、垂直和倾斜安装；适用于液体、气体、蒸汽的流量测量。不足之处是该流量计要配置足够长的直管段，才能保证测量准确度，不适用于低雷诺数的流量测量，测量管通径一般在 300mm 以下。

1. 工作原理

涡街流量计是利用流体力学中的卡门涡街现象测量流量的。如图 4-31 所示，把一个非流线型阻流体垂直插入管道中，流体以一定的速度在管道中流动。当流体绕过阻流体流动时，产生附面层分离现象，在非流线型阻流体的后侧形成有规则的旋涡列，左右两侧旋涡的旋转方向相反，这种旋涡称为卡门涡街。这些涡街多数是不稳定的，只有形成相互交替的内旋的两排涡街列，且涡街两列旋涡的宽度与单列两涡之间的距离之比满足

$$\frac{h}{l} = 0.281 \qquad (4-59)$$

这时所产生的涡街列才是稳定的。

实验表明，单侧涡街列旋涡脱落的频率 f 与阻流体处的平均流速 $\overline{v}_d$ 成正比，与阻流体的特征尺寸成反比，即

$$f = S_t \frac{\overline{v}_d}{d} \qquad (4-60)$$

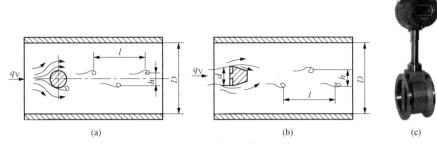

图 4 - 31 卡门涡街流量计

(a) 圆柱卡门涡街列；(b) 三角柱卡门涡街列；(c) 实物图

式中：S_t 为斯特罗哈尔数，无量纲；d 为阻流体特征尺寸。

斯特罗哈尔数与旋涡发生体的形状及雷诺数有关。当雷诺数 Re 在 $2\times10^4\sim7\times10^6$ 的范围内时，S_t 基本是一个常数。S_t 的数值对于圆柱体为 0.2，对于等边三角形柱体为 0.16。

根据流体流动的连续性，阻流体处的流通面积 A_d 与管道的截面面积 A_D 之比 m 为

$$m = \frac{A_d}{A_D} = \frac{\overline{v}_D}{\overline{v}_d} \qquad (4 - 61)$$

式中：$\overline{v}_D$ 为管道截面的平均流速。

对于直径为 D 的圆管，截面比 m 为

$$m = 1 - \frac{2}{\pi}\left[\frac{d}{D}\sqrt{1-\left(\frac{d}{D}\right)^2} + \arcsin\frac{d}{D}\right] \qquad (4 - 62)$$

当 $d/D < 0.3$ 时，有

$$m \approx 1 - 1.25\frac{d}{D} \qquad (4 - 63)$$

由式（4 - 60）和式（4 - 61）得

$$\overline{v}_D = m\frac{d}{S_t}f \qquad (4 - 64)$$

体积流量为

$$q_V = \frac{\pi}{4}D^2\overline{v}_D = \frac{\pi}{4}D^2 m\frac{d}{S_t}f \qquad (4 - 65)$$

由式（4 - 65）可知，当旋涡发生体的形状、尺寸确定后，就可通过测定单侧涡街列旋涡脱落的频率 f 来测量流量。

2. 基本结构

涡街流量计由传感器和转换器两部分组成。传感器包括旋涡发生体、检测元件、安装架和法兰等。转换器包括前置放大器、滤波整形电路、接线端子、支架和防护罩等。智能式仪表还将 CPU、存储单元、显示单元、通信单元及其他功能模块也装在转换器内，形成智能型和组合型涡街流量计。

旋涡发生体是涡街流量计的关键部件，应能产生强烈和稳定的旋涡，并在较宽的雷诺数范围内具有恒定的斯特罗哈尔数 S_t。旋涡发生体的几何参数大多通过实验确定。旋涡发生体的形状按柱形分，有圆柱体、三角柱体、矩形柱体等；按结构分，有单体、双体和多体之分。

对旋涡分离频率 f 的检测方法很多，可以分为两大类。一类是检测旋涡发生后在旋涡发生体上受力的变化频率，即受力检测类，一般可用应力、应变、电容、电磁等检测技术；另一类检测旋涡发生后在旋涡发生体附近的流动变化频率，即流速检测类，一般可用热敏、超声、光电（光纤）等检测技术。

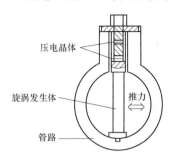

图 4-32　应力式涡街流量传感器

如图 4-32 所示，应力式涡街传感器是在旋涡发生体内（或旋涡发生体外部）埋置压电晶体，利用压电晶体检测所受到的交变应力，输出交变的电荷信号，经电荷放大、滤波、整形后输出与旋涡频率相应的脉冲信号或电流信号。由前述压电晶体及转换放大电路构成的压电式传感器，响应快、信号强、制造成本低、工作温度范围宽、可靠性好，但抗振性较差，可用于液体、气体、蒸汽流量的测量。

转换器将检测元件检测到的微弱电信号进行放大、滤波、整形等处理，输出与流量成比例的脉冲信号。对于流量显示仪，一般还转换成 4～20mA 的标准信号输出。其结构框图如图 4-33 所示。

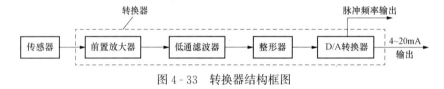

图 4-33　转换器结构框图

3. 选用和安装

（1）选用注意事项。在选用涡街流量计时，要结合工艺要求、介质特点、流量计性能指标、经济性、安装及环境等方面来综合考虑，各种涡街流量计的性能指标依据传感器的不同而不同。各种涡街流量计性能比较列于表 4-13 中。

表 4-13　　　　　　　　　　　　各种涡街流量计性能比较

种类	电磁式	应力式	电容式	应变式	热敏式	超声波式	光电式
原理	电磁感应	压电效应	电容变化	应变效应	电阻温度特性	超声调制	光电检测
测量元件	信号电极	压电元件	电容	应变片	热敏电阻	超声换能器	光电、光纤
口径（mm）	50～200	15～300	15～300	50～150	25～100	25～150	15～80
雷诺数范围	$5\times10^3\sim10^6$	$10^4\sim7\times10^6$	$10^4\sim10^6$	$10^4\sim3\times10^6$	$10^4\sim10^6$	$3\times10^3\sim10^6$	$3\times10^3\sim10^5$
灵敏度	中	高	高	低	高	高	高
结构	简单	简单	一般	一般	一般	一般	简单
抗高温	强	强	强	弱	弱	中	弱
抗振动	弱	弱	中	中	强	强	弱
耐脏污	弱	强	中	强	弱	强	弱
寿命	短	长	长	短	长	长	短
应用	极低温液态气体、高温蒸汽	气体、液体、蒸汽、低温介质	气体、液体、蒸汽、低温介质	液体、大管径	清洁且腐蚀性弱	气体、液体	清洁、低压、常温气体

（2）安装注意事项。涡街流量计是速度式流量计，旋涡的规律性易受上游侧的湍流、流速分布畸变等因素的影响。因此，对现场管道安装条件要求十分严格，应遵照使用说明书的要求执行。

1）安装地点。流量计的安装地点要避开高温、腐蚀、电磁辐射和振源。涡街流量计对振动很敏感，传感器的安装地点应注意避免机械振动，尤其要避免管道振动，否则应采取减振措施，如加支撑以减少振幅的影响，或在传感器上下游 2D 处分别设置防振座并加防振垫。

2）安装方向。仪表的流向标志应与管内流体的流动方向一致，可水平、垂直或倾斜安装，测量液体和气体时分别采取防止气泡和液滴干扰的措施。测量液体时，还必须保证待测流体充满整个管道。如果是垂直安装，应使液体自下向上流动。当把涡街流量计用于控制回路测量时，推荐将流量计装在调节阀的下游。

3）安装同轴度。一般要求流量口径和配管直径一致且同心。安装旋涡发生体时，应使其轴线与管道轴线垂直。对于三角柱、梯形或柱形发生体应使其底面与管道轴线平行，其夹角最大不应超过 5°。

4）直管段长度。上游直管段长度通常取决于阻力件形式，如缩管、扩管、弯头和阀门等。一般要求上游最短直管段长度为 20D，下游为 5D。当上游阻力件为阀门或截止阀时，必须保证上游直管段的长度不少于 40D。直管段内部要求光滑。

知识拓展

涡街流量计的常见
故障、原因及
排除措施

5）接地。接地应遵循一点接地原则，接地电阻应小于 10Ω，整体型和分离型的涡街流量计都应在传感器一侧接地，转换器外壳接地点也应与传感器同地。

涡街流量计使用过程中难免出现故障，其常见故障、原因及排除措施可扫码获取。

4.5.2　叶轮流量计

叶轮流量计是应用流体动量矩原理测量流量的装置。叶轮的旋转速度与流量成线性关系，测得旋转角速度就可到流量值。常用的叶轮流量计有切线叶轮式流量计、轴流叶轮式流量计、子母式流量计等。典型的叶轮式流量计是涡轮流量计和水表。下面对涡轮流量计进行介绍。

涡轮流量计是一种利用涡轮感受流体平均流速来得到流量的精密仪表，可用于测量液体的流量和总量，适用于测量低黏度的介质，如水、柴油、汽油等。

（1）构成和工作原理。涡轮流量计由涡轮流量变速器（包括涡轮、磁电转换装置）、前置放大器和显示积算机构等组成。涡轮流量变送器的结构如图 4-34 所示，主要由壳体、导流器、支承、涡轮和磁电转换器组成。涡轮是测量元件，由导磁系数较高的不锈钢材料制成，轴芯上装有数片（视孔径大小而定，通常为 2~8 片）直板叶片、螺旋叶片或丁字形叶片。流体作用于叶片，使涡轮转动。壳体和前后导流器由非导磁的不锈钢材料制成，导流器对流体起导直作用。在导流器上装有滚动轴承或滑动轴承，用来支持转动的涡轮。磁电感应信号检出器包括磁电转换器和前置放大器。磁电转换器由线圈和磁钢组成，安装在管壁上，用于产生与叶片转速成比例的电信号；前置放大器放大微弱电信号，使之便于远传。

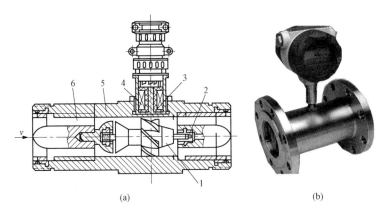

图 4 - 34　涡轮流量计

(a) 结构；(b) 实物图（配彩图）

1—涡轮；2—支承；3—永久磁钢；4—感应线圈；5—壳体；6—导流器

当被测流体通过装在管内的涡轮叶片时，涡轮受流体作用而旋转，在量程的范围内，涡轮的转速和流量成正比。涡轮转数是通过磁电转换器转换成电脉冲信号，再被放大器放大，由显示积算装置显示及计数。根据单位时间的脉冲数和累积的脉冲数，即能计算出单位时间的流量和累积流量。

假设此时叶轮转动的摩擦阻力、流体黏性阻力及感应线圈中感应电流所引起的电磁反作用力矩的影响均可不计时，瞬时流量 q_V、累积流量 Q_V 与输出信号的脉冲数的关系为

$$q_V = \frac{1}{\xi} f \tag{4-66}$$

$$Q_V = \frac{1}{\xi} N \tag{4-67}$$

式中：ξ 为涡轮流量计的仪表系数，$1/m^3$，表示工作条件下每立方米流体通过流量计时输出的脉冲数；N 为在 t_1 到 t_2 时间间隔内流过 Q_V 流体时输出的脉冲数。

实际中，仪表系数 ξ 的值除与结构因素有关外，还与流体黏度产生的摩擦阻力矩、轴承中的机械摩擦阻力矩、电磁阻力矩等有关。涡轮流量计出厂时，ξ 值由厂家根据适用的流体标定给出。

（2）特点和使用。

1）涡轮流量计的特点。

a. 准确度高，其基本误差为 $\pm(0.2\% \sim 1.0\%)$，有些可达 $\pm(0.1\% \sim 0.2\%)$；复现性和稳定性均好，短期重复性可达 $0.05\% \sim 0.2\%$，可作为流量的标准仪表。

b. 线性好，测量范围宽，量程比可达 $(10 \sim 20):1$，有的大口径涡轮流量计甚至可达 40:1，故适用于流量大幅度变化的场合。

c. 动态特性好，被测介质为水时，其时间常数一般只有几毫秒到几十毫秒。

d. 耐高压，能耐高压达 16MPa；压力损失小，压力损失在最大流量时小于 25kPa。

e. 输出为与流量成正比的脉冲数字信号，抗干扰能力强，易于累积，便于与计算机相连进行数据处理。

2）使用注意事项。

a. 要求被测介质洁净，以减少对轴承的磨损，并防止涡轮被卡住。对于不洁净介质，应在变送器前加装过滤器。

b. 介质的密度和黏度的变化对指示值有影响。由于变送器的流量系数一般是在常温下用水标定的，所以密度改变时应该重新标定。对于同一液体介质，密度受温度、压力的影响很小，可忽略不计；对于气体介质，由于密度受温度和压力变化的影响较大，必须对密度进行补偿。一般随着黏度的增高，最大流量和线性范围均减小。涡轮流量计出厂时是在一定黏度下标定的，因此黏度变化时必须重新标定。

c. 仪表的安装方式要求与出厂时校验情况相同，应按规定方向安装流量计，绝不可逆向安装。一般要求水平安装，避免垂直安装，必须保证变送器前后有一定长度的直管段。对于工业测量，一般要求上游 15D、下游 5D 的直管长度。为消除二次流动，最好在上游端加装整流器。

d. 需定期校准，以保持其计量性能。对于贸易、储运结算和高准确度检测要求的场合，最好配备现场校准设备。

e. 需要定期加油，保证轴与轴承的润滑以及计量准确度和使用寿命。

3）涡轮流量计的选用。

a. 测量的流体。最适合检测洁净、单相和低黏度的流体介质（气体或液体）。若检测高黏度液体，由于黏度对流量计性能的影响，会降低测量的准确度。若检测固液两相流体，因易损坏轴承，故该种流量计不适用。若检测强腐蚀性流体，将造成叶轮等主件选材的困难，耐腐性局限，注意慎重选用。

b. 口径的选用。每种口径的流量计都有一定流量检测的范围，流量计口径的选用是根据流量范围来决定的。使用的最小流量不得小于该口径允许检测的最小流量，使用的最大流量不得大于该口径允许的最大流量。

在一般情况下，流量计的流量范围下限附近同一准确度等级允许误差较大（尤其是分界流量到最小流量），通常将实际最小流量选用在 $0.4q_{max}$，作为流量计检测范围的下限值。

c. 轴承的选择。为提高流量计测量的准确度和寿命，应尽量使轴与轴承间的摩擦力矩最小。一般滚动轴承适用于润滑性流体测量；具有自润滑性的滑动轴承，适用于非润滑性流体测量；超硬合金轴承适用于易汽化的流体、混有微小颗粒的以及有腐蚀性流体测量，也可用于流量计连续使用的场合。

知识拓展

涡轮流量计常见故障、原因及排除措施

涡轮流量计使用过程中难免出现故障，其常见故障、原因及排除措施扫码获取。

4.5.3 超声波流量计

超声波流量计是 20 世纪 70 年代随着集成电路技术的迅速发展才开始得到实际应用的一种非接触式仪表。与传统的流量仪表相比，它属于非接触测量，测量时不影响流体的流动，不仅可以测液体、气体的流量，而且对两相介质（主要是应用多普勒法）的流体流量也可以测量，适用于大管径、大流量以及各类明渠、暗渠的流量测量。

1. 分类

（1）按测量原理，超声波流量计大致可分为传播速度差法、多普勒法、波束偏移法、噪声法、旋涡法、相关法等。

（2）按超声波声道结构类型，超声波流量计可分为单声道和多声道。单声道超声波流量计是在被测管道或渠道上安装一对换能器构成一个超声波通道，主要有插入式、夹持式两种，如图 4 - 35（a）、（b）所示。插入式超声波流量计由换能器及一对插入式传感器组成。夹持式超声波流量计是将传感器直接夹持到管道的外壁上；其结构简单，使用方便，但是对流态分布变化适应性差，测量准确度不易控制，一般用于中小口径管道和对测量准确度要求不高的渠道。多声道超声波流量计是在被测管道或渠道上安装多对超声波换能器构成多个超声波通道，综合各声道测量结果求出流量的主要形式为管段式。管段式超声波流量计需切开管路安装，但以后的维护可停产。与单声道超声波流量计相比，多声道超声波流量计对流态分布变化适应能力强，测量准确度高，可用于大口径管道和流态分布复杂的管渠。

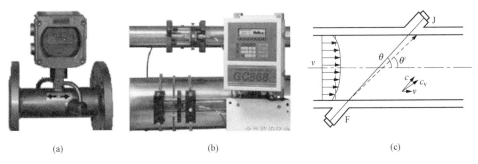

图 4 - 35　超声波流量计（配彩图）
(a) 插入式实物图；(b) 夹持式实物图；(c) 工作原理图

（3）根据适用的流道不同，超声波流量计可分为管道流量计、管渠流量计和河流流量计。管道流量计一般是指用于有压管道的流量计，其中也包括有压的各种形状断面的涵洞。这种流量计一般是通过一个或多个声道测量流体中的流速，然后求得流量。用于管渠的超声波流量计一般含有多个测速换能器（由声道数决定）和一个测水位换能器，根据测得的流速和水位求得流量。多数河流超声波流量计仅测流速和水位，而河流的过水流量由用户根据河床断面进行计算。

目前用得较多的是速度差法超声波流量计和多普勒超声波流量计。由于生产中工况的温度常不能保持恒定，故多采用速度差法。流场分布不均匀而表前直管段又较短时，也可采用多声道（例如双声道或四声道）来克服流速扰动带来的流量测量误差。多普勒超声波流量计适于测量两相流，可避免常规仪表由悬浮粒或气泡造成的堵塞、磨损、附着而不能运行的弊病，因而得以迅速发展。

2. 工作原理

超声波流量计的测量方法有多种，下面仅介绍常用的传播速度差法和多普勒法。

（1）传播速度差法。传播速度差法又分为时差法、相位差法、频差法。

超声波在流动的流体中传播时，可以载上流体流速的信息。在流体中超声波向上游和下游的传播速度由于叠加了流体的流速而不相同。对速度的测量主要有时差法、相位差法和频差法。

设静止流体中的声速为 c，流体流速为 v，超声波发生器与接收器之间距离为 L，则超

声波向上游和下游传播的时间差为

$$\Delta t = \frac{L}{c-v} - \frac{L}{c+v} = \frac{2Lv}{c^2 - v^2} \tag{4-68}$$

一般情况下，液体中声速 c 在 1000m/s 以上，多数工业系统中的流速远小于声速，即 $v^2 \ll c^2$，所以

$$\Delta t \approx \frac{2Lv}{c^2} \tag{4-69}$$

如果超声波发生器发出的是连续正弦波，则上、下游接收到的超声波的相位差为

$$\Delta\varphi = 2\pi f \Delta t = \frac{4\pi f L v}{c^2} \tag{4-70}$$

式中：f 为超声波的发射频率。

由式（4-69）和式（4-70）可以看出，只要测得 Δt 或 $\Delta\varphi$ 就能求得流速 v。但由于流体中声速 c 是随流体温度和成分而变化的，水中声速 c 的温度系数为 $0.2\%/℃$，因而被测流体温度变化时就会带来测量误差。

采用频差法可消除声速 c 的影响。上、下游接收到的超声波的频率之差为

$$\Delta f = \frac{c+v}{L} - \frac{c-v}{L} = \frac{2v}{L} \tag{4-71}$$

由式（4-71）可知，在频差法中，频率差与声速 c 无关，因此工业上常用频差法。

由图 4-35（c）可以看出，实际应用中由于超声波探头需安装在管道之外，超声波通路与管道轴线成一定的夹角，故超声波顺流和逆流时的频率为

$$f_1 = \frac{1}{t_1} = \left(\frac{\frac{D}{\sin\theta}}{c + v\cos\theta} + \tau_0 \right)^{-1} \tag{4-72}$$

$$f_2 = \frac{1}{t_2} = \left(\frac{\frac{D}{\sin\theta}}{c - v\cos\theta} + \tau_0 \right)^{-1} \tag{4-73}$$

式中：c 为超声波在静止流体中的声速；τ_0 为超声波在管壁和声楔中传播时间与电路延迟时间之和。

频差为

$$\Delta f = f_1 - f_2 \approx \frac{\sin 2\theta}{D \left(1 + \frac{c\tau_0 \sin\theta}{D} \right)^2} v \tag{4-74}$$

超声波流量计测得的是超声波通路上流体的平均流速，它不等于求体积流量所需要的管道截面上的平均流速 $\bar{v}$。在用超声波流量计测量流量时，要考虑截面平均流速 $\bar{v}$ 与沿直径平均流速之间关系的影响，体积流量与频率差 Δf 之间的关系为

$$q_V = \frac{\pi}{4} D^2 \bar{v} = \left\{ \frac{1}{k} \left[\frac{\pi}{4} \times \frac{D(D + c\tau_0 \sin\theta)^2}{\sin 2\theta} \right] \right\} \Delta f \tag{4-75}$$

式中：k 为流量修正系数。

（2）多普勒法。多普勒法是应用声学中多普勒原理来测量两相流流量的一种方法。其工作原理如图 4-36 所示。设有一气固两相流体流过管道，气体和固体流速均为 v。如超声波发射换能器发出的超声波束在管内相交区遇上固体颗粒，则固体颗粒相对于发射器而言是以 $v\sin\beta$ 的速度离去，因此固体颗粒收到的超声波频率 f_2 应低于发射的超声波频率 f_1。其降

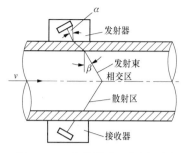

图 4-36　多普勒法工作原理图

低值按比例关系计算应为 $v\sin\beta f_1/c$，则 f_2 为

$$f_2 = f_1 - \frac{v\sin\beta}{c}f_1 \qquad (4-76)$$

式中：c 为流体中的声速，m/s；β 为超声波束折射入流体中的折射角；f_1 为发射的超声波频率，s^{-1}。

固体颗粒将超声波束散射给接收器，由于颗粒以 $v\sin\beta$ 的速度离开，使接收器收到的超声波频率 f_3 再一次降低，即

$$f_3 = f_2 - \frac{v\sin\beta}{c}f_2 \qquad (4-77)$$

将式（4-76）代入式（4-77）并忽略 $v^2\sin^2\beta/c^2$ 项，可得

$$f_3 = f_1\left(1 - \frac{2v\sin\beta}{c}\right) \qquad (4-78)$$

发射换能器发射的超声波频率 f_1 与接收器收到的超声波频率 f_3 之差 Δf，称为多普勒频移 f_d。Δf 为

$$\Delta f = f_d = f_1 - f_3 = f_1 \frac{2v\sin\beta}{c} \qquad (4-79)$$

则

$$v = \frac{c}{2f_1\sin\beta}\Delta f \qquad (4-80)$$

由式（4-80）可见，测出 Δf，即可确定两相流体流速 v 值或流量值。但 v 值或流量的测量结果仍受声速随温度变化的影响。按折射定律

$$\frac{c_1}{\sin\alpha} = \frac{c}{\sin\beta} = 常数 \qquad (4-81)$$

式中：c_1 为换能器声楔中声速，m/s；α 为发射换能器声楔中声束与管壁法线的夹角。

将式（4-81）代入式（4-80）得

$$v = \frac{c_1}{2f_1\sin\alpha}\Delta f \qquad (4-82)$$

声楔中的声速 c_1 受温度影响较小，因而采用管外斜置式布置，并采用式（4-82）计算可提高流速或流量的准确度。在测量时，发射器和接收器的超声波频率一起输入混频器，经检波和滤波后输出多普勒频率，再送入显示仪表显示。

3. 基本结构

超声流量计由安装在测量管道上的超声波换能器（或由换能器和测量管组成的超声流量传感器）等构成的检测部分，电子线路构成的转换器以及指示、累积和记录等仪表组成。超声波换能器将电能转换为超声波能量，并将其发射穿过被测流体，接收换能器接收到超声波信号，经电子线路放大并转换为代表流量的电信号，供显示和积算。

常用的超声波换能器为压电换能器。它利用的是锆钛酸铅等压电材料的压电效应。每个超声波流量计至少有一对换能器，即发射换能器和接收换能器。发射换能器是采用适当的发射电路，利用元件的逆压电效应，把电能加到压电元件上，使其产生超声波，沿某一角度射入流体中传播；接收换能器则是利用正压电效应，通过接收超声波并转变为电能，实现信号检测。换能器通常由压电元件和声楔构成。压电元件一般均为圆形，沿厚度方向振动。声楔起到固定压电元件的作用，使超声波以合适的角度射入流体中。要求超声波透过声楔后能量

损失小，一般希望透射系数尽可能接近 1。

利用超声波测量流体的流量时，由于测量的液体流速在每秒数米以下，而液体中的声速约 1500m/s，因而流速带给声速的变化量至多不超过 10^{-3} 数量级，当测量流速要求准确度达到 1% 时，对声速的测量准确度要求为 10^{-5} 到 10^{-6}。随着电子测量技术的进步，有了工业上实用的超声波流量计。

超声波流量计的电子线路包括发射、接收、放大和信号处理线路。它将接收换能器收到的超声波信号转换成代表流量的电信号，送入显示与积算系统，最后由显示与积算仪表将被测流体的瞬时流量和累积流量显示出来。

4. 主要特点

（1）超声波流量计可作非接触测量。夹持式换能器流量计可不停流、不截管安装，可作移动性测量，适用于管网流动状态评估检测。

（2）流量计无阻力件和活动部件，不破坏流体的流场，只有微小的沿程压力损失，无额外的压力损失。

（3）原理上不受管径限制，造价随管径增加变化不大，适用于大管径、大流量以及各类明渠、暗渠的流量测量。

（4）多普勒超声流量计可检测固相含量较多或含有气泡的液体。

（5）可解决难以测量的强腐蚀性、非导电性、放射性的流量的检测问题。

（6）测量准确度不受被测流体温度、压力、密度和黏度的影响。

（7）测量范围度宽，量程比一般可达 20 : 1。

5. 安装注意事项

（1）换能器在管道上的布置方式。超声波流量计的换能器大致有夹持型、插入型和管道型三种结构形式。换能器在管道上的配置方式如图 4 - 37 所示。

1）一般而言，流体以管道轴线为中心对称分布，且沿管道轴线平行地流动，此时应采用如图 4 - 37（a）所示的直接透过法（又称 Z 法）配置换能器。该配置方法结构简单，适用于有足够长的直管段，且流速沿管道轴对称分布的场合。

2）当流速不对称分布、流动的方向与管道轴线不平行或存在着沿半径方向流动的速度分量时，可以采用如图 4 - 37（b）所示的反射法（又称 V 法）配置。

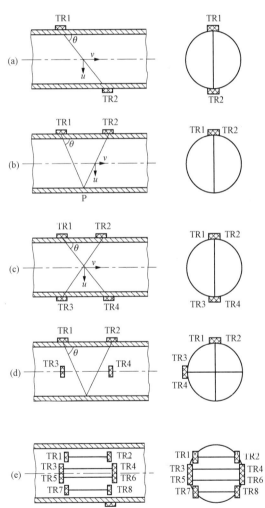

图 4 - 37　超声波换能器在管道上的配置方式
（TR 代表超声波换能器）
（a）直接透过法；（b）反射法；（c）交叉法；
（d）2V 法；（e）平行法

3）在某些场合，当安装距离受到限制时，可采用如图 4 - 37（c）所示的交叉法（又称 X 法）配置。换能器一般均交替转换，分时作为发射器和接收器使用。

4）在垂直相交的两个平面上测量线平均速度时，采用图 4 - 37（d）所示的 2V 法配置。

5）图 4 - 37（e）所示的平行法，是一种配置多线路测量的方法，可在一定程度上消除流速分布不对称、不均匀和旋涡对测量的影响。但是，由于声波穿透管壁很困难，使得安装换能器时较复杂。该方法在测量小口径流量时不能获得足够的时间差，因此不适用于小口口径管道。

（2）选择安装流量计时注意的问题。

1）观察安装现场管道是否满足直管段前 10D 后 5D 以及离泵、阀门等阻流件 30D～50D 的距离。

2）确认管道内流体介质以及是否满管。

3）确认管道材质以及壁厚（充分考虑到管道内壁结垢厚度）。

4）确认管道使用年限，对使用 10 年左右的管道，即使是碳钢材质，最好也采用插入式安装。

5）前四步骤完成后可确认使用何种换能器安装。

6）开始向表体输入参数以确定安装距离。

7）精确测量出安装距离。

a. 夹持式可选安装换能器大概距离，然后不断调试移动传感器以达到信号和传输比最好的匹配。

b. 使用专用工具测量管道上安装点距离，这个距离很重要，它直接影响表的实际测量准确度，所以最好进行多次测量以求较高准确度。

8）安装换能器，调试信号，做防水，归整好信号电缆，清理现场线头等废弃物，安装结束。

4.5.4 电磁流量计

电磁流量计是 20 世纪 60 年代随着电子技术的发展而迅速发展起来的新型流量测量仪表。其工作原理基于法拉第电磁感应定律，能测量具有一定电导率的液体的体积流量，现已广泛应用于酸、碱、盐等腐蚀性介质，化工、冶金、矿山、造纸、食品、医药等工业部门的泥浆、纸浆、矿浆等脏污介质，城市自来水供应、污水排放等的流量测量。

1. 工作原理

如图 4 - 38 所示，设在均匀磁场中，垂直于磁场方向有一直径为 D 的管道。管道由导磁材料制成，内表面衬挂绝缘衬里。当导电流体在管道内以流速 v 流动时，导电流体切割磁感应强度为 B 的磁力线，因而在与磁场及流动方向垂直的方向上产生感应电动势。如安装一对电极，则电极间产生和流速成比例的电位差 E 为

$$E = C_1 B D \overline{v} \qquad (4 - 83)$$

式中：C_1 为常数，与公式中变量单位有关；$\overline{v}$ 为流体的平均流速。

由式（4 - 83）可得

$$\overline{v} = \frac{E}{C_1 B D} \qquad (4 - 84)$$

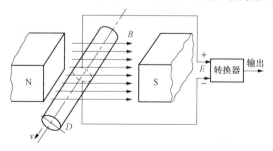

图 4 - 38　电磁流量计工作原理

所以体积流量为

$$q_V = \frac{\pi D^2}{4} \overline{v} = \frac{\pi DE}{4C_1 B} \qquad (4-85)$$

由于永久磁场产生的感应电动势为直流，可导致电极极化或介质电解，引起测量误差，所以工业用仪表中多使用交变磁场。此时

$$B = B_m \sin\omega t \qquad (4-86)$$

感应电动势为

$$E = C_1 B_m \sin\omega t D \overline{v} = 4C_1 q_V B_m \sin\omega t / (\pi D) = K q_V \qquad (4-87)$$

式中：K 称为电磁流量计的仪表常数，$K = 4C_1 B_m \sin\omega t/(\pi D)$。

当测量导管内径 D 和磁感应强度 B 不变时，感应电动势 E 与体积流量 q_V 成线性关系。利用电极测出感应电动势 E 就可求得流体的体积流量。

2. 基本结构

电磁流量计主要由传感器、转换器和显示仪表三部分组成。电磁流量计传感器安装在工艺管道上，主要由励磁绕组、铁芯、测量管道、绝缘衬里、电极、外壳和干扰调整机构等部分组成，如图 4-39（a）所示。它的作用是将流经管内的液体流量值线性地变换成感应电动势信号，并通过传输线将此信号送到转换器中去。转换器的作用是将传感器输出的交流毫伏级电动势信号 E 放大，并转换成与被测介质体积流量成正比的标准电流、电压或频率信号输出，以便与仪表及调节器配合，实现流量的显示、记录、调节和积算。

励磁绕组和铁芯构成励磁系统，用以产生励磁方式所规定波形的磁场，一般有三种常用结构形式，即变压器铁芯型（适用于直径 10mm以下的小口径）、集中绕组型（适用于口径在 10mm 到 100mm 内的中等口径）、分段绕制型（适用于口径大于 100mm 的传感器）。

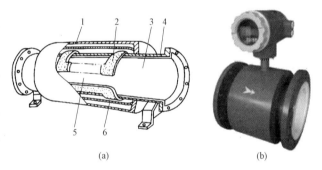

图 4-39　电磁流量计传感器
（a）基本结构；（b）实物图
1—外壳；2—励磁绕组；3—绝缘衬里；
4—测量管道；5—电极；6—铁芯

测量管道处在磁场中，要保证让磁力线能顺利地穿过以进入被测介质而不被分流或短路。中小口径测量管道用不导磁的不锈钢（1Cr18Ni9Ti）或玻璃钢等制成；大口径的测量管道用离心浇铸的方法将橡胶、线圈和电极浇铸在一起，可减小因涡流引起的误差。

电极直接与被测液体接触，因此必须耐腐蚀、耐磨，结构上防漏、不导磁。大多数电极采用不锈钢（1Cr18Ni9Ti）制成，也有用含钼不锈钢（1Cr18Ni12Mo2Ti）的；对腐蚀性较强的介质，采用钛、铂、耐酸钢涂覆黄金等。电极通常加工成矩形或圆形。

绝缘衬里材料应根据被测介质，选择具有耐腐蚀、耐磨损、耐高温等性能的材料，常用材料有聚氨酯橡胶、氯丁橡胶、聚四氟乙烯等。

对于正弦波励磁的电磁流量计，传感器应有干扰调整机构。干扰调整机构实际上是一个"变压器调零"装置，可以抑制由于"变压器效应"而产生的正交干扰。

3. 主要特点

(1) 被测介质必须是导电的液体，要求电导率为 $10^{-4} \sim 10^{-5}\,\text{S/cm}$。不能检测气体、蒸汽和石油制品等的流量。

(2) 测量管内无可动部件，便于维护管理；无阻流部件，因此压力损失很小。

(3) 输出电流和流量具有线性关系，并且不受流体的密度、黏度、温度、压力和电导率变化的影响，只需经水标定后，就可以用来测量其他导电性液体的流量。

(4) 口径范围可从几毫米到 3m，可测正反双向流量，也可测脉动流量。

(5) 电磁流量计的输出只与被测介质的平均流速成正比，而与轴对称分布下的流动（层流或紊流）状态无关。因此，流量计的量程范围极宽，量程比可达 100：1，甚至更大到 1000：1。

(6) 与其他流量计比较，电磁流量计上、下游直管段长度短。

(7) 由于衬里材料和电气绝缘材料限制，一般使用的温度范围不超过 200℃。因电极是嵌装在导管上的，使用工作压力一般不超过 4MPa。

(8) 电磁流量计结构比较复杂，成本较高。

4. 选用注意事项

(1) 口径与量程的选择。电磁流量计口径通常选用与管道系统相同的口径。如果管道系统有待设计，则可根据流量范围和流速来选择口径。对于电磁流量计来说，其适用的最小流速不低于 0.5m/s，不高于 8m/s，以 2～4m/s 较为适宜。在特殊情况下，如液体中带有固体颗粒，考虑到磨损的情况，可选常用流速不大于 3m/s 的；对于易附管里的流体，可选用流速不小于 2m/s 的。

假设现在有 $500\,\text{m}^3$ 的一池水要求在 4h 内用水泵将其排净，怎么来确定要采用多大口径的管道呢？通过上面要求的参数可以确定流量计的流量范围是：$500\,\text{m}^3/4\text{h} = 125\,\text{m}^3/\text{h}$。通过流量可以计算管道口径的大概范围：$\pi r^2 \times$ 流速（0.5～8m/s）$= 125\,\text{m}^3/\text{h}$。通过计算知道要抽完 $125\,\text{m}^3/\text{h}$ 的水，其口径范围在 0.075～0.2975m，即 DN80～DN300 之间；再考虑电磁流量计的准确度要求，选流速 2～4m/s 的为最佳，通过计算其口径在 0.105～0.149m，即 DN100～DN150；考虑到投资等各方面因素，可以确定选 DN100 比较适合。

一般来说，变送器的量程可以根据两条原则来选择：一是仪表满量程大于预计的最大流量值；二是正常流量大于仪表满量程的 50%。

(2) 绝缘衬里材料正确选用方法。应根据被测介质的腐蚀性、磨损性和温度来选择绝缘衬里材料。如氯丁橡胶耐一般低浓度的酸、碱、盐溶液的腐蚀，但不耐氧化性介质的腐蚀，且温度要求小于 80℃，可测水、污水、泥浆和矿浆；聚胺脂橡胶耐酸、碱性能差，温度要求小于 40℃，可测中性强磨损的煤浆、泥浆和矿浆；聚四氟乙烯可测浓酸、浓碱等强腐蚀性溶液及卫生类介质。

(3) 应用现场选型。首先要了解工艺参数，如被测介质名称、最大流量、常用流量、最小流量、工艺管径、温度、压力、电导率、是否有负压情况存在，仪表需要就地显示还是远传显示，以及需要的其他附加功能（上下限流量报警、频率和电流输出功能、外壳密封防护等级、流量计和计算机的通信等），然后进行初步选型。

1) 根据了解到的被测介质的名称和性质，确定是否采用电磁流量计；

2) 根据了解到的被测介质性质，确定电极材料；

3）根据了解到的介质温度确定采用的绝缘衬里材料；

4）根据了解到的介质压力，选择表体法兰规格。注意：电磁法兰规格通常是当口径为 DN10～DN250 时，法兰额定压力不大于 1.6MPa；当口径为 DN250～DN1000 时，法兰额定压力不大于 1.0MPa；当介质实际压力高于上述管径－压力对应范围时，应特殊订货，但最高压力不得超过 6.4MPa。

通过上述步骤后，可最后确定电磁流量计型号规格。

5. 安装与使用

电磁流量计的安装位置必须保证被测液体完全充满测量管。在水平安装传感器时，应低于管道；垂直安装时，液体流动方向应由下往上。

为便于检修，流量计上下游应安装阀门并有旁路。流量计和转换器的安装处应避免有较强的交、直流磁场或剧烈的振动。流量计前后的金属管道，有时带杂散的电流，应接地。

如液体输送管道为非金属管或其他绝缘管时，应在流量计和输液管道之间装内部与液体接触的金属接液环（或称接地环），然后用导线与流量计接地端连接，一起接地。

流量计上游应有一定长度的直管段。上游如有弯头、三通、同心异径管或全开闸阀等流动阻力件，离电极轴的中心线（注意不是传感器进口端面）应有（3～5）D 的直管段长度；如有不同开度的阀门，应有 10D 的直管段长度；下游为 2D 的直管段长度。

电磁流量计长期使用后必须进行清洗，否则管内壁会有沉积层。如果电极被沉积层覆盖或被沉积层短路，将输送不出信号。测量管内壁的锈皮也必须定期清洗。

4.6 质量流量计

质量流量计通常可分为两大类，即直接式质量流量计和间接式〔推导式〕质量流量计。直接式质量流量计直接输出与质量流量相对应的信号，反映质量流量的大小。间接式质量流量计采用密度或温度、压力补偿的方法，即在测量体积流量的同时，测量流体的密度，或者测量流体的温度、压力值，按一定的数学模型自动换算出相应的密度值，再将密度值与体积流量值相乘可求得质量流量。

4.6.1 直接式质量流量计

直接式质量流量计的输出信号直接反映质量流量，其测量不受流体的温度、压力变化的影响。目前应用较多的直接式质量流量计是科里奥利质量流量计（Coriolis Mass Flowmeter，CMF），此外还有热式质量流量计和差压式质量流量计等。下面对科里奥利质量流量计和热式质量流量计进行介绍。

1. 科里奥利质量流量计

由力学理论可知，质点在旋转参照系中做直线运动时，同时受到旋转角速度 ω 和直线速度 v 的作用，即受到科里奥利（Coriolis）力，简称科氏力的作用。目前，应用科氏力原理做成的流量计，其一次元件有各式各样的几何形状，如双 U 形、双 S 形、双 W 形、双 K 形、双螺旋形、单管多环形、单 J 形、单直管形以及双直管形等。其可以直接测量流体的质量流量，没有轴承、齿轮等活动部件，管道中也无插入部件，维护方便，准确度高。

（1）基本结构和工作原理。科里奥利质量流量计的基本结构和工作原理如图 4 - 40 所示。U 形管的任一端均可作为流体的进口或出口，设流体从下面管口流入，从上面管口流出。电磁激发器使 U 形管以 T 形簧片宽端为固定端，产生垂直于图面方向的振动。U 形管振动相当于绕固定端的瞬时转动，因而管内的流体流动受到科里奥利力的作用，同时流体对管子产生一个大小相等、方向相反的作用力。科里奥利力的方向按右手定则由流速 v 的矢量方向及转动角速度 ω 的矢量方向确定。由于流速和角速度矢量方向相互垂直在 U 形管两直管段中，流速 v_1 和 v_2 方向相反，所以两直管段受到的科里奥利力 F_1 和 F_2 的方向也相反。由图 4 - 40（b）可知，F_1 和 F_2 使 U 形管受到一个绕 $O\text{-}O$ 轴的力矩 T。科里奥利力为

$$F = 2mL\omega v \tag{4 - 88}$$

式中：m 为直管段中单位长度的流体质量，kg/m；L 为直管段长度，m；v 为管内流体的流速，m/s；ω 为 U 形管振动时绕固定端的瞬时转动角速度，s^{-1}；F 为作用在一根直管上的科里奥利力，N。

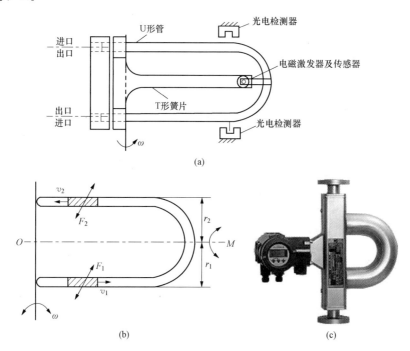

图 4 - 40　科里奥利质量流量计
(a) 基本结构；(b) 工作原理；(c) 实物图

如令 $r_1 = r_2 = r$，则力矩 T 的计算式为

$$T = 2Fr = 4mL\omega vr = 4q_{\mathrm{m}}\omega rL \tag{4 - 89}$$

式中：r 为 U 形管两直管段到 $O\text{-}O$ 轴线的垂直距离，m；q_{m} 为质量流量，kg/s。

力矩 T 将使 U 形管扭转一个角度 θ，即

$$T = K_{\mathrm{t}}\theta \tag{4 - 90}$$

式中：K_{t} 为 U 形管的扭转弹性系数。

由式（4 - 89）和式（4 - 90）可得

$$q_{\mathrm{m}} = \frac{K_{\mathrm{t}}\theta}{4\omega rL} \qquad (4\text{-}91)$$

由式（4-91）可知，如振动频率一定，则 ω 为恒定值，质量流量 q_{m} 即与扭转角度 θ 成正比，用光电检测器测出扭转角 θ 即可确定质量流量 q_{m} 值。

如果在 U 形管两侧的振动中心设置传感器 A 和传感器 B，则传感器 A 和 B 检测的信号存在一相位差 $\Delta\varphi$，在时间域内存在一时间差 Δt，显然这时间差 Δt 与扭转角 θ 成正比。因此，检测两传感器 A 和 B 的信号时间差 Δt，也就是相位差 $\Delta\varphi$，就可确定质量流量 q_{m}，而与流体的物性参数和测试条件均无关。因为检测管在振动中心位置时，垂直方向的线速度为 $L\omega$，所以时间差 $\Delta t = 2r\theta/(L\omega)$，结合式（4-91）可得

$$q_{\mathrm{m}} = \frac{K_{\mathrm{t}}L\omega\Delta t}{8r^2L\omega} = \frac{K_{\mathrm{t}}}{8r^2}\Delta t = \frac{K_{\mathrm{t}}\omega}{8r^2}\Delta\varphi \qquad (4\text{-}92)$$

（2）主要特点。该流量计有以下优点：①计量准确度高、稳定性好，真正实现了高准确度的直接质量流量的测量，且不受被测介质物理参数的影响。计算准确度可达 $0.1\% \sim 0.5\%$，重复性为 $\pm 0.05\% \sim \pm 0.1\%$。②测量的量程比大，多数流量计的量程比在 $10:1 \sim 50:1$，有的质量流量计的量程比高达 $100:1$。③测量流体介质的种类多，如高黏度、含固体物的浆液、含微量气体、高压气体等流体。④测量管的振幅较小，可视作非活动部件，其内无阻碍件。⑤不受管内流动状态的影响，无论是层流还是紊流，均不影响检测的准确度。对上游侧的流速分布不敏感，因而无上、下游直管段的严格要求。⑥可用于测量多种参数，如质量流量、介质密度和温度等参数。

该流量计还存在以下局限性：①质量流量计零点不稳定形成漂移，影响其检测准确度的进一步提高。②流量计对外界振动的干扰较敏感，其流量传感器安装要求较高。③不能用于较大管径的流量，只限于 250mm 以下，最大也不超过 300mm。④不能用于检测低密度介质，如低压气体；另外，液体含气量超过某一限定值，也会显著影响测量值的准确度。⑤压力损失比较大。⑥流量计测量管内壁磨损腐蚀或沉积结垢会影响测量准确度，尤其对薄壁测量管的质量流量计的影响更为显著。⑦价格昂贵，约为同口径电磁流量计的 $2 \sim 5$ 倍或更高。

2. 热式质量流量计

利用流体热交换原理构成的流量计称为热式质量流量计（Thermal Mass Flowmeter，TMF）。其工作机理是利用外热源对被测流体加热，测量因流体流动造成的温度场变化，从而测得流体的质量流量。热式流量计中被测流体的质量流量可表示为

$$q_{\mathrm{m}} = \frac{P}{c_{\mathrm{p}}\Delta T} \qquad (4\text{-}93)$$

式中：P 为加热器功率；c_{p} 为被测流体的定压比热；ΔT 为加热器前后温差。

若采用恒定功率法，测量温差 ΔT 可以求得质量流量。若采用恒定温差法，则测出热量的输入功率 P 就可以求得质量流量。

图 4-41 为一种非接触对称结构的热式流量计示意图。加热线圈和两只测温铂电阻安装在小口径的金属薄壁圆管外，测温铂电阻 R_1、R_2 接于测量电桥的两臂。在管内流体静止时，电桥处于平衡状态。当流体流动时则形成变化的温度场，两只测温铂电阻阻值的变化使电桥产生不平衡电压，测得此信号可知温差 ΔT，即可求得流体的质量流量。

热式流量计适用于微小流量测量。当需要测量较大流量时，要采用分流方法，仅测一小部分流量，再求得全流量。热式流量计优点是结构简单，压力损失小。其缺点是灵敏度低，

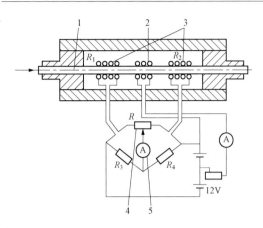

图 4-41 热式流量计结构示意图

1—镍管；2—加热线圈；3—测温电阻；

4—调零电阻；5—电流表

（2）检测 q_V 的流量计（如容积式流量计、电磁流量计、涡轮流量计、超声波流量计等）和密度计的组合，如图 4-43 所示。

（3）检测 ρq_V^2 的流量计和检测 q_V 的流量计的组合，如图 4-44 所示。

2. 补偿式质量流量计

补偿式质量流量计在用体积流量计或检测 ρq_V^2 的流量计测量流体流量的同时，也测量流体的温度和压力，然后利用流体密度 ρ 与温度 t、压力 p 的关系求出该流体状态下

测量时还要进行温度补偿。

4.6.2 间接式质量流量计

间接式质量流量计可分为组合式（也可称推导式）质量流量计和补偿式质量流量计。补偿式质量流量计，在流量测量领域得到了比较广泛的应用。

1. 组合式质量流量计

组合式质量流量计是在分别测量两个参数的基础上，通过运算器计算得到质量流量值。可以采用以下三种方式来构成组合式质量流量计。

（1）检测 ρq_V^2 的流量计（通常采用差压式流量计）和密度计的组合，如图 4-42 所示。

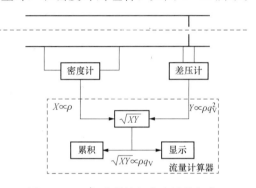

图 4-42 ρq_V^2 流量计与密度计的组合

的流体密度，经计算求得质量流量值。其测量系统如图 4-45 所示。可以看出，对质量流量进行温度、压力补偿的关键问题是要找出适合于被测介质的尽量简单的函数关系式 $\rho = f(t,p)$。

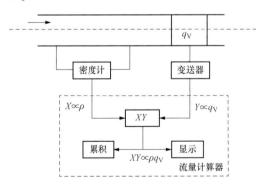

图 4-43 q_V 流量计与密度计的组合

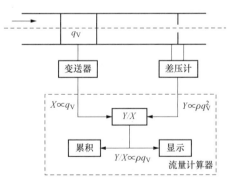

图 4-44 ρq_V^2 流量计与 q_V 检测器的组合

对于测量 q_V 的流量计，如容积式流量计、涡轮流量计等，其质量流量的表达式为

$$q_m = \rho q_V = q_V f(t,p) \tag{4-94}$$

测得体积流量和温度、压力后，根据式（4-94）进行补偿计算，实现方法见图 4-45（a）。

对于测量 ρq_V^2 的流量计，如差压式流量计，其质量流量的表达式为

$$q_m = K\sqrt{\rho \Delta p} = K\sqrt{\Delta p f(t, p)} \qquad (4-95)$$

测得差压信号和温度、压力后，根据式（4-95）进行补偿计算，实现方法见图4-45（b）。

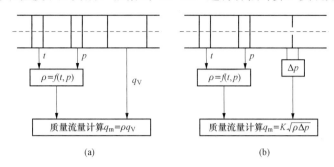

图4-45 补偿式质量流量计原理

（a）q_V 检测器与温度计和压力计的组合；（b）差压计与温度计和压力计的组合

4.7 流量仪表的选择

不同类型的流量仪表性能和特点各异，选型时必须从仪表性能、流体特性、安装条件、环境条件和经济因素等方面进行综合考虑。

（1）仪表性能，包括准确度，重复性，线性度，量程，压力损失，上、下限流量，信号输出特性，响应时间等。

（2）流体特性，包括流体温度，压力，密度，黏度，化学性质，腐蚀，结垢，脏污，磨损，气体压缩系数，等熵指数，比热容，电导率，热导率，多相流，脉动流等。

（3）安装条件，包括管道布置方向，流动方向，上下游管道长度，管道口径，维护空间，管道振动，防爆，接地，电、气源，辅助设施（过滤，消气）等。

（4）环境条件，包括环境温度，湿度，安全性，电磁干扰，维护空间等。

（5）经济因素，包括购置费，安装费，维修费，校验费，使用寿命，运行费（能耗），备品备件等。

表4-14列出了常用流量计的工作原理及性能指标。

表4-14　　　　　　　　　　常用流量计的工作原理及性能指标

类别	工作原理	仪表名称		可测流体种类	适用管径（mm）	测量准确度	直管段要求	压力损失
体积流量计	差压式	根据流体流过节流件所产生的压力差与流量间的关系确定流量	节流式	孔板	液、气、蒸汽	50～1000	1.0～2.0	高	大
				喷嘴		50～500	1.0	高	中等
				文丘里管		100～1200	1.0	高	小
			均速管		液、气、蒸汽	25～9000	1.0～4.0	高	小
			弯管流量计		液、气		2	高	无
			转子流量计		液、气	4～100	0.5～2.0	垂直安装	小且恒定

类别		工作原理	仪表名称	可测流体种类	适用管径（mm）	测量准确度	直管段要求	压力损失
体积流量计	容积式	通过测量一段时间内被测流体填充的标准容积个数来确定流量	椭圆齿轮流量计	液、气	10～500	0.1～1.0	无，需装过滤器	中等
			腰轮流量计	液、气				
			刮板流量计	液		0.2	无	较小
	速度式	通过测量管道截面上流量的平均流速来确定流量	涡轮流量计	液、气	4～600	0.1～0.5	高，需装过滤器	小
			涡街流量计	液、气、蒸汽和部分混相流	15～400	0.5～1.0	高	小
			电磁流量计	导电液体	2～2400	0.5～1.5	不高	无
			超声波流量计	液、气	>10	1.0	高	无
质量流量计	直接式	直接测量与质量流量成正比的物理量，进而确定质量流量	热式质量流量计	气		0.2～1.0		小
			科里奥利质量流量计	液、气	<200	0.1～0.5		中等
	间接式	体积流量计与密度计组合	组合式	液、气	依据选用仪表而定	0.5	依据选用仪表而定	
		温度、压力补偿	补偿式					

4.8　流量标准装置

　　流量标准装置是实现对流量仪表标定或校验的设备。为使各制造厂家生产的各类流量仪表的流量量值统一，并达到一定的测量准确度，需要对新制造或使用中的流量仪表进行标定或校验。下面介绍几种流量标准装置。

4.8.1　静态容积法液体流量标准装置

　　静态容积法是通过计量在测量时间内流入标准计量容器的流体体积，以求得流量的方法。该装置作为流量传递标准，可以标定各种测量液体介质的流量计，如涡街式、涡轮式、浮子式、电磁感应式等流量计；同时也是研究流量计量测试方法的标准设备，系统准确度范围为±（0.1%～0.5%）。

　　静态容积法液体流量标准装置结构如图 4 - 46 所示。它由稳压水源（水池）、夹表器、调节阀、换向器和工作量器等组成一个循环回路，用水作循环流体。校验前首先用水泵 3 将水池 1 中的水打入高位水塔 5，在整个校验过程中使水塔处于溢流状态，以维持系统的静压力稳定不变。打开截止阀 6，水通过上游侧直管段（试验段）7、被校流量计 8、流量调节阀 9 等流出试验管路。在试验管路的出口装有换向器 10，用来改变液体的流向，使水可以流入工作量器 11 或 12 中。换向器启动时能触发计时器，以保证水量和时间的同步计量。

校验流量计时，可根据流量的大小选用一个工作量器计量水量。若选用工作量器11，则关闭工作量器11的放水底阀13，打开工作量器12的放水底阀14，并将换向器置于使水流切向工作量器12的位置。用调节阀9将流量调到所需流量，待流量稳定后，启动换向器，将水流由工作量器12切换入工作量器11，在换向器动作的同时启动计时器计时和被校流量计的脉冲计数器计数，当达到预定的水量或脉冲数或时间时，操作换向器，使水流由工作量器11切换到工作量器12，待容器内水位稳定时，记录工作量器11所收集的水量 V_0 及计时器显示的测量时间 Δt 和脉冲计数器显示的脉冲数（或被检流量计的流量指示值）。

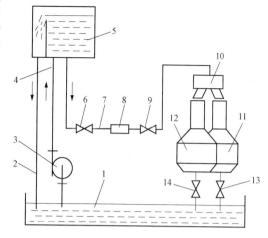

图 4-46　静态容积法液体流量标准装置结构

1—水池；2—排水管；3—水泵；4—进水管；
5—高位水塔；6—截止阀；7—试验段；8—被校流量计
（含夹表器）；9—调节阀；10—换向器；
11、12—工作量器；13、14—放水底阀

标准的平均流量为

$$q_{V0} = \frac{V_0}{\Delta t} \tag{4-96}$$

将求得的标准流量 q_{V0} 与被校表流量示值 q_V 比较以求得被校表的误差。

4.8.2　钟罩式气体流量标准装置

钟罩式气体流量标准装置结构如图 4-47 所示，它主要由液槽、钟罩、平衡锤、计时器、流量调节阀、杠杆式压力补偿机构等组成，是一个恒压源并能给出标准容积的装置。该装置以经过标定的钟罩有效容积为标准容积，当钟罩下降时，钟罩内的气体经试验管道排往被校流量计，用钟罩排出的气体标准体积来校验流量计。

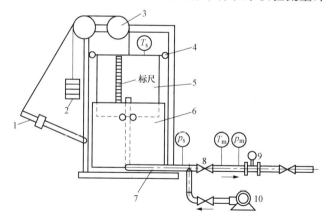

图 4-47　钟罩式气体流量标准装置结构

1—补偿机构；2—平衡锤；3—滑轮；4—导轮；5—钟罩；6—液槽；
7—试验管；8—调节阀；9—被校流量计；10—鼓风机

该装置内钟罩质量与平衡锤的质量差值为一常数，从而对钟罩内的气体形成一个恒定的压力。当有压气体流经流量表排出时，气压减小，钟罩因此而下降，可保证在一次校验中，气体以恒定的流量排出钟罩。钟罩下降后浸入水中的部分增加，水对钟罩的浮力亦增加，因此又会使钟罩内的气压有所减小。为了消除浮力的影响，该装置中设置了杠杆式压力补偿装置。补偿装置通过横杆上的重块给钟罩提供向上的附加作用力，随着钟罩的下降，重块对钟罩向上的作用力也减小，从而补偿浮力的增加，使得钟罩内的气压保持恒定。

校验时，先将钟罩升起（通入压缩空气或吊起吸入空气），调整流量调节阀达到所需要

的流量，此时钟罩内空气排出，流过被校流量计，钟罩下降。钟罩从某一高度下降时开始计时，下降到某一高度时停止计时。将被校流量计的指示体积与标准体积进行比较，计算出被校流量计的测量误差，多点比较后即可评价被校流量计的准确度。

4.8.3　标准表法流量标准装置

标准表法流量标准装置是利用准确度高一等级的标准流量计与被校验流量计串联的校验装置，让流体同时通过标准表和被校表，比较两者的示值以达到校验的目的。这种流量校验装置，因其费用较低、携带方便、操作简便，近年来已为人们重视和认可，其相应的检定规程为JJG643—2003《标准表法流量标准装置检定规程》。

常用的标准表法流量标准装置有涡轮流量计、腰轮流量计、椭圆齿轮流量计、电磁流量计、音速喷嘴等。由于音速喷嘴具有非可动部件，结构简单、坚固耐用、计量性能稳定，具有较好的重复性、复现性，不受下游检测流体介质参数的影响等优点，可作为气体流量标准装置的标准流量计。校验装置中串联的仪表间要妥善地安装整流器和足够长的直管段，以保证上游仪表不影响下游仪表。

标准表法流量标准装置的缺点是连续使用标准表会使其特性随时间而变化（如涡轮流量计作标准表时轴承磨损的影响），因此要定期校验复核检定周期内的标准表准确度和稳定性。检定复核标准表的方法有在线法和离线法两种。在线法需要配备一台与标准流量计同规格、平时不使用的副标准流量计，安装在被校流量计的位置上，以副标准流量计复核标准流量计。离线法是取下标准流量计到其他流量标准装置上校验复核。

在校验时标准流量计受外界突发因素影响而变化（如涡轮流量计轴承进入异物），操作者一般是不易发现的。为保证所使用的标准流量计的可靠性，可用两台标准流量计串联。两台标准流量计给出相同的结果，可认为标准流量计状态正常。还可通过并联若干台标准流量计作为标准表，可以扩大流量范围。

本章介绍的流量计主要是针对单相流体的流量测量。某些工业过程（如石油工业）中也常会遇到多相流的检测。与单相流相比，多相流的待测参数多且流动过程十分复杂，难以用数学公式完全描述，因而给测量带来困难。以三相流为例，若想获得各分相流量，需要检测出三相流总流量，以及各分相占比，即至少四个待确定的参数。此外，不同的研究领域和工程应用对多相流参数的需求也是不同的，因此待测参数更加多种多样，检测也更加复杂。有关多相流检测技术扫码学习。

知识拓展

多相流检测技术

实训项目　水流量测量

实训项目

节流式流量计是应用非常广泛的一种流量计。通过水流量测量实训，可以加深对节流式流量计的理解，巩固第一类计算命题的计算步骤。水流量测量实训的具体内容可扫码获取。此外，对与流量测量有关的国家标准、国家计量检定规程及中国机械行业标准的名称及编号进行了汇总，也可扫码获取。

思考题和习题

1. 什么是流量、平均流量和总量，有几种表示方法，相互之间的关系是什么？

2. 什么是流量检测仪表的量程比？当实际流量小于仪表量程比规定的最小流量时会产生什么影响？

3. 什么是标准节流装置？为什么标准节流装置能在工业上得到广泛的应用？标准节流装置包括哪几部分？我国的标准节流装置国家标准规定了几种节流件的形式？相应的取压方式是什么？

4. 用标准节流装置进行流量测量时，流体必须满足哪些条件？节流件前后的最小直管段长度如何确定？

5. 如何从理论上推导出节流装置的流量公式？流出系数和可膨胀系数受哪些因素影响？流体的压力损失与哪些因素有关？

6. 标准节流装置的计算命题有哪几类？画出各类命题的计算框图。

7. 用标准节流装置对流体的流量进行测量，当流体参数偏离设计值时应如何进行校正？

8. 为什么标准节流装置的量程比只能是 $1:3\sim1:4$？

9. 说明用标准节流装置测气体、液体、蒸汽的流量时，其取压口位置、信号管道的敷设特点。

10. 电厂中为什么采用无节流元件的方法测量主蒸汽流量，如何测量？

11. 电厂中测量风量常用哪些流量计？举出一种说明其工作原理。哪些因素会影响风量测量的准确性？

12. 简述弯管流量计的工作原理及特点。

13. 浮子流量计有哪些类型？它与孔板有何异同？

14. 以椭圆齿轮流量计为例，说明容积式流量计的工作原理。椭圆齿轮流量计在使用中要注意什么问题？对流量计前后的直管段有要求吗？

15. 涡街流量计如何从结构方面保证产生稳定的"卡门涡街"？旋涡频率与哪些因素有关？对旋涡频率有哪几种检测方法？

16. 涡轮流量计的仪表常数的含义是什么？它是如何将涡轮转速转换成电信号输出的？它有什么特点？

17. 超声波流量计的特点是什么，有哪些安装方式？简述多普勒超声波流量计的原理。

18. 说明电磁流量计的工作原理及其使用中的要求。

19. 电磁流量计在工作时，发现信号越来越小或突然下降，主要原因有哪些？

20. 质量流量计有哪两大类？科里奥利质量流量计是根据什么原理工作的？

21. 对于下列左边的流量测量需求，请在右边选择相对最合适的流量测量仪表。

①含杂质的导电液体流量　　　　　　　A. 科里奥利质量流量计

②流速较低的清洁汽油流量　　　　　　B. 浮子流量计

③微小的气体流量　　　　　　　　　　C. 电磁流量计

④流量变化不大，雷诺数较大的蒸汽流量　D. 容积式流量计

⑤管道直径为25mm，密度易变的液体质量流量　E. 涡街流量计

22. 已知被测介质在工作状态下的体积流量为 $293m^3/h$，工作状态下介质密度为

$19.7kg/m^3$，求流体的质量流量。

23. 有一台椭圆齿轮流量计，某一天 24h 走字数为 120 字。已知积算系数为 $1m^3$/字，求这天的物料量是多少？平均流量是多少？

24. 已知某流量计的最大可测流量为（标尺上限）为 $40m^3$/h，流量计的量程比为 10：1，则该流量计的最小可测流量为多少？

25. 检定一台涡轮流量计，当流过 $16.05m^3$ 流体时，测得 41701 个脉冲，则仪表的仪表系数 ξ 是多少？

26. 已知某节流装置最大流量 100t/h 时，产生的差压为 40kPa。试求差压计在 10、20、30kPa 时，分别流经节流装置的流量为多少？

27. 已知被测流体为水，工作压力（绝对压力）$p_1=0.6$MPa，工作温度 $t=30℃$；管道 $D_{20}=100$mm；材料为 20 号钢新的轧制无缝钢管；节流装置采用角接取压（环室）标准孔板，材料为 1Cr18Ni9Ti，$d_{20}=50.47$mm，差压 $\Delta p=50$kPa。试求：

(1) 差压 Δp 对应的流量 q_m；

(2) 计算流量测量时的压力损失 δp。

28. 按下列设计任务书所给数据，设计标准节流装置。

(1) 被测介质：过热蒸汽；

(2) 质量流量：$q_{mmax}=250$t/h，$q_{mch}=200$t/h，$q_{mmin}=100$t/h；

(3) 介质参数：$p_1=13$MPa（表压力），$t=550℃$；

(4) 允许压力损失：$\delta p \leqslant 55$kPa；

(5) 管道内径：$D_{20}=221$mm；

(6) 管道材料：X20CrMoWV121 钢，新的轧制无缝钢管；

(7) 节流件形式：角接取压标准喷嘴；

(8) 节流件材料：1Cr18Ni9Ti；

(9) 要求差压计型式：电容式差压变送器；

(10) 管路情况如图 4 - 48 所示。

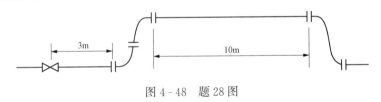

图 4 - 48　题 28 图

29. 一套标准孔板流量计测量空气流量，设计时空气温度为 27℃，表压力为 6.665kPa，使用时空气温度为 47℃，表压力为 26.66kPa。试问仪表指示的空气流量相对于空气实际流量的误差（%）是多少？如何进行修正或补偿？

30. 有一在标准状态（293.15K，101.325kPa）下用空气标定的浮子流量计，现用来测量氮气流量，氮气的表压力为 31.992kPa，温度为 40℃。在标准状态下，空气与氮气的密度分别为 $1.205kg/m^3$ 和 $1.165kg/m^3$。试问当流量计指示值为 $10m^3$/h 时，氮气的实际流量是多少？

31. 用涡街流量计测量某流体的流量，已知旋涡发生体的迎流面宽度为 $d=14.3$mm，斯特罗哈尔数 S_t 约为 0.16，管道直径 $D=50$mm，管道中流体的平均流速为 0.5～4m/s，问旋涡的频率范围是多少?

32. 用超声波流量计测水的流量。已知管径 $D=150\text{mm}$,超声波发射与接收装置之间的距离 $L=450\text{mm}$,声波在水中的传播速度 $c=1500\text{m/s}$,超声波频率 $f=28\text{kHz}$。当流量为 $500\text{m}^3/\text{h}$ 时,试确定超声波在顺流和逆流中的传播时间差和相位差。

第5章 物位检测及仪表

物位包括液位、料位和相界面位置。生产过程中罐、塔、槽等容器，以及自然界河道、水库里存放的液体的高度或表面位置称为液位；料斗、堆场、仓库等场所储存的固体块、颗粒、粉料等的堆积高度或表面位置称为料位；液—液、液—固界面位置称为相界面位置。

物位测量是工业生产过程中重要的测量内容，如电厂中的汽包、除氧器、凝汽器的水位测量，各种疏水箱、储水箱的水位测量，粉仓的粉位测量，煤仓的煤位测量，都属于物位测量的范畴。

利用物位敏感元件及相应的信号处理技术可以将物位测量出来，测量结果可用于信号报警、控制、显示等。

5.1 概　　述

5.1.1　物位测量的意义

物位测量的目的有两方面：一方面是通过物位测量来确定容器中的原料、产品或半成品的数量，以保证连续供应生产中各个环节所需的物料或进行经济核算；另一方面是通过物位测量，了解物位是否在规定的范围内，以使生产过程能正常进行，保证产品的质量、产量和安全生产。

火电厂的生产过程中，锅炉汽包内的水位直接影响汽水系统循环的效果以及送出蒸汽的质量。水位过高或急剧波动时，会引起蒸汽品质恶化和带水，造成受热面结盐，严重时会导致汽轮机水冲击振动，叶片损坏；水位过低会引起排污失效，炉内加药进入蒸汽，甚至引起下降管滞汽，影响到锅炉水循环工况，造成炉管大面积爆破。如果出现汽包"满水"或"干锅"情况，将导致水冲击汽轮机或水冷壁的大面积损坏事故发生，严重影响到机组的安全经济运行。因此，锅炉汽包水位是锅炉运行监控的一项重要指标，锅炉汽包至少配置2支彼此独立的就地水位计和2支远传汽包水位计。锅炉汽包的水位不仅要求能在控制室进行显示、记录，以供监控人员进行监视，而且水位信号还要提供给水位自动控制系统，以进行水位的自动控制。对于其他工业生产过程同样也存在上述情况。

5.1.2　物位测量仪表的分类

（1）按工作原理，物位测量仪表可以分为静压式物位测量仪表（包括压力式和差压式）、浮力式物位测量仪表（包括浮子式、浮筒式、杠杆浮球式）、电气式物位测量仪表（包括电容式、电阻式、电感式）、声波式物位测量仪表、微波式物位测量仪表、光学式物位测量仪表（激光式物位计）、核辐射式物位测量仪表、直读式液位测量仪表（利用连通的玻璃管或玻璃板显示液位）等。

（2）按仪表的功能，物位测量仪表又可分为连续测量和位式测量两种。前者可提供液体或固体位于容器内任何位置上的信息，实现物位连续测量、控制、指示、记录、远传、调节等。后者是以点测为目的的物位开关，又称物位限位开关、定点式物位计。其特点是结构简单、价格低廉，主要用于物位定点指示和报警、过程自动控制的门限、联锁控制等场合。

5.1.3　物位测量存在的主要问题

1. 共有问题

（1）测量存在盲区。测量仪表因测量原理、传感器结构、工作条件、容器几何形状和安装位置等所限，而无法探测到的区域，称为盲区。例如，用超声波物位计测量物位时，受距离太小无法分辨的限制而存在盲区。

（2）可靠性要求。为提高物位仪表的可靠性，接触式物位仪表往往有防腐、防磨损、防黏附等要求；应用于高压容器、挥发性物料及有毒物料的物位仪表应特别注意防泄漏；有挥发性、易燃易爆气体的场合及大量粉尘的环境，还要注意防爆安全。

2. 液位测量存在的主要问题

（1）稳定的液面是一个规则的表面，但是当物料有流进流出时，会有波浪使液面波动。在生产过程中还可能出现沸腾或起泡沫的现象，使液面变得模糊。

（2）大型容器中常会有各处液体的温度、密度和黏度等物理量分布不均匀的现象。

（3）容器中的液体呈高温、高压、高黏度或含有大量杂质、悬浮物等。

对于汽包水位的测量，还存在以下特殊问题：

（1）汽包内汽水无明显分界面。汽包运行时内部汽水处于饱和状态，水中带汽，汽中夹带水珠。炉水中充满着大小汽泡，饱和汽则夹带大量飞溅水珠，接近水面的水中汽泡比下面多。而在汽侧，越接近水面，水珠越多，汽水无分界面。图 5-1 给出了汽包内汽水密度随高度变化曲线。

在火电厂中汽包的水位有三种，即实际水位、重量水位和指示水位。

实际水位也称真实水位，它定义为汽包内每根垂线上取出汽水混合物湿度的最大变化率这个点，然后由无数这样的点所连成的液面。由于这些点很难找出，故还不能测出这种实际水位。

目前，锅炉运行时的汽包水位按重量水位进行控制。所谓重量水位是对运行中锅炉汽包内汽水状态的一种假设，即运行中某一瞬时，汽包的全部出口、入口封闭，水侧中的汽回到汽侧，汽侧中的水回到水侧，而且平静下来，此时汽包

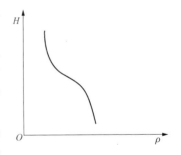

图 5-1　汽包内汽水密度随
高度变化曲线

内的汽水界面称为重量水位。汽包水位检测系统即测量汽包的重量水位，它表征着锅炉负荷量与给水流量的平衡程度。

水位计所能测出的汽包水位值称为指示水位。设计和制造某种水位计时，其指示水位值等于重量水位值，才能保证锅炉水位的正常运行。

（2）汽包内水位忽上忽下剧烈周期波动。来自省煤器的不饱和水冲击着水面，负荷增减、汽压变动以及炉膛燃烧中心偏移，造成水位波动，汽水混合物进入汽包分离器，经消能后仍有剩余循环流动速头附在水中进入汽包水侧，对汽包水位起抗动和上涌作用。

（3）炉水中会含有泡沫。炉水中含有盐碱，受汽水冲击形成泡沫，如水质严重恶化，会形成大量泡沫。

（4）水面不是一个规则的表面。汽包水位横切面特点是中间凸起，水位在汽包壁成带状

升高，并超过中间部位。

（5）虚假水位的存在。当蒸汽流量突然增加时，从锅炉的物质平衡关系来看，蒸汽流量大于给水流量，水位应下降，但实际情况并非这样。由于蒸汽用量增加，瞬间必然导致汽包压力的下降。虽然锅炉的给水量小于蒸发量，但在一开始时，水位不仅不下降反而上升，然后再下降（反之，蒸汽流量突然减少时，则水位先下降，然后再上升），这种现象称之为"虚假水位"。"虚假水位"现象属于反向特性，变化速度很快，变化幅度与蒸发量扰动大小成正比，也与压力变化速度成正比，这给控制带来一定困难。

水位测量存在的以上问题，给水位的准确测量带来了一定难度。

3. 料位测量存在的主要问题

（1）料面不平。流动性较差的粉粒体物料，料面的局部高低与进出料口的位置有关，也和进出料的流量有关。例如，对于进出料口都处于轴线上的立式圆筒形容器而言，若进料流量大于出料，则料面呈中央凸起的圆锥状；若出料流量大于进料，则呈中央凹陷的漏斗形状。为了使所测料位能代表平均料位，应将料位计安装在距容器内壁 1/3 半径处。

（2）存在滞留区。物料进出时，由于容器结构使物料不易流动的死角处，称为滞留区。粉粒体因流动性差，易存在滞留区。物料在自然堆积时，有不滑坡的最大堆积倾斜角，称为"安息角"。安息角的大小与颗粒形状、表面粗糙程度、潮湿程度、是否带静电、是否吸附气体等因素有关。对于料位仪表，因为有安息角问题，其安装位置是否正确对测量至关重要。

（3）物料间存在空隙。物料间存在空隙，不仅影响对物料储量的计算，而且在振动、压力或湿度变化时使物位也随之变化。

4. 相界面测量存在的主要问题

相界面测量中最常见的问题是界面位置不明显或存在浑浊段。

5.2 双色水位计

5.2.1 双色水位计的工作原理

双色水位计也是基于连通器原理工作的水位计。双色水位计中辅以光学系统，利用光从空气进入蒸汽或水中产生不同的折射，使汽水界面显示成红、绿两色的分界面，显示清晰，并可利用工业摄像系统等方式远传显示。在火电厂中可用于测量汽包水位、高压加热器水位等。

双色水位计的结构和工作原理如图 5-2（a）～（c）所示。光源 8 发出的光经过红色和绿色滤光玻璃（10 和 11）后，仅红光和绿光到达组合透镜 12。由于组合透镜的聚光和色散作用，形成了红绿两束光，射入测量室 5。测量室（即连通器空间）由钢座和两块光学玻璃板 13 以及垫片 14、云母片 15 等构成，两玻璃板与测量室轴线呈一定角度，因而有水部分形成一段"水棱镜"。入射到测量室的红、绿光束，绿光的折射率比红光的折射率大，有水的部分，由于水形成棱镜的作用，绿光偏转较大，正好射到观察窗口 17，红光束则未能到达观察窗口，如图 5-2（c）所示，从观察窗口看到水柱呈绿色。在测量室的充满汽的部分未能形成棱镜效应（或者说棱镜效应极弱），由于蒸汽和空气的光学性质接近，这时红光束正好到达观察窗口，而绿光因不发生折射偏转不能射到窗口，从观察窗口看到汽柱呈红色。

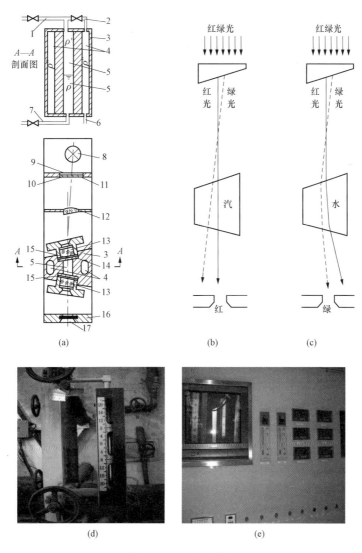

图 5-2 双色水位计

（a）结构示意；（b）、（c）光路示意；（d）双色水位计的现场使用；（e）利用工业电视在主控室显示水位（配彩图）

1—汽侧连通管；2—加热用蒸汽进汽管；3—水位计本体；4—加热室；5—测量室；6—加热蒸汽出口管；
7—水侧连通管；8—光源；9—毛玻璃；10—红色滤光玻璃；11—绿色滤光玻璃；12—组合透镜；
13—光学玻璃板；14—垫片；15—云母片（高压以上锅炉用）；16—保护罩；17—观察窗口

　　用于超高压及以上压力的双色水位计，其光学玻璃板不作成一长条，而是沿水位计高度开多个圆形窗口，因而云母片（或光学玻璃板）就相应做成圆形，这种双色水位计称为多窗式双色水位计。其优点是云母片（或玻璃板）小，受力较好；缺点是小窗之间有一小段不透明，成为看不见水位分界面的盲区。若测量室用长条云母片（或玻璃板）做成可连续观测水位的双色水位计，称为单窗式双色水位计。

　　为了减小由于测量室温度低于容器内温度而引起的误差，双色水位计有时设有加热室。利用蒸汽的加热，使测量室水温接近容器内温度。当被测对象为锅炉汽包时，测量室水温接近饱和温度。为了防止锅炉压力突降时测量室中水柱沸腾而影响测量，从安全方面考虑，测量室内的水柱温度还应有一定的过冷度。

双色水位计的现场安装显示情况如图 5 - 2（d）所示。就地安装的双色水位计可以通过工业电视监视系统将水位的清晰图像直接送入集控室，如图 5 - 2（e）所示。这样可以大大减轻工作人员的劳动强度，为锅炉运行人员准确操作提供可靠依据。

如图 5 - 3 所示，双色水位计工业电视监视系统由双色水位计、彩色摄像机、彩色监视器等部分组成。摄像机将摄取的双色水位信号转换成电信号，再通过视频电缆传送到集控室内的彩色监视器上显示，便可以看到汽红、水绿的水位信号。

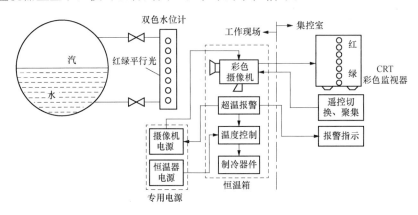

图 5 - 3　双色水位计工业电视监视系统组成

5.2.2　双色水位计存在的问题及改进

在锅炉运行的过程中双色水位计存在的问题很多，主要是云母片泄漏，汽水侧一，二次阀泄漏，水位计看不清，显示存在盲区，严重影响了机组安全经济运行。

云母片泄漏是汽包水位计不能运行的主要原因，云母片泄漏的主要原因包括云母片质量差和检修工艺不正确。而汽水侧一、二次阀泄漏造成水位计停运的主要原因是阀门质量造成的。再有，水位计中水质不好易造成云母片结垢，使显示模糊，频繁排污又易造成表计热变形而泄漏。

针对双色水位计存在的问题，对双色水位计的结构进行了改进，如图 5 - 4 所示。利用汽包内的饱和蒸汽经汽侧取样管 2 和汽侧取样阀门 1 进入饱和汽伴热管 11，给水位计表体 4 加热，阻止双色水位计 8 内的饱和水向外传热，再利用冷凝器 14 内冷凝后的饱和水给双色水位计内的水置换，加速双色水位计内的水循环，使双色水位计内的水接近饱和水温度，从而消除水位计测量管内水柱密度对水位测量造成的偏差，使得双色水位计内的水位在任何时间、任何工况下接近汽包内的真实水位，达到准

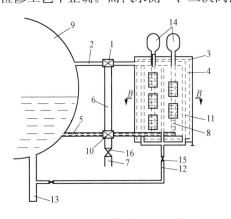

图 5 - 4　一种无盲区低偏差双色水位计原理图

1—汽侧取样阀门；2—汽侧取样管；3—光源箱；
4—水位计表体；5—水侧取样管；6—平衡管；7—排污管；
8—双色水位计；9—汽包；10—水侧取样阀门；
11—饱和汽伴热管；12—排水管；13—汽包下降管；
14—冷凝器；15—排水阀门；16—排污阀门

确监视汽包水位的目的。

饱和汽伴热管 11 在安装时将排水管 12 接至低于汽包中心下 15m 的汽包下降管处。进入饱和汽伴热管的饱和蒸汽在其中冷凝后流到下降管中,由于排水管与汽包下降管的连接处处于汽包下大于 15m 的地方,因此排水管中的水位不会上升到水位计表体内部,使得饱和汽伴热管中始终充满饱和蒸汽,从而起到对表体和水位计管中的水进行加热的目的。

利用冷凝器内冷凝后的饱和水置换表计内的水,加速了表计内的水循环。由于置换的新水为饱和蒸汽冷凝后的饱和水,含盐低,这样减少了云母片结垢,延长了表计的排污周期,从而减少了表计的热变形,也就减少了表体的泄漏,延长了表体的检修周期,降低了维护费用。

由于它的显示部分是由两侧水位管的五窗构成,每个窗口都安装云母片。相邻云母窗口有一定重叠度,因而消除了显示盲区。

5.2.3 双色水位计的常见故障及处理方法

双色水位计的常见故障及处理方法见表 5-1。

表 5-1 　　　　　　双色水位计常见故障原因分析及处理方法

故障	故障原因	处理方法及注意事项
显示不清	红、绿颜色调整不好	重新调整水位计灯座角度、红绿玻璃架位置和反光镜角度
	出现假水位	重新投入水位计
	摄像头位置不正确	调整摄像头位置
	水位计灯坏	更换新灯柱（或灯泡）
	水位计云母结垢	冲洗水位计或更换新的云母组件
泄漏	容器内超压运行	注意容器内运行压力,一般水位不参与锅炉超压试验
	水位计检修不正确	严格按照水位计说明书或检修工艺进行检修
	水位计备件不满足有关技术指标要求	最好采用与水位计厂家配套的水位计备件
	水位计表体或压盖变形	安装水位计密封组件前,要测量水位计表体及压盖的变形度,发现变形及时进行修整或更换。紧固水位计压盖螺栓时一定要用力矩扳手按要求力矩紧到位
	云母结垢严重,发生腐蚀	定期冲洗水位计,减少水位计的结垢量,延长水位计密封组件的使用周期
	水位计云母密封组件超过使用周期	水位计云母片的使用周期一般为一个小修周期（10~12 个月）,不泄漏也应该定期更换

5.3　电接点水位计

电接点水位计是火电厂锅炉汽包、高压加热器、除氧器水位测量中普遍应用的一种水位计。它的特点是指示受容器内压力的影响较小,在锅炉启停等变参数工况下,仪表在控制室内能准确指示水位;测量延时小,投运速度快;结构简单,造价低,运行可靠,调校方便。

5.3.1　工作原理

电接点水位计是利用连通器的原理将水位反映到测量筒内，再利用安装在测量筒壁上的电极判断水面的位置。其原理示意见图5-5。以汽包水位测量为例，由于汽包内饱和蒸汽及凝结水介质的电阻率相差极大（锅炉炉水，其电阻率一般在$10^3\Omega\cdot cm$以下，蒸汽的电阻率一般在$10^6\Omega\cdot cm$以上），安装在测量筒壁上的电极若被水浸没，该电极在所接入的电路中处于低电阻状态（相当于开关闭合）；若被汽浸没，则电极在所在电路中处于高电阻状态（相当于开关打开）。由被水接通的电接点位置可表示水位，再利用灯光或数字就可显示水位。

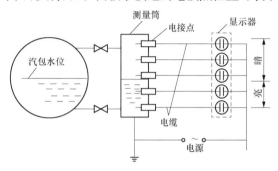

图5-5　电接点水位计原理示意图

5.3.2　主要组成

电接点水位计由水位传感器、传送电缆和显示仪表组成。

1. 水位传感器

电接点水位传感器一般由测量筒（连通容器）、电接点座和电接点以及阀门等部件组成。测量筒和待测液位的容器连通，一般用直径76mm或89mm的20号无缝钢管制成，其长度由水位测量范围决定，直径和厚度主要根据工作压力、温度和安装电极的开孔个数、距离来确定，以保证开孔后有足够的强度，如图5-6（a）所示。阀门主要在检修水位计时使用。

电接点的数目应以满足运行中监视水位的要求来确定，传统的汽包电接点水位计的电接点数多为15、17个或19个，通常中间点为水位零点。电接点安装时在高度上的间距是不均匀的，在正常水位附近间距较小，约为15mm，远离正常水位（±50mm以上）的，可取间距为50mm。安装电接点的开孔位置通常呈120°或90°的夹角，在筒壁上分三列或四列沿高度交错排列，如图5-6（b）所示。这样加大了相邻电极之间的距离以保证水位容器的强度。

电接点是水位传感器的关键部件，它直接影响测量的准确性和可靠性。在高温高压下工作的电接点必须有足够的强度、良好的绝缘性和抗腐蚀的能力。电接点的结构、固定座及实物如图5-6（c）～（e）所示。当汽包水位达到某一电极处，接通它与公共电极之间形成的电接点，供远距离显示水位、报警之用。

使用中注意对电接点要缓慢预热，防止汽流冲击电极和温度骤变损坏电极。在测量筒充分冷却后再拆卸电极，防止电极螺栓和电极座的螺纹损坏。此外，在检修中不要敲打电极，以免电极受振损坏。

电接点水位计的现场安装情况如图5-6（f）所示。

2. 显示仪表

水位显示屏是采用灯光电路显示的。每个电接点对应一套灯光显示电路。目前与之配套使用的显示仪表种类较多，有红绿灯显示仪表、发光二极管显示仪表、电子发光屏显示仪表。如果用数字电路对电接点状态进行逻辑判断，其水位可用数字显示。

（1）红绿灯光显示仪表。与电接点水位测量筒配套的红绿灯光显示仪表包括了与电接点数目相同、电路结构一样的灯光电路。某红绿灯光显示仪表电路如图5-7所示。

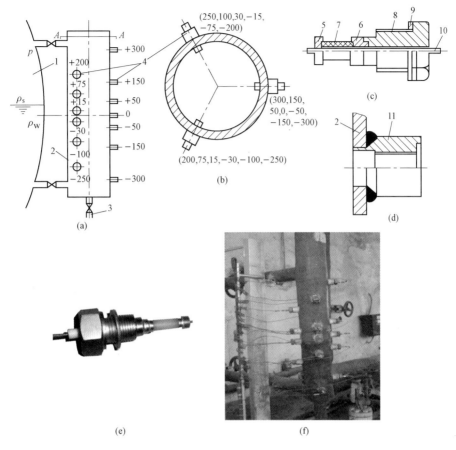

图 5 - 6　电接点水位计结构与安装

（a）外形；（b）*A—A* 视图；（c）电接点结构；（d）电接点固定座；（e）电接点实物图；（f）现场安装图（配彩图）
1—汽包；2—测量筒壳；3—排污管；4—电接点；5、6—瓷封件；7—瓷管；8—固定螺钉；9—紫铜垫圈；
10—接点芯；11—固定座

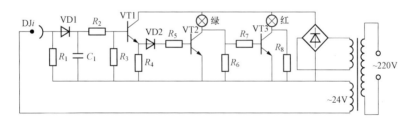

图 5 - 7　某红绿灯光显示仪表电路

当电接点 DJi 被水淹没时，24V 的交流电压在电阻 R_1 上的分压增大，经二极管 VD1 整流，电容 C_1 滤波，其直流电压经电阻 R_2、R_3 分压后加到晶体管 VT1 基极的电压较大，致使 VT1 导通。此时的 VT1 发射极为高电位，VT2 导通，绿灯亮。同时 VT3 截止，红灯不亮（流经 R_8 支路电流不能使红灯发光）。

当电接点 DJi 处于汽侧中时，24V 交流电压在 R_1 上的分压较小，VT1 截止，VT2 截止，绿灯不亮，流经 R_6 支路的电流不能使绿灯发光。直流电源电压经绿灯与 R_6 分压，使

VT3 导通，红灯亮。

　　水位显示屏如图 5-8（a）所示。其内部结构如图 5-8（b）所示，是一个长方形槽形盒子，盒内用很薄的隔片隔成与电接点数相同的一系列暗室，每个暗室内水平安装了红灯、绿灯各一个（或用普通灯加红色、绿色透光片）。暗室上下排列顺序与电接点排列顺序对应，槽形盒子面板上盖截面为半圆形的有机玻璃屏，使灯光分散，从而在显示屏上可获得光色均匀的红绿光带。

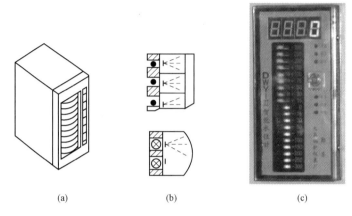

(a)　　　　　　　(b)　　　　　　　(c)

图 5-8　水位显示屏结构

(a) 外形；(b) 结构；(c) 实物图（配彩图）

　　（2）数字电接点显示仪表。与电接点水位测量筒配套的数字显示仪表不同于一般的工业数字显示仪表。由于水位测量筒输出的是数字信号（电接点状态），因此显示仪表中没有 A/D 转换部件。又由于水位测量筒只有 19 个电接点，因此显示仪表只显示 19 个水位数字量。以上特点决定了数字电接点水位计的电路构成结构。

　　DYS-19 数字电接点水位计中显示仪表的功能为：

　　1）显示，三位数字和＋、一号（显示器件为辉光数字管）；

　　2）报警，±50mm 水位报警显示并有接点信号输出；

　　3）保护，±200mm 水位保护接点信号输出；

　　4）输出模拟信号，4～20mA（对应－300～＋300mm）。

　　显示仪表电路组成如图 5-9 所示。各部分功能如下：

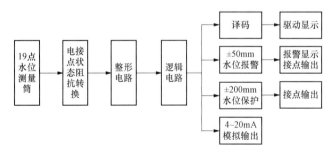

图 5-9　显示仪表电路组成框图

　　1）阻抗转换、整形、逻辑判断电路。每个电接点对应的状态阻抗转换电路和整形电路都是相同的。通过这些电路，将电接点的状态（处于水中还是汽中）转换成高低电平输出。

逻辑判断电路是仪表核心电路，每个电接点对应一套。逻辑判断电路的任务是判断该对应的电接点是否为处于水中最高位置的电接点。

2）译码电路。译码电路对应着百、十、个位数码管的相应的显示灯丝。由于显示的水位数字只有 19 个，因而每位数码管显示辉光的灯丝也只有几个。如百位数码管只有 0、1、2、3，十位数码管只有 0、1、3、5、7，个位数码管只有 0、5。每个译码电路的输入逻辑信号为可能显示的水位相应的逻辑判断信号。

3）±50mm 水位报警电路。+50mm 位置安装的电接点浸没在水中，或−30mm 位置安装的电接点处于汽中，仪表就有报警显示和接点信号输出。

4）±200mm 水位保护电路。+200mm 位置安装的电接点浸没在水中，或−150mm 位置安装的电接点处于汽中，仪表就有保护接点信号输出。

5）4～20mA 模拟输出电路。将水位值转换成 4～20mA 模拟电流输出。

5.3.3 电接点水位计存在的问题及改进

1. 存在的问题

（1）电接点在安装上是不连续的，相邻两电接点有一定距离，使得水位信号阶跃变化。两电极之间的距离是仪表的不灵敏区（盲区），不便于实现水位自动控制。电接点间距对示值的影响是负误差，误差的大小取决于测量筒内水柱的高度。这种误差是结构原因，不能消除。

（2）存在测量筒内水柱温降造成的误差，使示值低于重量水位。由于测量筒水侧部分的散热比云母水位计少，因此电接点水位计指示较接近重量水位。

（3）电接点使用寿命较低、故障率高、维护量大，经长时间运行，易出现腐蚀现象，发生泄漏，影响安全。若更换，需在运行中退出仪表进行。

（4）测量筒在锅炉运行时"满水"或"缺水"必须解列，停炉后又需及时恢复测量，使用不方便。

2. 改进措施

针对电接点水位计存在的问题，对电接点水位计从如下几方面进行改进。一种改进后的测量筒结构如图 5-10 所示。

（1）测量筒内部设置笼式内加热器，使测量筒水柱温度接近饱和水温，水位测量准确度高。在测量筒内部设置笼式内加热器，利用饱和汽加热水样。加热器上口敞开，来自汽侧取样管的饱和蒸汽进入加热器，像汽笼那样加热水柱。

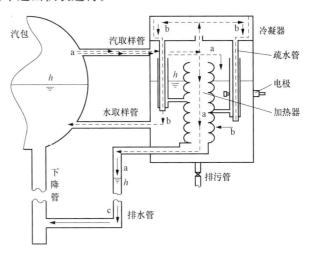

图 5-10 改进的测量筒结构示意图
a—汽包；b—冷凝器水流；c—加热器凝结水流；h—水面

饱和蒸汽在加热器中放出汽化潜热，其凝结水由排水管引至下降管。为保证排水管侧水位不会升至加热段而减小加热面积，要求连通点选在汽包中心线下 15m。这样可使压力为 6.0MPa 时，排水管中水位在加热器之下 0.5m；当压力低于 1.0MPa 时，水位才会接近加热器底部影响加热，而 1.0MPa 以下压力时取样误差很小，可忽略不计。所以，加热系统能适应锅炉变参数运行，保证全工况真实取样。

此外，来自汽侧取样管的饱和蒸汽在冷凝器中冷凝，大量凝结水（温度为饱和水温）沿壁而下，分区收集，由布置在饱和蒸汽中的数根疏水管在不同深度疏至水样中，将低温水样置换出测量筒。

（2）改进电极组件的结构及采取水质自优化措施以提高电极的可靠性。传统电极组件的密封紧力随压力增加而减小，需要预紧力很大，加之采用硬靠机械密封，密封可靠性低，热紧性能差。一种柔性自密封电极组件可以利用筒内本身压力增加密封紧力，压力越高，自紧力越大。加上安装预紧力，有足够紧力保证密封不泄漏。柔性密封材料可耐 1000℃ 高温，承压强度高，回弹性能与热紧性能好。电极带有拆卸螺纹，拆卸方便。电极安装时有 2°～3° 仰角，可有效防止电极挂水与水渍。

设置的冷凝器可实现取样水质自优化。大量纯净的蒸馏水进入水室，将水质较差的旧水样压回汽包，形成自动净化置换回路，水样变为"活水"。其优点是：

1）免排污，水质好，减轻了对电极的污染。

2）可增大水样电阻率，利于减小工作电流，减缓电极的腐蚀而延长寿命。

3）水质稳定，水样上下水阻率分布较均匀，利于提高二次仪表测量的稳定性，不必经常调整仪表临界水阻。

4）水侧取样管中有连续流向汽包的高温水流，当汽包水位大幅度升降时，电极承受的热冲击较小。

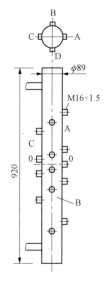

图 5-11 单筒式水位容器

3. 水位传感器的安装

电接点水位计的一次取源部件是水位传感器，也称水位容器，有普通单筒式和热套式等形式，它们各自与二次显示仪表配套使用，构成完整的电接点水位计。对于火力发电厂锅炉汽包水位的测量一般采用 19 点的测量筒。图 5-11 所示为单筒式水位容器上 19 个电接点呈四列布置的情况。下面对普通单筒式电接点水位计安装进行介绍。

水位传感器由密封筒体与电接点组成。筒体采用 20 号无缝钢管，周围四侧 A、B、C、D 垂直线上的 19 个取样孔依直线排列，电接点螺孔为 M16×1.5，筒体全长的中点为零水位，最低电接点至最高电接点的距离为 600mm。以零水位为基准时，各电接点距离（单位为 mm）分别为：A 侧，0、±75、±250；B 侧，+200、+50、-15、-100、-300；C 侧，±30、±150；D 侧，+300、+100、+15、-50、-200。

筒体安装孔设于 C 侧，安装孔开孔口径为 $\phi24$mm，开孔距离根据实际需要而定。测量筒必须垂直安装，垂直度偏差应该小于 2mm。当用于测量汽包水位时，筒体中点零水位电极中轴线必须与汽包的正常水位线处于同一水平面。

　　测量筒与汽包的连接管不要过长、过细或弯曲。测量筒越接近汽包，其筒内的压力、温度、水位就越接近汽包内的真实情况。测量筒体底部应该接放水阀门及放水管，便于冲洗。

　　电极安装前应该做退火处理，并检查电极的丝牙与筒体丝口配合是否良好。用 500V 绝缘电阻表测量电极对地绝缘电阻，应该大于 100MΩ。安装电极时应该加装紫铜垫圈旋入筒体电接点孔，丝口要涂抹二硫化钼或铅油并旋紧，密封好。测量筒上的引线应该使用耐高温的氟塑料线绑扎整齐引至接线盒。测量筒处用瓷接线端子连接，不得用锡焊。测量筒本体接地，并由此引出共用接地线。

5.4　差压式水位计

　　差压式水位计是通过将液位高度的变化转换成差压信号来实现水位的测量，主要由水位—差压转换装置（又称平衡容器）、压力信号管路和差压计（或差压变送器）组成。差压式水位计可以就地显示、信号远传显示记录和信号远传输出。

　　差压式水位计是应用非常广泛的一种水位计。它可以连续显示水位，也可以发报警信号和向水位调节器提供信号。但其指示值受待测液位容器内压力变化的影响大，只有对差压式水位计的指示值进行压力补偿，才能比较准确地反映待测水位。在火力发电厂中可用于汽包水位、高压加热器水位、除氧器水位等的测量。

　　水位与差压的转换是通过平衡容器实现的。利用平衡容器可形成一个恒定的水静压力，与被测水位形成的水静压力相比较，输出二者之差。平衡容器的结构有单室平衡容器、双室平衡容器及双差压平衡容器等形式。下面以测量汽包水位为例对差压式水位计加以介绍。

5.4.1　单室平衡容器

　　单室平衡容器的结构如图 5 - 12（a）所示。由汽包进入平衡容器的蒸汽不断凝结成水，并由于溢流而保持一个恒定水位。当容器内水的密度一定时，形成恒定的水静压力 p_+，汽包水位也形成一个水静压力 p_-。二者相比较，就得到与水位成比例的差压。图 5 - 12（b）所示为单室平衡容器的现场安装图。

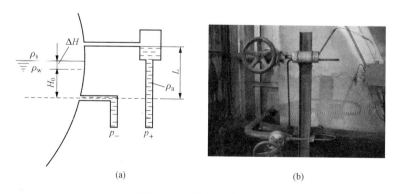

（a）　　　　　　　　　　　　　（b）

图 5 - 12　单室平衡容器

（a）结构示意；（b）现场安装（配彩图）

汽包水位计的标尺，习惯以正常水位 H_0 为零刻度（零水位），超过正常水位为正水位（$+\Delta H$），低于正常水位为负水位（$-\Delta H$）。

根据流体静力学原理，单室平衡容器的差压—水位关系为

$$\Delta p = L\rho_a g - (H_0 + \Delta H)\rho_w g - (L - H_0 - \Delta H)\rho_s g \qquad (5-1)$$
$$= L(\rho_a - \rho_s)g - H_0(\rho_w - \rho_s)g - \Delta H(\rho_w - \rho_s)g$$

式中：Δp 为水位计输出的差压，$\Delta p = p_+ - p_-$；ρ_a 为 p_+ 侧水柱的密度；ρ_w 为饱和水密度；ρ_s 为饱和蒸汽密度；H_0 为正常水位值；ΔH 为显示水位值。

由式（5-1）可知，当平衡容器结构一定（即 L 确定）、汽包压力（ρ_w、ρ_s 确定）及 ρ_a 一定时，正、负压管的差压输出与汽包水位呈线性关系。水位增高，输出差压减小，根据差压数值就可知道相应的水位。

但上述平衡容器在实际使用中，存在着下列问题：

（1）由于平衡容器向外散热，正压容器中的水温由上至下逐步降低，其数值很难准确确定。平衡容器内的温度随使用条件而变，在测量过程中密度 ρ_a 不能保持恒定而引起误差。

[例 5-1] 平衡容器结构如图 5-12 所示，汽包的工作压力为 18MPa，$L=600$mm，$H_0=300$mm，变送器所测差压值为 3863Pa。试求在参比水柱温度分别为 20、50℃和 80℃时，测量的差压对应的水位分别为多少？

解： 查配套资源中的密度表，可得 18MPa 压力时，20℃ 时水的密度为 1006.3kg/m^3，50℃ 时水的密度为 995.44kg/m^3，80℃ 时水的密度为 979.62kg/m^3；饱和水的密度为 543.51kg/m^3，饱和蒸汽的密度为 133.39kg/m^3。

当参比水柱温度为 20℃时，水位测量值为

$$H_{20} = \frac{(\rho_{a20} - \rho_s)gL - \Delta p}{g(\rho_w - \rho_s)} = \frac{(1006.3 - 133.39) \times 9.8 \times 0.6 - 3863}{9.8 \times (543.51 - 133.39)} = 0.316(\text{m})$$

当参比水柱温度为 50℃时，水位测量值为

$$H_{50} = \frac{(\rho_{a50} - \rho_s)gL - \Delta p}{g(\rho_w - \rho_s)} = \frac{(995.44 - 133.39) \times 9.8 \times 0.6 - 3863}{9.8 \times (543.51 - 133.39)} = 0.3(\text{m})$$

当参比水柱温度为 80℃时，水位测量值为

$$H_{80} = \frac{(\rho_{a80} - \rho_s)gL - \Delta p}{g(\rho_w - \rho_s)} = \frac{(979.62 - 133.39) \times 9.8 \times 0.6 - 3863}{9.8 \times (543.51 - 133.39)} = 0.277(\text{m})$$

由 [例 5-1] 可以看出参比水柱温度变化对测量结果的影响。同一个差压值在不同的参比水柱温度时，显示的水位是不同的。若以参比水柱温度为 50℃来分度水位计，则变送器所测差压值为 3863Pa 时，水位计指示为 0.3m。但此时若参比水柱实际温度为 20℃，则此时的实际水位为 0.316m，误差为 -0.016m。若参比水柱实际温度为 80℃，则此时的实际水位为 0.277m，误差为 0.023m。

（2）差压式水位计一般是在汽包工作在额定工作压力下分度的，分度时的饱和水与饱和蒸汽的密度为额定工作压力对应的密度值。差压式水位计只有在汽包工作于额定工作压力下使用时，其指示才正确。但在机组启、停或滑压运行时，汽包内工作压力变化很大，水位计的指示会产生很大误差。

对第一个问题的解决方法是采用保温和蒸汽加热的方法。此时的平衡容器为双室平衡容器。

5.4.2 双室平衡容器

在图 5-13 所示的双室平衡容器中，给固定水柱增装了蒸汽保温室，使得固定水柱的温度达到了汽包内的饱和水温度，因而消除了固定水柱非饱和状态时温度的影响。双室平衡容器的差压—水位关系为

$$\Delta p = p_+ - p_- = L\rho_w g - (H_0 + \Delta H)\rho_w g - (L - H_0 - \Delta H)\rho_s g = (L - H_0 - \Delta H)(\rho_w - \rho_s)g \tag{5-2}$$

由式（5-2）可以看出：①输出的差压信号 Δp 与 ΔH 成负线性关系（汽包压力不变时）；②汽包压力变化时，输出仍受压力的影响（水位不变时）；③不同水位时压力影响所产生的误差是不同的。

当汽包压力为额定工作压力 p_N 时，差压—水位的分度关系为

$$\Delta p_N = (L - H_0 - \Delta H)(\rho_{Nw} - \rho_{Ns})g \tag{5-3}$$

式中：ρ_{Nw}、ρ_{Ns} 分别为汽包额定工作压力下的饱和水与饱和蒸汽的密度。

当汽包压力为实际工作压力 p 时，差压—水位的关系为

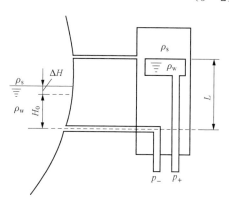

图 5-13 双室平衡容器

$$\Delta p = (L - H_0 - \Delta H)(\rho_w - \rho_s)g \tag{5-4}$$

式中：ρ_w、ρ_s 分别为汽包实际工作压力下的饱和水与饱和蒸汽的密度。

在 ΔH 不变的情况下，汽包压力的变化所产生的输出误差 $\delta\Delta p$ 为

$$\delta\Delta p = \Delta p - \Delta p_N = (L - H_0 - \Delta H)(\Delta\rho_w - \Delta\rho_s)g \tag{5-5}$$

式中

$$\Delta\rho_w = \rho_w - \rho_{Nw}; \quad \Delta\rho_s = \rho_s - \rho_{Ns}$$

由式（5-5）可知，对于图 5-13 所示的双室平衡容器，其输出虽然消除了参比水柱温度的影响，但受汽包工作压力的影响还是比较大的。

[例 5-2] 如图 5-13 所示双室平衡容器，设 $L=600\text{mm}$，$H_0=300\text{mm}$，求 $p_1=10\text{MPa}$，$\Delta H=0$ 时的输出差压 Δp_{10} 等于多少？若压力降为 $p_2=5\text{MPa}$，再求 $\Delta H=0$ 时的输出差压 Δp_5 等于多少？

解：（1）查饱和密度表（附录Ⅱ中表Ⅱ-2）得：

$p_1=10\text{MPa}$ 时，$\rho_{w10}=688.4\text{kg/m}^3$，$\rho_{s10}=55.6\text{kg/m}^3$；

$p_2=5\text{MPa}$ 时，$\rho_{w5}=777.7\text{kg/m}^3$，$\rho_{s5}=25.4\text{kg/m}^3$。

（2）在 $\Delta H=0$ 时，平衡容器的输出为

$$\Delta p = (L - H_0 - \Delta H)(\rho_w - \rho_s)g$$

$$\Delta p_{10} = (0.6 - 0.3) \times (688.4 \quad 55.6) \times 9.81 = 1862(\text{Pa})$$

$$\Delta p_5 = (0.6 - 0.3) \times (777.7 - 25.4) \times 9.81 = 2214(\text{Pa})$$

（3）现以 Δp_{10} 为分度值，则 2214Pa 差压所显示的水位为

$$2214 = (0.60 - 0.30 - \Delta H) \times (688.4 - 55.6) \times 9.81$$

$$\Delta H = -56.6\text{mm}$$

而当前的实际水位为零水位，绝对误差为 -56.6mm。

由 [例 5-2] 可以看出，同一水位在汽包压力不同时，产生的差压是不同的，显示的

水位也就不同，使测量结果产生误差。汽包压力变化对水位测量的影响是很大的。图 5 - 14 给出了饱和水与饱和蒸汽密度曲线。由图可见，随着压力的降低，密度差（$\rho_w - \rho_s$）增大。由于双室平衡容器的结构尺寸 L 总是大于 H，所以由式（5 - 4）可知，当汽包压力低于额定值时，$\rho_w - \rho_s$ 增大使输出差压 Δp 增大，因而使差压式水位计指示偏低。由此产生的水位指示误差还与水位 H、平衡容器结构尺寸 L 有关。$L - H$ 越大，指示误差也越大。也就是说，低水位比高水位误差大。目前常用两种方法来减小或消除此误差：方法一是进一步改进平衡容器的结构；另一方法是对平衡容器输出的有误差的信号引入压力校正。

5.4.3　双差压平衡容器

双差压平衡容器如图 5 - 15 所示。平衡容器输出的差压 Δp 为信号差压，$\Delta p'$ 为补偿差压。

$$\Delta p = p_+ - p_- = (L - H_0 - \Delta H)(\rho_w - \rho_s)g \tag{5 - 6}$$

$$\Delta p' = p_+ - p'_+ = L_1(\rho_w - \rho_s)g \tag{5 - 7}$$

故

$$Y = \frac{\Delta p}{\Delta p'} = \frac{L - H_0 - \Delta H}{L_1} = \frac{L - H_0}{L_1} - \frac{\Delta H}{L_1} \tag{5 - 8}$$

由式（5 - 8）可看出，两差压信号经过处理计算后得到的信号 Y 只与平衡容器的结构尺寸和水位有关，而与汽包工作压力无关，完全消除了工作压力的影响。但是它有下列缺点：①平衡容器结构复杂。②虽然不需要装设校正用压力变送器，但却要装设校正用差压变送器。差压变送器及其管路系统相对较复杂，测量可靠性差，容易产生附加误差。

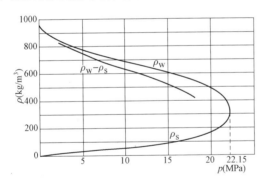

图 5 - 14　饱和水与饱和蒸汽密度曲线

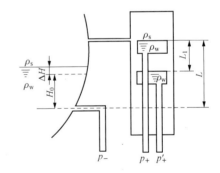

图 5 - 15　双差压平衡容器

5.4.4　汽包水位信号的压力校正

单纯地改进平衡容器的结构来减小汽包压力变化对差压式水位计测量的影响，存在着一定的局限性。为了使差压式水位计在启、停炉的全过程中比较准确地指示水位值，可对平衡容器输出的有误差的差压信号引入汽包压力信号进行一定的校正计算，以消除由于汽包压力偏离额定值所带来的误差。

1. 校正原理

校正计算的实质就是利用平衡容器输出的差压 Δp 计算水位时，应使用实际工作压力下的汽水密度，而不能用额定工作压力下的汽水密度。以图 5 - 12 所示的单室平衡容器为例，其输出的差压与水位的关系为

$$\Delta p = L(\rho_a - \rho_s)g - H_0(\rho_w - \rho_s)g - \Delta H(\rho_w - \rho_s)g$$

由此得

$$\Delta H = \frac{L(\rho_a - \rho_s)g - \Delta p}{(\rho_w - \rho_s)g} - H_0 = \frac{Lf_1(p) - \Delta p}{f_2(p)} - H_0 \qquad (5\text{-}9)$$

其中

$$f_1(p) = (\rho_a - \rho_s)g$$
$$f_2(p) = (\rho_w - \rho_s)g$$

汽包压力与密度差的关系，即 $(\rho_a - \rho_s)g \sim p$ 和 $(\rho_w - \rho_s)g \sim p$ 的关系可用几段直线形成的折线来更好地逼近，即

$$\begin{cases} (\rho_a - \rho_s)g = K_1 - K_2 p \\ (\rho_w - \rho_s)g = K_3 - K_4 p \end{cases} \qquad (5\text{-}10)$$

式中：K_1、K_2、K_3、K_4 皆为常数，汽包压力在不同变化范围内时，这些常数取值也不同。

将式（5-10）代入式（5-9），得

$$\Delta H = \frac{L(K_1 - K_2 p) - \Delta p}{K_3 - K_4 p} - H_0 \qquad (5\text{-}11)$$

式（5-11）即为汽包压力校正计算公式。需要说明的是，一般情况下平衡容器内的水的密度与周围环境温度有关。但由于参比水柱处于低温区，室温的变化不会导致过大的测量偏差，故补偿时 ρ_a 可取 40℃时的密度。

2. 校正计算的实现

利用式（5-11），对单室平衡容器（见图 5-12）进行水位信号的压力校正，其压力校正计算的差压式水位测量系统框图如图 5-16 所示。

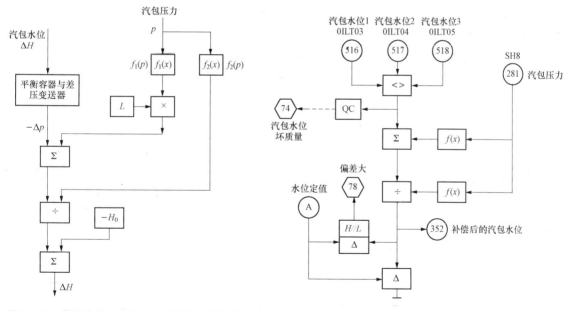

图 5-16　带压力校正的汽包水位测量系统框图　　　　图 5-17　汽包水位信号的压力校正组态图

3. 汽包水位信号的压力校正实例

某一机组的汽包水位信号的压力校正组态图如图 5-17 所示。某电厂编号为 0ILT03、0ILT04、0ILT05 的 I/O 测点通过差压变送器分别测得与水位对应的三个差压值，压力变送器也测得此时的汽包压力信号。$f(x)$ 为压力与密度之间的函数关系，可以依据密度表采用

分段线性的方法拟合出来。一般取 5～10 段，用折线代替原来的连续函数。三个差压变送器的输出取中值后的信号，与由当前压力计算出的密度相减，再与当前压力对应的密度相除，得到补偿后的汽包水位信号。补偿（校正）计算公式见式（5-11）。

5.4.5　差压式液位变送器的零点迁移问题

1. 无迁移、正迁移和负迁移

在使用差压式液位计测量液位时，根据不同的场合和使用条件，差压式液位变送器存在着无迁移、负迁移和正迁移三种情况，如图 5-18 所示。

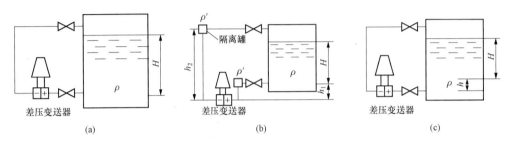

图 5-18　差压式水位计检测水位原理图
(a) 无迁移；(b) 负迁移；(c) 正迁移

（1）无迁移。如图 5-18（a）所示，差压变送器正、负压室分别与容器下部（液面基准面）和上部（气相压力或汽相压力）取压点相连通。设被测介质密度为 ρ，变送器正、负压室差压为 Δp，水位高度为 H，则有 $\Delta p = \rho g H$。差压与水位高度成比例变化。假设采用输出为 4～20mA 的电动变送器，并假设对应于水位的变化所要求的仪表量程为 $\Delta p = 6000\mathrm{Pa}$，则变送器的特性曲线如图 5-19 中 A 线所示。Δp 为 0 时，输出电流 I 为 4mA；Δp 为 6000Pa 时，I 为 20mA。这一过程称为无迁移。

（2）负迁移。如图 5-18（b）所示，为防止被测介质堵塞或腐蚀导压管以及保持负压室的液柱高度恒定，在变送器正、负压室与取压点之间分别装有隔离罐，并充以隔离液，此时正、负压室的压力分别为

$$p_1 = \rho' g h_1 + \rho g H + p_\mathrm{g} \tag{5-12}$$
$$p_2 = \rho' g h_2 + p_\mathrm{g} \tag{5-13}$$

正、负压室的差压为

$$\Delta p = p_1 - p_2 = \rho g H - \rho' g (h_2 - h_1) \tag{5-14}$$

式中：p_1、p_2 分别为变送器正、负压室的压力，Pa；ρ、ρ' 分别为被测液体和隔离液的密度，$\mathrm{kg/m^3}$；h_1、h_2 分别为隔离罐至变送器正、负压室的高度，m；p_g 为容器中气相（或汽相）压力，Pa。

由式（5-14）可知，$H=0$ 时，$\Delta p = -\rho' g (h_2 - h_1) < 0$，此时差压变送器的输出低于其下限值 4mA，且由于实际工作中常常 $\rho' > \rho$，所以即使 H 为上限值也有可能使变送器输出低于 4mA，这样变送器就无法正常工作。此时需要在变送器上调整迁移量，即在维持原来量程不变的条件下，同时减小变送器输入的上、下限，使变送器的输出与液位成比例变化。这个过程称为负迁移，负迁移量为

$$B = \rho' g (h_2 - h_1) \tag{5-15}$$

由 h_2、h_1 和 ρ' 即可求出负迁移量 B。

[例 5 - 3]　设 $H=0\sim0.6\mathrm{m}$，$\rho'=1.2\times10^3\,\mathrm{kg/m^3}$，$\rho=10^3\,\mathrm{kg/m^3}$，$h_1=1.89\mathrm{m}$，$h_2=2.40\mathrm{m}$，$g=9.81\mathrm{m/s^2}$，差压变送器输出为 $4\sim20\mathrm{mA}$，试计算变送器的量程和迁移量的值。

解： 仪表量程为　$\Delta p=\rho gH=10^3\times9.81\times0.6=6\times10^3(\mathrm{Pa})$

负迁移量为　$B=\rho'g(h_2-h_1)=1.2\times10^3\times9.81\times(2.40-1.89)=6\times10^3(\mathrm{Pa})$

Δp 的下限值　$\Delta p_{\min}=-6\times10^3(\mathrm{Pa})$

Δp 的上限值　$\Delta p_{\max}=\Delta p+\Delta p_{\min}=6\times10^3-6\times10^3=0(\mathrm{Pa})$

安装前，将变送器测量范围调整到 $-6\times10^3\sim$ 0Pa，即 $H=0$，$\Delta p=-6\times10^3\mathrm{Pa}$ 时，变送器输出电流 I 为 4mA；$H=0.6\mathrm{m}$，$\Delta p=0$ 时，I 为 20mA。变送器输出特性曲线如图 5 - 19 中的 C 线所示。

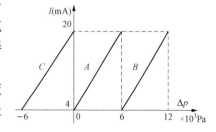

图 5 - 19　正、负迁移特性

（3）正迁移。在实际应用中，有时变送器位于液位基准面下，如图 5 - 18（c）所示。此时作用在变送器正、负压室的差压为

$$\Delta p=\rho g(H+h) \qquad (5-16)$$

式中：h 为变送器正、负压室至液位基准面的距离。

当 $H=0$ 时，$\Delta P=\rho gh>0$，变送器输出高于下限值 4mA；当 H 为上限值时，变送器输出高于 20mA。此时，需要在维持原来量程不变的前提下，调整迁移量，同时增大变送器输入的上、下限，使 H 为 0 时输出为 4mA；H 为上限值时，输出为 20mA。此过程称为正迁移，正迁移量为

$$A=\rho gh \qquad (5-17)$$

只要知道 ρ、g、h，即可确定正迁移量 A。

[例 5 - 4]　设 $h=0.6\mathrm{m}$，$H=0\sim0.6\mathrm{m}$，$g=9.81\mathrm{m/s^2}$，$\rho=10^3\,\mathrm{kg/m^3}$，差压变送器输出为 $4\sim20\mathrm{mA}$，试计算变送器的量程和迁移量的值。

解： 仪表的量程　$\Delta p=\rho gH=10^3\times9.81\times0.6=6\times10^3(\mathrm{Pa})$

正迁移量　$A=\rho gh=10^3\times9.81\times0.6=6\times10^3(\mathrm{Pa})$

Δp 的下限值　$\Delta p_{\min}=6\times10^3(\mathrm{Pa})$

Δp 的上限值　$\Delta p_{\max}=\Delta p+\Delta p_{\min}=6\times10^3+6\times10^3=1.2\times10^4(\mathrm{Pa})$

安装前，把变送器测量范围调整到 $6\times10^3\sim1.2\times10^4\mathrm{Pa}$，使 $H=0$，$\Delta p=6\times10^3\mathrm{Pa}$ 时，$I=4\mathrm{mA}$；$H=0.6\mathrm{m}$，$\Delta p=1.2\times10^4\mathrm{Pa}$ 时，$I=20\mathrm{mA}$。变送器特性曲线如图 5 - 19 中的 B 线所示。

迁移量的相对值可用下式表示

$$d=\frac{迁移量}{测量范围}\times100\% \qquad (5-18)$$

图 5 - 19 中 A 线表示迁移量为 0，或无迁移；B 线表示正迁移 100%；C 线表示负迁移 100%。迁移只是同时改变量程的上下限，而不是改变量程。

2. 平衡容器构成的差压式水位计的零点迁移

由前述可知，差压式水位计的差压 Δp 与水位 ΔH 的关系为负线性关系，若将平衡容器中的压力 p_+ 和 p_- 分别接到差压计或差压变送器的正压侧和负压侧，则水位越高，显示的数值越小，水位的显示不符合读数习惯。为了使显示或输出的电气信号适合人们的正常习惯

（水位升高时显示的数值增大），则需要将 Δp 信号与差压计或差压变送器信号反接，即 Δp 信号中的压力 p_+ 和 p_- 分别接到差压计的负压侧和正压侧，然后再对差压计和差压变送器进行零点负迁移即可。

以图 5-20 所示的平衡容器为例说明零点迁移的方法。在图 5-21（a）中，直线 1 是平衡容器的输出特性（Δp 和 ΔH 特性曲线，负线性关系），直线 2 是差压变送器反接后，变送器接收的差压信号 $-\Delta p$ 与 ΔH 的输出特性（正线性关系）。在图 5-21（b）中，直线 1 是差压变送器出厂时的输出特性（Δp 与 I 的特性曲线）；为得到 $-\Delta p$ 与 I 的输出特性，需将差压变送器的零点负迁移 100%，如图 5-21（b）中直线 2 所示。平衡容器输出 Δp_{max} 时，变送器输出 $I=4\text{mA}$，对应的水位 $\Delta H=-H_0$；平衡容器输出 $\Delta p=0$ 时，变送器输出 $I=20\text{mA}$，对应的水位 $\Delta H=L-H_0$。

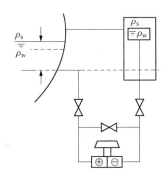 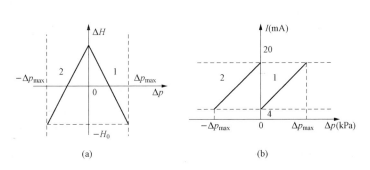

图 5-20　平衡容器与差压变
送器的连接

图 5-21　差压变送器的零点迁移原理
（a）差压—水位输出特性；（b）差压变送器输出特性

5.4.6　平衡容器的安装

平衡容器是差压式水位计的一次取源部件，直接与主体设备连接。安装平衡容器时，应按照下列步骤及要求进行。

（1）确定平衡容器的安装水位线。平衡容器制作后，应该在其外面标出安装水位线。单室平衡容器的安装水位线应为平衡容器汽侧取压孔内径的下缘线（见图 5-22）。

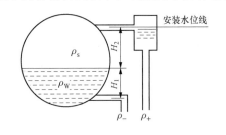

（2）水位测点位置的确定。水位的正、负取压点一般由制造厂确定并安装好取压装置，此时需要检查容器内部装置是否影响压力的取出。如果制造厂未安装，则可以根据显示仪表的测量范围选择测点位置。

（3）平衡容器与汽包壁之间的连接管应该尽量缩短，水侧取样管应该严格按水平位置敷设，如图 5-23 所示，即保证 B 点高度与 A 点高度一致。连

图 5-22　平衡容器的安装

接管上避免安装影响介质正常流通的元件，如接头、锁母及其他带有缩孔的元件。

（4）在平衡容器前装取源阀门，应使阀杆处于水平位置，以避免阀门积聚空气泡而影响测量准确度。

（5）一个平衡容器一般供一个变送器或一支水位计使用。

（6）平衡容器必须垂直安装，不得倾斜，垂直度偏差小于 2mm。

（7）当容器的正、负取压测点垂直距离小于平衡容器汽、水两管的距离时，只要保证水侧连通管 A、B 点在同一高度，可以将汽侧连通管 C、D 作直线向上倾斜安装，但是不应该存在弯曲，以防积水，影响运行。

（8）平衡容器至差压变送器的两根导管，在引出处应有 1m 以上的水平段，以减小输出差压的附加误差。

（9）平衡容器及连接管安装后，水侧连通管应该加保温。但是为使平衡容器内蒸汽凝结加快，汽侧连通管与平衡容器上部不应该加保温。

（10）工作压力较低（如凝汽器、除氧器等）处的平衡容器安装时，可以在平衡容器顶部加装水源管（中间应该装截止阀）或灌水丝堵，保证平衡容器内有充足的凝结水，以便能较快地投入水位计。图 5 - 23 中的凝结水管 3 用于投运时向平衡容器内充水或冲洗导压管。

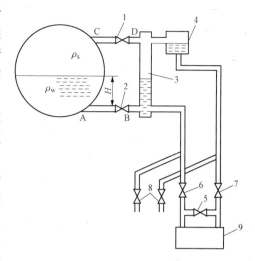

图 5 - 23　单室平衡容器与差压变送器配接时的安装示意图

1—汽侧一次阀；2—水侧一次阀；3—凝结水管；4—平衡容器；5—平衡阀；6—负压二次阀；7—正压二次阀；8—排污阀；9—差压变送器

5.5　其他物位测量方法

5.5.1　浮力式液位计

浮力式液位计根据浮子高度随液位高低而改变或液体对浸沉在液体中的浮筒（或称沉筒）的浮力随液位高度变化而变化的原理来测量液位。前者称为恒浮力式，后者称为变浮力式。

1. 恒浮力式液位计

恒浮力式液位计的基本原理是通过测量漂浮于被测液面上的浮子或浮标在液体中随液面变化而产生位移来检测液位，其特点是结构简单、价格较低，适于各种储罐的测量。浮子式和浮球式液位计是典型的恒浮力式液位计。

浮子式液位计中浮子位置随液位高低而变，检测其位移，可知液位高度。

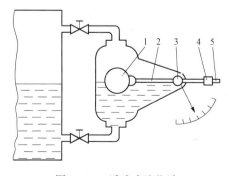

图 5 - 24　浮球式液位计

1—浮球；2—连杆；3—转动轴；4—平衡锤；5—杠杆

对于温度、黏度较高，而压力不太高的密闭容器内的液体介质的液位测量，一般可采用浮球式液位计。如图 5 - 24 所示，浮球 1 由不锈钢制成，它通过连杆 2 与转动轴 3 相连，转动轴的另一端与容器外侧的杠杆 5 相连，并在杠杆上加一平衡锤 4，组成以转动轴为支点的杠杆系统。一般要求浮球的一半浸入液体时，实现系统的力矩平衡。当液位升高时，浮球被液体浸没的深度增加，浮球所受的浮力增加，破坏了原有的力矩平衡状态，平衡锤拉动杠杆作顺时针方向转动，浮球上升，直到浮球的一半浸没在液体中时，杠杆系统恢复了力矩平衡，浮球停留在新的位置上。如果在转动轴的外端安装指针或信号转换器，就可方便地进行液位的就地指示、控制。

　　如图 5-25 所示的翻板式液位计也属于恒浮力式液位计。它由连通器、磁浮子（内装磁钢的浮子）、磁翻板（每个磁翻板或磁翻柱的翻转直径均为 10mm，一面是红色，另一面为绿色或白色）等组成。从液位起始点开始，每隔一段距离在磁翻板上刻上液位高度的具体数字。当磁浮子随液位升降时，磁浮子磁场对磁翻板的吸引迫使磁翻板转向。若从 A 向看，浮子以下磁翻板为一种颜色，磁浮子以上磁翻板为另一种颜色。这种液位计优点是结构牢固、工作可靠、显示醒目；缺点是准确度低、磁翻板易退色退磁、磁浮子易卡。其主要用于中小容器和生产设备的液位或界面的测量。在火力发电厂可用来测量除氧器、高低压加热器、凝汽器的水位。

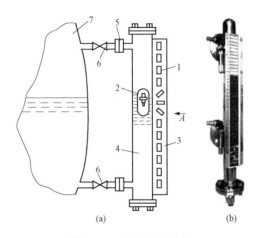

图 5-25　翻板式液位计
（a）结构图；（b）实物图（配彩图）
1—磁翻板；2—磁浮子；
3—翻板支架；4—连通器；5—连接法兰；
6—阀；7—被测容器

　　报警型翻板式液位计是在原液位计的基础上增加了报警器。报警器由干簧管和防爆接线盒组成，紧固在测量管外侧，由磁性浮子驱动，输出的报警开关信号传递给二次仪表，实现远距离液位上、下限报警及灯光显示。

　　远传型翻板式液位计是在翻板式液位计的基础上安装了变送器，变送器由液位传感器和转换器两部分组成。传感器由装在 $\phi20$ 不锈钢管内的若干干簧管和电阻组成，紧固在测量管外侧。转换器由电子模块组成，安装在传感器的接线盒内。传感器通过磁浮子的磁耦合作用，将液位的变化转换成电阻值的大小，经转换器转换为 4～20mA DC 标准电流信号，送给二次仪表，实现远距离液位显示。

　　2. 变浮力式液位计

　　变浮力式液位计利用沉浸在被测液体中的浮筒所受的浮力与液面位置的关系来检测液位。因其典型的敏感元件为浮筒（也称沉筒），又被称为浮筒式或沉筒式液位计。在浮筒连杆上安装指针，即可就地显示液位；应用信号变换技术可进一步将位移转换成电信号，配上显示仪表便可以在现场或控制室进行液位指示或控制。

　　电动浮筒式液位计属于变浮力式液位计的一种，它的检测元件是浸没于液体中的浮筒。浮筒所受浮力随液位发生变化，此浮力变化以力或位移变化的形式带动电动或气动元件，发出信号给显示仪表，以显示液位，也可以实现液位的报警或调节。

　　这种液位计主要由变送器和显示仪表两部分组成。浮筒的长度就是仪表的量程，一般为 300～2000mm。国产浮筒液位计的量程有 300、800、1200、1600、2000mm 五个规格。

　　5.5.2　电容式液位计

　　电容式液位计是将被测介质液位的变化转换成液位计电容的变化进行工作的。电容式液位计适用于各种导电或非导电液体的液位测量，结构简单，无可动部件，动态响应快，基本上不需要专门维护，应用范围较广。但测量时要求被测介质的介电常数与空气介电常数差别大，且由于在电容量的检测中使用高频电路，对信号传输时的屏蔽要求较高。

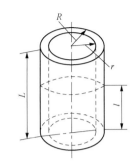

图 5 - 26　电容式液位计的传感部分

1. 测量原理

电容式液位计的传感部分如图 5 - 26 所示。两个长度为 L，半径分别为 R 和 r 的圆筒形金属导体，中间隔以绝缘物质便构成圆筒形电容器。当两圆筒间充以介电常数为 ε_0 的气体时，则两圆筒间的电容量为

$$C_0 = \frac{2\pi\varepsilon_0 L}{\ln\dfrac{R}{r}} \tag{5 - 19}$$

如果电极的一部分被介电常数为 ε_x 的液体所浸没，高度为 l，电容器可视为两部分电容的并联组合，此时电容器的电容量为

$$C = C_1 + C_2 = \frac{2\pi\varepsilon_0(L-l)}{\ln\dfrac{R}{r}} + \frac{2\pi\varepsilon_x l}{\ln\dfrac{R}{r}} = \frac{2\pi\varepsilon_0 L}{\ln\dfrac{R}{r}} + \frac{2\pi l(\varepsilon_x - \varepsilon_0)}{\ln\dfrac{R}{r}} \tag{5 - 20}$$

$$= C_0 + \Delta C$$

则电容的增量为

$$\Delta C = C - C_0 = \frac{2\pi l(\varepsilon_x - \varepsilon_0)}{\ln\dfrac{R}{r}} = Kl \tag{5 - 21}$$

由式（5 - 21）可知，当 ε_x、ε_0、R 和 r 保持不变时，电容量的增量 ΔC 与电极被浸没的长度 l（等于液位 H）成正比关系。因此，测量电容量的增量，就可知道液位 H 的高低。

2. 基本构成

电容式液位计由传感器及配套的显示仪表组成。由于被测液体有导电与非导电之分，同时液位储槽的材料也有导体与非导体的区别等，所以传感器中的测量电极有多种类型，如套管式、同轴式、裸极式、复合式、高温型、低温型等。

3. 电容量的测量

工业生产中应用的电容液位计，由于在其量程范围内的电容变化量一般都很小，采用直接测量都较困难，因此需要通过电子线路的放大和转换后才能显示和远传。测量电容的方法较多，如电桥法、谐振法和充放电法等。

利用电容充放电法来测量电容的液位计组成框图如图 5 - 27 所示。电容液位检测元件将液位的变化变为电容的变化，测量前置电路利用充放电原理将电容变化变成直流电流，经与调零单元的零点电流比较后，再经直流放大，然后进行指示或远传。晶体管振荡器用来产生高频信号，经分频后，通过多芯屏蔽电缆传给测量前置电路完成充放电过程。

射频导纳物位计是从电容式物位计发展起来的新型物位测量仪表，可解决普通电容式物位计的挂料问题，实现更可靠、更准确测量。射频导纳物位计的具体情况可扫码获取。

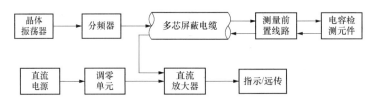

图 5-27　利用充放电法测量的电容液位计组成框图

知识拓展

射频导纳物位计

4. 选用注意事项

（1）腐蚀性液体、沉淀性流体以及其他工艺介质的液位在连续测量和位式测量时，可选用电容式液位计。

（2）用于界面测量时，两种液体的电气性能（介电常数等）必须符合产品的技术要求。

（3）对于易黏附电极的导电液体，不宜采用电容式液位计。

（4）电容式液位计易受电磁干扰的影响，应采取抗电磁干扰措施。

（5）用于位式测量的电容液位计，宜采用水平安装型；对于连续测量的电容液位计，宜采用垂直安装型。

5.5.3　超声波物位计

超声波在介质中传播时，被吸收而减弱。声波的频率越高，方向性越强，则在介质中衰减越大。声波遇到不同的分界面时会产生反射、折射等现象。利用声波的这些特性，制成各种超声波物位计。

超声波物位计可以分为两类：

（1）定点发信超声波物位计：它是利用物位升降过程中介质对超声波吸收或反射，使透过介质后的声能被通断以实现定点发信的。

（2）连续测量超声波物位计：超声波发射到分界面（即物料表面或液体表面）后产生反射，由接收换能器接收反射回波，同时测量发射到接收的时间间隔及声速，可得物位高度。

超声波物位计按探头构造方式，可分为自发自收的单探头方式和收发分开的双探头方式。单探头方式物位计使用一个换能器，由控制电路控制它分时交替作发射器与接收器。双探头方式则使用两个换能器分别作发射器和接收器。

根据使用特点超声波物位计又可以分为连续测量超声波物位计和定点发信超声波物位计两大类。前者可连续测量液体液位、固体料位或液—液相界面位置。后者用来测量被测物位是否达到预定高度（通常是安装测量探头的位置），并发出相应的开关信号。

下面仅对连续测量超声波物位计进行介绍。

1. 连续测量超声波物位计

超声波物位计是利用回声测距原理进行工作的。由于超声波可以在不同介质中传播，所以超声波物位计分为气介式、液介式及固介式三类，最常用的是气介式和液介式。图 5-28 是液介式与气介式超声波物位计的几种测量方案。其中图 5-28（a）、（b）为液介式，图 5-28（c）、（d）为气介式；而图 5-28（a）、（c）所示两种方案的发射和接收都是由一个探测器完成的，是单探头式；图 5-28（b）、（d）所示是一个发射一个接收的双探头式。

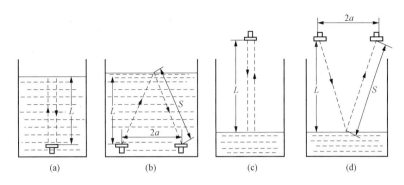

图 5 - 28　超声波物位计的几种方案原理

（a）液介式单探头；（b）液介式双探头；（c）气介式单探头；（d）气介式双探头

对于液介式，探测器安装在液罐底部，有时也可安装在容器底部外。对于图 5 - 28 （a）所示的单探头形式，探头发出的超声波脉冲经过液体传至液面，再经液面反射回到原来的发射器，此时发射器又变成了接收器，接收了超声波脉冲。如果从发射到接收超声波脉冲的时间间隔为 t，则探头距液面的高度 L 为

$$L = \frac{1}{2}Ct \tag{5 - 22}$$

式中：C 为超声波在被测介质中的传播速度。

由式（5 - 22）可知，如果准确知道介质中超声波传播速度 C，再能测得时间，就可以准确计算液位高度。

对于图 5 - 28 （c）的方案，与图 5 - 28 （a）方案基本一致，只是这里超声波在空气介质中传播，探头应放在高出液位的空气中。

图 5 - 28 （b）、（d）是双探头式，声波经过的路程是 $2S$，即

$$S = \frac{1}{2}Ct \tag{5 - 23}$$

$$L = \sqrt{S^2 - a^2} \tag{5 - 24}$$

式中：a 为两个探测器之间距离的一半。

对于单探头与双探头方案的选择，主要应以测量对象的具体情况考虑。一般多采用单探头方案，因为单探头简单、安装方便、维修工作量也较小，另外它可以直接测出距离 L，不必修正。

但在一些特殊情况下，也不得不选择双探头方案。例如，探测距离较远，为了保证一定灵敏度，必须加大发射功率，因此要用大功率换能器。但这些大功率换能器作为接收探测器时灵敏度都很低，甚至无法用于接收。在这种情况下，最好选择双探头方案。

另外，对单探头方案还有一个接收探测器的"盲区"问题。在应用同一探头作发射器又作接收器时，在发射超声波脉冲时，要在探头上加以较高的激励电压，这个电压虽然持续时间较短，但在停止发射时，在探头上仍存在一定时间的余振。如果在余振时间内将探测器转向接收放大器，则放大器的输入将还有一个足够强的信号。显然在这段时间内，即便能收到回波信号，也很难被分辨出来，因此称这段时间为盲区时间。探测器的盲区时间与结构参数、工作电压、频率等因素有关，可以通过实验确定。在知道盲区时间以后，再求得声速，

就可以确定盲区距离，例如最小盲区是 0.25m，表示从探头到液位 0.25m 内的间距是检测不出来的。由于盲区距离的限制，采用单探头方案时，不能测量小于盲区距离的液位。采用双探头方案时，从理论上讲没有盲区问题，但实际上，由于难以避免的电路耦合及非定向声波对接收器的作用，在发射超声脉冲时，接收线路中也将产生微弱的输出，也可以认为有一定的盲区，但它要比单探头小得多。

由式（5-22）可见，要想通过测量超声波传播时间确定液位，超声波传播速度 C 必须恒定。实际上超声波传播速度在不同介质中都不一样，如在 0℃时，空气中超声波传播速度约为 331m/s，在水蒸气中为 404m/s，而在氢气中将为 1269m/s。即使在同一介质中，温度不同超声波速度也不同，例如，0℃空气中的超声波速度为 331m/s，而当温度为 100℃时增加到 387m/s。因此为了能准确测量液位，必须对温度修正。通常可在超声波探头附近安装温度传感器，自动补偿温度变化对物位测量的影响，还可使用校正具，定期校正声速。

超声波物位计中回波时间的测量可采用双稳法测时。这种测时方法是利用一个双稳电路来计时，即触发发射电路的脉冲同时触发这个双稳电路，当反射的回波前沿到达这个接收器时，再用这个接收波前沿脉冲触发双稳电路，使之翻回。显然这个双稳脉冲输出的方波宽度就是要测的回波时间。

如果采用数字显示，就可以利用一个门电路，使得只在双稳电路输出方波这段时间内对脉冲信号发生器送来的脉冲计数，用脉冲数表示方波延续的时间，最后再用数字显示装置显示出脉冲数。

图 5-29　FUM40 超声波
物位计探头

德国 E＋H（Endress ＋ Hauser）生产的超声波物位计 FUM4X，属于智能型一体化非接触式连续物位测量仪，适用于液体、浆料和粗料的测量。如图 5-29 所示 FUM 40 超声波物位计探头，其固体测量范围为 2m，液体测量范围为 5m，盲区为 0.25m，探头的工作频率约 70kHz，测量值分辨率 1mm，测量误差为±2mm 或整定测量范围的 0.2%（取两者较大值）。

2. 超声波物位计的选用

（1）对普通物位计难以测量的腐蚀性、高黏性、易燃性、易挥发性及有毒性的液体的液位、液—液分界面、固—液分界面的连续测量和位式测量，宜选用超声波物位计，但不宜用于液位波动大的场合。

（2）超声波物位计适用于能充分反射超声波且传播超声波的介质测量，但不得用于真空场合，不宜用于易挥发、含气泡、含悬浮物的液体和含固体颗粒物的液体的测量。

（3）对于内部存在影响超声波传播的障碍物的工艺设备，不宜采用超声波物位计。

（4）对于连续测量液位的超声波物位计，当被测液体温度、成分变化较显著时，应对超声波传播速度的变化进行补偿，以提高测量准确度。

（5）对于检测器和转换器之间的连接电缆，应采取抗电磁干扰措施。

（6）超声波物位计的型号、结构形式、探头的选用等，应根据被测介质的特性等因素来确定。

5.5.4 微波物位计

微波是波长为 1mm～1m 的电磁波，具有电磁波的性质。与普通的无线电波及光波不同，微波具有如下特点：

（1）遇到各种障碍物都能产生良好的反射，介质的导电性越好或介电常数越大，微波的反射效果越好。

（2）具有良好的定向辐射性能和传播特性，但在传播过程中，绕射能力差。

（3）在传输过程中受粉尘、烟雾、火焰及强光的影响小，具有很强的环境适应能力。

（4）空间辐射装置容易制造。

微波物位计也称雷达物位计，其使用的微波频率有 3 个频段：C 波段（5.8～6.3GHz）、X 波段（9～10.5GHz）、K 波段（24～26GHz）。由于微波是电磁波，以光速传播且不受介质特性影响，所以在某些有温度、压力变化较大或充满粉尘的环境中，其他物位计不能正常工作，而微波物位计可以使用。

微波物位计按结构可分为天线式（非接触式）和导波式（接触式）两种。按照使用微波的波形可分为脉冲波、调频连续波（FMCW）及调频脉冲波三类。

微波物位计利用速调管、磁控管等作为微波振荡器，产生微波，利用微波天线发射和接收微波。微波天线有喇叭天线、杆式（棒式）天线、抛物面天线等，如图 5-30 所示。物位测量中的微波一般是定向发射的，通常用波束角来定量表示微波发射和接收的方向。波束角越小，波束的聚焦性能越好。波束角和天线类型与微波频率有关。

下面对脉冲微波物位计、调频连续波式微波物位计、导波式微波物位计加以介绍。

1. 脉冲微波物位计

脉冲微波物位计的工作模式与超声波物位计相似。微波天线周期性地发射微波脉冲，并接收物料面反射回波，再对回波信号进行分析处理，计算出物位。其准确度约为 0.2%～0.3%FS。脉冲微波物位计具有非接触式测量的特点，可以适用于腐蚀性测量环境，但测量距离受发射功率的

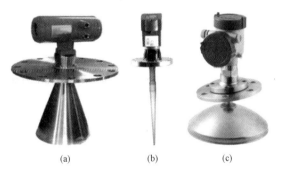

图 5-30　微波天线实物图
(a) 喇叭天线；(b) 杆式（棒式）天线；
(c) 抛物面天线

限制。另外，其发射脉冲宽度对测量分辨率有较大影响，宽度越大，测量分辨率越低；但是，同时其幅值也必须足够大才能实现一定距离的传播。因此，一般中档以下的微波物位计采用此方式。

2. 调频连续波式微波物位计

天线发射的微波是频率被线性调制过的连续波，当回波被天线接收到时，天线发射的信号频率已经改变，根据接收的回波与发射的脉冲频率差可以计算出微波发射端到物料面的距离。它也属于非接触式测量，可以适用于腐蚀性测量环境。另外，其抗干扰能力强，干扰回波也较易去除，理论上没有盲区，因此非常适用于近距离物位测量，测量准确度很高。但是，它的测量距离受发射功率的限制，且整体电路复杂、成本高，一般比较高端的产品才采用此方式。

脉冲微波物位计和调频连续波式微波物位计都属于天线式物位计,在被测物料介电常数较低($\varepsilon_r < 2$)时,反射信号弱,仪表工作不稳定;另外,它们不适合测量狭小空间的物位,也不适合测量安息角很陡的固态物位及高温、高压介质的物位。

3. 导波式微波物位计

导波式微波物位计,又称导波式雷达物位计,测量方法为时域反射法(Time Domain Reflectometry,TDR),通常称导波雷达,采用脉冲波方式工作。与脉冲微波物位计不同点在于雷达发射的高频脉冲不是通过空间传播,而是沿一根(或两根)从罐顶伸入直达罐底的导波体传导,如图 5-31 所示。高频脉冲遇到被测物料表面而被反射,回波被接收,通过微处理器对回波脉冲进行处理,通过发射脉冲与回波脉冲的时间差计算出传播距离,并转换为物位信号。

根据导波体的形式,导波式雷达物位计有杆式和缆绳式两种形式,也可称为刚性杆和柔性杆,如图 5-32(a)、(b)所示。在一般情况下,杆式导波雷达物位计测量范围为 6~8m,缆绳式测量范围高达 35m。

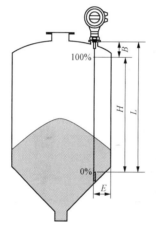

图 5-31　导波雷达物位计原理

H—测量范围；L—空罐距离；B—顶部盲区；
E—探头到管壁的最小距离

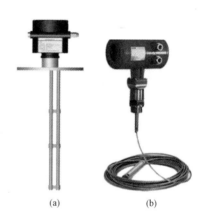

图 5-32　雷达物位计

(a) 杆式(刚性杆)；(b) 缆绳式(柔性杆)

导波雷达物位计不具有非接触式测量的优点,但是它有以下优点:

(1) 可用于测量极低介电常数介质。微波(雷达)物位计的回波信号幅值随着被测介质介电常数的减小而减小。当介质介电常数过低时,信号太弱会引起测量不稳定,但导波雷达物位计中的微波沿导波杆传播,信号相对稳定。导波雷达物位计最低可测介电常数为 1.2 的介质。

(2) 能较好地避开容器内干扰物的影响。由于导波杆对电磁波能量的汇聚导向作用,使得微波能量可以集中地发射至被测介质,减少了空间发散传播消耗。

(3) 适合高温高压工况。常温下最高可以在 34.5MPa 的高压下工作。当导波杆材料为不锈钢或陶瓷时,耐受温度可高达 400℃,耐压高达 43MPa。

(4) 可测量分界位。发射脉冲在介电常数发生突变的界面发生反射,因此对于产生分界的两种介质,它们的介电常数差异越大,反射波越明显。一般上层介质介电常数小于下层,防止过多能量被上层介质界面反射。

(5) 可测量粉状或颗粒状物料物位。该物位计可以测量粉状或颗粒状物料物位,但是应注意在导波杆上的积料问题。

当然，同其他接触式物位计一样，导波杆易被黏附和磨损，在大量程固态物料应用时，导波杆有时会被下降物料拉断。

5.5.5　核辐射物位计

放射性同位素衰变产生的射线（如 γ 射线）射入一定厚度的介质时，一部分射线因克服阻力与碰撞动能消耗被吸收，另一部分射线则透过介质。射线的透射强度随着通过介质层厚度的增加而减弱。入射强度为 I_0 的放射源，随介质厚度增加其强度呈指数规律衰减，它们的关系为

$$I = I_0 e^{-\mu H} \tag{5-25}$$

式中：μ 为介质对射线的吸收系数；H 为介质层的厚度；I 为穿过介质后的射线强度。

不同介质吸收射线的能力是不一样的。一般说来，固体吸收能力最强，液体次之，气体则最弱。当放射源已经选定，被测的介质不变时，则 I_0 与 μ 都是常数，根据式（5-25），只要测定通过介质后的射线强度 I，介质的厚度 H 便可计算出。介质层的厚度，在这里是指液位或料位的高度。

图 5-33 是核辐射物位计工作原理示意图。放射源 1 射出强度为 I_0 的射线，核辐射探测器 2 用来检测透过介质后的射线强度 I，再配以显示仪表就可以指示物位的高低。

这种物位仪表由于射线的突出特点，能够透过钢板等各种物质，因而可以完全不接触被测物质，适用于高温、高压容器及强腐蚀、剧毒、有爆炸性、黏滞性、易结晶或沸腾状态的介质的物位测量，还可以测量高温融熔金属的液位。由于射线特性不受温度、湿度、压力、电磁场等影响，所以可在高温、烟雾、尘埃、强光及强电磁场等环境下工作。但由于射线对人体有害，它的剂量要加以严格控制，所以使用范围受到一些限制。

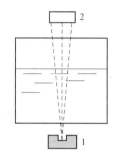

图 5-33　核辐射物位计工作原理
1—放射源；2—核辐射探测器

5.5.6　重锤式料位计

图 5-34 是重锤式料位计工作原理示意图，它是利用失重原理测量物位的。

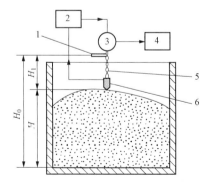

图 5-34　重锤式料位计工作原理
1—行程开关；2—控制单元；
3—步进电动机；4—断索报警；
5—钢缆；6—重锤（含力传感器）

在容器顶部安装由脉冲分配器控制的步进电动机，此电动机正转时缓缓释放悬有重锤的钢缆，重锤下降探测。当探测到料面时，钢缆受到的重力突然减小，力传感器发出脉冲。此脉冲改变门电路的状态，使步进电动机改变转向将重锤提升，同时开始脉冲计数。待重锤升至顶部触及行程开关，步进电动机停止转动，同时计数器也停止计数。显然料位值即容器全高减去重锤行程之差，且根据计数脉冲计算出的料位显示值一直保持到下次探测后刷新为另一值。开始探测的触发信号由定时电路周期性地供给，也可以人为地随时启动。

在不进行探测时，重锤保持在容器顶部，以免物料将重锤掩埋。万一重锤被物料埋没，排放物料时产生的

强大拉力就可能拉断钢缆使重锤随物料一起进入后一设备，这将引起事故。为防万一，料位计设计时应有断缆报警措施及出料过滤栅。

重锤式料位计的测量方法运用了逻辑电路和数字技术，可测量料位值并输出数字量，但其测量过程是周期性的，不适于要求连续测量的场合。

重锤式料位计特别适用于其他料位计因为灰尘、蒸汽、温度等影响不能工作的、要求苛刻的测量场合，可用来测量粉状、颗粒状及块状固体物料料仓的料位。在火电厂中，可用于测量粉仓的粉位。

5.6　物位测量仪表的选型

物位测量仪表的选型原则如下：

（1）液面和界面测量应选用差压式仪表、浮筒式仪表和浮子式仪表。当不满足要求时，可选用电容式、射频导纳式、电阻式（电接触式）、声波式、磁致伸缩式等仪表。

料面测量应根据物料的粒度、物料的安息角、物料的导电性能、料仓的结构形式及测量要求进行选择。

（2）仪表的结构形式及材质，应根据被测介质的特性来选择。主要的考虑因素为压力、温度、腐蚀性、导电性，是否存在聚合、黏稠、沉淀、结晶、结膜、汽化、起泡等现象，密度和密度变化，液体中含悬浮物的多少，液面扰动的程度以及固体物料的粒度。

（3）显示方式和功能，应根据工艺操作及系统组成的要求确定。当要求信号传输，可选择具有模拟信号输出功能或数字信号输出功能的仪表。

（4）仪表量程应根据工艺对象实际需要显示的范围或实际变化范围确定。除供容积计量的物位仪表外，一般应使正常物位处于仪表量程的 50% 左右。

（5）仪表准确度应根据工艺要求选择。但供容积计量用的物位仪表的准确度较高，误差应不超过 ±1mm。

延伸阅读

常用物位测量仪主要
性能指标

（6）防爆形式的选择。用于可燃性气体、蒸汽及可燃性粉尘等爆炸危险场所的电子式物位仪表，应根据所确定的危险场所类别以及被测介质的危险程度，选择合适的防爆形式或采取其他的防爆措施。

为使读者对常用的物位测量仪表有总体认识，本书对常用物位测量仪表的主要性能指标及选型进行归纳，可扫码获取。

实训项目　差压式液位计的调试

实训项目

差压式液位计是工业生产中广泛应用的一种液位计。通过完成差压式液位计的调试实训，可以加深对差压式液位计工作原理和液位与差压变送器之间输入和输出关系的理解，掌握迁移量的计算和现场调试方法。差压式液位计的调试实训具体内容可扫码获取。此外，对与液位计有关的国家标准、国家计量检定规程的名称及编号进行了汇总，可扫码获取。

思考题和习题

1. 火电厂中，为保证机组的安全经济运行，有哪些主要设备需进行液位测量？

2. 何谓汽包的重量水位？电接点水位计为什么测不到重量水位？

3. 常用的锅炉汽包水位测量方法有几种，测量原理是什么，有何优、缺点？

4. 机组正常运行时，测量汽包水位的各种水位计的指示是否一致？在锅炉启、停过程中须监视哪种水位计？正常运行时主要监视哪种水位计？

5. 画出简单平衡容器结构图，并推导出其"水位—差压"特性公式。

6. 对于开口容器和密封压力容器用差压式液位计测量时有何不同？

7. 差压水位计产生测量误差的因素有哪些，如何减小测量误差？

8. 对差压水位计的输出进行汽包压力补偿的原理是什么？画出单室平衡容器汽包水位的压力补偿框图。

9. 用差压式液位计测量液位，为什么常要进行零点迁移，零点迁移的实质是什么？正迁移和负迁移有何不同？

10. 生产中欲连续测量液体的密度，根据已学的测量压力及液位的原理，试考虑一种利用差压原理来连续测量液体密度的方案。

11. 有两种密度分别为 ρ_1、ρ_2 的液体，在容器中它们的界面经常变化，试考虑能否利用差压变送器来连续测量其界面？测量界面时要注意什么问题？

12. 差压变送器三阀组件的作用是什么，在使用过程中应该如何操作？

13. 恒浮力式液位计与变浮力式液位有何不同？翻板式液位计是如何工作的？

14. 电容式液位计测量导电和非导电介质的液位时，在原理和结构等方面有何异同点？

15. 射频导纳物位计如何解决电容式物位计的挂料问题？

16. 超声波液位计的工作原理是什么？影响超声波液位计测量准确度的因素有哪些？

17. 液位开关的作用是什么，其输出的是什么信号？

18. 微波物位计工作的频率范围有哪些？微波天线有哪些形式？导波雷达物位计是如何工作的，有什么特点？

19. 简述重锤式料位计的工作原理。

20. 物位测量仪表的选型原则有哪些？

21. 已知单室平衡容器 $L=640\text{mm}$，$H_0=320\text{mm}$，汽包压力为 17MPa，冷却水平均密度 $\rho_a=994\text{kg/m}^3$，饱和水密度 $\rho_w=565.29\text{kg/m}^3$，饱和蒸汽密度 $\rho_s=119.03\text{kg/m}^3$，试计算出汽包水位 ΔH 为 -320、-160、0、$+160$、$+320\text{mm}$ 时产生的差压各是多少？当汽包压力由 17MPa 下降至 16MPa 时，试计算 $\Delta H=0$ 时产生的差压为多少帕？

22. 已知在额定运行工况下，汽包的重量水位分别为 -100mm 和 $+80\text{mm}$ 时，平衡容器实际输出差压分别为 4600Pa 和 3700Pa，试求汽包重量水位分别为 -320、-160、0、$+160$、$+320\text{mm}$ 时产生的差压各是多少？

23. 用差压变送器测量密闭容器的液位如图 5-35 所示，设被测液体的密度 $\rho_1=0.8\text{g/cm}^3$ 连通管内充满隔离液，其密度 $\rho_2=0.09\text{g/cm}^3$；设液位变化范围为 1250mm，$h_1=50\text{mm}$，$h_2=2000\text{mm}$。试问：①差压变送器的零点要进行正迁移还是负迁移，迁移量多少？②变送器的量程应选择多大？③零点迁移后测量上、下限各是多少？

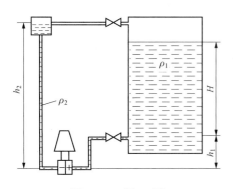

图 5 - 35　题 23 图

24. 用电容法测量某容器内非导电液体的液位。已知电极外径为 3mm，容器内径为 4200mm，液体和液面上方气体的相对介电常数分别为 4 和 1，液位变化范围为 12m。求由电极和容器壁面组成的电容器在液位等于零、液位为满量程时的电容值，并求电容的最大变化量。

第6章 成分分析仪表

生产过程中，除了监控温度、压力、流量等参数外，还要分析和控制燃料、工质和排放物等的成分，这对保证运行安全、产品质量和生产经济性也是非常重要的。例如：

（1）锅炉排放物有烟气、排污水和排灰渣等，如果处理不好，对大气、水源、农田等都会造成污染，因此应监督排放物中的有害成分，不得超过环保规定的值。根据《火电厂大气污染物排放标准》（GB 13223—2011）中相关规定，2014 年 7 月 1 日起，现有的燃煤锅炉，二氧化硫排放浓度限值为 $200mg/m^3$，氮氧化物（以 NO_2 计）浓度限值为 $100mg/m^3$，烟尘排放浓度限值为 $30mg/m^3$；2012 年 1 月 1 日起，对新建的燃煤锅炉要求二氧化硫排放浓度限值为 $100mg/m^3$，氮氧化物和烟尘排放浓度限值同现有锅炉的要求。

（2）锅炉的给水和蒸汽中含有盐分、溶氧及二氧化硅等，会形成水垢或腐蚀设备。轻则降低机组效率，影响经济性，增加维修工作；重则可能造成受热面过热致使锅炉强度降低而引起不安全问题（如爆管等）。氢冷发电机的氢气纯度不足，可能有爆炸的危险。

6.1 概　　述

用于检测物质的组成和含量以及物质的各种物理特性的装置称为成分分析仪表。

6.1.1 成分分析方法

成分分析的方法有两种类型，一种是定期取样，在实验室中对样品进行化学分析测定的实验室分析方法；另一种是利用可以连续测定被测物质含量或性质的分析仪表进行在线连续分析方法。相应的分析仪表有实验室用分析仪表和工业用自动成分分析仪表两种。

6.1.2 自动成分分析仪表的组成

自动成分分析仪表一般由自动取样装置、预处理系统、传感器、信息处理系统、显示仪表、整机自动控制系统六部分组成，如图 6-1 所示。

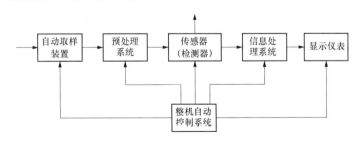

图 6-1　自动成分分析仪表的基本组成

1. 自动取样装置

自动取样装置的任务是从生产设备中自动、快速地提取有代表性的待分析样品，送到预处理系统。其可以有多种取样方式，如正压取样和负压取样。

2. 预处理系统

预处理系统的任务是将取出的待分析样品加以处理，以满足传感器对待分析样品的要求。其可以采用冷却、加热、气化、减压、过滤等方式对采集的分析样品进行适当的处理。预处理系统包括物理或化学的处理设备。

3. 传感器

传感器又称检测器、转换器，是分析仪表的核心部分。它将被分析物质的成分或物理性质转换成电信号输出。不同分析仪表、不同的转换形式，有不同的传感器。

4. 信息处理系统

对传感器输出的微弱信号进行放大、转换、运算、补偿等处理，给出便于显示仪表显示的电信号。

5. 显示仪表

显示仪表接收来自信息处理系统的电信号，以指针的位移量、数字量或屏幕图文显示方式显示出被测成分的数量多少及相关信息。

6. 整机自动控制系统

它用于控制各个部分的协调工作，使取样、处理和分析的全过程可以自动连续地进行，同时消除或降低客观条件对测量的影响。

分析仪表并不一定都包括以上六个部分，如有的分析仪表传感器直接放在试样中，因此就不需要取样和预处理系统。

6.1.3　常用成分分析仪表的分类

1. 按被测成分分类

（1）氧量表，用来监测混合气体（如燃烧产物）中氧的含量，如氧化锆氧量计，用来测量汽、水中溶解氧的水中溶氧表。

（2）氢表，监测氢冷发电机中氢气的纯度。

（3）二氧化碳分析仪，对混合气体（如烟气）中 CO_2 含量进行监测，如热导式 CO_2 分析仪、红外线 CO_2 分析仪等。

（4）盐量表，用来监测汽、水中的含盐量，如纳表、电导仪等。

（5）二氧化硅分析仪，监测水和蒸汽中 SiO_2 含量。

此外，还有针对磷酸根、溶解铁、余氯、pH 值等的分析仪表。

2. 按仪器的工作原理分类

（1）电化学式分析仪表，如电导仪、酸度计、氧化锆氧分析仪。

（2）热学式分析仪表，如热导式氢分析仪。

（3）磁学式分析仪表，如热磁式氧量计。

（4）光学式分析仪表，如红外线气体分析仪。

（5）色谱式分析仪表，如气相色谱仪、液相色谱仪。

此外，还有射线式分析仪表、电子光学式和离子光学式分析仪表等。

6.2　氧化锆氧分析仪

氧含量分析仪是目前工业生产中应用较多的在线分析仪表，广泛地应用在火力发电、炼油厂、冶炼厂、化工、轻纺、采暖等工业领域内。例如，在火力发电厂中，动力锅炉燃烧质量的好坏，直接关系到电厂燃料消耗率的高低。为了使燃料达到完全燃烧，同时又不过多地增加排烟量和降低燃烧温度，要控制燃料与空气的比例，使过剩空气系数 α 保持在一定范围内。一般情况下，对于燃煤炉，α 为 1.20～1.30；对于燃油炉，α 为 1.10～1.20。而过剩空气系数的大小可通过分析炉烟中 O_2 的含量来判断。使用氧化锆分析仪可以测量烟气中的含氧量，及时控制燃料和空气的比例，使燃烧维持在良好的状态下。

氧化锆氧分析仪又称氧化锆氧量计，因其具有结构简单、反应速度快（测高、中氧含量时，时间常数小于 3s）、灵敏度高、使用温度高（600～1400℃）等特点，故应用广泛。

6.2.1 工作原理

1. 氧化锆固体电解质的导电机理

氧化锆 ZrO_2 固体电解质，在常温下具有单斜晶系结构，不导电。在高温 1150℃时，晶体结构发生变化，由单斜晶系转变成立方晶系，有一定的导电能力。当温度降至常温时，它又变回为单斜晶系。如果在 ZrO_2 材料中加入一定量的氧化钙（CaO）或氧化钇（Y_2O_3），经高温烧结，+2 价的钙离子 Ca^{2+} 会进入 ZrO_2 晶体而置换出 +4 价的锆离子 Zr^{4+}。置换出的锆离子 Zr^{4+} 与数量不足的氧离子结合而形成带有氧离子空穴的氧化锆材料，成为一种不再随温度变化的萤石性立方晶体。这种材料被称为空穴型氧化锆晶体，是一种高致密的工业陶瓷材料。

空穴型氧化锆晶体中有氧离子空穴，其数量与混合的 CaO 数量有关。当有外界氧离子存在时，氧离子会自动地填入晶体中的空穴，也可以自由地移动。由于空穴型氧化锆材料在 650℃以上的高温下是一种氧离子的良导体，故它是一种固体电解质。

2. 氧化锆氧分析仪的工作原理

氧化锆氧分析仪是基于电化学中浓差电池的原理工作的。

氧浓差电池工作原理如图 6 - 2 所示。在 $ZrO_2 \cdot CaO$ 固体电解质片的两侧，用烧结法制成几微米到几十微米厚的多孔铂电极，并焊上铂丝作为引线，就构成了浓差电池。多孔铂电极具有催化氧分子和氧离子之间正逆变反应作用。

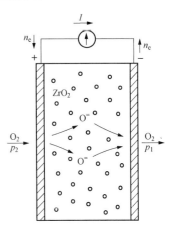

图 6 - 2 氧浓差电池工作原理图

在氧浓差电池左侧通入氧浓度（容积浓度）已知的参比气样（如空气），氧分压为 p_2；右侧通入待分析气样，氧分压为 p_1。当氧浓差电池两侧氧浓度不等时，浓度大的一侧的氧分子在该侧的铂电极上结合两个电子形成氧离子，然后通过氧化锆材料晶格中的氧离子空穴向氧浓度低的一侧扩散，当到达低浓度一侧时在该侧电极上释放两个电子形成氧分子放出，从而在两电极之间形成静电场。由于静电场的存在，阻碍了氧离子从高浓度侧向低浓度侧扩散，加速了低浓度侧的氧离子向高浓度侧的迁移，最后扩散作用和电场作用达到平衡，形成稳定的电动势。该电动势称为氧浓差电池的浓差电动势 E。

浓差电动势由能斯特公式确定

$$E = \frac{RT}{nF} \ln \frac{p_2}{p_1} \tag{6 - 1}$$

式中：E 为浓差电动势，V；R 为理想气体常数，8.314J/(mol·K)；T 为浓差电池温度（池温），K；F 为法拉第常数，96487C/mol；n 为电极反应时一个氧分子输送的自由电子数（$n=4$）；p_2 为参比气体的氧分压；p_1 为待测气体的氧分压。

当参比气体的总压力与待测气体的总压力均为 p 时，式（6-1）可化成如下形式

$$E = \frac{RT}{nF}\ln\frac{p_2/p}{p_1/p} = \frac{RT}{nF}\ln\frac{\varphi_2}{\varphi_1} \qquad (6-2)$$

式中：φ_2、φ_1 分别为参比气体及待测气体中的氧容积浓度。

空气中含氧量一般为 21%，在总压力为一个大气压下，可以得出 E 与 φ_1 的关系式为

$$E = 4.9615 \times 10^{-2} T \lg\frac{21}{\varphi_1} \qquad (6-3)$$

注意：式（6-3）中 E 的单位为毫伏，mV。

由式（6-2）和式（6-3）可知，当氧浓差电池温度恒定，以及参比气体浓度 φ_2 一定时，电池产生的氧浓差电动势将与待测气样氧浓度 φ_1 成单值函数关系。通过测量氧浓差电动势的数值，就可得出被测气体的氧含量。

值得一提的是，氧分析仪在工作时，将氧化锆内外侧都通上相同气体（空气或烟气），按式（6-2）计算应得"0"毫伏的电动势。事实上任何氧化锆氧分析仪都达不到零值毫伏，此时存在的电动势称为零位电动势或本底电动势。产生零位电动势是因为氧化锆管制造过程中总是存在有结构上的不对称及晶格缺陷。解决的方法有调节显示仪表机械零位，或通过给定器补偿掉。

由以上分析可知，要正确测量出待测气样中的含氧量（浓度），必须保证以下的条件：

（1）氧化锆氧分析仪需要恒温或在计算电路中采取补偿措施，以消除传感器温度（也叫池温）对测量的影响。因当 φ_1 一定时，浓差电动势 E 与 T 成正比，故组成测量系统时，必须保证氧化锆管所处的温度恒定或进行补偿。利用恒温装置可以保持温度的恒定。对于补偿有一种方法是测取池温，取得池温的电动势信号，$E_T = K_T T$，在计算电路中进行补偿运算

$$\frac{E}{E_T} = \frac{R}{nFK_T}\ln\frac{\varphi_2}{\varphi_1} \qquad (6-4)$$

因此，根据对工作温度处理的方式不同，氧化锆氧分析仪分为恒温式和补偿式两种。

（2）氧化锆氧分析仪要在一定高温下工作，以保证有足够高的灵敏度。

池温越高，传感器输出的灵敏度越高。对于氧化锆氧分析仪来说，一般是工作在 650～850℃范围内。

（3）保持参比气样的压力与待测气样的压力相等，以保证两种气体的氧分压之比能代表氧含量比。

（4）保持参比气样和待测气样有一定的流速，以保证测量的准确性。由于浓差电池在工作时两极板侧的气样有氧浓度趋于一致的倾向，测量时要保持两种气样具有一定的流速才能不断更新，以保证两极板侧气样的真实性。

6.2.2　基本组成及分类

1. 基本组成

氧化锆氧分析仪由氧量传感器（又称为氧化锆探头）、氧量变送器两部分组成。探头的作用是将氧量转换成电动势信号，而变送器的作用是将电动势信号转换为氧量显示和 4～20mA 直流输出，供记录仪或控制系统使用。

氧化锆管是氧化锆探头的核心部分，ZO 系列氧化锆管结构如图 6-3 所示。它由氧化锆元件、外壳、加热炉和接线盒等部件组成。氧化锆元件利用螺钉和耐高温的密封圈安装在探头外壳端面上，氧化锆元件可以方便地更换。在氧化锆管内插入一根校准标准气体管，与标准气体进口相通，作标准气体标定用。加热炉可将氧化锆元件加热到工作温度。空气参比气体通过自然扩散到氧化锆管外面，无需专门的空气泵。外壳由不锈钢管制成，它的一端是接线盒。在正常测量时标准气体入口是用螺帽密封，只有在进行校准时，方可拧开。

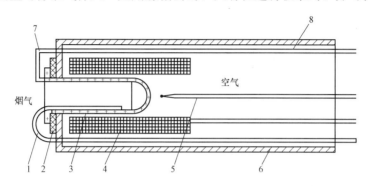

图 6-3　ZO 系列氧化锆管结构

1—标准气体管；2—密封圈；3—氧化锆元件；4—加热炉；5—热电偶；6—外壳；7、8—信号引线

2. 分类

根据安装方式的不同，氧化锆氧分析仪分为抽出式和直插式两类。

抽出式氧化锆氧分析仪带有抽气和净化装置，能除去气样中的杂质和二氧化硫等有害气体，有利于保护氧化锆探头，测量准确度高，并且最高可测 1400℃ 气体的含氧量；但系统结构复杂，且延迟较大，多用于炼钢厂生产中。

直插式氧化锆氧分析仪将探头直接插入烟道中进行分析，响应快。中、低温直插式氧化锆探头适用于烟气温度 0～650℃（最佳烟气温度 350～550℃）的场合；探头中自带加热炉，主要用于火电厂锅炉、6～20t/h 工业炉等，是目前国内用量最大的一种探头。高温直插式氧化锆探头本身不带加热炉，靠高温烟气加热，适用于 700～900℃ 的烟气测量，主要用于电厂、石化厂等高温烟气分析场合。由于直接受到烟气冲刷、粉尘磨损等工作环境的影响，寿命短一直是困扰直插式氧化锆氧分析仪推广的关键因素。

6.2.3　直插式氧化锆氧分析仪

1. 直插定温式氧化锆测量系统

图 6-4 为直插定温式氧化锆测量系统组成框图。系统由氧化锆探头、温度控制器、毫伏变换器、显示与记录仪表组成。

2. 直插补偿式氧化锆测量系统

图 6-5（a）为直插补偿式氧化锆探头示意图，图 6-5（b）为温度补偿原理框图。由热电偶的输出 E_T 通过函数发生器转换成与绝对温度 T 成比例的信号，和氧化锆输出的电动势 E 一起送到除法器，即可对温度变化进

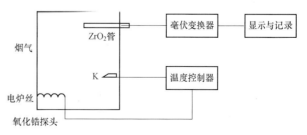

图 6-4　直插定温式氧化锆分析仪组成框图

行补偿。

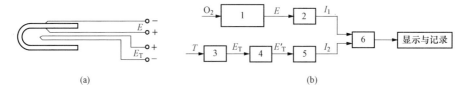

图 6-5　直插补偿式氧化锆氧分析仪

（a）探头示意图；（b）温度补偿原理框图

1—氧化锆管；2、5—毫伏变送器；3—热电偶；4—函数发生器；6—除法器

6.2.4　ZO 系列氧化锆氧分析仪简介

1. 主要技术参数

（1）氧量传感器（氧化锆探头）。

1）测量范围：$0.05\%O_2 \sim 20.6\%O_2$；

2）被测烟气温度：$\leqslant 800℃$（$>800℃$时要协商供货）；

3）被测烟气过剩系数：$0.1 \sim 99$；

4）响应速度：$<3s$；

5）氧化锆本底电动势：$\leqslant 3mV$（$T=700℃\pm 10℃$）；

6）加热炉工作温度：$700℃\pm 5℃$（在 $500 \sim 850℃$ 范围内任意设定）；

7）加热炉工作电压：$0 \sim 80V$ 脉冲；

8）热电偶分度号：K 型；

9）工作压力：$-100 \sim 100kPa$；

10）绝缘电阻：$\geqslant 20M\Omega$；

11）绝缘强度：$1.5kV$ 正弦交流电压历时 $60s$ 不击穿；

12）防护等级：IP65；

13）氧电动势变送范围：$126.205 \sim 0mV$（对应 $0.05\%O_2 \sim 20.6\%O_2$）；

14）插入深度：400、600、800、1000、1200、1400mm；

15）安装方式：DN50 PN0.25 法兰；

16）质量：$\leqslant 10kg$。

（2）氧量显示仪表。

1）氧量量程：$0.05\%O_2 \sim 20.6\%O_2$；

2）温度量程：$0 \sim 800℃$；

3）输出电流：$4 \sim 20mA$；

4）工作电压：AC，$220V\pm 15\%$，$50 \sim 60Hz$；

5）环境温度：$0 \sim 50℃$；

6）环境湿度：$\leqslant 85\%$，无腐蚀性气体的环境；

7）消耗功率：$\leqslant 15W$；

8）质量：$\leqslant 2kg$；

9）外形尺寸：盘装型，尺寸为 160（宽）$\times$80（高）$\times$260（深）（横式），80（宽）$\times$160（高）$\times$260（深）（直式）；墙挂型，尺寸为 170（宽）$\times$220（高）$\times$75（深）。

10）开孔尺寸：横式为 151（宽）×76（高），直式为 76（宽）×151（高）。

2. 基本组成

ZO 系列氧化锆氧分析仪基本组成如图 6-6 所示。它主要包括四部分，即氧化锆探头、变送器、炉体法兰、三组连线电缆。

氧化锆探头有两种型号，即 ZO-12B 型、ZO-14 型。两种探头的基本结构相同，差别只是长度不同。

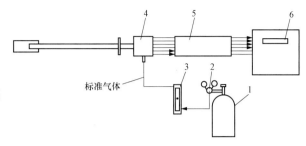

图 6-6 ZO 系列氧化锆氧分析仪基本组成
1~3—标准气体；4—氧化锆探头；
5—三组连线电缆（自备）；6—变送器

变送器部分主要包括氧信号放大器、热电偶信号放大器、A/D 变换、氧量转换、输出电路、温控电路及电源电路等。

ZO 系列氧化锆氧分析仪主要组成部分型号和应用场合见表 6-1。

表 6-1　　　　　　　　　ZO 系列氧化锆氧分析仪主要组成部分型号和应用场合

名称	型号	主要应用场合	备注	
氧化锆探头	ZO-12B	(1) 火电厂锅炉； (2) 化工、轻纺等； (3) 2~15t/h 工业炉	(1) 长 1.2m； (2) 推荐安装点烟气温度：400~500℃	
	ZO-14	电厂旁路烟道	长 0.5m	
氧化锆氧分析仪变送器	(Q)	可任选其中一种与上述探头中任何一种配套成一套仪器	墙挂式	(1) 两种量程： 0~10%，0~20%； (2) 输出 4~20mA
	(P)		盘装式	
标准气体校准箱		现场标定用	包括微型气泵、3.0Vol%O_2 标准气体、流量计等	

3. 接线、安装与选型

变送器接线端子如图 6-7 所示。

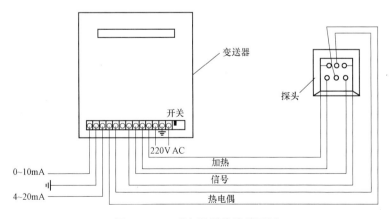

图 6-7　Q 型变送器接线端子图

(1) 电源。电源分别接在"220V电源"和"接地"上，采用三芯普通电缆（$3 \times 1.0 \text{mm}^2$）。

(2) 加热炉。探头加热炉与"加热"两端相连，采用二芯普通电缆（$2 \times 1.0 \text{mm}^2$）。

(3) 热电偶。探头热电偶"热电偶＋、－"分别与变送器"热电偶＋、－"端相连，采用 $1.0 \sim 1.2 \text{mm}^2$ 的补偿导线。

(4) 电池信号。探头"氧信号＋、－"端分别与"氧信号＋、－"端相连，采用二芯屏蔽电缆（$2 \times 1.0 \text{mm}^2$）。

(5) $0 \sim 10 \text{mA}$ 输出。接于"$0 \sim 10 \text{mA}$"两端，采用二芯屏蔽电缆（$2 \times 1.0 \text{mm}^2$）。

(6) $4 \sim 20 \text{mA}$ 输出。接于"$4 \sim 20 \text{mA}$"两端，采用二芯屏蔽电缆（$2 \times 1.0 \text{mm}^2$）。

敷设电缆时，加热炉线与直流信号输出线应分开敷设，而且屏蔽电缆的屏蔽层的一端只能接入变送器的接地端子，屏蔽层另一端不能与氧化锆探头壳体相接。

盘装式变送器安装在控制台上，其开孔尺寸为 $153 \text{mm} \times 153 \text{mm}$，小盘装式开孔尺寸为 $78 \text{mm} \times 153 \text{mm}$。墙挂式安装在现场仪表柜中，只需按图尺寸用四个螺钉便可固定。

由表 6-1 可知，火电厂根据安装点可以选用两种探头。

(1) ZO-12B。安装点位于冷端过热器与省煤器之间或省煤器后，烟气温度要求为 $400 \sim 500 ℃$，有利于延长探头使用寿命。

(2) ZO-14。安装点位于旁路烟道（压差小于 1000Pa）。

4. 常见故障的判断与排除

(1) 氧化锆探头老化。大多数探头老化时，内阻将大于 $1 \text{k}\Omega$，因此通过测量探头内阻即可判断探头老化程度。一般情况下，在安装点选择合理且中等恶劣烟气条件下，探头使用一年后才会明显老化。但是如果安装点烟温过高，或烟气中 SO_2 含量太大，都会加速探头老化，缩短探头寿命。

(2) 氧量跳动。氧量运行曲线是一条有毛刺的波动线。毛刺和波动分别是短周噪声和长周噪声，由炉压波动和风煤比波动引起的。因此毛刺和波动的大小取决于炉子的优劣，不是探头本身引起的。正常的毛刺约为 $\pm 0.4 \%$，如果毛刺近于 $\pm 1 \%$ 为小跳动，大于 $\pm 1 \%$ 为大跳动，探头老化是产生跳动的一个原因。

(3) 显示不正常。引起显示不正常的故障原因较多，主要有氧化锆元件老化或损坏、加热炉丝断、热电偶丝断，需要更换相应仪器部件或探头；另外连接导线接触不良或断开，也会引起仪器显示不正常，需重新连接导线或更换导线。

ZO系列氧化锆氧分析仪具有简单的故障判断功能。如果仪器出现四个数码管全闪，并且"mV"指示灯亮，说明故障出现在探头氧信号一端，可能是连线问题，也可能是氧化锆元件损坏；如果仪器出现四个数码管全闪，并且"℃"指示灯亮，说明故障出现在探头热电偶一端，可能是连线问题，也可能是热电偶断。

(4) 漏气及灰堵。

1) 漏气。当探头漏气时，氧量偏高。判别方法是：当用标准气体校准正常，而运行中氧量明显偏高者可判为漏气。导致漏气发生的可能原因有：

a. 安装法兰时，炉体法兰焊接不密封，探头安装螺栓拧不紧，都会导致漏气。

b. 当将探头安装在压差太大的旁路烟道及烟道缩口处时，易产生漏气现象，应改换安装点。

c. 探头的标准气体入口螺帽未拧紧。

2）灰堵。一般在合理的条件下是不会灰堵的，但当安装在烟速过大的缩口处，不仅探头易被磨损，而且易产生灰堵。灰堵时，氧量变化十分缓慢，排除办法是改换到合适的安装点。

6.2.5　氧化锆氧分析仪的应用

火力发电厂中，使用氧化锆氧分析仪可以测量烟气中的含氧量。测量时，氧化锆管直接插入到烟道高温部分。如图 6-8 所示，在一端封闭的氧化锆管内外侧，分别通过空气和被测烟气，在管外装有铂铑—铂热电偶，测定氧化锆管的工作温度，并通过毫伏变换器和温控装置去控制电炉电流，从而达到定温控制。为了防止炉烟尘粒污染氧化锆，加装了多孔性陶瓷过滤器。用泵抽吸烟气和空气，使它们的流速在一定范围内，同时使空气和烟气侧的总压力大致相等。

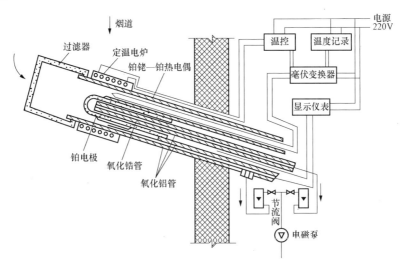

图 6-8　直插定温式氧化锆氧分析仪的应用

在烟气排放监测中，分别在脱硫前、后烟道监测烟气的氧含量。监测脱硫前的氧含量是为了检查锅炉燃烧后的各种设备、管道的漏风，防止过量空气对烟气的稀释。实际上由于设备的泄漏，脱硫前烟气含氧量已经达到 6%～8%。脱硫后监测氧含量是对脱硫过程设备泄漏率的监测，防止由于设备泄漏对烟气污染物浓度的稀释，确保获得污染物排放的真实含量。

6.3　红外线气体分析仪

红外线气体分析仪是利用气体对红外线选择性吸收原理制成的一种仪表。它可用于非对称分子结构气体含量的分析测量，具有灵敏度高、反应快、分析范围宽、选择性好、抗干扰能力强等特点，适用于化工、电厂、水泥、冶金等不同领域的气体分析，可以实现对不同浓度、不同气体（SO_2、NO_x、CO_2、CO、CH_4等）的连续监测。如电力行业中常使用的连续排放监测系统（CEMS）中需要使用红外线气体分析仪测量 SO_2、NO_x 的浓度。

6.3.1　红外线的基本知识

1.红外线的特征

红外线是一种电磁波，它的波长范围在 $0.76～1000\mu m$ 的频谱范围之内，与可见光一样具有反射、折射、散射等性质。

红外线在介质中传播时，会由于介质的吸收和散射作用而衰减。根据红外理论，许多化合物分子在红外波段都具有一定的吸收带，吸收带的强弱及所在的波长范围由分子本身的结构决定。只有当物质分子本身固有的特定振动和转动频率与红外光谱中某一波段的频率相一致时，分子才能吸收这一波段的红外辐射能量，将吸收到的红外辐射能转变为分子振动动能和转动动能，使分子从较低的能级跃迁到较高的能级。部分常见气体的红外吸收光谱如图6-9所示。

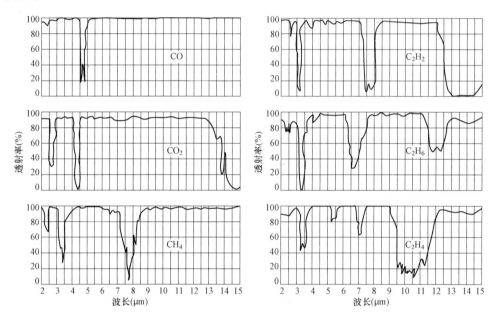

图6-9　部分常见气体的红外吸收光谱

图6-9中的横坐标为红外线波长，纵坐标为红外线透过气体的百分数，即透射率。各种介质对于不同波长的红外辐射的吸收是有选择性的。特征吸收波长就是被介质吸收的波长，具体来说是指图6-9中吸收峰处的波长（中心吸收波长）。从图中可以看出，CO气体的特征吸收波长为$2.37\mu m$和$4.65\mu m$，CO_2的特征吸收波长为2.78、$4.26\mu m$和$14.5\mu m$，CH_4的特征吸收波长为2.3、$3.3\mu m$和$7.65\mu m$；另外还可以看出，在特征吸收波长附近，有一段吸收较强的波长范围，这段波长范围称为"特征吸收波带"。

2. 朗伯—贝尔定律

气体对红外线的吸收服从于朗伯—贝尔定律，其关系式为

$$I = I_0 e^{-KCL} \tag{6-5}$$

式中：I为出射光强；I_0为入射光强；C为吸收介质的浓度；L为光程；K为取决于介质特性的吸收系数。

由式（6-5）可见，当红外辐射穿过待测组分的长度L和入射红外辐射的强度I_0一定时，由于K对某一种特定的待测组分是常数，故透过的红外辐射强度I仅仅是待测组分C的单值函数，其关系如图6-10所示。通过测定透射的红外辐射强度，可以确定待测组分的浓度。以这一原理为基础发展起来的光谱仪器，称为红外线气体分析仪。

6.3.2 红外线气体分析仪的分类、工作原理及基本结构

1. 分类

红外线气体分析仪按不同分类方法可分为工业型和实验室型、分光式（色散型）和非分光式（非色散型）等。

分光式是根据待测组分的特征吸收波长，采用一套光学分光系统，使通过被测介质层的红外线波长与待测组分特征吸收波长相吻合，进而测定待测组分的浓度。

非分光式是光源的连续波谱全部投射到待测样品上，而待测组分仅吸收其特征波长的红外线，进而测定待测组分的浓度。工业过程主要应用这类仪表。其主要类型如图6-11所示。

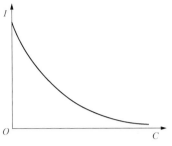

图6-10 贝尔定律确定的 I - C 关系曲线

图6-11 非分光式红外线气体分析仪类型

2. 工作原理

红外线气体分析仪是根据待测气体在特征吸收波长上吸收红外线能量的原理工作的。被吸收的能量与待测组分的浓度满足朗伯—贝尔定律，通过检测透射的红外线的强度，可求出待测组分的浓度。在检测透射的红外线强度时，一般采用的方法是让气体吸收红外辐射，气体的温度上升或压力上升，这种温度和压力的变化与待测组分浓度有关，通过测量变化的温度或压力就可测出待测组分的浓度。

3. 基本结构

红外线气体分析仪一般由光学系统（包括红外辐射光源、气室、红外检测器）和微机系统组成，典型的结构如图6-12所示。其中，红外辐射光源包括红外光源和切光（频率调制）装置；气室包括测量气室、参比气室、滤波气室（或干涉滤光片）；红外检测器有薄膜电容检测器、微流量检测器、光电导检测器、热电检测器等几种类型。

（1）红外光源。光源的作用是产生两束能量相等而又稳定的红外光束，有镍铬丝光源、陶瓷光源、半导体光源等。目前大多采用镍铬丝光源。按安装光源数量有单光源和双光源之分。单光源是用一个光源通过两个反射镜得到两束红外线，进入参比气室和测量气室，保证了两个光源变化一致。双光源则是参比气室和测量气室各用一个光源。与单光源相比，双光源因热丝发光不尽相同而产生误差，但单光源安装调整比较困难。

（2）滤波元件。其作用是吸收或滤去可被干扰气体吸收的红外线，去除干扰气体对测量的影响。滤波元件通常有两种，一种是充有干

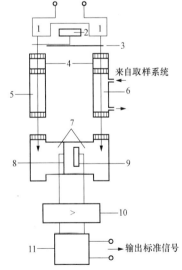

图6-12 红外线气体分析仪典型结构图
1—红外光源；2—同步电机；3—切光片；4—滤波气室；
5—参比气室；6—测量气室；7—红外检测器；8—薄膜；
9—定片；10—电气单元；11—微机系统

扰气体的滤光室，吸收其相对应的红外能量以抵消（或减少）被测气体中干扰组分的影响；另一种是干涉滤光片。干涉滤光片是在晶片表面上喷涂若干涂层，使它只能让待测组分所对应的特征吸收波长的红外线透过，而不让其他波长的红外线透过或使其大大衰减，从而将各种干扰组分的特征吸收波长的红外线都过滤掉，使干扰组分对测量无影响。

（3）测量气室和参比气室。测量气室和参比气室的结构基本相同，两端用透光性能良好的 CaF_2 晶片密封。另外，还有测量气室和参比气室各占一半的"单筒隔半"型结构。参比气室内封入不吸收红外辐射的惰性气体，测量气室则连续通入被测气体。气室的长短与被测组分浓度有关，一般气室的长度小于 300mm。

（4）红外检测器。红外检测器的作用是接收从红外光源辐射出的红外线，并转化成电信号。

图 6-13 所示为薄膜电容式红外检测器结构。检测器的两个吸收室分别充有待测气体和惰性气体的混合物。两个吸收室间用薄金属膜片隔开。因此，当测量室发生了吸收作用时，到达吸收室试样光束比另一吸收室的参比光束弱，从而检测吸收室气压小于参比吸收室中的气压。而金属膜片和一个固定电极构成了一个电容的两个极板。此电容器的电容变化与吸收室内吸收红外线的程度有关，故测量出此电容量的变化，即可确定出样品中待测气体的浓度。

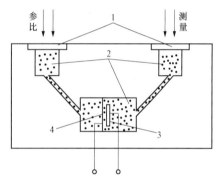

图 6-13　薄膜电容式红外检测器结构
1—窗口玻璃；2—吸收室；
3—固定电极（定片）；4—可动电极（动片）

微流量检测器实际上是一种微型热式质量流量计，它的体积很小，灵敏度极高，误差小于 $\pm 1\%$，价格也较便宜。采用微流量检测器替代薄膜电容检测器，可使红外分析器光学系统的体积大为缩小，可靠性、耐振性等性能提高，因而在红外线分析仪、氧分析仪等仪器中得到了较广泛应用。

微流量检测器的传感元件是两个微型热丝电阻。微型热丝电阻有两种。一种是栅状镍丝电阻，简称镍格栅，它是把很细的镍丝编织成栅栏状制成的。这种镍格栅垂直装配于气流通道中，微气流从格栅中间穿过。另一种是铂丝电阻，在云母片上用超微技术光刻上很细的铂丝制成。这种铂丝电阻平行装配于气流通道中，微气流从其表面掠过。这两个微型热丝电阻和另外两个辅助电阻组成惠斯通电桥。微型热丝电阻通电加热至一定温度，当有气体流过时，带走部分热量使微型热丝电阻冷却，电阻变化，通过电桥转变成电压信号。

（5）切光装置。切光装置包括切光片和同步电动机。切光片在电动机带动下对光源发出的红外光做周期性切割，将连续信号调制成一定频率（一般为 5～25Hz，常用 6.25Hz）的交变信号（一般为脉冲信号）。因为若红外线是不随时间而变化的恒定光束，则检测器的薄膜总是处于静态受力，向一个方向固定变形。这样既影响薄膜使用寿命，又使待测组分有微小变化时，薄膜相对位移量小，电气测量比较困难。因此，在红外线分析仪中采用切光片将红外线光束调制成时通时断地射向气室和检测器的脉冲光束，从而将电容检测器的直流输出信号变为交流信号，提高了灵敏度和抗干扰能力，也便于信号放大。切光片在几何形状上应严格对称，这样调制的光波信号也是对称的方波。

（6）微机系统。微机系统的任务是将红外探测器的输出信号进行放大变成统一的直流电流信号，并对信号进行分析处理，将分析结果显示出来，同时根据需要输出浓度极值和故障状态报警信号。信号处理包括干扰误差的抑制，温漂抑制，线性误差修正，零点、满度和中点校准，量程转换、量纲转换、通道转换，自检和定时自动校准等。

6.3.3 ULTRAMAT 23 型红外线气体分析仪简介

ULTRAMAT 23 型红外线气体分析仪一次能够测量四种气体组分，最多可测量三种红外敏感气体，比如 CO、CO_2、NO、SO_2、CH_4、R22（氟里昂，$CHClF_2$）以及采用电化学氧气测量单元测量 O_2。其外形如图 6-14 所示。它具有文本格式的菜单辅助操作和开放界面结构，具有 RS485、RS232、PROFIBUS、SIPROM GA 通信总线；19″机架单元，能方便地安装在成套设备中；不需要校准气体和附件。

图 6-14 ULTRAMAT 23 型红外线气体分析仪

1. 基本类型

（1）测量一种红外气体组分，带（或不带）氧含量测量。

（2）测量两种红外气体组分，带（或不带）氧含量测量。

（3）测量三种红外气体组分，带（或不带）氧含量测量。

2. 特性参数

（1）量程。对于单组分和双组分分析仪，CO 的量程为 $0\sim150mg/m^3$，NO 的为 $0\sim250mg/m^3$，SO_2 的为 $0\sim400mg/m^3$。对于三组分分析仪，CO 的量程为 $0\sim250mg/m^3$，NO 的为 $0\sim400mg/m^3$，SO_2 的为 $0\sim400mg/m^3$。

（2）输出为模拟量信号。每组分对应的输出为 $0/2/4\sim20mA$，根据情况可自己选定。

（3）负载电阻：最大 750Ω。

（4）线性误差：<满量程的 1%（最大测量量程时）；<满量程的 2%（最小测量量程时）。

（5）重复性：≤最小量程的 1%。

（6）通信方式：RS485 为基本配置（从后面连接）；其他选项有 RS232 转换器、TCP/IP Ethernet 转换器、通过 PROFIBUS-DP/PA 接口接入网络、作为服务和维护工具的 SIPROM GA 软件。

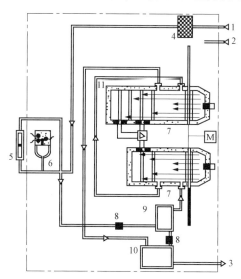

图 6-15 ULTRAMAT 23 型多组分红外线气体分析仪内部气路图

1—样气/标准气入口；2—吹扫入口（用于机箱和切光片吹扫）；3—气体出口；4—膜式过滤器；5—浮子流量计；6—压力开关；7—测量气室；8—限流器；9、10—凝液罐；11—微流量检测器和接收气室

（注：过滤器、流量调节阀、样品泵、冷凝液排放阀安装在仪器机箱外部的样品处理系统中，图中未标出）

3. 内部气路

图 6-15 为 ULTRAMAT 23 型多组分红外线分析仪内部气路图。被测样气由入口 1 进入，首先经膜式过滤器 4 除尘除水。气路中的压力开关 6 用以监视样气压力，当压力过低时发出报警信号；浮子流量计 5 显示样气流量，供维护人员观察；限流器 8 起限流限压作用；凝液罐 9 分离

可能冷凝下来的液滴，以保护分析器免遭损害。

样气经上述处理后，送入分析器进行分析。该仪表中有两个红外线分析模块，均采用非分光红外线吸收原理、单光路系统、微流量检测器的接收气室串联布置。上部的双组分红外线分析模块中有两套微流量检测器，两组接收气室串联连接在一起，分别接收不同辐射波段的红外线光束，前检测器检测干扰组分的浓度，后检测器检测待测组分的浓度，前检测器的输出信号，通过内部计算后用于校正后检测器的测量结果。分析后的样气经凝液罐 10，携带冷凝液一起排出分析仪。

6.4　热导式气体分析仪

热导式气体分析仪是使用最早的一种物理式气体分析仪，它是利用不同气体导热特性不同的原理进行分析的。常用于分析混合气体中的 H_2、CO_2、NH_3、SO_2 等组分的百分含量。

6.4.1　工作原理

各种气体都具有一定的导热能力，但是导热程度有所不同，即各有不同的热导率。经实验测定，气体中氢和氦的导热能力最强，而二氧化碳和二氧化硫的导热能力最弱。气体的热导率还与气体的温度有关。表 6-2 列出了 0℃时以空气热导率为基准的几种气体的相对热导率。

表 6-2　　　　　　　　　　　　　气体在 0℃ 下的相对热导率

气体名称	N_2	O_2	CO_2	SO_2	H_2	CO	CH_4
相对热导率	0.998	1.015	0.615	0.344	7.13	0.964	1.318

对于彼此之间无化学反应的多组分的混合气体，总的热导率与各组分的热导率及各组分的体积百分含量有关，即

$$\lambda = \lambda_1 C_1 + \lambda_2 C_2 + \cdots + \lambda_n C_n = \sum_{i=1}^{n} \lambda_i C_i \qquad (6-6)$$

式中：λ 为混合气体的总热导率；λ_1，λ_2，…，λ_n 为混合气体中各组分的热导率；C_1，C_2，…，C_n 为混合气体中各组分的体积百分含量。

如果被测组分的热导率为 λ_1，其余组分为背景组分，并假定它们的热导率近似等于 λ_2。又由于 $C_1 + C_2 + \cdots + C_n = 1$，将它们代入式（6-6）后可得

$$\lambda \approx \lambda_1 C_1 + \lambda_2 (C_2 + C_3 \cdots + C_n) = \lambda_1 C_1 + \lambda_2 (1 - C_1) = \lambda_2 + (\lambda_1 - \lambda_2) C_1 \quad (6-7)$$

即有

$$C_1 = \frac{\lambda - \lambda_2}{\lambda_1 - \lambda_2} \qquad (6-8)$$

在 λ_1、λ_2 已知的情况下，测定混合气体的总热导率 λ，就可以得出被测组分的体积百分含量。

6.4.2　检测器和测量电路

1. 检测器

由于气体的热导率很小，直接测量比较困难，所以热导式气体分析仪大多是把气体热导率的变化转换成金属材料电阻值的变化。通过对金属材料电阻值进行测量，反映出被测组分

的体积百分含量。通常把热导率转换成电阻值的部件称为热导式气体分析仪的检测器，又称
热导池。

热导池基本结构如图 6‑16 所示。用导热良好的金属制成
的长圆柱形小室内，装有一根细的铂或钨电阻丝，电阻丝与腔
体有良好的绝缘。电阻丝通过两端引线通以一定强度的电流 I，
使其维持一定的温度 t，t 高于室壁温度 t'。热导池一般放在恒
温装置中，故室壁的温度恒定。被测气体由小室下部引入，从
小室上部排出，电阻丝的热量通过混合气体向室壁传递，其热
平衡温度将随被测气体的热导率变化而变化。电阻丝温度的变
化使其电阻值亦发生变化。在一定条件下，电阻丝在热平衡状
态下的电阻值与混合气体的热导率之间存在单值函数关系。通
过测量电阻的变化就可得知气体组分的变化。

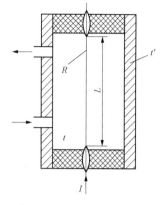

图 6‑16 热导池基本结构

在热导池基本结构的基础上进行改进，其结构还有分流式、对流式、扩散式、对流扩散式
四种。图 6‑17 所示为目前常用的对流扩散式检测
器。待测气体从主气路中流过时，一部分气体以扩
散方式进入测量室中，被电阻丝加热，形成上升的
气流。由于节流孔的限制，一部分气体经过节流孔
进入支气管中，被冷却后向下方移动，最后排入主
气路中。这样气体流过测量气室的动力既有对流作
用，也有扩散作用，故称为对流扩散式。这种结构
既不会产生气体倒流现象，也避免了气体在测量室
内的囤积，从而保证待测气体有一定流速。热导池
的反应速度快、滞后小，且气体流量的波动影响小。

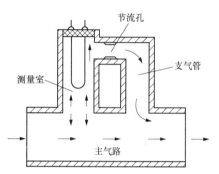

图 6‑17 对流扩散式热导池

2. 测量电路

通过检测器的转换作用，将被测组分含量的变化转换成了电阻值的变化。对电阻的测量
常采用电桥。热导式气体分析仪的测量电路有单电桥测量电路和双电桥测量电路。双电桥测
量电路如图 6‑18 所示。Ⅰ 为测量电桥，Ⅱ 为参比电桥。测量电桥中 R_1、R_3 气室中通入被
测气体，R_2、R_4 气室中充以测量下限
气体；参比电桥中 R_5、R_7 气室充以测
量上限气体，R_6、R_8 气室中充以测量
下限气体。参比电桥输出一固定的不
平衡电压 U_{AB} 加在滑线电阻 R_P 的两端，
测量电桥输出电压 U_{CD} 的变化随着被测
组分含量的变化而变化。若 D、E 两点
之间有电位差 U_{DE}，则经放大器放大
后，推动可逆电机转动，带动滑线电
阻 R_P 的滑动点 E 移动，直到 $U_{DE}=0$，
放大器无输入信号，此时 $U_{CD}=U_{AE}$。
滑线电阻滑动点 E 的位置对应于测量

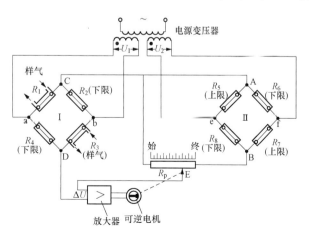

图 6‑18 双电桥测量电路

电桥的输出电压 U_{CD}，即反映出待测气体的含量。

6.4.3 热导式气体分析仪在火电厂的应用

热导式气体分析仪常用于锅炉烟气分析和氢纯度分析。

火电厂中使用 RD-7AG 型热导式气体分析仪来分析烟气中 CO_2 的含量。烟气中的组分有 CO_2、N_2、CO、H_2、SO_2 及水蒸气等，其中 H_2、SO_2 热导率相差太大，应在预处理时除去。剩余的背景气体热导率相近，并与被测气体 CO_2 的热导率有显著差别。从热导率来看，烟气成为双成分（CO_2 和其余成分）混合气体，其热导率与这两成分的比例有关，通过测量烟气的热导率来测量 CO_2 的含量。

火电厂中使用 QRD-1102 系列氢分析仪来测量氢冷发电机的冷却氢气的纯度（含量），

以监视爆炸条件时氢含量的下限值。测量的背景气体是空气。

QRD-1102C 型热导式氢分析仪如图 6-19 所示。其采用标准 19" 机箱，能安装在成套设备中；大屏幕 LCD 显示，全中文菜单操作；

图 6-19　QRD-1102C 型热导式氢分析仪实物图　手动/自动校准、双量程自动切换；标准 RS232、RS485、CAN、以太网数字通信功能，可直接与电脑或 DCS 连接；具有故障报警指示与提示功能。模拟量输出为 $0/2/4\sim20mA$，默认为 $4\sim20mA$，输出负载≤400Ω。其测量范围最小量程为 $0\sim1\%$，标准量程为 $0\sim10\%$、$35\%\sim75\%$、$40\%\sim80\%$、$75\%\sim100\%$、$80\%\sim100\%$。零点漂移为 $\pm1\%FS/7d$；量程漂移为 $\pm1\%FS/7d$；线性误差为 $\pm1\%FS$；重复性≤0.5%；响应时间≤25s；功率小于 60W（含加热）；电源为 (220 ± 22) V AC，(50 ± 0.5) Hz；质量约 10kg。

6.5　电导式分析仪

电导式分析仪是一种历史悠久，应用也比较广泛的分析仪表。用来分析酸、碱溶液的浓度时，常称为浓度计；直接指示电导的，则称为电导仪；用来测量蒸汽和水中的盐浓度时，称为盐量计。

在火电厂中，电导式分析仪不仅可用于连续监督各段汽、水的受污染程度，也可用于监督凝汽器冷却水的泄漏，补给水、凝结水、除盐水处理中离子交换器的失效程度以便控制其运行的终点和再生。动力机组的给水和蒸汽中的盐分是引起设备结垢的原因，会影响热力设备的安全经济运行。在高压锅炉中，对于过热蒸汽和给水的电导率要求小于 $0.2\mu S/cm$。

6.5.1 工作原理

以水为溶剂的酸、碱和盐类溶液，称为电解质溶液。电解质溶液中存在着正、负离子。在该溶液中插入一对电极，并外接电源时，正、负离子在电场作用下，分别向两个电极移动，在回路中产生了电流。根据欧姆定律，温度一定时，溶液的电阻与电极间距 L（m）成正比，与电极截面积 A（m^2）成反比，即

$$R = \rho\frac{L}{A} \qquad\qquad (6-9)$$

式中：ρ 为电解质溶液的电阻率，是长 1m，截面积为 $1m^2$ 导体的电阻。

溶液的电导（G）则可表示为

$$G = \frac{1}{R} = \frac{1}{\rho}\frac{A}{L} = \gamma\frac{1}{K} \qquad (6-10)$$

式中：γ 为电解质溶液的电导率，S/m；$K = L/A$，称为电极常数。

溶液的电导率 γ 的物理意义是：当电极的面积为 $1m^2$，两电极相距 1m 时，中间充以电解质溶液所具有的电导。

电导率 γ 的大小表示了溶液导电能力的大小，与电极常数无关，但与溶液电解质的种类、性质、浓度及溶液的温度等因素有关。

在溶液浓度较低时，除浓度外其他因素保持不变或采取补偿措施时，电导率与溶液浓度有确定关系。溶液电导率随溶液浓度增加而增加，但当溶液浓度过高时，电导率随浓度增加反而减小。在低浓度和高浓度的情况下，溶液电导率均与溶液浓度呈单值函数关系。

当溶液浓度介于中等浓度范围内时，溶液电导率与溶液浓度不再是单值函数关系。所以应用电导法只能测量低浓度或高浓度的溶液，且电解质溶液的电导率与其浓度的关系是通过实验取得的。通过测量溶液的电导率，就可得到溶液的浓度。影响电导率测定的因素有溶液温度、电极的极化、电极系统的电容等，因此在测量电路的设计中需要采取相应的措施以减小其影响。

测量电导（S 或 μS）的仪器称为电导仪，测量电导率（μS/cm）的仪器称为电导率仪。电导仪主要由电导池（传感器）、转换器和显示器三部分组成。电导池的作用之一就是使被测溶液中的离子定向迁移而产生电流，作用之二是将该溶液导电能力的大小转换成可测电气量——电阻（或电导）。转换器的作用是将电导池反映出来的电导或电阻转换成显示装置所要求的信号形式。显示器可以以数字、打印机、记录仪等形式直接显示被测物质的含量。

6.5.2 电极常数的测定方法

从理论上讲，一个已经确定的电导池，可以根据两电极的几何尺寸和相对位置，按相应的公式来计算电极常数。最简单的电导池是由两个面积各为 A、相距为 L 的平行金属板组成的，其电极常数可按 $K = L/A$ 来计算。但实际上，由于溶液导电状况比较复杂，用几何尺寸决定的面积不能代表真正的导电面积，所以上述的计算只是近似值，其准确值需用实验方法来确定。常用的电极常数测量方法有标准电导溶液法和标准电极比较法。

1. 标准电导溶液法

标准电导溶液是专门配制的氯化钾（KCL）溶液，它在某些温度下不同浓度的电导率已精确地测出，并已制成表，可以方便地查到。将已知电导率的标准溶液放入电导池，用交流电桥测出其电导或电阻值，根据公式 $K = \gamma/G$，可以计算出电极常数 K。

2. 标准电极比较法

用已知电极常数为 K_s 的电导池和未知电极常数为 K_x 的电导池依次测量同一溶液的电导值或电阻值。因同一溶液电导率相同，故可以写出如下关系式

$$K_s G_s = K_x G_x \qquad (6-11)$$

则

$$K_x = \frac{K_s G_s}{G_x} = \frac{K_s R_x}{R_s}$$

式中：G_s、R_s 分别为电极常数为 K_s 的电导池测出溶液的电导值和电阻值；G_x、R_x 分别为电极常数为 K_x 的电导池测出溶液的电导值和电阻值。

电极常数一般认为是不变的，但长时间使用，电极表面往往被污染，这相当于减小其有效面积，引起电极常数变化，给测量带来误差。因此，一般要定期清洗电极，清洗后再对电极常数进行重新校验。

6.5.3 溶液电导的测量方法

溶液电导是通过测量两电极之间的电阻求出的。溶液电阻的测量目前常用的方法有分压法和电桥法两种。

1. 分压法

分压法测量电路原理如图 6-20 所示。两个极板之间的被测溶液电阻 R_x 和外接的固定电阻 R_k 串联，在交流电源 u 的作用下，电阻 R_k 上的分压为

$$u_k = \frac{uR_k}{R_x + R_k} \qquad (6-12)$$

测量时电源电压 u 保持恒定，u_k 与 R_x 之间为单值对应关系，测得 u_k 就可得知溶液的浓度。

这种测量方法适用于低浓度、高电阻电解质溶液的测量。

2. 电桥法

应用平衡电桥或不平衡电桥均可测量溶液电阻。图 6-21 为平衡电桥法测量电路原理图，调整触点 a 的位置可使电桥平衡。电桥平衡时，有

$$R_x = \frac{R_3}{R_2}R_1 \qquad (6-13)$$

通过电桥平衡时触点 a 的位置可知 R_x 的大小，进而可确定溶液浓度大小。平衡电桥法适用于高浓度、低电阻溶液的测量，对电源电压的稳定性要求不高。

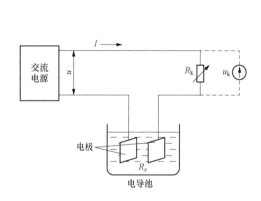

图 6-20　分压法测量电路原理图

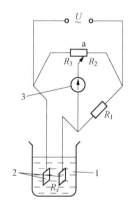

图 6-21　平衡电桥法测量电路原理图
1—电导池；2—电极片；3—检流计

6.5.4 电导式分析仪在火电厂中的应用

DDD—32B 型工业电导仪是一种普及型的在线监测仪表，在电厂中应用十分广泛。它由电导检测器、转换器和显示仪表三部分组成。其组成框图如图 6-22 所示。配套的检测器有三种电极常数（0.01、0.1、1.0）的电极，可以得到不同的测量范围（0～$0.1\mu S$、0～$1\mu S$、

$0\sim10\mu S$、$0\sim100\mu S$、$0\sim1000\mu S$ 五种量程);输出信号为 $0\sim10mA$ 或 $0\sim10V$;准确度为 $\pm3\%$;被测介质温度范围为 $0\sim60℃$,压力 1MPa,能实现被测介质的温度自动补偿。

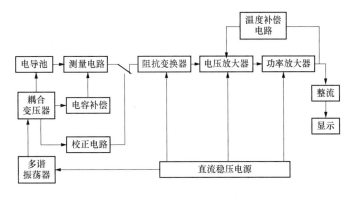

图 6-22 DDD-32B 型工业电导仪组成框图

1. 检测器

检测器呈圆柱形,由绝缘材料压铸而成。其内装有两个电极,一个圆柱形的不锈钢内电极和一个圆筒形的不锈钢外电极。另外,还安装了一支铂电阻温度计,用来作为温度补偿电极。内电极的上部有一段涂有塑料的绝缘层,它与外电极之间距离决定了电极常数。被测溶液从下部进入,侧面流出。测量时被测溶液处在流动状态,并连续地流过电极。

2. 转换器

转换器的作用是将检测器中溶液的电导转换成电信号输出给显示仪表,对溶液的电导、电导率或浓度进行指示、记录和作为调节仪表的输入信号。DDD-32B 型工业电导仪采用分压式测量电路,并有分布电容和温度补偿电路。

3. 显示仪表

显示仪表为通用产品,只要满足输入信号,用户可以自行选用。

6.6 烟气排放连续监测系统 (CEMS)

治理大气污染、减少污染物的排放是一项系统工程,以火力发电厂为例,包括锅炉燃烧、烟气除尘、脱除硫化物、脱除氮氧化物、烟气排放监测等环节。图 6-23 是一套以煤为燃料的火力发电机组生产流程简图。图中示出了与锅炉燃烧,烟气脱硝、除尘、脱硫,烟气排放监测有关的在线分析项目及取样点位置。从该图可以看出,在线分析仪器在火电厂治污减排、节能降耗中有重要作用。

火电厂烟气排放连续监测系统 (Continuous Emission Monitoring System,CEMS) 是监测烟气污染物排放的现代化系统。该系统对固定污染颗粒物浓度和气态污染物浓度以及污染物排放总量进行连续自动监测,并将监测数据和信息传送到环保主管部门,确保排污企业污染物浓度和排放总量达标。同时,各种相关的环保设备如脱硫、脱硝等装置,也依靠 CEMS 的数据进行监控和管理,以提高环保设施的效率。CEMS 系统根据安装位置分两部分。一部分为安装现场烟道或烟囱的设备,包括气体及粉尘采集器及压力、温度和湿度测量

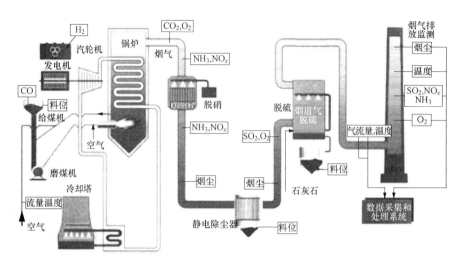

图 6-23　燃煤火力发电机组生产流程简图

装置。另一部分安装在 CEMS 分析室，包括气体预处理系统、气体分析仪主机、数据采集控制单元等。CEMS 的系统配置如图 6-24 所示。

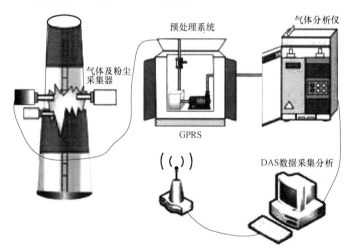

图 6-24　CEMS 的系统配置图

6.6.1　CEMS 基本组成

图 6-25 是 CEMS 的组成示意图。CEMS 由颗粒物（烟尘）监测子系统、气态污染物监测子系统、烟气参数监测子系统、系统控制及数据采集处理子系统等组成。

颗粒物（烟尘）监测子系统用于监测烟气中的烟尘浓度（颗粒物含量）；气态污染物监测子系统用于监测烟气中的 SO_2、NO_x 等的浓度；烟气参数监测子系统用于监测烟气流量、温度、压力、湿度、氧含量等；系统控制及数据采集处理子系统用于控制 CEMS 系统的自动操作，采集并处理数据，计算污染物排放量，显示和打印各种参数、图表，并通过数据、图文传输系统传送至管理部门。

CEMS 一般包括采样和预处理系统、测量分析系统、辅助系统。

（1）采样和预处理系统：用于对烟道或烟囱内的烟气进行采集和传输，并在不改变污染

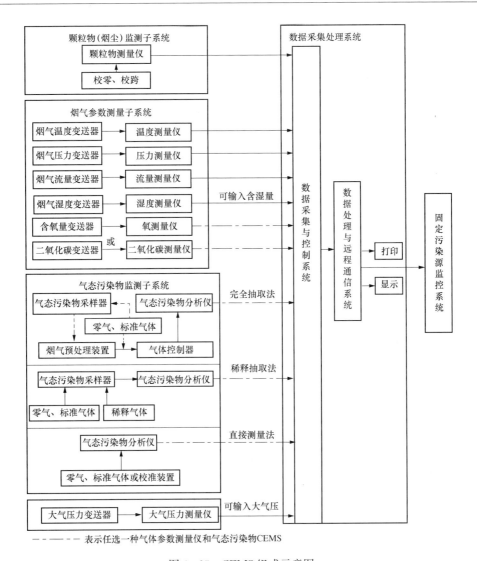

－－－－－ 表示任选一种气体参数测量仪和气态污染物CEMS

图6-25 CEMS组成示意图

物组成的前提下对烟气进行有效的预处理过程以满足后续分析测试的需求。对于非采样方式的CEMS（直接测量法CEMS）往往不需要配置采样和预处理系统。

（2）测量分析系统：用于对烟气中的各种参数进行准确测量和显示。

（3）辅助系统：用于保障CEMS长期自动监测稳定性，提高监测数据质量的辅助设备。辅助系统一般包括反吹系统、排气排水系统、压缩空气预处理系统、校准校验系统等。

CEMS测量分析方式有两种：一种是抽取测量方式，将烟气从烟囱或烟道中抽取出来进行测试分析；另一种是直接测量方式，将测量分析单元安装在烟囱或烟道上直接对排放烟气进行测试分析。抽取测量方式依据其采样单元的不同又分为完全抽取方式和稀释抽取方式两种。表6-3对两种测量方式中所监测参数的测量方法进行了归纳总结。

表 6 - 3 CEMS 基本技术分类和工作原理

监测参数	采样分析方式和工作原理		
	抽取测量方式		直接测量方式
	完全抽取式	稀释抽取式	
颗粒物	β 射线法、振荡天平法、光散射法	—	浊度法、光散射法、光闪烁法
二氧化硫	非分散红外法、非分散紫外法、气体过滤相关法、紫外差分吸收法、傅里叶红外法	紫外荧光法	紫外差分吸收法、非分散红外法、气体过滤相关法
氮氧化物	非分散红外法、非分散紫外法、气体过滤相关法、紫外差分吸收法、傅里叶红外法、双池厚膜氧化锆传感器法	化学发光法	紫外差分吸收法、非分散红外法、气体过滤相关法
氧气	电化学法、氧化锆法、顺磁法	—	氧化锆法
流速	—	—	皮托管法、热平衡法、超声波法
温度	—	—	铂电阻法、热电偶法
湿度	干湿氧法、红外法	—	干湿氧法、红外法、高温电容法

6.6.2　颗粒物（烟尘）监测子系统

颗粒物（烟尘）监测子系统包括测量烟气脱硫（Flue Gas Desulfurization，FGD）装置入口和出口的烟气含尘量。测量入口的含尘量主要是为了防止含尘量过高的烟气进入脱硫吸收塔，影响吸收塔内的化学反应及石膏质量。

火电厂烟气排放的颗粒物监测装置按原理可分为光学法和物理法。光学法又分为透射法（也称浊度法）和散射法，物理法可分为静电法和 β 射线法。透射法和散射法是我国目前推荐使用的烟尘测量方法。

1. 透射法烟尘仪

透射法烟尘仪的理论基础是朗伯—贝尔定律。用一束光通过一定厚度的待测介质，测量待测介质中悬浮颗粒对入射光吸收和散射所引起的透射光强度的衰减量，从而确定被测介质的的含尘浓度，即浊度。

根据光学系统的不同，透射法烟尘仪分为单光程烟尘仪和双光程烟尘仪。单光程烟尘仪的发射器和接收器分别置于烟道两侧；双光程烟尘仪的发射器和接收器分别位于烟道同一侧，烟道另一侧设一个反射器。红外 LED 或红外激光光源发出的恒定光通过粒子后产生衰减，通过对其衰减量的测定，测得单位体积内颗粒物的含量。

双光程烟尘仪由于发射器和接收器为一体，便于现场安装、维护，也有效地避免了烟道振动引起的测量误差，使仪器能长期稳定的工作。

2. 散射法烟尘仪

散射法烟尘仪的理论基础也是朗伯—贝尔定律。当光射向颗粒物时，颗粒物能够吸收和散射光，使光偏离它的入射路径，接收器在预设定偏离入射光的一定角度接收散射光。颗粒物浓度越高，散射光强度越大，可以通过计算得到颗粒物浓度。根据接收器与光源所呈角度的大小，散射法烟尘仪可分为前散射、后散射、90°散射三种结构形式。前散射烟尘仪接收器与光源呈±60°角度；后散射烟尘仪接收器与光源呈±（120°～180°）角度。目前，烟尘测量大多使用后散射烟尘仪。

6.6.3 气态污染物监测子系统

气态污染物监测子系统包括烟气取样探头、传输管、气体预处理系统、气态污染物分析仪等部分，用于监测气态污染物 SO_2、NO_x 等的浓度和排放总量。

1. 气态污染物分析仪的采样方式

按照采样方法的不同，对气态污染物的测量有完全抽取方式、稀释抽取方式和直接测量方式三种。稀释抽取方式又分为烟道内稀释和烟道外稀释；直接测量方式又分为点测量和线测量或者是内置式和外置式。

（1）完全抽取方式是直接从烟囱或烟道内抽取烟气，经过适当的预处理后将烟气送入分析仪进行检测。完全抽取方式又分为冷干法和热湿法，其区别在于对样气的预处理步骤不同。

冷干法是对样品处理采用制冷脱水方式，将高温、高湿的样品在一个区域内进行快速冷凝，使样品中的水分与样品分离后再进入分析仪进行分析的方法。热湿法是对采样管路和输送到气体分析仪的管路全程加热，加热温度需高于气体冷凝的露点温度。

由于我国排放标准要求烟气浓度以标态干基为准，所以我国安装的常规气态污染物 CEMS 以冷干完全抽取式多。

（2）稀释抽取方式是将除尘后的取样烟气用大量的干燥纯净空气按一定比例稀释（100～250 倍）后，使样气的露点温度远低于室温（一般达到 $-30℃$ 以下），再送至微量分析仪进行分析，分析结果乘以稀释比，得到检测值。稀释抽取方式最关键的技术在于稀释取样探头，它包括临界小孔（Critical Orifice）、文丘里管（Venturi）和喷嘴（Nozzle），其主要作用是将样气精确地按比例稀释。根据稀释头在烟道内和烟道外，又可将稀释抽取方式分为烟道内稀释法和烟道外稀释法。

（3）直接测量方式是利用直接安装在烟道内的传感器或穿过烟道的特殊光束，无需对被测成分进行采样和预处理而直接测定烟气中污染物浓度。因为检测时不需要将烟气抽出来，烟道相当于就是仪器的测量气室，结构简单，无需管线，但仪器工作环境恶劣，维修难度较大，所以直接测量方式使用的数量并不多。

2. SO_2 的分析方法

SO_2 的分析方法依其分析量程不同而异，有紫外荧光法、非抽取＋红外或紫外吸收法、直接抽取＋非色散红外吸收法。

（1）紫外荧光法适用于低量程（稀释抽取法）检测。该技术出现于 20 世纪 90 年代初期，其技术特点是稀释采样降低样品露点温度，解决了烟气冷凝水问题，一般情况下无需跟踪加热采样管线，并解决了采样探头的腐蚀与堵塞问题，连续工作时间长。采样管线在正压下工作，从而防止由于泄漏所引入的误差；经稀释的烟道气样品，可使气体浓度最大减少到 1350 倍，可用灵敏度高的环境监测仪器完成分析。该方法灵敏度高、选择性好，但其也存在响应时间稍长（$<3min$）、干燥压缩空气纯度要求高、除水除硫制备繁杂等缺点，且由于所用仪器中涉及紫外灯的脉冲点燃技术，必须有寿命长且光强稳定的紫外灯、可长期连续工作的光电倍增管以及去除干扰的膜式过滤装置。目前所用仪器主要靠进口，价格较昂贵。该技术产品有美国热电子（Thermo Electron）环境仪器公司 200 型产品、法国环境仪器公司（ESA）的产品、北京航天益来电子科技有限公司 CYA200 型产品等。由于湿度未从样品中消除，该方法测定的为湿基。

（2）非抽取＋红外或紫外吸收法的早期产品出现在 20 世纪 70 年代末至 80 年初，即将一束红外光或紫外光直接照射到烟气上，在探头上开孔，烟气从中流过，利用 SO_2 的特征吸收光谱进行测量。其优点是技术简单，响应快，无需抽气管线，可直接实时测量湿基；缺点是探头易被烟尘堵塞，分析仪易污染。探头为开孔式，无法进行在线校标，准确度差。90 年代中期，以英国 Procal 公司为代表，推出了封闭式产品，即用金属烧结材料将探头光路封闭，该材料在过滤掉烟尘的同时，气体渗透到光路中进行测量。这种由开口式向封闭式的改进使非抽取方式得以实现在线校标，同时解决了烟尘对 SO_2 的测定干扰问题。封闭式探头对光路的防污染要求高，需使用清洁压缩空气吹扫技术和独特的结构设计排除烟尘和烟气对光路的污染。该技术产品价格较低，有一定的市场占有率，如美国 AIM 公司的红外法产品、北京牡丹联友公司的紫外双波长产品等。

（3）直接抽取＋非色散红外吸收法技术出现于 20 世纪 80 年代中期，烟气经除尘除湿后，测量的为烟气干基，克服了非抽取方式烟尘干扰的问题，但烟气除尘、除湿（采样管加热）等预处理维护工作复杂，抽气口易堵塞，采样管线是负压运行，稍有泄漏会影响测定结果。该技术在全球市场的占有率高，产品价格适中，如日本岛津公司和英国 XENTRA4900 型产品、北京北分麦哈克分析仪器有限公司的 GXH 902 等。

3. NO_x 的分析方法

氮氧化物 NO_x 的分析方法主要有非色散红外吸收法、紫外吸收法和化学发光法。

（1）非色散红外吸收法是通过测量 NO 对红外特征光谱的吸收来连续检测 NO 浓度。NO_2 通过钼转换器（金属钼作为还原剂）将 NO_2 转换成 NO 再进行测量，但其灵敏度较低，适用于 NO 较高浓度检测。由于其结构简单相对可靠，在 CEMS 检测中也得到较多的应用，如德国 Siemens 公司的 ULTRAMAT 23 型气体分析仪。

（2）紫外吸收法是通过对紫外光谱的吸收原理进行测量的，可以分别检测 NO 及 NO_2，从而得到 NO 总量，如美国热电子公司的 43C NO 分析仪。

（3）化学发光法的原理是基于 NO 与 O_2 反应生成激发态 NO_2，激发态的 NO_2 很快转化为常态的 NO_2，同时发出光子产生化学发光，发光强度与被测的 NO 浓度呈线性关系。

6.6.4 烟气参数监测子系统

1. 烟气参数监测项目

烟气参数监测项目有烟气流速、温度、压力（包括烟气静压和大气压力）、湿度、氧含量等，其作用是测量标准状态下的干烟气流量，以便计算排污量。

根据烟气流速和烟道截面积可求得烟气实际流量，进行温度、压力、湿度修正后，可求得标准状态下干烟气流量，乘以烟尘、气态污染物浓度，可求出其排放率和累积排放量。再根据烟气氧含量求得实际空气过量系数，并折算成规定空气过量系数下的排放量。

2. 烟气流量的测量

烟气流量测量采用"流速—面积"法，通过测量烟气流速，再由流速和测量的烟道截面积计算得到流量。测量烟气流速的流量计主要有差压式烟气流量计、热平衡式质量流量计和超声波式烟气流量计三种。

（1）差压式烟气流量计。差压式烟气流量计的测量原理是，用皮托管、阿牛巴管等测得烟气全压和静压，用流体的全压和静压的差值得到流体的动压（动压＝全压一静压），动压的平方根与流量成正比。

1）S 型皮托管。皮托管是测量烟气流速的传统技术。由于 S 型皮托管测压孔开口加大，不易被烟尘堵塞，易于用高压气体吹扫，保持测压孔开口的清洁，因此在烟气流速连续测量中得到应用。S 型皮托管的结构如图 6-26 所示。它是由两根相同的金属管并联组成，测量端有方向相反的两个开口，面向气流的开口测全压，背向气流的开口测量静压。烟气流速 v_s 计算公式如下

$$v_s = K_P \sqrt{\frac{2p_d}{\rho}} = 128.9 K_P \sqrt{\frac{p_d(273+t_s)}{M_s(p_a+p_s)}} \tag{6-14}$$

式中：v_s 为烟气流速，m/s；K_p 为皮托管修正系数，S 型皮托管的修正系数 $K_p = 0.84 \pm 0.01$；p_d 为烟气动压，Pa；ρ 为烟气密度，kg/m³；t_s 为烟气温度，℃；M_s 为烟气分子量，kg/mol；p_a 为大气压力，Pa；p_s 为烟气静压，Pa。

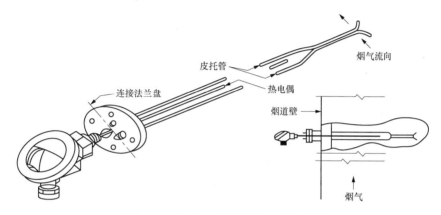

图 6-26 S 型皮托管的结构与安装示意

2）阿牛巴管。阿牛巴管是皮托管的发展和变形，其工作原理见 4.3 小节中的知识拓展。测量烟气流速的系统配置如图 6-27 所示。

差压式烟气流量计简单可靠，探头易拔出和插入，维修方便，成本较低。但是皮托管只能测量某一点的流速，阿牛巴管可以测得几个点的平均流速，流量系数不易求准，低微差压计稳定性较差，易受颗粒物堵塞，需频繁反吹清洗，维护量大。

（2）热平衡式质量流量计。热平衡式质量流量计是利用被测的烟气流

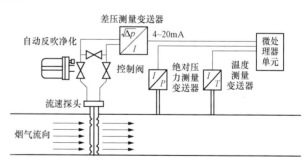

图 6-27 阿牛巴管测量烟气流速的系统配置

过加热的传感器，加热传感器的热量散失与烟气的流速有一定函数关系。流动烟气从加热传感器带走的热量越多，其温度降低越大，反映出被测量的烟气流速就越大；反之烟气流速就越小。

该流量计中通常采用两个热传感元件（一般为铂电阻温度传感器）：一个热传感元件被加热，温度高于烟气温度 25～40℃，用于测量烟气的流速；另一个传感器不加热，为参比的温度传感器，用于测量烟气的温度。利用惠斯通电桥反馈电路控制被加热的传感元件的加

热功率，保持两个热传感元件之间的温差恒定（恒温差原理），则耗散功率（电压或电流）与烟气的流速成函数关系。

热平衡式质量流量计的探头为插入式，分为单点式和多点式。单点式只有一组速度与温度传感器。多点式采用多点测量法，探头排列有多组传感器，可测量平均流速。多点式的测量精确度高于单点式。

多点式热平衡式质量流量计有单端插入和双端插入安装形式。无论哪种插入方式，每一根插入杆上均可配置不同数目的热丝感测元件，热丝感测元件的位置和数量按速度面积法确定。其特别适合于大型烟道烟气流量的测量，加之其结构简单、安装和维修方便、压力损失小、校验费用低廉（只需校验测量头）、测量准确度高（1%），是一种很有发展前途的烟气流量计。

（3）超声波式烟气流量计。超声波式烟气流量计的原理结构见4.5.3超声波流量计。超声波换能器有夹持式、插入式和管段式三种安装方式。

测量烟气流量时应采用插入式安装，而不能采用夹持式或管段式安装。因为固体管道和被测气体的密度相差太大，声波在管道壁中的传播速度远大于气体中的传播速度，声波经过管壁折射后，已无法满足测量要求，故夹持式不适用烟气测量。考虑到烟道的形状和直径，管段式也不适用。

超声波式烟气流量计内置式探头可自洁，无需吹扫，外置式则需吹扫。超声波换能器不耐高温，烟气温度不能超过220℃。

超声波式烟气流量计选型时应主要考虑以下两点：一是烟气的成分，特别是含尘量、腐蚀性气体的含量；二是烟道的形状和直管段长度。安装位置前的直管段长度不小于4倍的烟道当量直径，安装位置后的直管段长度不小于2倍的烟道当量直径。现场的直管段长度不容易满足要求，需要对烟道中的流场进行分析，选取最佳的测量位置，并采取多点测量等措施。

3. 烟气温度/压力测量

测量烟气流速，必须在测量动压的同时测量烟气的温度、压力等参数。

用热电偶或热电阻测量烟气温度。常用的热电偶有：镍铬—康铜，用于800℃以下烟气；镍铬—镍硅，用于1300℃以下烟气；铂铑10—铂，用于1600℃以下烟气。热电阻温度计常用铂电阻温度计，通常用于测量500℃以下烟气。热电偶或热电阻测量烟气温度的误差应不大于±3℃。

4. 烟气湿度测量

国家环保标准规定的烟气排放值，必须是干烟气中的污染物浓度值或排放速率。为了修正到标准规定的排放值，必须实时测量烟气中的湿度。

目前国内外烟气湿度的在线监测一般采用阻容法及干湿氧测量计算法，其他方法如激光光谱水分测量法及红外吸收水分测量法，也可以用于在线的气体水分的监测。

阻容式湿度传感器采用阻容法测量技术。它是由高分子薄膜电容湿度敏感元件和铂电阻温度传感器组成。蒸汽穿过高分子薄膜电容湿敏元件的上部电极，到达高分子活性聚合物薄膜。聚合物中吸收的蒸汽改变了传感器的电介质特性而使传感器的电容值改变，烟气中水分含量变化与电容变化成一定的函数关系。铂电阻温度传感器测量烟气温度变化，用于进行温度补偿。

在烟气监测中使用电容式湿度传感器，关键要解决湿度传感器的耐腐蚀，以及防止烟尘的积垢等难题。采用氧化锆测量干湿氧，计算烟气中的含水分量的方法是国外 CEMS 常用的测量烟气湿度的方法。

目前，国内大多数在用的 CEMS 已将干湿氧计算湿度法及阻容式湿度传感器用于在线监测湿度。在线烟气湿度的监测还存在不少问题，例如采用干湿氧测量烟气湿度的系统，由于使用方法不当，会存在较大误差；阻容式湿度测量仪在连续在线监测中需要采取防腐蚀、防磨损的措施，且测量方法本身带来的误差就比较大；另外两种仪器如何方便地进行在线校正或比对等问题，都需要进一步改进提高。

5. 烟气氧含量的测量

测量烟气中氧含量主要是为了计算排放物的真实含量，防止过量空气对烟气稀释造成烟尘和气态污染物浓度降低。此外，测量烟气中氧含量还可以更好地控制燃烧过程，提高燃料的利用率，检查锅炉和管路的漏风率。

烟气氧含量可以用氧化锆氧分析仪直接测量，也可以用多组分分析仪和气态污染物仪器测量。后者用在直接抽取采样法中，在红外分析仪中增加一个氧含量测量模块（电化学），即可同时测量烟气中的气态污染物和氧的含量。

知识拓展

西门子烟气排放
连续监测系统简介

西门子（SIEMENS）烟气排放连续监测系统由烟气成分连续测量系统（烟气处理前后）、尘埃浓度检测系统、烟气流量检测系统以及其他附加测量参数检测系统、数据采集处理系统等相对独立的几部分组成。其具体情况可扫码获取。

6.7　成分分析仪表的特殊问题

6.7.1　取样及预处理

取样系统不仅是将被测样品从生产流程中取出并送至分析仪，而且要根据成分分析仪的实际要求，对样品进行除湿、除尘、除油污、除腐蚀性物质等处理，还要根据现场需要增设有害或干扰成分处理装置、试样温度控制装置、流量显示调节装置及流路切换装置等，以确保成分分析仪安全高效工作。取样一般应遵循以下原则：

（1）取出的样品应尽可能有代表性。取样点不能设置在生产设备或管线的死角，或有空气渗入以及发生生产过程不应有的物理化学反应的区域。

（2）取样要防止组分间发生化学反应。对于燃烧过程高温炉气，取样时应当使用诸如冷却等措施使组分间的化学反应立即终止，使样品最大限度保持初始组分。

（3）样品符合分析仪器要求。应尽可能满足分析仪器对样品所提出的技术要求，例如应满足温度、湿度、含尘量、流量、压力、非腐蚀性、非干扰性等方面的要求。

（4）快速传送样品。应尽快传送样品，以减少时间滞后；在可能及允许的情况下，取样管线应尽量短。

（5）保证取样场所的安全。在危险场所（易爆、易燃、剧毒等）取样时，应非常注意安全装置的设置及采取可靠的保护措施。

取样及预处理环节易被忽视，在设计、安装、投运在线成分分析系统时一定要多下功夫，方能获得预期的效益。

6.7.2 滞后问题

成分分析仪表的检测原理及结构一般比较复杂，加之增设了取样及预处理系统，使仪表的响应时间相对较长，滞后较大。

如果生产流程中使用的分析仪器仅作为在线检测使用，滞后情况尚可接受。但若使用分析结果对生产过程进行自动控制，太长的滞后时间将严重影响过程自动控制的质量。所以在能满足分析结果的准确性及节约投资的前提下，力求选择响应速度快的分析仪表和滞后小的取样及预处理系统。

6.7.3 分析仪的标定

要获得准确可信的示值，必须定期标定仪表。一般使用准确度较高的仪器（如奥氏气体分析仪）作为标准，对工业分析仪进行标定。也可以用配制好的成分含量准确的已知标准气体或溶液样品，对分析仪器进行对比鉴定。根据仪器的状况及其重要性，确定标定的周期为每周一次或每日一次。

实训项目　氧化锆氧分析仪的校准

实训项目

氧化锆氧分析仪应用非常广泛，利用氧化锆氧分析仪的校准实训项目，可以熟悉氧化锆氧分析仪的结构和正常的工作条件，掌握氧化锆氧分析仪的校准方法。实训项目的具体内容可扫码获取。此外，对与成分分析仪表有关的国家标准、国家计量检定规程的名称及编号进行了汇总，可扫码获取。

思考题和习题

1. 在线成分分析系统为什么要有采样和预处理装置？

2. 为正确测出烟气中的含氧量，氧化锆氧分析仪工作时应满足什么条件？

3. 氧化锆氧分析仪使用过程中池温常会发生变化，采取哪些方法可以消除池温变化对氧浓差电动势的影响？

4. 什么是零位电动势（本底电动势），如何消除其对测量结果的影响？

5. 当被测气体中存在可燃性组分，能否用氧化锆氧分析仪测量气体中的氧含量，为什么？

6. 简述红外线气体分析仪的测量原理。红外线气体分析仪的基本组成环节有哪些？

7. 在红外线气体分析仪中，是否一定要有滤波气室？滤波气室的作用是什么？

8. 判断下面气体哪些能用红外线气体分析仪分析？

C_2H_4，C_2H_5OH，O_2，CO，CH_4，H_2，NH_3，CO_2，C_3H_3

9. 简述热导式气体分析仪的工作原理，它对测量条件有什么主要的要求？

10. 热导式气体分析仪中热导池的工作原理是什么？参比气室在测量中起什么作用？

11. 试述电导式分析仪的工作机理。影响电导池测量准确度的因素是什么？

12. 烟气排放连续监测系统由几部分组成？烟气中的颗粒物浓度使用什么仪表可以测出？

13. 烟气中的气态污染物主要包括哪些气体，如何测出它们的浓度？

14. 烟气参数监测子系统都监测烟气的哪些参数，测量这些参数各使用什么仪表?

15. 利用氧化锆氧分析仪测混合气体中含氧量，若用空气作参比气体，其氧含量为 21%，如测量时温度控制在 700℃，并测得浓差电动势 $E=22.64mV$，此时参比气体与待测气体压力相等。求待测气体的含氧量。

16. 氧化锆氧分析仪设计烟温为 800℃，不计本底电动势，其显示仪表指示氧量为 10.392%。但此时发现实际烟温是 650℃，且存在本底电动势 0.4mV。试求，此时烟气实际含氧量和仪表指示相对误差。

17. 四种混合气体都由 H_2、N_2 和 CH_4 组成，现用热导式气体分析仪测量各种气体含量见表 6-4。求各混合物在 0℃时的热导率，并根据结果进行分析 [0℃时，H_2、N_2 和 CH_4 的热导率分别为 0.1741、0.0244、0.0322W/(m·K)]。

表 6-4   题 17 表

混合气体	各成分含量（%）		
	H_2	N_2	CH_4
气体 1	75	24	1
气体 2	70	24	6
气体 3	70	29	1
气体 4	75	19	6

18. 某厂用热导式气体分析仪来测量锅炉烟气中的 CO_2 含量。已知烟气中含 O_2（5%），N_2（76%），CO（1.1%），SO_2（0.5%），CO_2（16%），H_2（0.4%），蒸汽（1%）。试完成：

(1) 该烟气能否通过取样管直接进入到分析仪的热导检测器中，为什么?

(2) 求混合气体的热导率；

(3) 求经过预处理后的混合气体进入热导检测器的热导率；

(4) 当蒸汽含量变为 1.5%，N_2 含量减为 75.5%，其他组分的含量不变时，计算进入热导检测器混合气体的热导率；

(5) 当 CO_2 含量变为 8%，O_2 含量变为 13%，其他组分的含量不变时，计算进入热导检测器混合气体的热导率。

计算时各气体的热导率分别为 O_2（0.031 1），N_2（0.030 8），CO（0.029 7），SO_2（0.008 4），CO_2（0.024 4），H_2（0.219 5），蒸汽（0.029 8），单位为 W/(m·K)。

19. 已知电导池内有两个面积均为 $1.25cm^2$ 的平行电极，它们之间距离为 1.5cm。在装满电解溶液后测定电阻值为 1.09kΩ。试计算该溶液的申导率及电极常数。

第7章　机械量检测及仪表

　　机械量检测仪表是用来对尺寸、位移、力、转矩、速度和振动等参数进行测量的仪表。检测机械量的传感器大多数是将这些参数变换成电气量，再用电测仪表进行测量。

　　火电厂的汽轮机组是一种高速旋转的大型设备，为了保障机组运行的经济性，其转动部分（如转子、叶片、主轴）与静止部分（如汽缸、喷嘴和隔板、汽封）之间的间隙都设计得很小。在机组启动、运行和停止过程中，动、静部分相对膨胀、收缩量较大。如果发生动静部分摩擦、碰击，就有可能产生汽轮机的轴封磨损、叶片断裂，甚至整机损坏的事故。此外，当汽轮机调速系统发生故障，以及主轴发生弯曲时，机组将产生超速及较大的振动。为了保证机组的安全运行，汽轮机上应装设转速、轴向位移、热膨胀、振动及大轴弯曲等机械参数的测量仪表和装置。这些仪表通常可称为汽轮机保护仪表或机械参数测量仪表。

7.1　位　移　测　量

　　测量位移的传感器种类很多，工作原理各不相同。目前火电厂中测量位移常使用的传感器有电涡流传感器和线性可变差动变压器（电感式位移传感器的一种）。随着科技的进步，新型位移传感器如Y形光纤位移传感器也逐渐得到应用。

7.1.1　电涡流传感器

　　电涡流传感器由于具有测量线性范围大、灵敏度高、结构简单、抗干扰能力强、不受油污等介质的影响，特别是无接触测量等优点，因而得到了广泛的应用。值得一提的是，在汽轮机的监视保护中，电涡流传感器除了可以测量位移外，还可用于转速、振动、偏心等参数的测量。另外，它也用于测量厚度、表面温度、温度变化率、应力、硬度和金属探伤等。

　　电涡流传感器可分为高频反射式和低频透射式两类。下面主要介绍应用广泛的高频反射式电涡流传感器。

　　1. 组成

　　电涡流传感器由探头、延伸电缆、前置器三部分组成，如图7-1所示。探头的外形如图7-2（a）所示。它的外形与普通螺栓十分相似，头部有扁平的感应线圈，将它固定在不锈钢螺栓一端，感应线圈的引线从螺栓的另一端与高频电缆相连。

　　前置器又称信号转换器，由高频振荡器、检波器、滤波器、直流放大器及输出放大器等组成，如图7-3所示。检波器将高频信号解调成直流电压信号。低通滤波器将高频的残余波滤去，经直流放大器和输出放大器，在输出端得到被测体与传感器之间的实际距离成比例的测量信号。信号转换器的额定输出电压为 $-4\sim-20\mathrm{V}$（线性区）。

　　2. 工作原理

　　电涡流传感器是在涡流效应的基础上建立起来的。

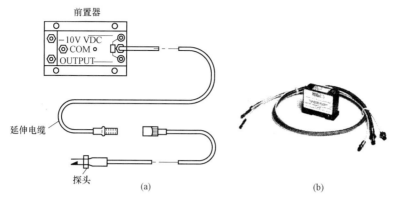

图 7-1　电涡流传感器及前置器

（a）组成；（b）实物图

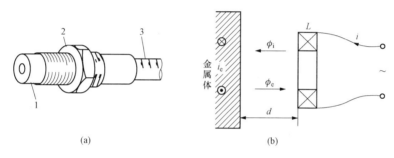

图 7-2　电涡流传感器探头

（a）结构；（b）工作原理

1—感应线圈；2—固定螺帽；3—高频电缆

如图 7-2（b）所示，在探头的线圈中通上高频（1~2MHz）电流 i 时，线圈周围就产生了高频电磁场。如果线圈附近有一金属体，金属体内就要产生感应电流 i_e。此电流在金属体内是闭合的，故称为涡流。根据焦耳—楞次定律，电涡流 i_e 产生的电磁场与感应线圈的电磁场方向相反，这两个磁场相

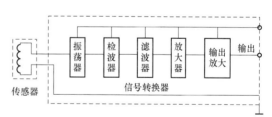

图 7-3　前置器（信号转换器）内部结构框图

互叠加，改变了通电线圈的电感。进一步分析可知，线圈电感的感应程度与线圈的几何形状、尺寸、激励电流强度 i 和频率 f、金属材料的电阻率 ρ 和磁导率 μ、线圈与金属之间的距离 d 等多个因素有关。当线圈的几何形状、尺寸确定后，有如下关系

$$L = F(i, f, \rho, \mu, d)$$

对于具体的传感器，线圈的形状与尺寸及 i 和 f 均是确定的。选定金属，ρ 和 μ 也是定值。因此线圈的电感 L 将只随线圈与金属导体间的距离 d 改变，两者间具有单值函数关系，即有

$$L = F(d)$$

3．测量电路

测量线圈电感的方法有电感法、阻抗法和品质因数法，其中电感法又可分为调幅式和调频式。

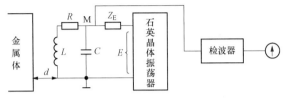

图 7 - 4 　定频调幅式测量原理图

（1）调幅式测量方法。调幅式测量方法又分为定频调幅和变频调幅。图 7 - 4 为定频调幅式测量原理图。石英晶体振荡器产生一稳频稳幅的高频信号 E，用来激励由传感器线圈 L 和电容 C 组成的 LC 并联谐振电路。谐振回路输出一个受位移 d 控制的稳频调幅信号。

图 7 - 5 示出了三根谐振曲线。曲线 1 是在无金属体接近时（$d=\infty$）得到的。当回路的振荡频率 ω_0 等于晶体振荡器供给的高频信号频率时，回路的阻抗 Z_0 最大，因而输出电压 U_0 亦为最大。

当被测体接近传感器线圈时，线圈的等效阻抗发生变化，回路失谐，谐振峰向两边移动。线圈离被测体越近，回路的等效阻抗 Z 越小，输出电压也随之减小。曲线 2 是在有非磁性和硬磁性材料靠近时得到的。曲线 3 是在软磁性材料靠近时得到的。

（2）调频式测量方法。将传感器线圈 L 和电容 C 组成并联谐振电路，在接入的振荡器中作为选频网络，随后测取振荡器的输出电频率。此电

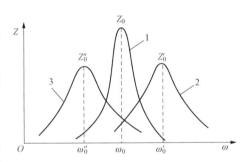

图 7 - 5 　谐振曲线波形图

频率 $f=\dfrac{1}{2\pi\sqrt{LC}}$ 与线圈电感有关，也即与被测距离 d 有关。

常用的振荡器有电容三点式和电感三点式振荡器。通过电路的检波、滤波、功率放大及线性化处理，振荡器的不同输出频率可以转换成电压信号。

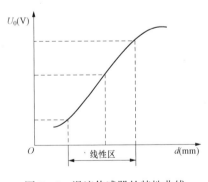

图 7 - 6 　涡流传感器的特性曲线

输出电压 U_0 与距离 d 之间的特性曲线如图 7 - 6 所示。曲线的中间一段是直线，也是传感器的工作区域。在安装传感器时必须调整好初始间隙，以保证其工作在该线性区。另外传感器线性范围的大小、灵敏度高低都与线圈形状、尺寸有关。线圈直径增大时，线性范围相应增大，灵敏度则降低。经验表明，被测体直径为探头直径的三倍以上时，传感器的线性范围一般为线圈外径的 $1/3\sim1/5$，线圈最好做成扁平圆片形状。

我国大型汽轮机上使用的德国艾普（EPRO，原 Philips 公司）公司的涡流传感器 PR642 系列广泛应用于汽轮机监测仪表系统 MMS3000 和 MMS6000 中。美国本特利内华达（BentlyNevada，简称本特利）公司的 3300 系列涡流传感器也用于静态和动态位移量的非接触式测量。

4. 安装要求

（1）被测体的安装要求。安装时传感器头部四周必须留有一定范围的非导电介质空间，以避免在临近的非测量工作表面上形成涡流而产生的磁场作用于传感器探头，影响仪表的正常输出。若被测体与传感器间不允许留有空间，可采用绝缘材料灌封。安装如图 7-7 所示。

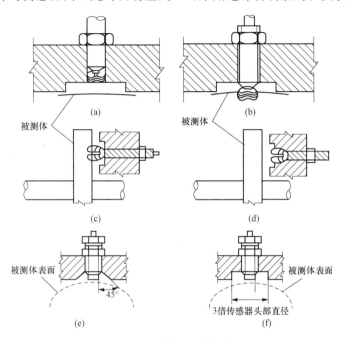

图 7-7　传感器安装示意

（a）不正确安装；（b）正确安装；（c）正确安装；（d）不正确安装；（e）45°倒角；（f）3 倍传感器头部直径

若在测试过程中在某一部位需要同时安装两个或两个以上传感器，为避免探头端部磁场间的相互干扰，两个探头之间应保持一定的距离。图 7-8 所示为防止两个传感器交叉干扰的最小距离。以为本特利公司的 φ5 探头安装为例，两探头端部之间距离的要求不小于 38.1mm（1.5in）。另外，被测体表面应为传感器直径的 3 倍以上，以避免传感器的灵敏度发生变化；被测体表面不应有锤击、撞伤以及小孔和缝隙等，不允许表面镀铬。被测体材料应与探头、前置器标定的材料一致，否则需重新校验。

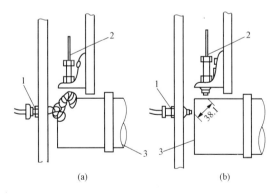

图 7-8　防止两个传感器交叉干扰的最小距离

（a）距离过小；（b）最小距离

1—测轴向位移探头；2—测径向振动探头；3—轴

（2）探头支架的安装要求。探头通过支架固定在轴承座上，支架应有足够的刚度，以提高其自振频率，避免或减小被测体振动时支架的受激自振。一般而言，支架自振频率至少应为机器旋转速度的 10 倍。支架分为永久性、非永久性和临时性三种。永久性固定支架用于油介质密封的被测系统。例如在高压腔内或密封环处测油膜厚度，安装时传感器用高性能黏合剂灌封，干固后连同轴或轴瓦一起精加工，直至达到工艺要求。非永久性固定支架用于一般位移振动测量，为便于调整间隙，常设计为可调式。一旦调试完毕，常用螺钉锁紧。临时性固定支架一般用于实验室或简单现场测试。支架支承的探头位置应与被测体的表面相垂直。

(3) 延长电缆及前置器的要求。延长电缆的长度（指探头至前置器之间的距离）应与前置器所需的长度一致，任意地加长或缩短均将导致测量误差。前置器应置于铸铝的盒子内，以免机械损坏及污染。不允许盒上附有多余的电缆。延长电缆的屏蔽层只连到前置器外壳。每一种现场引接电缆的屏蔽层只允许一端接地。在同一框架内接到监视器的所有现场导线的屏蔽接在同一接地点，以免形成接地回路。

7.1.2 电感式位移传感器

电感式传感器种类很多，根据转换原理不同，可分为自感式和互感式两种；根据结构型式不同，可分为气隙型和螺管型两种。

线性可变差动变压器是一种应用广泛的电感式位移传感器。线性可变差动变压器（Linear Variable Differential Transformer，LVDT）采用了螺管型互感式原理，可用于测量汽轮机的热膨胀、相对热膨胀和轴向位移，也可用于汽阀调节的行程机构中。

图7-9为线性可变差动变压器（LVDT）结构示意。它由三个线圈组成，其中 L_0 为励磁绕组，由 1kHz 的振荡器作为交流稳压的励磁电源。L_1 和 L_2 为输出绕组，二者反向串接，输出的总交流电动势是两个绕组交流感应电动势的差值，它将正比于铁芯偏离中心位置的距离。此交流信号经解调后变成直流电压信号。本特利公司的 LVDT 在其测量范围内具有线性的输出特性，即输出电压与位移成正比。其特性曲线如图7-10所示。图中画出了位移量程范围分别为 0～25mm（500HR DC）、0～50mm（1000HR DC）和 0～100mm（2000HR DC）的输出特性曲线，其灵敏度分别为 0.35、0.4、0.14V/mm，线性范围分别为 ±12.7、±25.4mm 和 ±51mm，频率分别为 20、15Hz 和 10Hz，线性误差为 ±0.5% 满量程，稳定性为 0.125% 满量程。当铁芯处于中间对称位置时，输出信号为零。而铁芯偏离中心左右移动时，将输出正或负的直流电压信号，而且此信号与铁芯位移呈线性关系。该信号可直接供给指示和记录仪表使用。

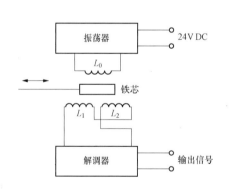

图7-9　线性可变差动变压器

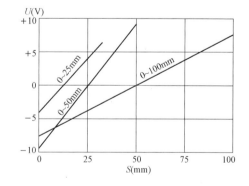

图7-10　线性可变差动变压器的输出特性曲线

7.1.3 Y形光纤位移传感器

图7-11为Y形光纤位移传感器原理图。这是一种基于改变反射面与光纤端面之间距离

的反射光强调制型传感器。反射面是被测物的表面。Y 形光纤束由约几百根至几千根直径为几十微米的阶跃型多模光纤集束而成。它被分成纤维数目大致相等、长度相同的两束,即发送光纤束和接收光纤束。发送光纤束的一端与光源耦合,并将光源射入其纤芯的光传播到被测物表面(反射面)上。反射光由接收光纤束接收,并传播到光电探测器转换成电信号输出。

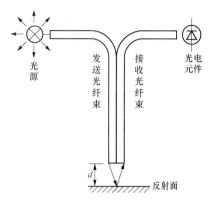

图 7 - 11 Y 形光纤位移传感器原理图

发送光纤束和接收光纤束在汇集处端面的分布方式有多种,如随机分布、对半分布、同轴分布(发送光纤在外层和发送光纤在里层两种),如图 7 - 12 所示。不同的分布方式,反射光强与位移的特性曲线不同,如图 7 - 13 所示。由图可见,随机分布方式较好。按这种方式分布的传感器,无论是灵敏度或线性度都比按其他几种分布方式好。光纤位移(或压力)传感器所用的光纤一般都采用随机分布的光纤。

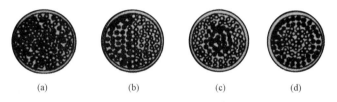

图 7 - 12 光纤分布方式

●—发送光纤;○—接收光纤

(a) 随机分布;(b) 对半分布;(c) 同轴分布(发送光纤在里层);(d) 同轴分布(发送光纤在外层)

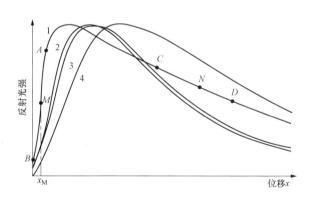

图 7 - 13 反射光强与位移的特性曲线

1—随机分布,2 同轴分布(发送光纤在外层);

3—同轴分布(发送光纤在里层);4—对半分布

理论证明,对于随机分布的光纤,当位移 x 相对光纤的直径 d 较小时($x \ll d$),反射光强按 $x^{2/3}$ 变化(图 7 - 13 曲线 1 的左半部分);当位移较大($x \gg d$)时,则按 x^{-2} 的规律变化。曲线在峰顶的两侧有两段近似线性的工作区域(AB 段和 CD 段)。AB 段的斜率比 CD 段的大得多,线性度也较好。若工作范围选择在 AB 段,则偏置工作点设置在 AB 段的中点 M 点。选在 AB 段工作的不足之处是测量的位移范围较小。如果要测量较大的位移量,也可以选择在 CD 段

工作,工作点设置在 CD 段的中点 N,但是灵敏度要比 AB 段工作时低得多。假设传感器选择在 AB 段工作,被测物体的反射面与光纤端面之间的初始位移是 M 点所对应的位移 x_M。当被测物体相对光纤发生移动时,两者之间的位移 x 将变化,x 的变化量即为物体的位移量。由曲线可知,随着物体位移增加,反射光光强近似线性增加;反之则近似线性减小。反射光信号由接收光纤束传播到光电探测器并转换成相应的电信号输出,便可以检测出

物体的位移大小。根据输出信号的极性，可以确定位移的方向。

Y形光纤位移传感器一般用来测量小位移，最小能检测零点几微米的位移量。这种传感器已在镀层的不平度、零件的椭圆度、锥度、偏斜度等测量中得到应用，可以实现非接触测量。

7.2 振 动 测 量

振动是经常发生的一种物理现象。机械振动在很多情况下总是有害的，它使机器的零部件加快失效，破坏机器的正常工作，降低设备的使用寿命，甚至导致机器部件损坏而产生事故。

在火电厂中，汽轮机由于转轴失稳、转子动平衡欠佳及转系中心不准，在运行中会产生不同程度的振动。振动过大，会加速轴封的磨损，转动部件的疲劳强度下降，调速系统不稳定，甚至引起重大事故。因此，在汽轮机启停和运行中，对轴承和主轴的振动必须严格进行监视。

用来表述振动状态的参数有振动的位移 $x(t)$、速度 $v(t) = \dfrac{\mathrm{d}x}{\mathrm{d}t}$、加速度 $a(t) = \dfrac{\mathrm{d}^2 x}{\mathrm{d}t^2}$、频率 ω 和相位。

目前我国汽轮机还采用振动的幅值大小作为评价振动强弱的参数，例如 300MW 机组，其轴颈处正常振幅应小于 $76\mu m$，最大也不应超过 $127\mu m$。

汽轮机的振动测量方法有多种。按照测量振动的相对位置，可以分为轴承座的绝对振动、轴与轴承座的相对振动和轴的绝对振动。根据测振传感器的原理不同，可以分为接触式和非接触式两类。接触式振动传感器有磁电式、压电式，非接触式振动传感器有电容式、电感式和电涡流式等。

7.2.1 磁电式速度传感器

磁电式速度传感器属于发电型接触式振动传感器，从力学角度而言，都是根据惯性原理工作的，故又称为惯性传感器。该传感器适用于测量轴承座、机壳及基础的一般频带内的振动速度和振动位移（经积分后）。其频带为 5～500Hz（即 300～30 000r/min）。测量更低的频率时，要求采用具有摆式结构的速度传感器。

1. 工作原理

磁电式速度传感器是利用电磁感应原理，将运动速度转换成线圈中的感应电动势输出，分为机械振动系统和磁电感应系统两部分。其原理结构如图 7-14 所示。

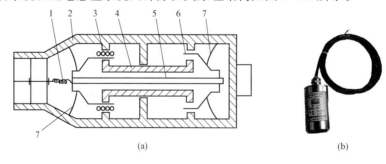

图 7-14 磁电式速度传感器

（a）结构示意；（b）实物图

1—引线；2—壳体；3—线圈；4—磁钢；5—芯轴；6—阻尼器；7—弹簧片

　　传感器的磁钢 4 与壳体 2 固定在一起。芯轴 5 穿过磁钢的中心孔，并由左右两片柔软的圆形弹簧片 7 支承在壳体上。芯轴的一端固定着一个线圈 3；另一端固定一个圆筒形铜杯（阻尼器 6）。当振动频率 ω 高于传感器的固有频率 ω_0（$\omega \geqslant 1.5\omega_0$）时，线圈处于相对（相对于传感器壳体）静止状态，而磁钢则跟随振动体一起振动。这样，线圈与磁钢之间就有相对运动，其相对运动的速度等于物体的振动速度。线圈以相对速度切割磁力线，传感器就有正比于振动速度的电动势信号输出。

　　根据电磁感应原理，线圈 3 中感应电动势为

$$E = BNLv \times 10^{-4}(\text{V}) \tag{7-1}$$

式中：N 为线圈匝数；L 为单匝线圈长度，cm；B 为磁感应强度，T；v 为线圈相对于磁钢的运动速度，cm/s。

　　由于磁电式速度传感器的输出电动势与振动速度 v 成正比，故也称为速度传感器。因为其振动的相对速度是相对于空间某一静止物体而言，故又称为绝对式速度振动传感器，或称为地震式速度传感器。若利用积分放大器对电动势进行积分，得到

$$\int_0^t E\mathrm{d}t = WBL\int_0^t v\mathrm{d}t = WBL\int_0^t \omega X_0 \cos\omega t\,\mathrm{d}t = WBLX_0 \sin\omega t \tag{7-2}$$

取其最大值（峰值），则为

$$\int_0^t E_{\max}\mathrm{d}t = WBLX_0 \tag{7-3}$$

这样，积分放大器的输出只与振动的幅值成正比，而与振动的频率无关了。

　　一般垂直和水平两用的磁电式速度传感器的固有频率约为 $10\sim12$Hz，因此可测的最低转速为 $600\sim700$r/min。某些旋转机械，例如大型风机、往复式压缩机和水轮机等，其工作转速可能低至 $200\sim300$r/min，这时要求选用固有频率更低的传感器。如测量 300r/min 工作转速的旋转机械时，则要求传感器固有频率低于 5Hz。此时，水平和垂直测量功能统一在一种传感器上就难以实现。

　　需要指出的是，从理论上说速度传感器似乎对高频没有限制。其实不然，传感器由于内部机械结构和零件在高频时可能出现谐振，以及传感器安装频率所限，不可能测量很高的频率，一般频率上限约为 $500\sim1000$Hz。

　　2. 主要参数

　　典型的速度传感器（以 PR9268 型为例）的主要技术参数如下。

　　(1) 主要技术参数。

　　1) 安装方向：垂直安装 PR9268/20，水平安装 PR9268/30。

　　2) 频率范围：$4\sim1000$Hz。

　　3) 振幅（峰—峰值）：3000μm，限值 $\pm2000\mu$m。

　　4) 固有频率（20℃）：水平方向 4.5Hz$\pm$0.5Hz，垂直方向 4.5Hz$\pm$0.5Hz。

　　5) 灵敏度：28.5mV/(s·mm)。

　　6) 线性误差：小于 2%。

　　7) 测量线圈的直流阻抗：1875$\Omega\pm$2%；电感$\leqslant$68mH。

　　8) 允许加速度（与测量方向垂直）：持续 10g，瞬间 20g。

　　9) 传感器工作温度范围：$-20\sim+100$℃。

　　(2) 物理参数。

1）高：78mm。

2）最大直径：58mm。

3）质量：260g。

4）壳体材料：AlMgSiPbF28。

5）最大承受冲击：50g（490m/s²）。

7.2.2 压电式加速度传感器

1. 特点及适用场合

一般说来，在旋转机械中，振动频率越高，其相应的振动位移的幅值也越小，而其振动加速度幅值还比较大。此时用速度传感器或涡流位移传感器，显得灵敏度不够，但压电式加速度传感器就比较能适应在这种情况下的测量。

压电式加速度传感器优点是具有极宽的频带（0.2～10kHz），本身质量较小（2～50g），动态范围很大，特别是高频响应好，耐温性能好。缺点是对于安装表面情况和噪声比较敏感，与电涡流传感器相比校准较困难。

压电式加速度传感器比较适合于轻型高速旋转机械的加速度测量。对于转速高的旋转机械，如压气机等，工作转速在 10^4 r/min 以上，振动测量通常已不再用位移和速度传感器，而采用压电式加速度传感器。对于自身质量轻的物体的振动测量，如发电机定子端部线圈或叶片，质量大的速度传感器吸附上之后会使被测物体本身原有的固有频率显著降低，这种场合下只有压电式加速度传感器可以满足测量要求。对于具有滚动轴承或齿轮部件的旋转机械来讲，由于需要获得故障振动加速度信号，该传感器得到了广泛应用。

2. 基本结构与工作原理

压电式加速度传感器也属于发电型接触式振动传感器。

某些晶体（如石英、压电陶瓷等，称为压电晶体）在一定方向上受力变形时，其内部会产生极化现象，同时在它的两个表面上产生极性相反的电荷；当外力去除后，又重新恢复到不带电状态，这种现象称为"压电效应"。压电式加速度传感器是利用压电晶体作为振动敏感元件进行加速度测量，其结构如图 7-15 所示。

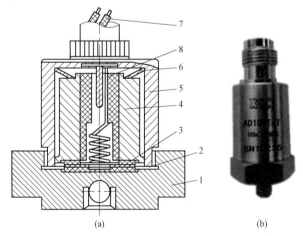

图 7-15 压电式加速度传感器

（a）结构；（b）实物图

1—底座；2—压电晶体；3—导电片；4—质量块；5—外壳；6—碟形簧片；7—引出线接头；8—导线

蝶形簧片 6 通过质量块 4 和导电片 3 与压电晶体 2 紧密接触，保证在一定的振动值下它们相互不会分离。将这些部件装在不锈钢外壳 5 内，压电晶体的电荷通过导线 8 引出。测量时压电式加速度传感器固定到振动物体上，随振动物体一体运动。振动过程中由于加速度作用，使得压电晶体受到压力或张力，产生与加速度成正比的电荷，经积分放大器将电荷转换成电压。

根据牛顿定律 $F=ma$，施加在压电晶体上的作用力与质量块的质量 m 和振动加速度 a 成正比。而压电晶体输出电荷与作用在晶体上的力成正比。当 m 一定时，传感器输出电荷就与振动加速度成正比，所以称它为加速度传感器。压电晶体产生的电荷，只有当测量电路具有无限高的输入阻抗时才能存在，这一点实际上是办不到的。因此，加速度传感器不能作静态测量。只有在受到交变力作用时，压电晶体才能连续不断地产生电荷，并在电路中形成电流和电压。

压电式加速度传感器都采用了一定阻抗而长度较短的高频电缆将输出信号先送到前置放大器，然后才能输送到振动模块或测振仪表。采用压电式加速度传感器，要获得振动速度信号，必须经一次积分；要获得振动位移信号，必须经过两次积分。由此使原来的振动信号衰减 98% 以上，灵敏度显得不足，而且受外界干扰影响较大，所以该传感器虽然结构简单，且特别牢靠，但在汽轮发电机组振动测试中没有得到广泛应用。

3. 主要参数

下面以瑞士 VM600 系统的 CA136 型压电式加速度传感器为例进行说明。

CA136 型加速度传感器带有一个内置的多晶体测量元件，其内部壳体绝缘。该传感器的信号处理采用电荷放大器，与壳体绝缘的差分输出二线制系统进行信号传输。其技术参数（工况 23℃±5℃）如下：

(1) 灵敏度（120Hz）：100pC/（m/s²）±5%。

(2) 动态测量范围（随机）：0.0001～1000m/s² 峰值。

(3) 过载能力：达到 2000m/s² 峰值。

(4) 线性误差：小于 2%（在 100～1000m/s² 之间）。

(5) 共振频率：35kHz。

(6) 频率响应：5%（在 0.5～6000Hz 之间），10%（在 6000～10 000Hz 之间）。

(7) 内置绝缘电阻：最小 $10^9\Omega$；电容 6000pF（极对极），32pF（极对壳）。

(8) 温度：−54～260℃（短期可承受−70～280℃）。

(9) 对电源输入无要求。

7.2.3　电涡流式振动传感器

电涡流式振动传感器的工作原理与 7.1 节中介绍的电涡流传感器是一致的。由于电涡流传感器具有结构简单、可靠性高、性能稳定、线性度好和测量准确度较高等优点，目前国内外广泛采用电涡流传感器测量振动，并且有替代磁电式振动传感器的发展趋势。

图 7-16 所示为用电涡流式振动传感器测量汽轮机主轴振动的安装示意图。传感器探头 2 通过支架 4 固定在机体 5 上，传感器的位置尽量靠近轴承座附近。当主轴振动时，周期性地改变主轴

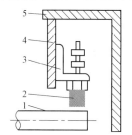

图 7-16　电涡流式振动传感器安装示意图
1—主轴；2—传感器探头；3、4—支架；5—机体

与传感器探头的距离，即可将振动位移线性地转换为电压、频率等信号，经处理后供显示、报警和保护电路或记录仪表使用。

7.2.4　复合式振动传感器

复合式振动传感器是由一个电涡流式振动传感器和一个速度传感器组合而成，放在一个壳体内，壳体可以安装在机组的同一个测点上，如图 7-17 所示。

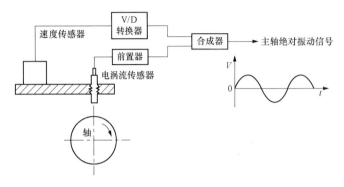

图 7-17　复合式振动传感器结构示意

当轴转动时，其径向振动被电涡流式振动传感器感受，又因传感器是与轴承座固定在一起的，所以它测量的是轴相对于轴承座的相对运动。速度传感器的壳体固定在轴承座上，故它测量的是轴承座（壳体安装处）的绝对振动。速度传感器输出的速度信号经V/D转换器（积分器）转换，变为绝对振动的信号，与电涡流式振动传感器输出的相对振动信号一起输入合成器，在合成器内进行矢量相加，即可输出轴的绝对振动信号。轴的绝对振动测量是根据相对运动原理实现的。

设 $V_{s\text{-}b}$ 表示轴相对于轴承座的振动矢量，$V_{b\text{-}g}$ 表示轴承座相对于自由空间的振动矢量，根据相对运动原理，可得轴相对于自由空间的振动矢量 $V_{s\text{-}g}$ 为

$$V_{s\text{-}g} = V_{b\text{-}g} + V_{s\text{-}b} \tag{7-4}$$

其振动矢量关系如图 7-18 所示。

图 7-18 中，$V_{s\text{-}g}$ 和 $V_{b\text{-}g}$ 之间存在相位差 φ，这是由油膜及轴承结构等因素决定的。如能测得 $V_{s\text{-}b}$ 和 $V_{b\text{-}g}$，即可得出 $V_{s\text{-}g}$，实现轴相对于自由空间的振动测量。

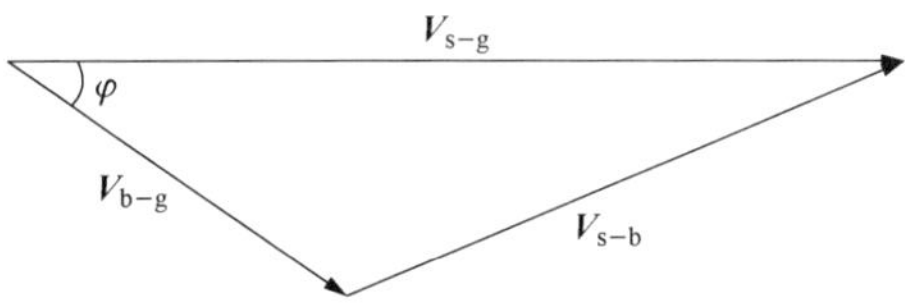

图 7-19 给出了复合式振动传感器电路框图。

图 7-18　振动矢量图

电涡流式振动传感器所测得的位移变化量 ΔH，通过前置器转换为电压变化 ΔU_1，经放大后获得振动信号变化量 U_1；速度传感器所测 ΔV 经 V/D 转换器，把速度信号变换为位移信号 ΔU_2，经放大后获得振动位移信号电压 U_2。为了得到正确的幅值和相位关系，在频响范围的低频端进行相位补偿。两个振动位移信号电压 U_1 和 U_2' 同时输入到加法器上，加法器输出端输出的便是轴的绝对振动位移信号，再经高通滤波，峰—峰值检波后送表头显示。

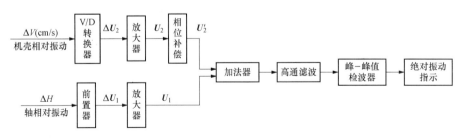

图 7-19　复合式传感器电路框图

汽轮机组运行过程中，当出现振动异常时，反映在主轴上的振动要比轴承座的振动变化明显得多，因此监视主轴的绝对振动，即主轴相对于自由空间的振动，显得尤为重要。复合式振动传感器可以用于主轴绝对振动的测量；除此之外，还能测量主轴相对于轴承座的振动（电涡流式振动传感器测得）、轴承座的绝对振动（磁电式速度传感器测得）和主轴在轴承间隙内的径向位移（电涡流式位移传感器测得）。

图 7-20 所示是复合式振动传感器安装示意图。速度传感器 5 直接固定在外壳 4 内，电涡流式传感器对准转轴，外壳 4 固定在轴承盖 3 上，由此可以测量轴承绝对振动和转轴相对振动，两个信号相加后，在仪表上直接显示转轴的绝对振动。除此以外，这种装置还可以提供转轴相对振动、轴承振动、轴颈在轴瓦内位置和转子晃摆值。

7.2.5　振动相位测量

前面所介绍的振动测量方法，都是通过监测振动的位移、速度和加速度信号，然后经转换电路转换为振动的振幅进行指示的。但实际上，振动是十分复杂的，振动监测不仅要测量振动的幅值，而且要测量振动的频率和相位。

振动通常分为同步振动和非同步振动。同步振动的频率是机组转速的整数倍或整分数倍，如 1 倍频转速、2 倍频转速、1/2 分频转速等。若转动机械的转速用 X 来表示，则振动频率有 $1X$（1 倍频）、$2X$（2倍频）、$1/2X$（1/2 分频）等。同步振动的振动频率与机组转速是"锁定"关系，非同步振动则发生在非"锁定"频率。

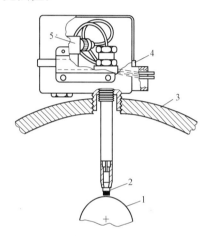

图 7-20　复合式振动传感器安装示意图
1—转轴；2—电涡流式振动传感器；3—轴承盖；
4—外壳；5—速度传感器

振动相位是描述转动机械在某一瞬间所在位置的一个物理量。在转动机械做动平衡试验、确定临界转速及做故障诊断分析时，离不开精确的相位测量。

相位测量通常采用键相位法，即在主轴上做一标记（如键槽等），利用电涡流传感器监测标记位置，主轴每转动一转传感器发出一个脉冲，并以此脉冲作为相位测量的参考基准。

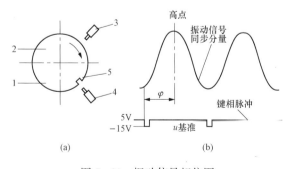

图 7-21　振动信号相位图
1—转子；2—振动高点；3、4—振动探头；5—键相标记

图 7-21 所示为振动信号相对于同步脉冲的相位图。图 7-21（a）表示振动探头、键相器探头、键相标记、振动高点的相对位置图。图 7-21（b）所示为检测到的振动信号同步分量的波形图和键相器监测到的键相脉冲波形图。振动相位 φ 定义为从同步信号（键相脉冲）前缘到振动高点之间的相位角。

7.2.6　振动传感器的选择

目前较先进的振动测量系统分别配有电涡流式振动传感器、磁电式速度传感器和压电式加速度传感器。在机组振动测试中合理地选择振动传感器，不但可以获得满意的测量结果，而且对于尽快查明振动故障原因、提高转子平衡准确度和减少机组启停次数，都有着重要作用。选择传感器主要考虑两个方面：一是传感器性能，二是被测对象的条件和要求。只有两者很好地结合，才能获得最佳效果。表7-1所示为各种振动传感器的比较。

表7-1　　　　　　　　　　　　　各种振动传感器的比较

型号	电涡流式振动传感器	磁电式速度传感器	压电式加速度传感器
机械种类	汽轮机、大中型水泵、压缩机（平面轴承）、燃气轮机、发电机、电动机、风扇（平面轴承）、齿轮箱（平面轴承）等	汽轮机、燃气轮机、大中型水泵、发电机、电动机、风扇等	汽轮机、电动机（滚动轴承）、泵（滚动轴承）、齿轮箱（滚动轴承）等
用途	用于测量旋转机械主轴的位移、壳体热膨胀、转速、相位、偏心和轴的相对振动等	用于测量旋转机械的轴承和外壳的绝对振动，可垂直方向或水平方向安装，也可用于手持式振动测量	用于测量旋转机械的轴承外壳和其他被测体的加速度振动，也可用于手持式振动测量
主要参数	线性范围：2mm 灵敏度：8V/mm 频率响应：DC 到 10kHz 工作温度：$-40 \sim 180$℃ 电源：-24V DC	最大振幅：$2500\mu m$（峰—峰值） 灵敏度：30mV/(mm/s)（峰值） 频率响应：$4 \sim 1000$Hz 工作温度：$-20 \sim 120$℃ 电源：不需要	测量范围：$50g$（峰值） 灵敏度：100mV/g（峰值） 频率响应：$1 \sim 10$kHz 工作温度：$-30 \sim 130$℃ 电源：$\pm 8 \sim \pm 15$V DC
注意事项	如果主轴测量处的材质不均匀或有剩余磁性，则传感器的输出会有干扰（跳动）； 如果两个或两个以上的传感器相邻毗连使用，则可能会产生相互影响和干扰	由于此类传感器在低频区的相位特性差，因此它不适宜作多元化振动分析用，安装位置常受到限制	传感器易受电磁场干扰，对噪声比较敏感，对安装表面要求较高

7.3　转速的测量

转速是热力机械的一个重要参数。火电机组要维持电网的频率不变，就必须及时调节汽轮机的转速，使其维持在 3000r/min。汽轮机高速旋转时，各转动部件会产生很大的离心力，这个离心力直接与材料承受的应力有关，而离心力与转速的平方成正比。在设计时，转动部件的强度裕量是有限的。运行时若转速超过额定值，就会发生严重损坏设备事故，甚至会造成飞车事故。特别在启动升速过程中，还会受到临界转速的影响，使机组产生较大的振动，甚至发生共振而大大超过设计强度，故在启/停过程中也要求准确地测量转速，尽快越过各个临界值转速。

7.3.1　转速传感器

测量转速常用的有磁阻式、磁敏式和涡流式转速传感器。

1. 磁阻式转速传感器

图 7-22（a）为开磁路磁阻式转速传感器，由永久磁铁 1、软铁 2、感应线圈 3 组成，齿数为 z 的齿轮 4 安装在被测转轴上。当齿轮随转轴旋转时，齿的凹凸变化引起磁性变化，致使线圈中磁通发生变化，感应出幅值交变的电动势，感应电动势的频率为

$$f = \frac{n}{60}z \tag{7-5}$$

式中：z 为周齿数；n 为被测转速，r/min。

当传感器测速齿轮的齿数为 60 时，则 $f=n$，说明传感器输出的脉冲电压的频率在数值上与所测转速相同。

开磁路磁阻式转速传感器结构比较简单，但输出信号较小，另外当被测轴振动较大时，传感器输出波形失真较大。在振动强的场合往往采用闭磁路磁阻式转速传感器，如图 7-22 (b) 所示。它是由装在转轴 5 上的内齿轮 6、外齿轮 7、线圈 8 及永久磁铁 9 构成，内外齿轮的齿数均为 z，转轴连接到被测转轴上随被测轴一起转动，使内外齿轮相对运动，磁路气隙周期性变化，从而在线圈中产生感应电动势，电动势频率也由式（7-5）确定。

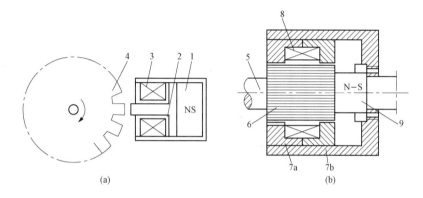

图 7-22　磁阻式转速传感器

（a）开磁路磁阻式转速传感器；（b）闭磁路磁阻式转速传感器

1、9—永久磁铁；2—软铁；3—感应线圈；4—齿轮；5—转轴；6—内齿轮；7a、7b 外齿轮；8—线圈

由于感应电动势的幅值取决于切割磁力线的速度，因而也与转速成一定比例关系。当转速太低时，输出电动势很小，以致无法测量，所以开磁路磁阻式转速传感器有一个下限工作频率，为 50 Hz，闭磁路式的下限可降为 30 Hz。

磁阻式转速传感器采用转速—脉冲变换电路，如图 7-23 所示。传感器感应电压由二极管 VD 削去负半周，送到 VT1 进行放大，再由射极跟随器 VT2 送入 VT3 和 VT4 组成的射极耦合触发器进行整形，得到方波输出信号。

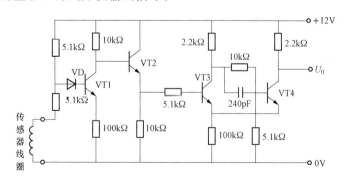

图 7-23　转速—脉冲变换电路

2. 磁敏式转速传感器

磁敏式转速传感器采用磁敏差分原理进行转速测量。传感器内装有一个小永久磁铁；在磁铁上装有两个相互串联的磁敏电阻。当软铁或钢等材料制成的测速齿轮接近传感器旋转时，传感器内部的磁场受到干扰，磁力线发生偏移，磁敏电阻的阻值发生变化。两个磁敏电阻 R_1、R_2 串联接成差动回路，与传感器电路中的两个定值电阻 R_3、R_4 组成一个惠斯登电桥。图 7-24 （a）所示为传感器安装示意图，图（b）为磁敏式转速测量电路示意图。

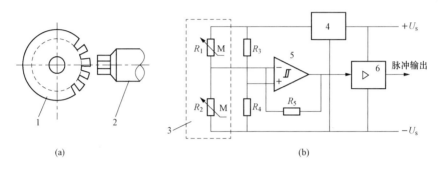

图 7-24　磁敏式转速测量装置
（a）传感器安装示意图；（b）磁敏式转速测量电路示意图
1—测速齿轮；2—传感器；3—磁敏电阻；4—稳压器；5—触发电路；6—直流放大电路

当测速齿轮随主轴旋转，某一个齿的顶部接近传感器时，由于磁场的变化，两个磁敏电阻 R_1、R_2 的阻值均发生变化，一个阻值增大，另一个阻值减小，桥路失去平衡，输出电压信号；当该齿离开传感器时，磁场向反方向改变，两个磁敏电阻 R_1、R_2 的阻值与之前的变化方向相反，桥路输出极性相反的电压信号。电桥输出的电压信号经触发电路 5 和快速推挽直流放大电路 6，成为一个边沿很陡的脉冲信号。输出的脉冲信号的频率与测速齿轮的齿数和被测转速的关系见式（7-5）。

3. 涡流式转速传感器

采用电涡流传感器测速时，在旋转轴上开一条或数条槽，或者在轴上安装一块有轮齿的圆盘或圆板，在有槽的轴或有轮齿的圆板（圆盘）附近装一只电涡流传感器。当轴旋转时，由于槽或齿的存在，电涡流传感器将周期性地改变输出信号电压，此电压经过放大、整形变成脉冲信号，然后输入频率计指示出脉冲数，或者输入专门的脉冲计数电路指示频率值。此脉冲数（或频率值）与转速相对应，如有 60 个槽或齿，若频率计指示 3000Hz，则转速为 3000r/min，这时每分钟的转数就可直接读出。如果轴上无法安装有轮齿的圆板（圆盘）或者不能开槽，那么也可利用轴上的凹凸部分来产生脉冲信号，例如轴上的键槽等。这种传感器的测量范围很宽，转速在 1～10 000r/min 范围内均可测量。

7.3.2　转速监测器

上述三种转速传感器都是将转速转换成与转速成比例的脉冲信号。要读出转速，还必须计算这些脉冲数。根据计算方法分为测频率法和测周期法，相应的监测仪器为数字转速监测器和零转速监测器。

1. 数字转速监测器

数字转速监测器的型式有许多，但工作原理大致相同。这里仅以火电厂常用的 JSS-2

型数字显示式转速表为例进行介绍。JSS-2型数字显示式转速表原理框图如图7-25所示。

转速信号经过转速传感器转换为脉冲信号，经放大整形电路将转速传感器送来的脉冲信号放大整形为同一频率的方波信号。主门电路接收开门指令控制，定时开启，使放大整形后的方波信号能够通过主门送至计数器。门控电路、复原及寄存控制系统在一个测量周期内按一定的时间顺序

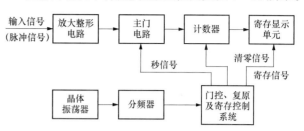

图7-25 JSS-2型数字显示式转速表原理框图

发出秒信号（即开门信号）、寄存信号及清零信号。当控制系统发出秒信号时，主门电路开启，传感器输出的脉冲信号经放大整形再经主门电路后，由计数器进行计数。秒信号结束后，主门电路关闭，计数器停止计数，同时，由控制系统发出寄存信号，使计数器所计的脉冲数存入寄存显示单元，显示出计数的数值（即测量出的转速值）。随后清零信号使计数器清零，为下一个测量周期做好准备，如此循环往复。晶体振荡器则用来产生标准的时间脉冲，以供整机作为控制脉冲使用。

由式（7-5）可知，当$z=60$时，转速传感器感应电动势的频率f与被测转速n在数值上相等。同时，又因为转速表的主门开启时间一般为1s，所以计数器所计的数值刚好是所测的转速值。

2. 零转速监测器

零转速监测器用于连续监视机组的零转速状态。由于被测转速很低，如果还是采用上述的计数法测频率，则量化误差很大。为了提高低频测量的准确度，通常采用反测法，即先测出被测信号的周期T_x，再以周期的倒数来求得被测频率f_x。图7-26所示为测量周期的原理框图。

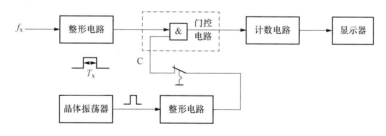

图7-26 周期测量原理框图

测量周期时，门控信号是整形后的被测信号，即门控时间为被测信号的周期T_x，而晶振信号经整形后直接输入门控电路，相当于被测信号。不难理解，计数器的记数值为N时，被测周期T_x为

$$T_x = \frac{N}{f_c} = NT_c \tag{7-6}$$

式中：f_c、T_c分别为晶体振荡器的振荡频率和周期。

当转速传感器发出的脉冲周期大于预定的报警周期时，说明汽轮机的转速很低，为了防止大轴弯曲，需启动盘车装置。因此，控制电路将使报警继电器动作。

7.4 汽轮机监测仪表系统（TSI）

汽轮机监测仪表系统（Turbine Supervisory Instruments，TSI）是一种可靠的连续监测汽轮机转子和汽缸机械工作状况的多路监测系统。它能连续监视机组在启停和运行过程中的各种机械参数值，为 DAS、DCS、ETS 等系统提供信号，并在被测参数超出预置的运行极限时发出报警信号，采取自动停机保护。此外，还能提供用于故障诊断的各种测量数据。目前国内大型机组用得较多的 TSI 有三种，它们是美国本特利内华达（Bently Nevada）公司的 3500 系统，德国艾普（EPRO）公司的 MMS6000 系统和瑞士韦伯（Vibro‐Meter）公司的 VM600 系统。此外，还有德国的申克、日本的新川公司的产品也有应用。它们为主机和辅机提供了轴承振动、偏心度、键相、轴向位移、缸胀、差胀、转速、零转速等监测功能，在汽轮机的安全运行中起到十分重要的作用。表 7‐2 为 TSI 所监测的参数。

表 7‐2   TSI 监测参数一览

序号	名称	监测的参数	主要功能
1	轴向位移监测	转轴相对轴止推环的轴向位移	监视、报警、保护
2	偏心度监测	主轴的弯曲程度（偏心度）	监视、越限闭锁
3	高压缸差胀监测	转子与高压缸之间的相对膨胀（高压缸差胀）	监视、报警、保护
4	低压缸差胀监测	转子与低压缸之间的相对膨胀（低压缸差胀）	监视、报警、保护
5	高压缸热膨胀监测	高压缸的绝对热膨胀值	监视、两侧差胀值大于规定值时报警
6	低压缸热膨胀监测	低压缸的绝对热膨胀值	监视、两侧差胀值大于规定值时报警
7	轴承座振动监测	轴承座绝对振动	监视、报警、保护
8	轴振动监测	轴相对轴承座的相对振动	监视、报警、保护
9	复合振动监测	轴的绝对振动	监视、报警、保护
10	汽轮机转速监测	转子的转速	监视、报警、保护
11	零转速监测	当汽轮机转速下降至零转速时启动盘车装置	联锁

7.4.1 TSI 基本组成及主要功能

无论是国产的 TSI 系统，还是进口的 TSI 系统，无论是由分立元件构成的 TSI 系统，

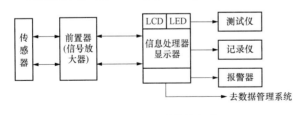

图 7‐27 TSI 系统的组成

还是由集成电路组成的 TSI 系统，或者是由微处理器芯片构成的 TSI 系统，从结构与组成的角度分析，它们均可由图 7‐27 表示。传感器系统将机械量（如转速、轴向位移、差胀、缸胀、振动和偏心）等转换成电参数（频率 f、电感 L、品质因数 Q、阻抗 Z 等），经过前置

放大后，送到信号处理器进行处理后，转换为测量参数进行显示、记录、报警及后续相关的数据管理系统。

以某600MW汽轮机组为例，其状态参数值表见表7-3。

表7-3　　　　　　　　　　　　某600MW汽轮机组状态参数值表

名称	量程	上遮断	上报警	零位	下报警	下遮断	安装电压
振动（VB）	0～500μm	254μm	125μm	0	/	/	−11V
偏心（RX）	0～500μm	/	76μm	0	/	/	−11V
轴向位移（RP）	−1.2～+1.2mm	1.0mm	0.9mm	0	−0.9mm	−1.0mm	−10V
零转速（ZS）	0～5000r/min	3300r/min	1r/min	0	/	/	/
转速（SD）	0～5000r/min	/	600r/min	0	200r/min	/	/
高压缸差胀DE（H）	−10～10mm	6.5mm	5.7mm	0	−3.7mm	−4.5mm	−10V、−10V
低压缸差胀DE（L）	−10～40mm	23mm	22.2mm	0	−3.7mm	−4.5mm	−5V、−8V
缸胀（CE）	0～100mm	/	/	/	/	/	/

图7-28为其状态参数测点布置图。该机组需要监测的状态参数多达38个测点，大部分采用电涡流原理进行测量，包括轴向位移4个测点（27～30），差胀2个测点（24、35），缸胀2个测点（19、20），偏心1个测点（22），键相1个测点（21），零转速1个测点（23），振动27个测点。其中轴振动用18个电涡流传感器测9道轴承的X方向和Y方向的轴振，用9个磁电式速度传感器测量9道轴承（瓦）的振动。

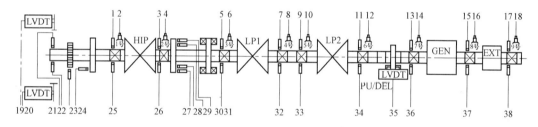

图7-28　某600MW汽轮机组状态参数测点布置图

1～18—1～9号轴承的复合振动测量（其中单数为轴X方向的电涡流振动测量，双数为磁电式轴承振动测量）；

19、20—高压缸缸胀；21—键相；22—偏心；23—零转速；24—高压缸差胀；

25、26、31～34、36～38—1～9号轴承Y方向的电涡流轴振动测量；

27～30—轴向位移测量；35—低压缸差胀测量

下面就这些状态参数的测量目的和测量方法分别叙述。

7.4.2　轴向位移监测

1. 汽轮机产生轴向位移的危害

位于汽轮机轮毂上的叶片在运行过程中受到汽流的冲击，叶片的叶轮前后两侧存在着差压，形成一个与汽流方向相同的轴向推力；轮毂两侧转子轴的直径不等，隔板汽封处转子凸肩两侧的压力不等，也要产生作用于转子上的轴向力，所以转子受到一个由高压端指向低压端的轴向推力。于是汽轮机必须设置推力盘、推力瓦块及轴承装置组成的推力轴承。推力轴承用于承受转子的轴向推力，借以保持转子和汽缸及其他静止部件的相对位置，使机组动静部分之间有一定的轴向间隙，保证汽轮机组的正常运行。

当轴向推力过大时，推力轴承过负荷，使推力盘挤压推力瓦块，破坏两者之间的润滑油膜，致使推力瓦表面的乌金烧熔，转子窜动，或者汽轮机动静部分发生摩擦，造成叶片折断、大轴弯曲、隔板和叶轮碎裂等恶性事故。

2. 汽轮机产生轴向位移的原因

汽轮机转子出现正向轴向位移的原因：①转子轴向推力增大，推力轴承过载，使油膜破坏，推力瓦块乌金烧熔，引起轴向推力增大的原因可能是机组蒸汽流量的增大、汽轮机发生水击、蒸汽品质不良、真空下降等。②润滑油系统油压过低，油温过高等原因，使油膜破坏，推力瓦块乌金烧熔。

汽轮机转子出现反向轴向位移的原因：①汽流反向布置的大容量汽轮机高压缸发生水击时，会出现巨大的反向轴向推力。②机组突然甩负荷，出现反向轴向推力。③高压轴封严重损坏，调节级叶轮前因抽吸作用而压力下降，也会出现反向轴向推力。

3. 汽轮机轴向位移监测

为了严密监视汽轮机推力轴承的工作状况，一般在推力瓦上装有温度测点，在推力瓦块回油处装有回油温度测点等，以监视汽轮机推力轴承的工作状态。再有，在转子凸缘处装上高频涡流位移检测装置，以测取运行中的实际轴向位移量。

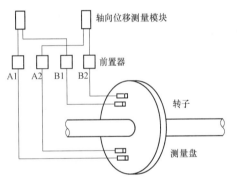

图 7-29　轴向位移测量示意图

（1）轴向位移测点选择。图 7-29 所示为轴向位移测量示意图。通常采用两套探头对推力轴承同时进行监测，这样即使有一套探头损坏失效，也可以通过另一套探头有效地对轴向位移进行监测。这两个探头可以安装在轴的同一端面，也可以在两个不同端面进行监测，但这两个端面应在止推法兰盘 305mm 以内；安装方向可以是同一方向，也可以是不同方向。

目前，大型汽轮机组往往采用 4 个电涡流探头来测量轴向位移，如图 7-28 所示的 27～30 测点。该电涡流探头信号经前置器后输入轴向位移测量模块，经模块内运算处理后提供显示、报警或跳闸信号。一般将 27、29 测点信号作为报警信号，28、30 测点信号作为跳闸信号。

该监测系统的选择逻辑可使两个报警信号中任一个起作用，但危险跳闸信号采用"与"逻辑，只有两个信号均发出时才起作用，这样就可在一个通道有故障时不会使虚假的危险信号起作用。由于轴向位移是机组保护中的一个重要参数，该信号经测量模块转换后除了去记录仪作记录用，还送管理信息系统（MIS）作图表数据显示及报警窗报警用。该信号同时送机组保护系统作报跳闸保护用。电涡流传感器输出接前置器，其输出送往 I/O 测量模块，如图 7-30 所示。

（2）电缆选择、敷设与抗干扰问题。电缆要根据信号的情况和工作环境合理选择。模拟量要选用屏蔽电缆，其中输入信号（特别是弱小的交流信号）最好选用双层芯屏蔽电缆（即分屏蔽加总屏蔽）传送，而且每个输入信号单独使用一根屏蔽电缆。接触油和高温的要选用耐油和耐高温电缆。连接探头到前置器的电缆一般选用 4 芯的屏蔽电缆。前置器输出信号的电

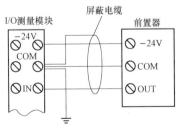

图 7-30　前置器与测量模块的连接方法

缆芯数可根据信号的去向合理选择。

汽轮机监测保护系统的抗干扰是相当重要的，除了在仪表本身的设计过程中重点考虑抗干扰以外，现场屏蔽电缆的连接方法对机组的安全运行也起到了十分重要的作用。电厂因屏蔽电缆的连接不当而造成机组停机的事故也时有发生。前置器应通过屏蔽电缆与测量模块相连，屏蔽电缆在前置器的 COM 端不接地，而测量模块的 COM 端应接地。前置器与测量模块的连接方法如图 7-30 所示，其原理见本书 8.3.4 小节。

（3）轴向位移测量系统。以德国 EPRO 公司的 MMS6000 系统为例，轴向位移测量系统由电涡流传感器、信号转换器（前置器）和位移监测器组成。传感器可采用德国 EPRO 公司 PR642X 系列电涡流传感器，前置器为 CON0X1。位移监测模块可采用德国 EPRO 公司双通道轴位移测量模块 MMS6210，用于测量轴的移动，如轴向位移、差胀、热膨胀、径向轴位置等。它可与 DCS、DEH 等系统通信或连接，也可以自成体系，作为特殊测量系统；运行参数或曲线可在 DCS、DEH 或其他二次仪表上显示，也可以在组态工具上显示；可连接其他在线故障分析诊断系统，也可配备自身的在线故障分析诊断系统。MMS6210 模块如图 7-31 所示。其特点如下：

1）可在运行中更换，也可单独使用，电源冗余输入。

2）内置传感器自检功能，操作级口令保护。

3）RS232/485 端口用于现场组态及通信，可读出测量值。

4）内置线性化处理器。

5）记录和存储最近一次启/停机的测量数据。

该模块有两路独立的电涡流传感器信号输入通道、两路电压输入通道，还备有键相信号输入通道。它可以为传感器提供两路直流电源。传感器信号可以在模块前面板上 SMB 接口处测到。

图 7-31 MMS6210 模块（配彩图）

模块有两路代表特征值的电流输出，可设定为 0～20mA 或 4～20mA；有两路代表特征值的 0～10V 的电压输出。此外还有限值监测功能。

MMS6000 系列的所有监测模块都可以通过便携机（连接模块前面板 RS232 端口）对模块的运行方式进行组态或调整，还可以读出和显示测量值以及最近一次的启动或停机的数据。

7.4.3 汽轮机热膨胀和相对热膨胀监测

1. 机组热膨胀的危害

汽轮机的气缸和转子在启动、停机过程中，或在运行工况发生变化时，都会由于温度变化而产生不同程度的热膨胀。

汽缸受热而膨胀的现象称为"缸胀"。汽轮机的汽缸是以滑销系统死点为热膨胀零点计算的，越偏离该死点，则热膨胀（或收缩）量也越大。汽轮机的轴向长度很长，因此汽缸的热膨胀值往往达到相当大的数值。为了保证机组的安全运行，防止热膨胀受阻和左右侧热膨胀不均匀乃至卡涩造成汽缸变形和动、静叶片之间的摩擦事故，必须对缸胀进行监视。汽缸膨胀的测量一般在机壳两侧各设置一个测点，如图 7-28 中的 19、20 测点，监测两侧的膨胀是否一样，不均匀的膨胀说明机壳变斜或翘起。

转子受热时也要发生膨胀。因为转子受推力轴承的限制，所以只能沿轴向往低压侧伸长。由于转子体积较小，温升和热膨胀较快，而汽缸的体积较大，温升和热膨胀相对要慢一些。当转子和汽缸的热膨胀还没有达到稳定之前，它们之间存在较大的热膨胀值，简称差胀（或称胀差）。当转子的膨胀大于汽缸的膨胀时，定义为正差胀，表明动叶出口与下一级静叶入口的间隙减小；当汽缸的膨胀大于转子的膨胀时，定义为负差胀，表明静叶出口与动叶入口间隙减小。

汽轮机的转子以推力轴承点作为热膨胀的死点，越偏离该死点，转子的热膨胀（或收缩）量也越大。汽轮机轴封和动、静叶片之间的轴向间隙设计得较为紧凑。若汽轮机启停或运行时差胀过大，超过了轴封及动、静叶片间正常的轴向间隙时，就会使动、静部分发生碰撞和摩擦，轻则增加启动时间，重则引起机组强烈振动、主轴弯曲、叶片损落等恶性事故，甚至毁机。因此，在机组启停和工况变化时，要密切监视和控制差胀的变化。

2. 机组差胀过大的原因

汽轮机正差胀过大的原因有以下几方面：

（1）启动时，暖机时间不够，升速过快。

（2）负荷运行时，增负荷速度过快。

汽轮机负差胀过大的原因有以下几方面：

（1）减负荷速度过快，或由满负荷突然甩到空负荷。

（2）空负荷或低负荷运行时间过长。

（3）发生水冲击（包括主蒸汽温度过低的情形）。

（4）停机过程中，用轴封蒸汽冷却汽轮机速度太快。

（5）真空急剧下降，排汽温度迅速上升，使低压缸负胀差增大。

3. 机组热膨胀的监测

汽轮机缸胀和差胀的测量方法与轴向位移的测量方法基本相同，通常采用差动变压器式和电涡流式测量方法，只是测量范围比轴向位移大得多。

（1）缸胀监测。汽缸绝对膨胀检测系统一般由一只线性可变差动变压器（配有接线电缆）和一只安装在机架内的汽缸膨胀指示器组成。该系统可连续测量汽缸相对于汽轮机基础的绝对膨胀。在测量汽缸相对于基础的膨胀时，传感器线圈（外壳）固定在基础上，铁芯通过杠杆与汽缸相连，利用铁芯在差动线圈的位移相应地输出一个与其成比例的电压信号供给汽缸膨胀指示器。汽缸膨胀指示器配有一只装有固定调整点的传感器系统 OK 线路。如果传感器信号超过给定值，指示器便产生一个非 OK 信号，使 OK 继电器（安装在机架内）动作，用户可将该继电器触点接入汽轮机报警或保护系统。

德国 EPRO 公司的 MMS6410 双通道缸胀测量模块用于监测缸体的热膨胀，输入信号来自半电桥或全电桥结构的 PR935 系列电感式传感器的输出，测量频率范围可达 100Hz。零点的调整和移动独立于测量范围的选择。两个通道可以结合使用，可将测量值相加或相减，具有扩展的自检功能，内置传感器自检功能，口令保护操作级；具有 RS232/RS485 端口，可用于现场组态及通信，还可读出测量值。

该模块的测量还可以和其他模块的测量一起组成涡轮机械保护系统。

（2）差胀监测。差胀测量现在一般都采用电涡流式测量方法。以 600MW 汽轮机组为例，其差胀包括高压缸差胀和低压缸差胀两部分，高压缸差胀是通过计算汽轮机高压缸与高压缸内转子轴系的膨胀差值，低压缸差胀是计算汽轮机低压缸与发电机连接处转子轴系的膨胀差值。如图 7-32 所示，高压缸差胀通过布置在高压缸轴头的电涡流探头测量，轴端法兰与汽缸之间的间隙即为高压缸差胀。低压缸由于差胀变化范围较大（一般 15～25mm 左右），往往采用 LVDT（线性可变差动变压器）方法测量或用两支电涡流探头串联测量（这种测量方法要求将两支电涡流探头相对安装在同一测点的两侧，可以通过两个通道间联合计算将量程扩大到单只传感器的两倍），还可以用锥面方法进行测量。

德国 EPRO 公司的绝对/相对差胀监测模块 MMS6418 具有双通道，每个通道可以单独运行。通道 1 测量绝对差胀，使用 PR9350 电感式位移传感器；通道 2 测量相对差胀，使用 PR6418 传感器。通道 1 信号频率范围最高为 100Hz，通道 2 最高为 10Hz。内置线性化处理功能，零位校正和零位改变可通过计算机实现。RS232/485 端口用于现场组态及通信，可读出测量值。

该模块的测量还可以与其他模块的测量一起组成涡轮机械保护系统。

图 7-32 为某 300MW 汽轮机组高、中、低压缸缸胀和差胀的配置示意图。因为是高温、高压机组，图中均采用内、外双缸结构。图 7-32 中 2 是差胀测量装置，6 是缸胀测量装置。

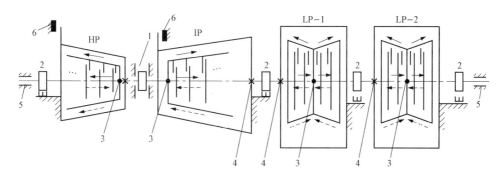

图 7-32　某 300MW 汽轮机组高、中、低压缸缸（差）胀示意

1—推力轴承-转子死点；2—差胀测量装置；3—内汽缸死点；4—外汽缸死点；5—支持轴承；6—缸胀测量装置；
HP—高压汽缸；IP—中压汽缸；LP-1、LP-2—低压汽缸 1 和低压汽缸 2

7.4.4　汽轮机振动监测

1. 汽轮机振动的危害

机组振动不仅会影响其经济性，而且直接威胁其安全运行。在机组启停和运行中，对轴承的振动必须严密监视，如发生振动过大，应采取相应的措施，保护机组设备与人身的安全。振动过大会造成以下后果：

（1）端部轴封磨损。低压端部轴封磨损，会破坏密封作用，空气漏入低压缸破坏真空。高压端部轴封磨损，高压缸向外漏汽增大，使转子轴颈局部受热而发生弯曲。蒸汽进入轴承中使润滑油内混入水分，破坏了油膜，进而引起轴瓦乌金熔化。同时使漏汽损失增大，影响机组的经济性。

（2）滑销磨损。滑销磨损会影响机组的正常热膨胀，从而会进一步引起更严重的事故。

（3）隔板汽封磨损。隔板汽封磨损严重时，级间漏汽增大，除影响经济性外，还会增大转子的轴向推力，以致引起推力瓦块乌金熔化。

（4）对轴瓦和转动部件及发电机励磁部件的损害。可使乌金破裂，紧固螺钉松脱、断裂；使转动部件耐疲劳强度降低，进而引起叶片、轮盘等损坏；使发电机励磁部件松动、损坏，甚至损坏机组的基础，进而使振动加剧。除此之外，还可造成调节系统不稳定，进而引起调速系统事故。

2. 汽轮机振动的原因

振动伴随着机组的运行而存在，并且振动现象很复杂。产生振动的原因很多，主要有以下几方面：

（1）转子质量不平衡。造成转子质量不平衡的原因有：①机械加工不精确造成转子结构的不对称。②运行中叶片折断、脱落或不均匀磨损、腐蚀、结垢。③转子找平衡不当、转子上某些零件松动等。

转子每转动一圈，就要受到一次由于质量不平衡而引起的离心力的冲击，转速越高，产生的振动也越大。

（2）转子发生弹性弯曲。转子发生弹性弯曲，即使不引起汽轮机动静部分之间的摩擦，也会引起振动。其振动特性和由于转子质量不平衡引起振动的情况相似，不同之处是这种振动较显著地表现为轴向振动，尤其当通过临界转速时，其轴向振幅增大得更为显著。

（3）轴承油膜不稳定或受到破坏。轴承油膜不稳定或受到破坏，会使轴瓦乌金很快烧毁，进而使轴颈因过热弯曲，造成剧烈振动。

（4）汽轮机内部动静部分发生摩擦引起振动。工作叶片和导向叶片相摩擦，以及通汽部分轴向间隙不够或安装不当，隔板弯曲，叶片变形，推力轴承工作不正常或安置不当，轴颈与轴承乌金侧间隙太小等，均会引起摩擦，进而造成振动。

（5）机组运行中心不正。

1）汽轮机启动时，如暖机时间不够，升速或加负荷太快，将引起汽缸受热膨胀不均匀；或者滑销系统存在卡涩，使汽缸不能自由膨胀，均会使汽缸对转子发生相对倾斜，机组产生不正常的位移，造成振动。

2）凝汽器的真空下降，排汽温度升高，后轴承上抬，破坏机组的中心，引起振动。

3）联轴器安装不正确，中心没找准，运行时会产生振动，且随负荷的增加振动加剧。

4）机组在进汽温度超过设计规范的条件下运行，使得汽缸变形和差胀增加，会造成机组中心移动超过允许限度，引起振动。

另外，转子零件松动，转子有裂纹，汽轮机发生水冲击，发电机内部故障，汽轮机机械安装部件松动等均可能引起振动。

3. 振动监测方法

汽轮机组的振动监测包括主轴与轴承座的绝对振动、主轴与轴承座之间的相对振动。监测参数包括测振点的振动幅值、相位、频率和频谱图等。一台 600MW 汽轮机组，往往有 9 道轴承处需要监视，一般装有轴振（主轴振动）测量装置、瓦振（轴承座振动）测量装置，有些机组还装有复合振动测量装置。因此，一台 600MW 汽轮机组需要监视的振动测点多达 27 个。目前，汽轮机振动传感器大多应用磁电式和电涡流式测量原理。

（1）轴振动测量方法。测量轴的径向振动如图 7 - 33 所示。在测轴振时，常常把探头装在轴承座上，探头与轴承变成一体，因而所测结果是轴相对于轴承座的振动。由于轴在垂直方向与在水平方向的振动并没有必然的内在联系，亦即在垂直方向的振动已经很大，而在水平方向的振动却可能是正常的，因此往往在垂直与水平方向各装一个探头以分别测量垂直和水平方向的振动。为了安装方便，实际上两个探头不一定非装在垂直和水平方向不可，很多以右左两个 45° 斜插方式安装。按惯例，垂线右面探头认为是水平探头，左面为垂直探头。上述测振方式，用得十分普遍。

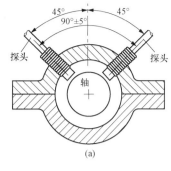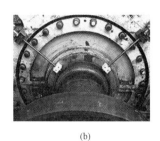

(a) (b)

图 7-33 测量轴的径向振动
(a) 安装示意图；(b) 现场安装图

（2）轴承振动测量方法。汽轮机组的振动一般是由轴的振动产生的，诸如不平衡、不对中或摩擦等原因都可使轴产生振动。在一般情况下，其轴的振动可以大部分传到轴承上，在这种情况下，用装在轴承座上的速度传感器测量得到的轴承座绝对振动，对评价机组振动提供了有意义的信息。大型火电机组中，测量轴承座振动的传感器常用的有磁电式速度传感器和压电式加速度传感器。

（3）主轴的绝对振动测量。转子是引起振动的主要原因。当振动出现异常时，反映在主轴上的振动要比轴承座的振动敏感得多，因此监视主轴的绝对振动更为重要。目前采用复合式传感器测量主轴的绝对振动。

ERPO 公司的 MMS6110 为双通道轴振动测量模块，采用电涡流传感器 PR642 系列加前置器 CON0X1 测量轴的径向振动。传感器的输出，即模块的输入代表传感器前端器到轴表面的间隙，由一个与静态间隙成正比的静态分量和一个与轴振动成正比的动态分量叠加而成。

模块的其他部分提供报警、传感器供电、模块供电、通道和传感器的检测，以及信号滤波等功能。内置微处理器，可通过现场便携机或远程通信总线设置工作方式和参数，读取所有测量值并进行频谱分析。

利用外接便携机通过模块前面板上的 RS232 通信总线或 RS485 通道总线可以对每个通道分别组态，使各个通道组态成不同的测量模式，并且模块可在运行期间变更组态（模块功能中断大约 15s）。模块带有通道正常/电路故障检测系统。

MMS6120 为双通道轴承振动测量模块，可以用速度传感器测量轴承振动（瓦振）来监测和保护各种类型的涡轮机械。安装在轴瓦上的传感器的输出信号与轴瓦的绝对振动成正比。

MMS6120 模块将两个通道的传感器输入信号分别转换成标准输出。其他性能与 MMS6110 相同。

7.4.5 主轴偏心度监测

汽轮机在启动、运行和停机过程中，由于各种原因，都会使主轴产生一定的弯曲。当主轴弯曲后，在转动过程中就会产生晃动。主轴最大晃动值的一半称为轴的弯曲度，也叫做轴的偏心度或挠度。偏心度是衡量主轴弯曲程度的一项重要指标。

1. 汽轮机主轴弯曲的危害性

汽轮机主轴弯曲后，使主轴的重心偏离运转中心，会造成转子转动不稳定，振动增大。弯曲严重时，会引起或进一步加大动、静部件之间的摩擦、碰撞，以致造成设备损坏的严重事故。可见，主轴弯曲严重影响汽轮机组的安全运行，所以大型汽轮机组都装设偏心度监测装置。在机组启、停机和运行过程中，需严密监视主轴的偏心度。当偏心度超过报警值时，发出报警信号，提醒运行人员注意，及时采取措施；当偏心度超过危险值时，发出危险信号。

2. 汽轮机主轴弯曲的原因

造成主轴弯曲的原因主要有以下方面：

（1）主轴与静止部件之间发生摩擦引起弯曲。由于摩擦，主轴产生高热而膨胀，从而产生反向压缩应力，促使主轴弯曲。若主轴在冷却后仍能恢复原状，这种类型的弯曲称为弹性弯曲；反之，称为永久性弯曲。

（2）制造和安装不良引起弯曲。在制造过程中，因热处理不当或加工不良，使主轴内部存在残余应力。在运行过程中，这种残余应力局部或全部消失，致使主轴弯曲。安装过程中，叶轮安装不当、叶轮变形或膨胀不均都会使主轴弯曲。

（3）检修不当引起弯曲。如轴封、汽封间隙不均匀或过小，与主轴发生摩擦，造成主轴弯曲；汽封门或调速汽门检修不良，在停机过程中造成漏汽，致使主轴局部弯曲。

（4）操作不当引起弯曲。机组停转后，由于转子和汽缸的冷却速度不同，以及上下汽缸的冷却速度不同，转子上下形成温差，转子上部比下部热，转子下部收缩得较快，致使转子向下弯曲。这种弯曲属于弹性弯曲。停机后，如果弹性弯曲尚未恢复又再次启动，而暖机时间又不够，主轴仍处于弯曲状态，此时机组将发生较大振动。严重时，会造成主轴与轴封片发生摩擦，使轴局部受热产生不均匀的膨胀而导致永久弯曲。

（5）汽轮机发生水冲击引起弯曲。在运行过程中，如果汽轮机发生水冲击，转子推力就会急剧增大，产生不平衡的扭力，使转子剧烈振动，造成主轴弯曲。

3. 偏心度的监测

目前，常采用电涡流传感器测量主轴偏心度。探头的安装位置最好是装在两轴承跨度中间，即远离轴承，这样监视仪上的读数大。但在实际中，装在两个轴承之间往往是不可能的，因此要求将电涡流传感器装在轴承的外侧。

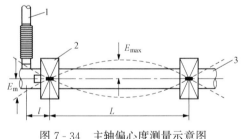

图 7-34 主轴偏心度测量示意图
1—传感器；2—轴承；3—主轴

图 7-34 所示为主轴偏心度测量示意图。由传感器的安装位置可知，测量位置的偏心度并非最大值。最大偏心度可由测得的偏心度值、轴的长度、轴承与测点的距离进行估算，即

$$E_{max} = \frac{lE_m}{4L}$$

式中：E_m 为测得的偏心度值，$\times 10\mu m$；L 为两轴承之间的转子长度，mm；l 为测点与轴承之间的长度，mm。

实际上，转子的弹性弯曲经常发生在调节级范围内。根据比例关系可知，由上式估算出的数值比实际的偏心度要大。因此，以该估算值监视控制转子的弹性弯曲，有较大的安全裕度，可以有效地实现主轴弯曲监控。

德国 EPRO 公司的双通道偏心监测模块 MMS6220 使用电涡流传感器测量相对径向轴偏心信号，适用于电涡流传感器 PR642 系列的前置器是 CON0X1。模块提供两路 0～20mA 或

4～20mA 电流输出，或两路 0～10V 直流电压输出，还可以提供两路 0～20U_{PP} 动态信号输出；每个通道可以分别设置报警值和危险值；RS232/485 端口用于现场组态及通信，可读出测量值，并可记录和存储最近一次启、停机的测量数据。它可以测量偏心峰—峰值及传感器与被测物体之间最大和最小距离。

7.4.6 转速监测

转速是热力机械的一个重要参数。火电机组要维持电网的频率不变，就必须及时调节汽轮机的转速，使其维持在 3000r/min。一般制造厂规定汽轮机的转速不允许超过额定转速的 110%～112%，最大不允许超过额定转速的 115%。

1. 汽轮机超速的原因

汽轮机运行中的转速是由调速器自动控制并保持恒定的，当负荷变动时，汽轮机转速将发生变化，这时调速器便动作，调速汽门随着负荷变化开大或关小，从而改变进汽量，使汽轮机维持在额定的转速。汽轮机发生超速的原因，主要是调速系统工作不正常，不能起到控制转速的作用。如汽轮机负荷突然降到零，单元机组带负荷运行中负荷突然降低，正常停机过程中解列或解列后空负荷运行，危急保安器作超速试验，运行操作不当等情况出现时，汽轮机的转速上升很快，这时若调速系统工作不正常，失去控制转速的作用，就会发生超速。

因此，为了保证机组的安全，必须严格监视汽轮机的转速并设置超速保护装置。对于大容量机组，一般都装设多套超速保护装置，如机械超速保护装置和电超速保护装置等。

2. 汽轮机转速的监测

汽轮机转速常采用磁阻式、电涡流式、磁敏式传感器测量，安装如图 7 - 35 所示。德国 EPRO 公司的双通道转速/键相模块 MMS6312 测量轴的转速，使用触发齿轮及脉冲传感器产生输出，适用于两种传感器，即 PR642 系列电涡流传感器加前置器 CON0X1，或者 PR9376 系列磁敏式传感器。它可以在单模式或冗余模式下使用。单一模式下，两个

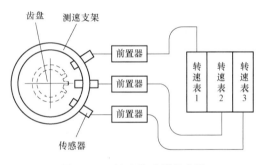

图 7 - 35　转速传感器的安装

通道独立组态，可用于进行转速测量和触发信号监视（例如键相测量）。冗余模式下，通道 1 完成测量监视等功能。如果通道 1 故障，通道 2 将会替代通道 1 完成其功能，且两个通道必须用相同方式完成组态。各个通道的测量范围、测量模式及测量齿轮的齿数必须在组态中确定。通过这些参数和测量的脉冲数，可以计算出轴的转速，转换成 0～20mA 或 4～20mA 的电流输出。模块还提供 4 个独立的报警输出，每个输出在组态中可选为 "上升超限" "下降超限" "盘车" "差速" 或 "旋转方向"。在冗余模式下，可使用 4 个报警输出，但不具备 "差速" 和 "旋转方向" 选择。

两个通道可以独立使用，用于测量：

(1) 两个轴的转速。

(2) 两个轴的零转速。

(3) 两个轴的键相脉冲信号。

两个通道可以结合起来使用：

(1) 监测一个轴的旋转方向。

（2）监测两个轴的速度差值。

（3）作为多通道或冗余系统的一部分。

该模块的测量可以和其他模块的测量一起组成涡轮机械保护系统。

国内大型机组用得较多的 TSI 有三种，分别是美国本特利公司的 3500 系统、德国艾普（EPRO）公司的 MMS6000 系统和瑞士韦伯（Vibro - Meter）公司的 VM600 系统。此外，还有德国的申克、日本的新川公司的产品也有应用。这些产品的结构组成和实现的功能有很多相似的地方，这里对德国艾普（EPRO）公司 MMS6000 系统做一简要介绍，具体内容扫码获取。

TSI 可以对机组的运行起到基本的监测和安全保护作用，但 TSI 缺少对机组振动数据的深入挖掘。汽轮机瞬态数据管理系统（简称 TDM）是在 TSI 基础上扩展的大型机械在线状态监测和故障诊断系统。该系统用于汽轮发电机组在启、停和正常运行下振动数据的采集、振动情况的在线监测，提供机组状态的自动识别、振动越限和危急报警功能及在线振动情况分析功能和故障诊断功能；在机组不同运行状态下，提供多种历史数据存储、报表打印和故障档案建立功能，方便事后故障分析处理和趋势分析。系统大多还同时提供远程用于事后分析的数据库管理系统，具有灵活的数据库浏览、振动历史数据和报警档案分析功能。

目前，在国内电厂应用的汽轮机 TDM，主要有美国本特利公司的涡轮机械瞬态监测、优化和故障诊断系统 SYSTEM1 和德国 EPRO 公司的旋转机械振动检测及故障诊断系统 MMS6851。这里对德国 EPRO 公司的旋转机械振动检测及故障诊断系统 MMS6851 进行简单介绍，具体内容扫码获取。

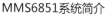
7.4.7　TSI 系统的安装要求

（1）TSI 系统的安装要考虑抗干扰问题。在实际应用中，经常碰到汽轮机的振动信号波动严重，峰值有时会达到报警值甚至跳闸值，从而引起汽轮机保护系统误动，威胁着机组的安全和稳定运行。其主要原因是 TSI 系统中存在着干扰信号，如高电压设备的启停，布线时高电压电缆的敷设走向与振动信号线一致等都有可能在 TSI 系统中引入干扰信号。由于系统的输入、输出多为毫伏毫安信号，信号弱、抗干扰能力差，且该信号又是机组的保护跳闸信号，所以要避免干扰信号引起误动。

具体做法：

1）保障 TS1 系统接地可靠，接地电阻满足设计要求。

2）采用屏蔽电缆，屏蔽线和备用线均可靠接地。信号线必须为 3 芯带绝缘外皮软线，而且电缆走向要满足设计要求。

3）前置器的外壳应与接地系统电绝缘，延长电缆也要与地绝缘，避免强电磁干扰。

4）信号输入模块到前置器之间的最大电缆长度不得超过 300m。

5）信号线的敷设走向需与高电压电缆垂直，走不同电缆桥架。

6）进 TSI 系统时，信号线与电源要分开捆扎。

7）建议将信号接地点（GND）与系统公共端（COM）连接，即电源地与信号地共地，减少干扰。

（2）对 TSI 系统加适当的滤波和延时。与汽轮机厂家协商，对报警和跳闸输出信号加

1～3s 的时间延迟，避免保护和报警信号误动。

（3）差胀探头的安装。根据探头的实际灵敏度和线性范围以及需要测量的差胀范围，确定探头的安装间隙电压或安装间隙尺寸数值，然后根据实际情况调整相应监视器的参数设置，保证尽可能地正确测量与显示，尤其是报警和跳闸值的准确输出和显示。

（4）轴向位移探头的安装。轴向位移探头的安装要注意机械零位的确定，根据主轴的实际位置和探头的实际灵敏度确定安装间隙电压，然后根据实际情况调整相应监视器的参数设置，保证正确的测量与显示。

（5）偏心度数值大小的调整。偏心的数值大小及报警值的设置一般以大轴的初始偏心值为依据，如果偏心值显示太大，可通过手动间歇性地盘车来降低，或者拉起真空、投入轴封保持连续盘车。为了保证机组安全，启动前和停机后连续盘车至少 4h。

（6）监视仪表的设置。监视仪表的转速卡件中齿数设置一定与实际相符，以保证显示正确。监视仪表中键相与振动探头的安装角度设置必须与实际相符，以保证振动的幅值和相位正确。

实训项目　传感器的特性分析及应用

实训项目

利用 CSY-998 型传感器实验仪完成电涡流传感器、磁电式传感器、压电式加速度传感器、差动可变变压器和光纤传感器的相关实训项目，不仅可加深对所学习的传感器的原理、结构、特性及应用的理解，还可加强对动手能力的培养。实训的具体内容可扫码获取。

思考题和习题

1. 为了保证机组的安全运行，对汽轮机需要监视哪些机械量？

2. 电涡流传感器由哪几部分组成，其最大特点是什么？请分别设计利用电涡流传感器测量位移、振动、转速的检测系统。

3. 电涡流传感器安装时要注意哪些问题？

4. 简述光纤位移传感器的工作原理。

5. 什么是汽轮机的缸胀、差胀，各用什么传感器测量？

6. 振动测量仪表一般由哪几部分组成？使用测振仪表可以测定哪些参数？

7. 如何测量轴承的绝对振动和轴的相对振动？利用复合式振动传感器如何得到轴的绝对振动信号？

8. 用磁电式测振传感器测量汽轮机组振动，必须配置积分放大器的原因是什么？

9. 测量转速常用的传感器有哪些？简述磁阻式转速传感器的工作原理。

10. 数字转速监测器与零转速监测器有何不同？

11. 汽轮机监测仪表系统（TSI）由哪几部分构成，可以监测哪些参数？目前常使用哪些公司的 TSI 系统？

12. 图 7-28 中列出的测点布置图中，轴向位移测点有几个，振动测点有几个？

13. EPRO 公司的 MMS6212 模块可以测量什么参数，适用于配置什么型号的传感器？

14. 汽轮机瞬态数据管理系统（TDM）的功能是什么？

15. 假设被测体的振动是简谐振动，其位移的峰值为 2mm，频率为 20kHz。试求：

（1）振动速度和振动加速度的幅值；

（2）若振动加速度的幅值是 $0.5g$，则位移的峰值是多少？

16. 对灵敏度为 $60.4V/(m/s)$ 的磁电式速度传感器，当输入是一个正弦波振动，其位移 $x(t) = 1 \times 10^{-6} \sin 628t$ 时，试求传感器的输出电动势及输出电动势的频率。

17. 用压电式加速度传感器测量机器的振动，已知传感器的灵敏度为 $2.5pC/g$（g 为重力加速度，$g = 9.8m/s^2$），电荷放大器灵敏度为 $80mV/pC$。当机器达到最大加速度时，相应输出幅值电压为 4V。试计算机器的振动加速度是多少？

第 8 章 仪表的干扰抑制技术

工业生产中检测装置的使用条件很复杂，被测量往往被转换为微弱的低电平信号，并远距离传输至显示仪表，这时经常会有一些与被测量无关的电气量（电压或电流）与有用的信号一起进入检测装置之中。这些与被测量无关的影响检测装置正常工作的非电气量信号（电压或电流）被称为"干扰"。测量过程中出现的干扰现象有：信号等于零时，数字显示表数值乱跳；传感器工作时，其输出值与实际参数所对应的信号值不吻合，且误差值是随机的、无规律的；与交流伺服系统共用同一电源的设备（如显示器等）工作不正常等。

这些干扰的存在，直接影响安全生产，轻则影响仪表测量准确度，带来生产波动；重则损坏 DCS 卡件、现场仪表，甚至引发联锁误动作，造成生产事故及重大经济损失。因此，有效地排除和抑制各种干扰，保证检测装置能在实际应用中可靠工作，已成为必须探讨和解决的问题。

8.1 概　　述

8.1.1 形成干扰的三要素

干扰源、耦合通道和接收电路是形成干扰的三个要素。三要素之间的联系如图 8 - 1 所示。干扰必须通过一定的耦合通道或传输途径才能对检测装置的正常工作造成不良的影响。

8.1.2 常见的干扰耦合方式

1. 电磁耦合

```
干扰源 ──▶ 耦合通道 ──▶ 接收电路
```
图 8 - 1　形成干扰的三要素之间的联系

电磁耦合又称互感耦合，它是由两电路之间存在的互感而产生的。一个电路中电流变化时，会引起另一个电路环链的磁通也发生变化。若某一电路有干扰，则同样可以通过互感而耦合到另一电路中。

在火力发电厂中，存在大量的高压电气设备，而大型电气设备的启、停在运行过程中时有发生。电动机的启动、开关的闭合所产生的火花，会在其周围产生很大的交变磁场，这些交变磁场既可能通过在信号电缆上耦合产生干扰，也可能通过在电源电缆上耦合产生高频干扰，如图 8 - 2 所示。

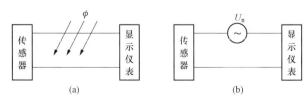

图 8 - 2　交变磁场电磁感应产生干扰
(a) 示意图；(b) 等效图

电磁耦合如图 8 - 3 所示。图中 I_n 为电路 A 中的干扰电流源，M 为两电路之间的互感，U_n' 为 B 中所引起的感应干扰电压。可以得出

$$U_n' = j\omega M I_n \qquad (8 - 1)$$

式中：ω 为电流干扰源 I_n 的角频率。

由式（8 - 1）可以得出，干扰电压 U_n' 正比于干扰源的电流 I_n、干扰源的角频率 ω 和互感 M。

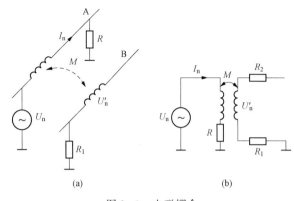

图 8-3　电磁耦合

(a) 示意图；(b) 等效电路

2. 静电耦合

静电耦合又称电容耦合，是由于两个电路之间存在着寄生电容，使一个电路的电荷影响到另一个电路。信号线靠近电网线敷设，电网线与信号线之间存在分布电容，因电网线与两信号线距离不等，分布电容亦不同，从而会由于静电耦合而产生感应电压，形成干扰 U_n，如图 8-4 所示。

仪表测量线路受静电耦合传输干扰的示意图及等效电路如图 8-5 所示。U_n 为干扰源电压；X_i 为被干扰电路的输入阻抗；C_s 为造成静电耦合的寄生电容。根据图 8-5 (b) 所示的电路，可以写出在 X_i 上干扰电压的表达式

$$U_{ni} = \frac{j\omega C_s X_i}{1 + j\omega C_s X_i} U_n \quad (8-2)$$

式中：ω 为干扰源 U_n 的角频率。考虑到一般情况下有 $|j\omega C_s X_i| \ll 1$，则式 (8-2) 可简化为

$$U_{ni} = j\omega C_s X_i U_n \quad (8-3)$$

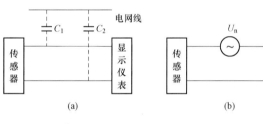

图 8-4　静电耦合产生干扰

(a) 示意图；(b) 等效图

若干扰信号 $U_n = 5V$，分布电容为 0.01pF，信号频率为 1MHz，放大器输入阻抗为 100kΩ，则此干扰在放大器输入端所造成的干扰电压 $U_{ni} = 31.4mV$，再经放大倍数为 100 的放大器后，在放大器输出端的干扰电压为 3.14V，可见其影响是很大的。

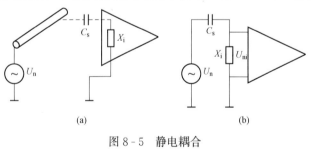

图 8-5　静电耦合

(a) 示意图；(b) 等效电路

由式 (8-3) 可以得到以下结论：

(1) 干扰源的频率越高，静电耦合引起的干扰也越严重。

(2) 干扰电压与接收电路的输入阻抗成正比，降低接收电路的输入阻抗可减少静电耦合的干扰。

(3) 通过合理布线和适当防护措施以减小分布电容，可减少静电耦合的干扰。

3. 公共阻抗耦合

公共阻抗耦合就是多个电路通过公共阻抗造成的耦合，常发生在两个电路的电流有共同通路的情况。当某一电路的电流通过公共阻抗时，会在公共阻抗上产生电压，该电压就可能成为其他电路的干扰。公共阻抗有公共地阻抗和电源内阻抗两种。

(1) 由接地线阻抗形成的公共阻抗耦合干扰。多台电子测量装置的公共线接地时，若在接地线上有较大电流通过，会通过接地线阻抗产生公共阻抗耦合干扰，如图 8-6 所示。

(2) 由电源内阻形成的公共阻抗耦合干扰。当用同一个电源同时对多个仪表供电时，如

有高电平电路的输出电流流过电源，这个电流
就会在电源内阻上产生压降，形成干扰电压，
造成对其他低电平电路的干扰。

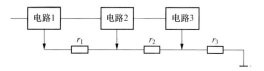

图 8 - 6　接地线阻抗耦合干扰

（3）信号输出电路的相互干扰。当电子测
量装置的信号输出电路带有多路负载时，如果
有任一路负载发生变化，此变化都将通过信号输出电路的公共阻抗耦合而影响到其他负载
电路。

防止公共阻抗耦合的方法是应使耦合阻抗趋近于零，使干扰源和被干扰对象间没有公共
阻抗。

4. 漏电流耦合

当信号线路与动力线路之间绝缘低劣，或信号线路之间绝缘低劣，就可能出现导电性接
触，给信号线路引入干扰电压，其等效电路如图 8 - 7 所示。图中 U_n 表示噪声源电压，R_σ
为漏电阻，Z_i 为漏电流流入电路的输入阻抗，U_n 为干扰电压。由图 8 - 7 可以写出 U_n 的表
达式为

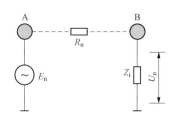

$$U_n = \frac{Z_i}{R_\sigma + Z_i} E_n \qquad (8 - 4)$$

漏电流耦合经常发生的场合：①用仪表测量较高的直流
电压时；②在检测装置附近有较高的直流电压源时；③在高
输入阻抗的直流放大器中。

图 8 - 7　漏电流耦合等效电路

若直流放大器的输入阻抗 $Z_i = 10^6 \Omega$，干扰源电动势 $E_n =$
15V，漏电阻 $R_\sigma = 10^8 \Omega$，可以得出

$$U_n = 0.149V$$

从以上估算可知，对于高输入阻抗放大器来说，即使是微弱的漏电流干扰，也将造成严
重的后果，所以必须提高与输入端有关的电路绝缘水平。

漏电流耦合的实例如图 8 - 8 所示。使用热电偶测量温度时，耐火砖在高温下的绝缘性
电阻大大下降，热电偶的陶瓷套管、绝缘子在高温下绝缘性能同样大大下降。因此在高温
下，电加热设备的电源会通过热电偶保护套管泄漏到热电偶上，形成高温漏电，从而在热电
偶与地之间产生一个干扰电压 U_n。

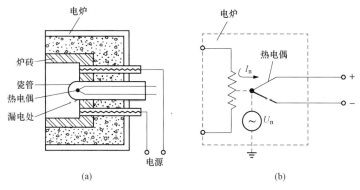

图 8 - 8　高温漏电干扰

（a）结构示意图；（b）等效电路图

5. 外线路附加电动势

在测量系统中，由于不同金属零件或导线相接触，当其两端接点处于不同温度时，会产生附加热电动势；两种金属因某种原因进入酸、碱、盐溶液，产生化学电动势。这两种电动势均为直流，在接线端子板或是干簧继电器等处容易产生，对仪表影响极重，应尽量避免这种干扰出现。

6. 不等电位接地

同一信号回路多点接地，"大地"成为信号回路的一部分。由于实际大地电阻不为零，因此当大地中流过电流时，在不同点上就会产生不等电位的现象。如果仪表输入回路中存在两个或多个接地点，就可能出现因接地点不等电位而产生干扰 U_n。特别是出现接地故障电流或有直接雷击电流时，将出现强大的大地杂散电流，大地上不同接地点可能出现明显的电位差 U_n。

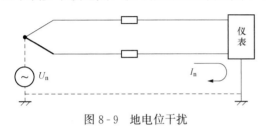

图 8-9　地电位干扰

如图 8-9 所示，这个电位差经信号线路产生干扰电流 I_n，在导线电阻上产生压降，直接影响仪表输出。

8.2　差模干扰与共模干扰

各种噪声源产生的干扰是通过各种耦合方式及传输途径进入检测装置的。根据干扰进入信号测量电路的方式以及与有用信号的关系，可将干扰分为差模干扰与共模干扰。

8.2.1　差模干扰

差模干扰又称横向干扰、正态干扰或串模干扰等。它使测量装置的两个信号输入端子的电位差发生变化，即干扰信号与有用信号是按电压源形式串联起来作用于输入端的。由于它和有用信号叠加起来直接作用于输入端，因此它直接影响测量结果。差模干扰可用图 8-10 所示的两种方式表示。

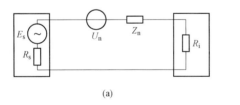
(a)

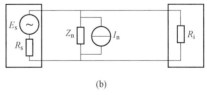
(b)

图 8-10　差模干扰等效电路
(a) 串联电压源形式；(b) 并联电流源形式

图 8-10 中，U_n 表示等效干扰电压，I_n 表示等效干扰电流，Z_n 表示干扰源的等效内阻抗。当干扰源的等效内阻抗较小时，宜用串联电压源形式；当干扰源的等效内阻抗较大时，宜用并联电流源形式。

造成差模干扰的原因很多，前面介绍的电磁耦合及静电耦合都可产生差模干扰。例如用热电偶进行温度测量时，由于有交变磁场 ϕ 穿过信号传输回路，从而产生感应电动势，造成差模干扰，如图 8-11（a）所示。再有，热电偶焊在带电体上引进干扰。在一些特殊要求的测温场合下，需要将热电偶的热端焊在用电流加热的金属试样表面上，如图 8-11（b）所示的 C、D。由于在金属试样的各点上存在电位差，因而引入差模干扰电压 U_d，$U_d = U\dfrac{CD}{AB}$。式中 U_d 表示试样两端的加热电压，CD 表示热电偶焊点间的距离，AB 表示试样长度。

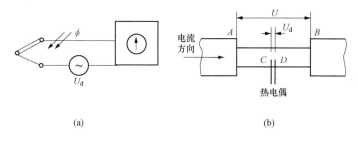

（a）　　　　　　　　　　　　　　（b）

图 8-11　差模干扰产生的原因
（a）温度测量系统的差模干扰；（b）热电偶焊在通电导体上引进差模干扰

常用的消除差模干扰的方法有：①在输入端加装 RC 滤波电路；②尽可能早地对被测信号进行前置放大，以提高回路中的信噪比；③在选取组成检测系统的元器件时，可以采用高抗扰度的逻辑器件，通过提高阈值电平来抑制低噪声的干扰，或采用低速逻辑部件来抑制高频干扰；④信号线应选用带屏蔽层的双绞线或电缆线，并有良好的接地系统。

8.2.2　共模干扰

共模干扰又称纵向干扰、对地干扰、同相干扰、共态干扰等。前面介绍的漏电流耦合的实例中在热电偶与地之间产生的干扰电压 U_c 就是由共模干扰引起的。它是相对于公共的基准地（接地点），在测量系统的两个输入端子上同时出现的干扰，如图 8-12 所示。这种干扰可以是直流电压，也可以是交流电压，其幅值可达几伏甚至更高。造成共模干扰的主要原因是被测信号的参考接地点和检测装置输入信号的参考接地点不同。虽然它不直接影响测量结果，但当信号输入电路参数不对称时，它会转化为差模干扰，对测量产生影响。

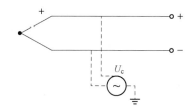

图 8-12　共模干扰

共模干扰通常用等效电压源表示。图 8-13 给出了一般情况下的共模干扰电压源等效电路。图中 U_c 表示共模干扰电压源，Z_{c1}、Z_{c2} 表示干扰源阻抗，Z_1、Z_2 表示信号传输线阻抗，$Z_{\sigma1}$、$Z_{\sigma2}$ 表示信号传输线对地的漏阻抗，R_i 表示仪表输入电阻，R_s 表示信号源内阻。

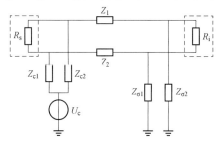

图 8-13　共模干扰等效电路

由图 8-13 可知，共模干扰电流的通路只是部分与信号电路共有，且共模干扰会通过干扰电流通路和信号电流通路的不对称性转化为差模干扰，从而影响测量结果。

常见的共模干扰耦合有下面几种：

（1）在测量系统附近有大功率电气设备，因绝缘不良漏电或三相动力负载不平衡致使中性线有较大电流时，都存在着较大的地电流和地电位差。这时，若测量系统有两个以上接地点，则地电位差就会造成共模干扰。

（2）当电气设备的绝缘性能不良时，电源会通过漏电阻耦合到测量系统的信号回路，形成干扰。

（3）在交流供电的电子测量仪表中，电源会通过电源变压器的一、二次绕组间的杂散电容、整流滤波电路、信号电路与地之间的杂散电容与地构成回路，形成工频共模干扰。

共模干扰是一种常见的干扰源，常采用的抑制共模干扰的方法有：①采用双端输入的差分放大器作为仪表输入通道的前置放大器，是抑制共模干扰的有效方法。设计比较完善的差分放大器，在不平衡电阻为 $1k\Omega$ 的条件下，共模抑制比 CMRR 可达 $100\sim160dB$。②采用变压器或光耦合器把各种模拟负载与数字信号隔离开来，也就是把"模拟地"与"数字地"断开。被测信号通过变压器耦合或光电耦合获得通路，共模干扰由于不成回路而得到有效的抑制。③可以采用浮地输入双层屏蔽放大器来抑制共模干扰。这是利用屏蔽方法使输入信号的"模拟地"浮空，从而达到抑制共模干扰的目的。

8.2.3　共模干扰向差模干扰的转化

共模干扰对仪表的影响比差模干扰小，但在一定条件下，共模干扰会转化为差模干扰，增加了对仪表的影响。

如果组成信号传输线路的桥路不平衡，共模干扰可以转化为差模干扰，转化原理如图 8-14 所示。

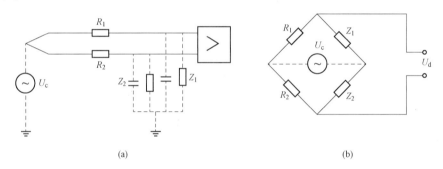

图 8-14　共模干扰通过不平衡电桥转化原理

（a）示意图；（b）等效电路

信号传输线路对地存在一定的分布电容和漏电阻，阻抗为 Z_1、Z_2，它们与输入线路内阻 R_1、R_2 组成桥路，如果电桥不平衡，则共模干扰电压 U_c 将转化为差模干扰电压 U_d 进入仪表，其大小为

$$U_d = \left(\frac{R_2}{R_2 + Z_2} - \frac{R_1}{R_1 + Z_1} \right) U_c \tag{8-5}$$

很显然，桥路不平衡程度越大，转换成的差模干扰越大。

由于共模干扰只有转换成差模干扰才会对检测仪表产生干扰作用，所以共模干扰对测量系统的影响大小取决于共模干扰转换成差模干扰的大小。可以利用"共模干扰抑制比"值的大小来衡量测量系统对共模干扰的抑制能力。

共模干扰抑制比定义为作用于测量系统的共模干扰信号与使测量系统产生同样输出所需的差模信号之比。通常以对数形式表示为

$$CMRR = 20 \lg \frac{U_c}{U_d} \tag{8-6}$$

式中：U_c为作用于测量系统的共模干扰信号；U_d为使测量系统产生同样输出所需的差模信号。

共模干扰抑制比也可定义为检测仪表的差模增益 K_d 与共模增益 K_c 之比，即

$$CMRR = 20\lg\frac{K_d}{K_c} \qquad (8-7)$$

$CMRR$ 值越高，说明系统对共模干扰的抑制能力越强。

8.3　抑 制 干 扰 的 措 施

为有效地抑制干扰，首先要发现干扰源，在干扰源处杜绝干扰是相对积极有效的措施。有些干扰，如自然干扰及某些现场环境干扰是不可避免的，则削弱干扰通道对干扰的耦合，以及提高接收电路的抗干扰能力就显得非常重要。

（1）消除干扰源。从工程设计和施工角度，可采取以下措施：

1）仪表信号电缆的敷设路径应避开高压电动机、变压器、耦合电容器、电容式电压互感器等区域。

2）仪表信号电缆与电力电缆并行敷设时，在可能范围内宜远离；对电压高、电流大的电力电缆间距宜更大。

3）仪表信号电缆与动力电缆、强电控制电缆分层敷设；如受条件所限，无法满足分层敷设时，仪表信号电缆与强电控制电缆在同一层电缆桥架中敷设，中间须设置隔板。

4）仪表信号电缆在电磁干扰区域可采用钢管保护，以阻隔干扰，但仪表信号电缆不得与强电控制电缆在同一根钢管内敷设。

（2）割断干扰耦合路径。在无法避免电磁环境干扰的情况下，通过阻断干扰侵入信号回路的路径，可以使电磁干扰对信号的影响最小。通常采用仪表信号导线的扭绞（双绞线）、屏蔽（如静电屏蔽、电磁屏蔽、磁屏蔽等）、提高绝缘性能、改变接地形式及采用隔离变压器或光耦合器等措施切断干扰途径。

（3）提高接收电路的抗干扰能力。电磁干扰是电子设备的主要干扰形式。一般来说，高输入阻抗的电路比低输入阻抗的电路易受干扰，模拟电路比数字电路的抗干扰能力差，布局松散的电子装置比结构紧凑的易于接收干扰。为消弱电路对干扰的敏感性，可以采用滤波、选频、对称电路和负反馈等措施。一个设计良好的检测装置应该具备对有用信号敏感、对干扰信号尽量不敏感的特性。

此外，还可采用软件抑制干扰。通过编入一定的程序进行信号分析判断和处理，达到抑制干扰的目的。

不同生产装置和所在区域，干扰的来源、类型、强度、分布不同，所涉及的仪表设备要求也不同，下面介绍经常采取的措施。

8.3.1　隔离

隔离有两种措施，即可靠的绝缘和合理的布线（考虑间距和走向）。当测量系统含有模拟与数字、低压与高压混合电路时，必须对电路各环节进行隔离，这样还可以同时起到抑制漂移和安全保护的作用。隔离的方法主要有隔离变压器隔离、光电耦合器隔离。

1. 隔离变压器

两个不同的接地点总会存在一定的电位差，由此会形成地环路电流，如图 8-15 所示。

地环路电流对信号电路直接形成干扰。采用隔离变压器可以阻隔地环路电流，如图 8-16 所示，电路 1 输出信号经变压器耦合到电路 2，而地环路则被截断。

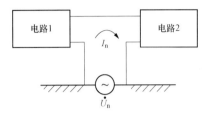

图 8-15　地环路干扰

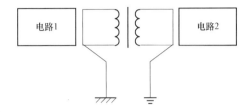

图 8-16　变压器阻隔地环路

由于变压器不能用于直流信号（直流信号经调制也可以使用，但会使系统复杂程度和成本提高），因此这种隔离方法在测量直流或低频信号时受很大限制。

为了防止供电线路上引入共模高频干扰信号，可以在供电线路上设隔离变压器进行干扰隔离。

2. 光电耦合器

在直流或低频测量系统中，多采用光电耦合的方法。如图 8-17 所示，光电耦合器是由

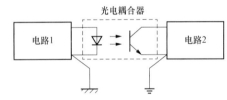

图 8-17　光电耦合截断地环路

发光二极管和光敏晶体管组成。发光二极管的发光强度随电路 1 输出电流的大小而变化，光强的变化使光敏晶体管电流变化，从而将电路 1 的信号传到电路 2 中。由于光电耦合器的发光二极管和光敏晶体管之间为无导线连接，因此它既传输了信号又截断了地环路。

一般用光电耦合器对数字信号进行隔离。

为了使 DCS 系统和外部系统电气上完全隔离，现场需监视的开关量均应经过两级隔离：一是经中间继电器转换后进入控制柜，二是经端子板光电隔离后送入采集单元再进行处理。

3. 隔离放大器

隔离放大器是一种输入电路和输出电路之间电气绝缘的放大器，一般采用变压器或光电耦合传递信号。其作用是对模拟信号进行隔离，并按照一定的比例放大。在这个隔离、放大的过程中要保证输出的信号失真要小，线性度、准确度、带宽、隔离耐压等参数都要达到使用要求。它由仪器放大器（或运放）和单位增益隔离级构成。单位增益隔离级完全隔离了器件的输入和输出（欧姆隔离），使电信号没有欧姆连续性。隔离放大器可对电压、电流、PWM 脉冲、频率、正弦波、方波、转速等各种信号进行变送、转换、隔离、放大、远传。

隔离放大器按隔离模式分有两口隔离（信号输入和输出部分欧姆隔离，采取其他措施进行供电隔离）和三口隔离（输入、输出和供电三部分彼此欧姆隔离），按隔离方法分有光电隔离、电容隔离、变压器隔离。采用变压器耦合的隔离放大器有 BURR-BROWN 公司的 ISO 212、3656 及 Analog Devices 公司的 AD202、AD204 等。采用电容耦合的隔离放大器有 BURR-BROWN 公司的 ISO102、ISO103 等；采用光电耦合的隔离放大器有 BURR-BROWN 公司的 ISO100、ISO130 及惠普公司的 HCPL7800/7800A/7800B 等。

来自现场的模拟量输入信号均需经端子板送入隔离放大器。

8.3.2　屏蔽

屏蔽主要是抑制电磁感应对检测装置的干扰，它是利用铜或铝等低阻材料或导磁性良好的铁磁性材料将元件、电路、组合件或传输线等包围起来以隔离内外电磁的相互干扰。屏蔽一般分为静电屏蔽、电磁屏蔽等。

1. 静电屏蔽

静电屏蔽的依据是静电学原理，即处于静电平衡状态下，导体内部各点等电位，在导体内部无电力线。因此采用导电性能良好的金属作屏蔽盒，并将它接地，可使其内部的电力线不外传，同时也不使外部的电力线影响其内部。

图 8-18 示意了静电屏蔽的原理。设导体 A 点带有电荷 $+Q$，B 为低电阻的金属材料制造的屏蔽盒，屏蔽盒接大地。

静电屏蔽能防止静电场的影响，用它可以消除或削弱两电路之间由于寄生分布电容耦合而产生的干扰。静电屏蔽时，可以在屏蔽导体上任意开缝，以防止涡流损耗。例如，在电源变压器的一、二次绕组之间，插入一个梳齿形导体，并将其接地，就可以防止两绕组之间的静电耦合。

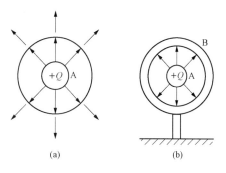

图 8-18　静电屏蔽的原理
(a) 非屏蔽；(b) 屏蔽

2. 电磁屏蔽

电磁屏蔽主要防止交变电场的影响。其基本原理是采用导电良好的金属屏蔽罩、屏蔽盒等，将被保护的电路包围在其中，屏蔽体良好接地。利用高频电磁场对屏蔽金属的电磁感应作用，在屏蔽金属内产生涡流，用涡流产生的磁场抵消或减弱干扰磁场的影响，从而得到屏蔽的效果。

电磁屏蔽的必要条件是在屏蔽导体内流过高频电流，而且电流产生的磁通方向必须与干扰磁通方向相反。它主要用来防止高频电磁场的影响，对低频磁场干扰的屏蔽影响很小。

屏蔽层的材料必须选择导电性能良好的低电阻金属，如铜、铝或镀银铜板等。根据高频集肤效应原理，高频涡流仅流过屏蔽层的表面，因此屏蔽层的厚度仅需考虑结构强度即可。生产现场中的干扰源，例如机电设备、电源开关等强干扰设备，应有铁质壳体屏蔽，使干扰对信号耦合的可能性减小。

基于涡流反磁场作用的电磁屏蔽，在原理上与屏蔽体是否接地无关系。但若将电磁屏蔽层接地，可同时兼有静电屏蔽的作用。也就是说，用导电良好的金属材料做成的接地电磁屏蔽层，可同时起到电磁屏蔽和静电屏蔽两种作用。

电厂中 DCS 系统硬件设备安装在土控室后面的专门电子设备间内，电了间地面应采用防静电活动地板，并采用带湿度调节的空调设备保持空间湿度及温度，防止静电干扰。电子间所在建筑物利用土建钢筋作为接地引线或单独敷设接地引线接地，必要时电子间墙壁应安装屏蔽材料（如机房外墙布一层高 3150mm、孔径 10mm 的镀锌钢丝网，整个钢丝网焊接成为一个整体，然后汇入接地母线），同时强电电路和强电设备应远离电子间。在电厂运行过程中，运行或检修人员进入电子间不能持有对讲机和电话等电磁设备。通过以上措施可相对有效地保证 DCS 系统设备不受外来干扰。

另外，在施工过程中要安装足够的电缆通道，保证强电电缆与弱电电缆分开敷设。具体施工时，确保电源电压 220V 以下、电流 10A 以下的电源电缆和信号电缆之间的距离要大于 150mm，电源电压 220V 以上、电流 10A 以上的电源电缆与信号电缆之间的距离应该大于 600mm。

例如，火电厂 DCS 系统线路主要有控制电缆、信号电缆、电源电缆、接地电缆、屏蔽电缆等，这些电缆都是通过电子设备间下方的电缆夹层引到 DCS 机柜的，电缆夹层设置一定层数的电缆桥架。为了减少动力电缆对 DCS 信号的干扰，在电缆桥架上应分层布置，布线原则为：信号电压等级由高到低，由强电到弱电，不同类型电缆尽量分层布线且层与层之间用金属隔板隔离，模拟量和开关量信号电缆分开排列。以上布线原则都是为了防止动力线对其他信号电缆及不同电压等级的信号电缆之间的电磁耦合和静电耦合造成干扰。

在火电厂中 DCS 系统信号主要有模拟量信号、数字量信号和通信信号三种。模拟量信号主要包括温度信号、液位变送器信号、压力变送器信号、执行机构控制信号、反馈信号等，均属于低电平连续信号，非常容易受外界干扰引发信号突变，因此应选择屏蔽电缆，有时重要信号更应选择单芯电缆独立传输；数字量信号是非连续变化的离散信号，易受高电平信号的干扰，也能干扰模拟量信号，因此也需采用屏蔽电缆，并且不能和模拟量信号合用一根电缆；通信信号属于高频信号，一般采用专用的通信电缆或双绞线屏蔽电缆。

8.3.3 双绞线

所谓双绞线（Twisted Pair，TP），一般由两根 22～26 号绝缘铜导线相互缠绕而成。如果把一对或多对绞合导线放在一个绝缘套管中，便构成了双绞线电缆。它是综合布线工程中常用的传输介质。如图 8-19 所示，在外界干扰磁场作用下，同一导线的相邻的两扭环所产生的感应电动势方向相反，在导线上产生的相反方向的干扰电流相互抵消。相扭的导线扭得越紧，扭环的截面积 S 越小，S 中间穿过的磁力线越少。若 S 趋近于零，则穿过的磁力线趋近于零。虽然不可能完全为零，但可以缩小到很小。

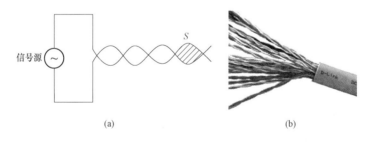

图 8-19 双绞线
(a) 缩小干扰示意图；(b) 实物图

双绞线的两根导线相互扭合，其扭绞节距的长短与该导线的线径有关。线径越细，扭绞节距越短，抑制感应噪声的效果越明显，但成本增加。

双绞线主要用来传输模拟信号，也适用于数字信号传输，对较短距离的数字信号传输效果相对好。双绞线在信号传输应用中具有传输距离远、传输质量高、抗干扰能力强、布线方便、造价低廉等优点。但远距离传输信号时，其对信号存在着较大的衰减，并且易产生波形畸变，所以必须采取放大、补偿等措施。

双绞线分为屏蔽双绞线和非屏蔽双绞线两种。屏蔽双绞线电缆具有很高的信号传输速率，其外层由一层金属箔包裹，能抑制双绞线向外辐射电磁波。但屏蔽双绞线造价相对较高，安装施工也比非屏蔽双绞线电缆困难。

不同电压等级的电源电缆（如 220V 交流、24V 直流电缆）、开关量信号电缆、模拟信号电缆的抗干扰能力不同，因此，一般情况下对于弱模拟信号（100mV 以下）宜选用线径 1mm² 左右的双绞线屏蔽电缆，对于强模拟信号（100mV～10V）和弱数字信号（小于 30V）宜选用 1.5mm² 的双绞线屏蔽电缆，对于强数字信号（大于 30V）仅选用 1.5mm² 的普通控制电缆。

8.3.4　接地

接地是保证人身安全、抗噪声干扰的一种技术方法。正确的接地既能抑制外来干扰，又能减小设备对外界的干扰影响；而错误的接地反而会引入干扰，严重时甚至会导致仪表系统无法正常工作。在设计和施工中，如能把接地和屏蔽正确地结合起来使用，则可解决大部分干扰问题。

检测系统的接地主要有保护接地和工作接地两种类型。保所接地是为了避免设备的绝缘损坏或性能下降时危及人身和系统安全而采取的措施；工作接地是为了保证系统稳定可靠地运行，防止地环路引起干扰而采取的措施。

火电厂的 DCS 系统的接地可归纳为屏蔽地（模拟地）、逻辑地（直流地）、安全地和交流地。其中安全地属于保护接地，屏蔽地、逻辑地、交流地属于工作接地。

1. 屏蔽接地

传输电线电缆的屏蔽层、电气器件的屏蔽罩以及起屏蔽作用的钢质电缆槽、穿线钢管等的接地属于屏蔽接地。屏蔽接地的目的是给屏蔽层上的感应电流、电压和静电电荷提供通向大地的通道，可避免或减少干扰进入测量系统。在信号线路的屏蔽层接地时，要注意接地方法，不能使屏蔽层中形成电流流动，以免对信号线产生干扰。

屏蔽接地的原则是一点接地，但在受到高频干扰时可考虑两点接地和多点接地。这是因为，传输低频信号的电缆间所存在的电感并不是什么大问题，相互间不可能形成干扰，然而接地线所形成的环路对干扰影响比较大，因此常以一点作为接地。但一点接地不适合于高频信号，因为高频时，地线上具有电感，因而增加了地线阻抗，同时各地线之间又产生耦合。当高频很高时，地线阻抗就会变得很高，这时地线就变成了天线，向外辐射干扰信号，形成对外干扰。减小这种干扰就是要降低地线阻抗，其措施是首先在接地施工时，尽量使地线长度小于 25m，或者采取多点接地。

在工程设计和施工中具体的接地实施措施有以下几点：

（1）接壳式热电偶、热电阻（即热电偶或热电阻感温元件和保护管接触，不会对测量参数产生影响，而且反应速度快），测量信号线的屏蔽层应在信号源侧接地。

（2）绝缘式热电偶、热电阻（即热电偶或热电阻感温元件和保护管不直接接触），测量信号线的屏蔽层应在 DCS 系统侧接地。

（3）信号电缆中间有接头时，两条信号电缆屏蔽层在接头处要妥善连接，并将屏蔽层裸露的部分用绝缘带包好，以防多点接地。

（4）多测点信号的屏蔽双绞线在就地端子箱处与多芯对绞总屏蔽电缆连接时，各屏蔽层应相互连接好，并经绝缘处理，在全线路内只允许有一个接地点。如果这些测点的热电偶是接壳式，连接后的屏蔽层在就地端子箱处接地；如果这些测点的热电偶是绝缘式，连接后的屏蔽层在 DCS 系统侧接地。

（5）计算机信号和模拟仪表共用传感器时，传输模拟仪表的信号也选用屏蔽电缆。模拟信号电缆的屏蔽层应与计算机信号电缆的屏蔽层妥善连接，并将屏蔽层裸露的部分用绝缘带包好，其屏蔽层根据实际情况确定接地点。

（6）就地设备自身有源的，屏蔽地应在就地侧接地。通常测量金属壁温的热电偶和开关量信号中的电接点水位计的电极就属于自身有源的传感器，这时就应将屏蔽层接地点改在信号源侧接地。

（7）DCS 系统与 I/O 设备之间通信电缆的屏蔽层，全部在 DCS 系统侧接地。

（8）全屏蔽层的接地要采用焊接或压接端子的方法牢固连接；所有安装电缆用的金属桥架及管路也要可靠接地。

2. 逻辑接地

逻辑接地也称直流地或工作地。该种接地的目的是给计算机各部分逻辑地提供基准零电位。因为计算机监控系统内部均由电子线路组成，它们要求的直流工作电位各不相同，因此工作时必须有一个统一的参考零电位。大地是体积很大的导体，静电容量很大，电位比较稳定，因此可以作为计算机系统的基准电位。逻辑地的处理有三种方式，即逻辑地浮空、逻辑地接专用接地网、逻辑地接电气接地网。

3. 安全地

安全地使设备机壳与大地等电位，避免机壳带电对人身及设备安全的影响。

4. 交流地

交流地是计算机交流供电电源地，即动力线地，它的地电位是很不稳定的，往往很容易就有几伏至十几伏的电位差存在。另外，交流地也很容易带来各种干扰。因此，交流地绝对不允许与上述几种地相连。

电厂 DCS 系统的接地主要有屏蔽电缆接地和系统接地两部分。屏蔽电缆一般分为低频信号电缆和高频信号电缆。低频信号电缆屏蔽层应单点接地；高频信号电缆和电力电缆的屏蔽层至少应在电缆两端接地，最好多点接地。DCS 系统的模拟量信号线属于低频信号电缆，须采用单点接地方式。电缆屏蔽层的接地位置：信号源接地时，屏蔽层应在信号侧接地；信号源不接地时，应在 DCS 侧接地。

接地系统的接地质量对 DCS 系统的防干扰能力至关重要。DCS 系统属高速低电平控制系统，应采用单点直接接地方式。将 DCS 系统内的不同性质的接地，如工作地和保护地分别由绝缘电缆引至电缆夹层内的总接地箱的地线汇集板上，再由地线汇集板接入电气接地网。各种接地电缆与地线汇集板的连接，宜采用线鼻子压接后，用带弹簧垫的螺栓连接或焊接。

8.3.5　浮置

浮置又称浮空、浮接。如果检测装置的输入放大器的公共线既不接机壳也不接大地，则称为浮置。浮置的目的是要阻断干扰电流的通路。浮置后，检测电路的公共线与大地（或机壳）之间的阻抗很大。被浮置的测量系统，测量电路与机壳或大地之间无直流联系。

图 8-20 所示的测温系统，其前置放大器通过三个变压器与外界联系。T1 是输出变压器，T2 是反馈变压器，T3 是电源变压器。前置放大器的两个输入端子既不接外壳和屏蔽层，也不接大地。两层屏蔽之间互相绝缘，外层屏蔽接大地，内层屏蔽延伸到信号源处接

地。从图中可以看出，采用浮置后地电位差所造成的干扰电流会大大减小，而且该电流为容性漏电流。

浮置与屏蔽接地相反，它是通过阻断干扰电流的通路实现抗干扰的。测量系统被浮置后，明显地加大了系统的信号放大器公共线与大地或外壳之间的阻抗，大大减小了共模干扰电流。但由于有寄生电容的存在，容性漏电流干扰依然存在。

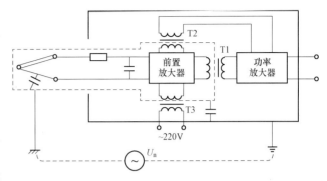

图 8 - 20　浮置的温度测量系统

8.3.6　加装滤波器

有时尽管采用了良好的电、磁屏蔽措施，但在传感器信号输出到下一环节的过程中仍不可避免地含有各种干扰信号，而这些无用的信号将同有用信号一起被与传感器配用的电路放大。为了获得被测量的真实值，必须有效地抑制无用信号的影响，滤波器就可以起到这种作用。

滤波器是一种允许某一频带信号通过，而阻止某些频带信号通过的网络，是抑制干扰的最有效的手段之一。实践表明，通过电源窜入的干扰噪声，往往占有很宽的频带，可以近似从直流到 1000MHz。若要完全抑制这样宽的频率范围的干扰，只采取单一的滤波措施是很难办到的，必须在交流侧和直流侧同时采取滤波措施，而且还要与隔离变压器配合使用，才能收到良好的效果。

当信号源为热电偶等信号变化缓慢的传感器时，利用小体积、低成本的无源 RC 低通滤波器将对差模干扰有较好的抑制效果。直流供电的仪表，其直流电源往往被几个电路共用。为了避免通过电源内阻造成几个电路之间互相干扰，应在每个电路的直流进线与地线之间加装滤波器。使用交流电源的测量仪表，经电源线传导耦合到测量电路中的干扰，都会对仪表工作造成影响，因而在交流电源进线端子间加装滤波器也是十分必要的。

滤波器的安装和使用应注意以下几点：

（1）为了防止由于滤波器输入线和输出线的感应而导致性能下降，滤波器的输入及输出线必须采用屏蔽电缆或将导线置于金属管中，电缆外壳或金属管应与滤波器外壳连接，并要接地。

（2）在浮置系统中，滤波器外壳应与设备机架或机箱绝缘，以防止设备带电。

（3）滤波器接地不仅是为了安全，主要还在于可提高滤波器抑制共模干扰的能力，因此在可能的情况下设备和滤波器均应有可靠的接地装置。在浮置系统中，滤波器和电网之间应接入 1:1 的隔离变压器，然后将滤波器外壳与系统的地可靠连接。

8.3.7　软件抗干扰技术

采用前面介绍的硬件抗干扰措施抑制干扰是十分必要的，但是由于干扰存在的随机性，尤其是在一些比较恶劣的外部环境下工作的检测装置，抗干扰效果还不够理想。在提高硬件系统抗干扰能力的同时，软件抗干扰以其设计灵活、节省硬件资源、可靠性好等优点越来越受到重视。但必须注意，由软件实现的硬件功能，一般响应时间比硬件实现长。将微机的软件抗干扰技术与硬件抗干扰技术相结合，可大大地提高检测装置工作的可靠性。常用的软件抗干扰技术主要有数字滤波、冗余技术、软件陷阱技术等。

(1) 数字滤波技术。数字滤波技术具有很多硬件滤波没有的优点。它是由软件算法实现的，不需要增加硬件设备，只要在程序进入控制算法之前，附加一段数字滤波的程序即可。各个通道可以共用一个数字滤波器，而不像硬件滤波那样存在阻抗匹配问题。它使用灵活，只要改变滤波程序或运算参数，就可实现不同的滤波效果，很容易解决较低频率信号的滤波问题。目前先进的数字滤波方法有卡尔曼滤波、自适应滤波、自适应卡尔曼滤波、小波滤波等。常用的数字滤波方法有限幅滤波、中位值滤波法、算术平均滤波法、递推平均滤波法、中位值平均滤波法。

1) 限幅滤波 (又称程序判断滤波法)。根据经验判断，确定两次采样允许的最大偏差值 (设为 A)，比较相邻 (N 和 $N+1$ 时刻) 的两个采样值 Y_N 和 Y_{N+1} 值，如果它们的差值不大于 A，则本次值有效；如果它们的差值大于 A，则本次值无效，放弃本次值，用上次值代替本次值。

该方法能有效克服因偶然因素引起的脉冲干扰，但无法抑制周期性干扰，平滑度差。

2) 中位值滤波法。对某一被测参数连续采样 N 次 (一般取 N 为奇数)，然后将 N 次采样值按大小排列，取中间值为本次有效值。

该方法能有效地克服因偶然因素引起的波动干扰或采样器不稳定引起的误码等造成的脉冲干扰，对温度、液位等缓慢变化的被测参数有良好的滤波效果，但对于流量、压力等快速变化的参数一般不易采用此方法。

3) 算术平均滤波法。对同一采样点连续采样 N 次，然后取其平均值作为最终测量值。当 N 较大时，平滑度高，但灵敏度低，即外界信号的变化对测量计算结果的影响小；当 N 较小时，平滑度低，但灵敏度高，因此应按具体情况选取 N。如对流量测量，可取 $N=12$，对压力测量可取 $N=4$。

该方法是用得最多、最简单的方法之一，适用于具有随机干扰的信号的滤波，这样的信号特点是有一个平均值，信号在某一数值范围附近上下波动。对于测量速度较慢或要求数据计算速度较快的实时控制不适用。

4) 递推平均滤波法 (又称滑动平均滤波法)。将连续取的 N 个采样值看成一个队列，队列的长度固定为 N，每次采样到一个新数据放入队尾，并扔掉原来队首的一次数据 (先进先出原则)。把队列中的 N 个数据进行算术平均运算，就可获得新的滤波结果。

N 值的选取：流量测量，$N=12$；压力测量，$N=4$；液位测量，$N=4\sim12$；温度测量，$N=1\sim4$。

该方法对周期性干扰有良好的抑制作用，平滑度高，适用于高频振荡的系统。但该方法灵敏度低，对偶然出现的脉冲干扰的抑制作用较差，不适用于脉冲干扰比较严重的场合。

5) 中位值平均滤波法 (又称防脉冲干扰平均滤波法)。相当于"中位值滤波法"+"算术平均滤波法"。连续采用 N 个数据，去掉一个最大值和最小值，然后计算 $N-2$ 个数据的算术平均值。N 值的选取：$N=3\sim14$。

该方法融合了两种滤波法的优点，可消除由于脉冲干扰所引起的采样值偏差；缺点是处理速度较慢。

(2) 冗余技术。当干扰信号通过某种途径作用到 CPU 上，使 CPU 不能按正常状态执行程序，从而引起混乱，这就是所说的程序"跑飞"。对程序"跑飞"后使其恢复正常的一个最简单的方法是通过人工复位，使 CPU 重新执行程序。采用这种方法虽然简单，但需要人工参与，因此可从软件设计上考虑在程序"跑飞"时如何自动恢复到正常状态下运行。冗余技术是经常用到的方法，它包括指令的冗余设计、数据和程序的冗余设计。

指令的冗余设计，就是在一些关键的位置人为地插入一些单字节的空操作指令 NOP。当程序"跑飞"到某条单字节指令上时，就不会发生将操作数当成指令来执行的错误。应该注意的是在一个程序中"指令冗余"不能使用过多，否则会降低程序的执行效率。

数据和程序的冗余设计的基本方法是在 EPROM 的空白区域，再写入一些重要的数据表和程序作为备份，以便系统程序被破坏时仍有备份数据和程序维持系统的正常工作。

抗干扰问题是参数检测过程中不可忽视的问题，必须认真分析，针对具体情况采取有效措施，必要时采用多种措施并用的手段，如隔离、屏蔽、芯线对绞、抑制地回路干扰以及正确接地等。

知识拓展

仪表抗干扰实例分析

生产中出现干扰的原因很多，这里给出了几个仪表抗干扰实例分析，可以扫码获取。通过对于这些实例的学习，可以加深对仪表抗干扰措施的理解。

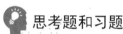

思考题和习题

1. 形成干扰的三要素是什么，研究它们的目的是什么？

2. 干扰产生的原因通常有哪些，最为普遍和最为严重的干扰是什么？

3. 具体的电磁干扰源主要有哪些？

4. 试说明图 8-21 所示干扰的耦合方式。

5. 什么是差模干扰、共模干扰和共模干扰抑制比？

6. 抑制差模干扰常用的措施有哪些？抑制共模干扰常用的措施有哪些？

7. 常用抗干扰措施有哪些，屏蔽有哪几类，各有何特点？

8. 为什么屏蔽线的屏蔽层不允许多点接地？

9. "接地"的概念是什么，一般有哪几种地线？一点接地和多点接地各有什么特点？

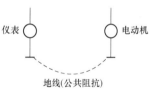

图 8-21　题 4 图

10. 要使电缆屏蔽层具有良好的屏蔽效果，做屏蔽接地时应注意什么？

11. 为防止直流信号系统发生干扰，将信号和地线之间接上一个电容，起什么作用，是什么原理？

12. 什么是浮置技术？试通过实例加以说明。

13. 数字滤波方法有哪些？说明中位值滤波的实现步骤及特点。

14. 图 8-22 表示通过电源变压器的初次级间的分布电容耦合，试分析干扰进入测量电路的方式。

15. 电路如图 8-23 所示。U_A 为干扰源 A 对地电压，R 为漏电阻，R_i 为变送器输入电阻，U_n 为加在变送器输入电阻上的干扰电压。已知 $R_i = 10^8\,\Omega$，$U_A = 14V$，$R = 10^{10}\,\Omega$，试求 U_n。

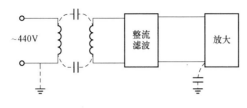 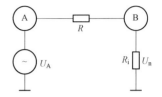

图 8 - 22 题 14 图　　　　　　　图 8 - 23 题 15 图

16. A、B 两根导线平行敷设，A 导线对地电压 U_A 为 5V，频率为 1MHz，A、B 间的分布电容为 0.01pF，B 导线对地的分布电容为 0.001pF，B 导线对地的阻抗为 0.1MΩ，试求加在 B 导线与地之间的干扰电压。

17. A、B 两根导线平行敷设，流过 A 导线的电流为 10mA，电流变化的频率为 10kHz，A、B 两根导线间的互感为 0.1μH。试求叠加在 B 导线与地之间的干扰电压 U_B。

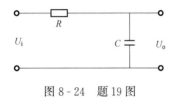

18. 某低通 *RC* 滤波器，截止频率 $f_0 = 3.5$kHz，试求 1kHz 输入信号的衰减量。

19. L 形滤波器如图 8 - 24 所示，已知 $R = 4$kΩ，$C = 10μ$F，设 $\omega_0 = 1/RC$，当输入端加入 1V 的 50Hz 交流电压时，试求通过滤波器后可衰减的百分数。

图 8 - 24 题 19 图

第9章　热工检测系统设计

热工检测仪表遍及火电机组的各个角落，监视着机组的运行。当然，除了在锅炉和汽轮机及其配置的辅助设备组成的系统（如输煤、制粉、燃油、风烟、除尘、出灰、蒸汽、真空、补给水、水处理、循环水、减温减压、热网供热系统、发电机冷却、汽轮机油系统等热力机械系统）上大量安装和使用测量仪表外，还在变压器、发电机、电动机等电气设备上也安装有热工检测仪表，如风温、油温等。大容量机组的监测点多达几千到上万个。例如，300MW 燃煤机组 I/O 点数为 5000～6000 个，600MW 燃煤机组 I/O 点数为 7000～8000 个，1000MW 燃煤机组 I/O 点数约 10000 个。这些仪表的输出信号进入到电厂的 DCS 系统中，构成了一个庞大的检测系统，是机组运行的神经线。电厂的热工检测系统设计得是否科学合理将直接影响到电厂运行的可靠性、安全性和经济性，它是发电厂机组设计中重要的一部分。

9.1　概　　述

9.1.1　检测项目的确定

根据锅炉、汽轮发电机组及其辅机的型式与汽水系统、燃烧系统等技术资料及控制方式的要求，从保证安全、经济运行的需要出发，确定所需测量参数的项目。

亚临界汽包机组与超临界直流机组的锅炉（燃煤）空气系统的主要检测项目见表 9-1。由表可知，空气系统中的测点均需要安装远传仪表，而有的测点（如送风机润滑油压力）还同时需要安装就地仪表。

表 9-1　亚临界汽包机组与超临界直流机组的锅炉（燃煤）空气系统的主要检测项目

检测项目	300MW		600MW		备注
	就地	远传	就地	远传	
送风机出口风压力		√		√	
空气预热器前后风压差		√		√	
空气预热器后风压力		√		√	
二次风总风压力		√		√	
一次风机出口风压力		√		√	
一次风总风压力		√		√	
送风机润滑油压力	√	√	√	√	
送风机入口风温度		√		√	
暖风器出口风温度		√		√	
空气预热器出口风温度		√		√	
送风机及一次风机电动机线圈温度		√		√	厂家带一次元件
送风机轴承温度		√		√	厂家带一次元件

续表

检测项目	300MW		600MW		备注
	就地	远传	就地	远传	
送风总风量		√		√	
一次风总风量		√		√	单独进风系统
轴流式送风机喘振差压		√		√	厂家带一次元件
回转式空气预热器轴承温度	√			√	

知识拓展

主要检测项目

亚临界汽包机组与超临界直流机组里还有很多系统，如烟气系统、制粉系统、蒸汽系统、给水系统等。它们的主要检测项目可扫码获取。

9.1.2　电厂标识系统

电厂标识系统（Power Plant Identification System）是对电厂系统及设备分类与编码的统称，是一种根据功能、型号和安装位置来明确标识发电厂中的系统和组件的代码系统，适用于发电厂从设计、采购、施工、安装、调试到生产运行、维护、检修直至退役全过程信息管理。

自 20 世纪 70 年代开始，欧美工业化国家一直致力于电厂标识系统的工作，创造了一系列电厂设备编码系统，比如法国电力公司 EDF 设备编码系统、英国 GEC 公司公共核心码 CCC 编码系统、英国基本主题索引 BSI 系统、美国能源工业标识系统 EIIS 以及德国电厂标识系统 KKS 等。

由于国内电力行业没有统一的电厂系统及设备编码标准，因此部分发电集团在自己集团内部建立统一的标识系统。有些发电集团采用 KKS、EDF 等标识系统作为自己的企业标准，以便于集团内部各电厂间的数据通信、交流，以及集团统一进行设备管理、备品备件的集团化统一采购等。其中应用最广泛的是德国电厂标识系统 KKS。

KKS 是由德国大型电站协会（VGB）在 20 世纪 70 年代组织欧洲几大电力公司、机构组成的专门小组制定的，之后由从属于德国 VGB 热电站专业委员会下的工程分类系统技术委员会继续这项工作。90 年代之后 KKS 标识系统在欧洲的电力工业中无处不在，以致控制系统的程序编码都直接引用了该编码，基本上形成了一套完整的发电厂标识系统。KKS 标识系统用于标识电厂、系统、设备、部件。根据不同的任务和原则，KKS 标识可分为工艺标识、安装点标识和位置标识三大类。根据工程类别的不用，电厂中所有工程可分为电气工程、仪控工程、机械工程及土建工程四部分。火电厂热工检测系统的编码设计是指对电厂仪控工程相关设备进行工艺标识。

KKS 标识分级与格式介绍如下。

1. 标识分级

KKS 标识分成 4 级，分别为电厂全厂代码（分级 0）、系统代码（分级 1）、设备单元代码（分级 2）和部件代码（分级 3）。各级有不同格式，它们由分类代码和编号代码构成。分类代码由字母型字符组成，编号代码由数字型字符组成。A 表示字母型字符，其可能的取值是除 I 和 O 以外的英文字母。将 I 和 O 排除，是为了避免与数字 1 和 0 混淆。字母型字符具有分类功能。N 表示数字型字符，其可能的取值是 0~9，即所有阿拉伯数字。

这些编号代码元素应按照规定的约定取值，并遵循以下原则：

（1）当前面一个标识元素改变时，编号重新开始；

（2）编号可以连续也可以不连续；

（3）编号可以分组；

（4）多余的 0 必须写上。

电厂标识分级及工艺标识格式见表 9-2。分级 0 标识 G 取值约定见表 9-3。

表 9-2　　　　　　　　　　　　　电厂标识分级及工艺标识格式

分级序号	0	1			2			3	
分级标题	全厂	系统码			设备码			部件码	
数据字符名称	G	F0	F1 F2 F3	FN	A1 A2	AN	A3	B1 B2	BN
数据字符类型	=	A或N	(N)	A A A	N N	A A	N N N	(A)	A A	N N

前缀符

（工艺相关的标识的前缀符号）

机组和公用系统代码

系统码的前缀号

[0分级系统中相似(或建构筑物)的区分]

系统分类

（按系统索引表对系统和装置的分类）

系统细分的编号

设备分类

设备编号

附加代码(若代码是唯一的，则可以省略)

部件(元件)分类

部件(元件)编号

表 9-3　　　　　　　　　　　分级 0 标识 G 取值约定

G 取值	涉 及 范 围
1~9	1~9 号机组的系统、建构筑物、安装项目
A、B、C、D、E、F、G	10~16 号机组的系统、建构筑物、安装项目
J、K、L、M、N、P、Q、R	1、2 号机组公用，3、4 号机组公用，…，15、16 号机组公用的系统、建构筑物、安装项目
S、T、U、V	三台或三台以上机组公用的系统、建构筑物、安装项目。S、T、U、V 所对应的公用范围可由各方约定
Y	全厂公用的系统、建构筑物、安装项目

2. 字符串的含义

（1）0 分级。G 在 0 分级（全厂）中表示电厂机组、公用系统、扩建部分的代码。G 的编号取值依次从固定端向扩建端方向由小到大递增。

（2）1 分级。F0 是指系统码的前缀数字标识，在同一分级 0 的部分（如同一机组）中相似系统的编号，由一位阿拉伯数字构成，F0 在任何情况下不可省略。

在全厂中，系统代码的前缀数字只用于标识随后是字母数据分类的系统。当系统代码（F1、F2、F3）用来分类多个相同或相似的独立系统时，就可以用前缀数字顺序编号。当全厂中此类系统唯一时，F0＝0。以上原则适用于机械工程专业、电气工程专业、控制仪表工程专业，而不适用于土建工程专业。

F1、F2、F3 表示系统分类，具体介绍如下：

1）F1 表示主组，热机专业相关的主组包括 E、H、L、M、N、P、Q、S、X。

E 表示常规燃料供应和废渣处理，主要包括电厂燃油系统。

H 表示常规产热系统，包括锅炉本体、制粉、送粉系统、点火系统、燃烧烟、空气系统、脱硝系统等。

L 表示水、汽、燃气系统，包括蒸汽系统、给水系统、凝结水系统、排污系统、疏水及排气系统等。

M 表示主机装置，包括汽轮机、发电机设备以及主机组的本体系统等。

N 表示对外供热系统，主要包括热网首站系统。

P 表示冷却水系统，主要包括循环水、工业水、闭式冷却水系统。

Q 表示辅助系统，包括启动锅炉系统、压缩空气系统、氢气和氮气系统等。

S 表示附属系统，包括天车、电梯等检修起吊设施。

X 表示重型机械（非主机组），主要包括给水泵汽轮机。

2）F2、F3 表示对主组的细分。KKS标识系统级代码见表 9-4。

表 9-4　　　　　　　　　　　　　　　电厂标识系统级代码

代码	系统名称	说　明
HAD	水冷壁系统	从（包括）蒸汽发生器进口至（包括）蒸汽发生器出口，及（不包括）汽包锅炉水/汽分离器和集水容器
HAG	炉水循环系统（不用于自然循环锅炉，含炉水循环泵）	从（不包括）水、汽分离器或（不包括）汽包锅炉中的汽包至（不包括）受热面系统入口及（不包括）给水系统
HAH	高压过热器系统	从（不包括）蒸发器出口至（包括）锅炉出口联箱
HAJ	再热系统	从（包括）再热器进口联箱至（包括）再热器出口联箱
HFE	磨煤机空气系统，输送空气系统	磨煤机入口风道（不包括 HLA）和出口送粉管道
HFW	密封风系统	
HLA	风道系统	从空气进口至燃烧、磨煤机入口空气系统，输送空气系统支管（不包括）"HFE"
HNA	烟道系统	从锅炉空气预热器出口至烟囱入口（或脱硫专业接口），不包括除尘器、引风机等
LAA	储存、除氧（包括给水箱）	从（包括）除氧器或水箱进口至（包括）水箱出口，包括预热设备和蒸发冷凝器
LAB	给水管道系统（不包括给水泵和给水加热系统）	从（不包括）给水箱出口至（不包括）锅炉进口联箱或热交换器
LAC	给水泵系统	从（包括）泵系统入口至（包括）泵系统出口
LAD	高压给水加热系统（高加）	包括减温器和冷却器及加热器放水、放气，安全阀排汽

续表

代码	系统名称	说　明
LAE	高压减温喷水（过热器减温水）系统	从（不包括）给水管道系统支管到（不包括）用户
LAF	中压减温喷水（再热器减温水）系统	从（不包括）泵系统出口接管或（不包括）其他系统的支管至（不包括）用户
LBA	主蒸汽管道系统	从锅炉出口至汽机主汽门、减压站、旁路或其他系统
LBB	热段再热管道系统	从再热器出口至汽机进口或汽机旁路或其他系统
LBC	冷段再热管道系统	从汽机出口或高压减压站至再热器进口
LBD	抽汽管道系统	从汽机出口至除氧器、辅助蒸汽站及其他用户入口
LBF	高压减压站	汽机高压旁路进出口管道（不包括 MAN）和高压减压站
LBG	辅助蒸汽管道系统	从辅助蒸汽站到（不包括）用户（系统）
LBQ	高压给水加热的抽汽管道系统	从汽机出口至高压加热器、辅助蒸汽站及其他用户入口
LBR	给水泵汽机的管道系统	至给水泵汽机的蒸汽管道（包括主汽、二抽、四抽），不包括辅助蒸汽至给水泵汽机蒸汽管道
LBS	主凝结水加热的抽汽管道系统	从汽机出口至低压加热器、辅助蒸汽站及其他用户入口
LCA	主凝结水管道系统	从凝汽器（或排汽装置）至除氧器进口凝结水管道
LCC	低压给水加热系统（低加）	包括减温器和冷却器及加热器放水、放气，安全阀排汽
LCE	凝结水喷水减温系统	从（不包括）主凝结水管道系统支管或从（不包括）给水泵汽机凝结水管道，至（不包括）用户
LCL	蒸汽发生器疏水系统（锅炉疏水系统）	过热器等疏水放水管道（主要是设计院范围）HAN 为本体承压系统的疏水和放气系统（锅炉厂范围）
MAA	高压缸	包括主汽门或联合主汽门、调节/非调节抽汽、汽轮机内部系统
MAB	中压缸	包括联通管或中压联合汽门、调节/非调节抽汽和排汽口、汽轮机内部系统
MAC	低压缸	包括联通管、汽轮机内部系统
MAG	蒸汽凝结系统（凝汽器及空冷凝汽器系统）	凝汽器（或空冷机组排汽装置），包括与之相连的疏水扩容器和与凝汽器有关的仪表设备
MAP	汽机低压旁路	低压旁路的进出口蒸汽管道（高压旁路用 LBF）
MAW	轴封、加热和冷却蒸汽系统	汽封加热器及疏水、放汽、排汽系统

　　FN 表示对系统和装置再划分子系统和系统段的编号。系统段编号的原则如下：

　　a. 编号可以是连续的或成组的。当系统的组成较复杂，需用多编号来划分了系统/段，并且系统基本定型、预计在设计进程中无变化时，应采用 01、02、03…连续编号；否则，可采用 10、20、30…十位数的组码来标识子系统/管列，而用 11、12、13…之类的编号标识其中的管段。

　　b. 编号顺序一般与介质流动方向一致，也可按优先顺序（例如先主管后支管）或一定观察方向（如从左到右，从下到上）编号。

　　c. 在工程项目初期，各方就要商定编号规则。编号规则的约定一定要考虑设计进程和后期运行、维护的需要，留有扩展余地。

　　d. 编号规则一旦约定，一般不要轻易变更，否则将造成混乱或返工。

　　图 9 - 1 为三种十位数管道编码方案。

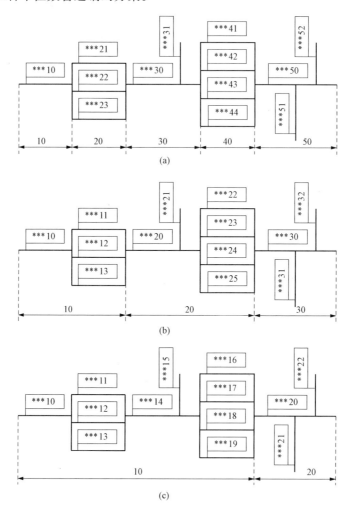

图 9 - 1　三种十位数管道编码方案

(a) 方案一；(b) 方案二；(c) 方案三

　　(3) 2 分级。A1 A2 为设备分类。在设备标识字母中，指定主组 A1 的编码如下：

　　A：机械设备（有驱动，如泵、风机、阀门）。

　　B：机械设备（无驱动，如容器、管道、支吊架）。

　　C：直接测量回路（如压力、温度、水位的测量）。

　　D：闭环控制回路。

　　E：模拟和二进制信号调节。

　　F：间接测量回路。

　　G：电气设备。

　　AN：设备编号，由三位阿拉伯数字构成，可以在 0～9 中任选，一般采用流水顺序。设备编号可以用于更进一步的区分同类设备。

A3：附加码（暂不用）。

（4）3 分级。B1、B2 为组件分类码（暂不用）；BN 为组件编号（暂不用）。

仪表设备分类见表 9-5。

表 9-5　　　　　　　　　　　　　　　仪 表 设 备 分 类

符号	说明	符号	说明
CQ0××	分析仪表一次元件	DP3××	差压开关
CQ2××	分析仪表转换器或变送器	CF0××	流量测量一次元件
CT0××	温度测量元件	CF1××	就地流量测量表
CT1××	就地温度测量表	CF2××	流量变送器
CT2××	温度变送器	CF3××	流量开关
CT3××	温度开关	CL0××	料位测量一次元件
CP1××	就地压力表	CL1××	就地料位表
CP2××	压力变送器	CL2××	料位变送器
CP3××	压力开关	CL3××	料位开关
DP1××	就地差压测量表	CB0××	炉膛火焰检测探头
DP2××	差压变送器	CL1××	汽包水位电视监视器

某热工检测系统图示例如图 9-2 所示。

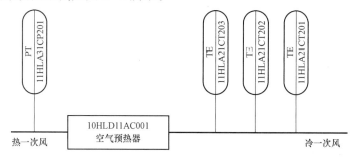

图 9-2　热工检测系统图示例

空气预热器（10HLD11AC001）：1 表示 1 号机组系统，0 表示此系统唯一，HLD 表示空气预热器（烟气加热系统），11 表示管道号 11，AC 表示热交换面，001 表示设备编号 001。

热工检测系统图中空气预热器入口压力测点（11HLA21CT201～203）：1 表示 1 号机组系统，1HLA 表示 1 号风道系统，21 表示管道号 21，CT2 表示温度变送器，01～03 表示设备编号 01～03。

9.1.3　热工检测系统代号与图形符号

热工设备种类代号的字母代码见表 9-6。系统阀门和管件图形符号及相关说明可扫码获取。

延伸阅读

系统阀门和管件图形符号

表 9 - 6　　　　　　　　　　　热工设备种类代号的字母代码

字母	第一位字母		后继字母或输出功能
	被测变量或初始变量	修饰词	
A	分析		报警
B	喷嘴火焰		状态显示（例如电动机转动）
C	电导率		控制（调节）
D	密度	差	
E	全部电变量		检测元件
F	流量	比率	
G	尺度、位置或长度		
H	手动操作（电动门、电磁阀）		
I	电流		指示
J	功率	扫描	选线
K	时间或时间程序		操作器
L	物位		灯
M	水分或湿度检漏		
N	手动操作（电动机）		供选用
O	供选用		
P	压力或真空		实验点接头
Q	质量、浓度	积算或累计	积算、累计、开方
R	核辐射		记录打印
S	速度或频率		开关
T	温度		变送
U	多变量		多功能
V	黏度		阀门、挡板、执行元件，未指定校正器
W	重量或力		
X	未分类		未分类
Y	手操器（调节阀、调节挡板）		继动器
Z	位置		紧急或安全动作

9.2　热工检测系统设计举例

　　本节主要以某电厂 600MW 超临界机组的制粉系统为例对热工检测系统设计进行介绍。

　　需要说明，本节给出的各张热工检测系统图是使用 AutoCAD 计算机辅助设计软件完成的。设计院 AutoCAD 图纸绘图区域是受到限制的，即需要在规定的范围内将系统的热控检测状况清晰而完整地展示出来。在电厂的实际使用中，需要纸质图纸方便查阅和参照，绘图区域的大小与纸的大小是相匹配的。为了更精确查找位置，在图框区域还用英文字母来进行分割，这样图纸被更精细地划分，便于实际使用。

　　图中线条的样式、粗细与其所代表的实体、管道介质等是有关的。热工测点的 KKS 编码方式及表示方式与具体设备的 KKS 编码表示方式是不相同的，在图中通常用不同的框及不同颜色来增大区分度，使读者能够一目了然。此外，对文字的标注格式、字体、字号等也有统一的规定。

　　上述内容体现了火电厂热工设计图纸在设计过程中的大概特点和一般规范，大部分内容均可通过 AutoCAD 的基本操作实现，读者可以通过查阅相关的 AutoCAD 方面的书籍加以掌握。

9.2.1　机组的相关技术规范

　　该工程锅炉为东方锅炉（集团）股份有限公司生产的某超临界变压直流锅炉；汽轮机为东方汽轮机厂有限责任公司生产的某型三缸四排汽、超临界一次中间再热、直接空冷供热凝汽式汽轮机（冷却方式：水、氢、氢）。锅炉和汽轮机相关技术规范见表 9 - 7、表 9 - 8。

表 9 - 7　　　　　　　　　　　　　　　　锅炉相关技术规范

型式	一次再热、前后墙对冲燃烧、平衡通风、半露天布置、固态排渣、全钢构架、全悬吊结构的 Ⅱ 型超临界变压直流锅炉
燃烧制粉系统	采用双进双出钢球磨冷一次风机正压直吹式制粉系统
燃烧器	前后墙对冲布置燃烧器
空气预热器型式	三分仓空气预热器
汽温调节方式	过热蒸汽温度采用二级喷水调节，再热器采用烟气挡板调温，喷水减温仅用作事故减温
蒸发量（BMCR）	2030t/h
过热蒸汽温度	571℃
过热蒸汽压力	25.4MPa（a）
再热器进口温度	326℃
再热器出口温度	569℃
再热器进口压力	4.91MPa（a）
再热器出口压力	4.72MPa（a）
给水温度	292℃
保证热效率	0.925

表 9 - 8　　　　　　　　　　　　　　　　汽轮机相关技术规范

型式	超临界、一次中间再热、三缸四排汽、凝汽式汽轮机
额定功率	600MW
额定主蒸汽压力	24.2MPa（a）
额定主蒸汽温度	566℃
额定再热蒸汽进口压力	3.634MPa（a）
额定再热蒸汽进口温度	566℃
主蒸汽额定进汽量	1911.3t/h

主蒸汽最大进汽量	1964t/h
额定排汽压力	16kPa (a)
满发背压（能力工况）	11.8kPa (a)
最高允许背压	60kPa (a)
额定转速	3000r/min
旋转方向	从机头往电机端看为顺时针
冷却水温度	21.8℃
给水温度	280.3℃
给水回热级数	7级（3高压加热器＋1除氧器＋3低压加热器），低压加热器疏水采用逐级回流，除氧器滑压运行

9.2.2 制粉系统

1. 工作原理

制粉系统的任务是将原煤破碎、干燥成为具有一定细度和水分的煤粉送入炉内燃烧，并且根据锅炉的运行情况对制粉出力和煤粉细度进行合理的调整。制粉系统可以分为直吹式和仓储式两大类。多数情况下，仓储式系统与低速筒式钢球磨配合使用，直吹式系统则与中高速磨煤机以及双进双出磨煤机配合使用。对于600MW机组的锅炉，由于其容量很大，若采用仓储式制粉系统需要较大的煤粉仓，不仅增加投资，而且也不便于锅炉整体布置，因此一般考虑选用直吹式制粉系统。

本工程煤源较杂且不确定，从电厂运行的安全性、稳定性出发，设计采用钢球磨煤机。双进双出钢球磨直吹式制粉系统虽然设备初投资较钢球磨仓储式制粉系统高，但其系统简单，设备少，主厂房建筑投资低，运行、检修费用低。所以，该工程制粉系统采用双进双出钢球磨冷一次风机直吹式制粉系统，由原煤斗、给煤机、磨煤机、煤粉管道、一次风机和密封风机等组成。

原煤由输煤皮带从煤场输送到原煤斗。根据锅炉负荷的要求，给煤机以一定的速率将原煤斗中的煤供给磨煤机，磨煤机的给煤量是通过调节给煤机电机转速来控制的。

一次风的作用是向磨煤机提供适量温度的热风，以干燥研磨过程中的燃煤，并将磨制好的煤粉输送至燃烧器。空气经一次风系统分成两路，冷一次风和热一次风。冷、热一次风在磨煤机进口处按一定比例混合，以控制进入磨煤机的一次风温。进入磨煤机的一次风温可以由冷、热一次风管道上的风门挡板调节。

磨煤机磨制出的煤粉由磨煤机上部煤粉分离器分离，合格的煤粉由一次风携带，经磨煤机出粉管、煤粉管向布置在锅炉前、后墙的煤粉燃烧器输送一次风粉混合物，供炉膛燃烧。

由于一次风机布置在空气预热器进口之前，整个制粉系统处于正压下工作，所以磨煤机和煤粉管道必须进行严密密封，否则向外冒粉影响环境和设备安全。密封风的作用是向磨煤机磨辊、磨煤机轴承、磨煤机出粉管阀门等提供密封空气。

制粉系统的几个经济性指标是：制粉系统的出力，由磨煤机的研磨能力、一次风量和干燥条件决定；制粉单耗（制备一定数量的合格煤粉所消耗的电功率），由磨煤单耗和通风单耗等决定。

制粉系统中的主要设备有磨煤机、燃烧器、密封风机等，这些设备已经在锅炉原理等相关课程中加以介绍，此处进行了回顾，可扫码获取。

知识回顾

制粉系统的主要设备

2. 检测参数

（1）给煤量。磨煤机出力是通过给煤量来控制的。对于直吹式制粉系统，原煤经过磨煤机磨成粉后直接吹入炉膛燃烧，负荷通过影响给煤量使得磨煤机工作在不同的工况下。给煤量的多少由控制给煤机电机的转速来实现。

（2）一次风量。一次风量决定着风携带煤粉的能力。若风量过小，只能带出细粉，则已生产出的合格煤粉滞留在磨煤机内被磨制成更细的煤粉，导致磨煤机出力降低，磨煤单耗增大；若风量过大，则煤粉细度变粗，煤粉浓度变低，煤粉在炉膛中的燃烧被推迟，飞灰含碳量增大。

（3）磨煤机进出口风差压。磨煤机进出口风差压是指一次风室与磨出口间的压力降，是反映磨煤机出力大小与运行工况的一个主要指标。根据压差来控制给煤量。压差小，则应加大给煤量。

（4）磨煤机出口温度。一般情况下，磨煤机出口气粉混合物的温度越高，越有利于煤粉的干燥过程。但若出口温度高于规定值，高温会驱使挥发粉从煤中溢出，增加燃料着火的潜在可能性。若温度低于规定值，会因煤不能充分干燥以致吸附在磨煤机内部和煤粉管中，使煤粉管堵塞，甚至导致磨煤机、煤粉管着火。磨煤机出口温度控制通过调节磨煤机入口风温来实现。

3. 热工检测系统图

制粉系统热工检测系统如图 9-3 所示。检测系统说明如下：

（1）一次风部分。冷一次风和热一次风混合后，在混合风母管设置耐磨热电阻 10HFE31CT210～03 和智能压力变送器 10HFE31CP201 检测混合风温度和压力，送往 MCS 用于磨煤机出口温度调节。混合风送往磨煤机和混料箱前，分别设置智能压力变送器 10HFE43CP201、10HFE44CP201，耐磨热电阻 10HFE43CT201、10HFE44CT201，测风装置和智能差压变送器 10HFE43CF001、10HFE44CF001、10HFE43CF201～02、10HFE44CF201～02，用于检测磨煤机及其旁路入口的一次风压力、温度和流量。这些参数送往 MCS 用于磨煤机一次风量调节。

（2）煤部分。原煤斗处设有射频导纳料位开关 10HFA51CL301，用于检测原煤仓煤位低值。下降干燥管中设置耐磨热电阻 10HFE52CT201 检测给煤机出口煤温度，送往 MCS 用于磨煤机出口温度调节。煤粉经分离器分离进入一次风 2 号风管，其中设置测量探头 10HFE71CD101、10HFE71CS101，分别用于检测煤粉浓度与风速，这些参数送往微波风粉在线检测系统控制柜。

（3）密封风机部分。冷一次风由冷一次风母管来，在密封风机入口处设置差压变送器 10HFW11DP301 检测风压，在密封风机出口设置弹簧管压力表 10HFW21CP101 检测出口风压。密封风母管上设有压力开关 10HFW30CP301～02，监测密封风压低值，送往 FSSS 用于密封风机控制。密封风母管中还设有智能压力变送器 10HFW30CP201～02，检测密封风母管风压，送往 MCS 用于密封风压力控制。分配到给煤机的密封风在给煤机前设置弹簧

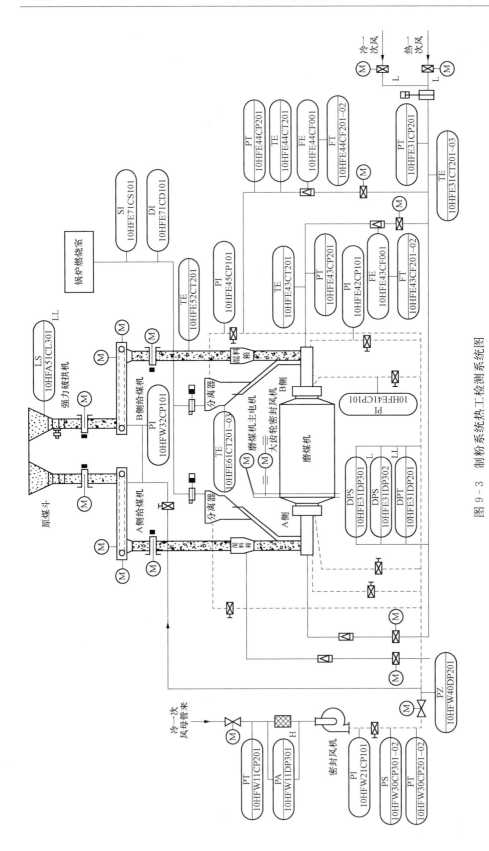

图 9 - 3　制粉系统热工检测系统图

管压力表 10HFW32CP101 检测风压, 分配到磨煤机的密封风在磨煤机前设置弹簧管压力表 10HFE41CP101、10HFE42CP101 检测风压。另外, 设置差压开关 10HFE31DP301、10HFE31DP302 以及智能压力变送器 10HFE31DP201 检测一次风与密封风差压。

4. 设备清册

制粉系统热工检测设备清册见表 9 - 9。

表 9 - 9　　　　　　　　　　　　　　制粉系统热工检测设备清册

编号	用途	名称	型号	型式规范	安装地点	备注
10HFW11CP201	密封风机入口风压	智能差压变送器		$0\sim20$kPa, $4\sim20$mA DC, 两线制, 带液晶显示屏, 准确度不大于 0.075%	就地	
10HFW11DP301	密封风机入口滤网前后差压	差压开关		$P=20$kPa, $t=27$℃, 动作值 1kPa	就地	
10HFW21CP101	密封风机出口风压	弹簧管压力表	Y - 150	$0\sim25$kPa, 1.6 级	就地	
10HFW30CP201$\sim$02	密封风母管风压	智能压力变送器		$0\sim25$kPa, $4\sim20$mA DC, 两线制, 带液晶显示屏, 准确度不大于 0.075%	就地	
10HFW30CP301$\sim$02	密封风母管风压低	压力开关		$P=20$kPa, $t=27$℃, 动作值 17kPa	就地	
10HFW40DP201	磨煤机密封风母管压力	智能差压变送器		$0\sim20$kPa, $4\sim20$mA DC, 两线制, 带液晶显示屏, 准确度不大于 0.075%	就地	
10HFW32CP101	给煤机密封风压力	弹簧管压力表	Y - 150	$0\sim25$kPa, 1.6 级	就地	
10HFA51CL301	原煤仓煤位低二值	射频导纳料位开关		$L=500$mm, 220V AC, 探头采用耐磨材质	就地	
10HFE52CT201	磨煤机给煤机出口温度	耐磨热电阻	WZP2 - 230NM	分度号 Pt100, 耐磨保护管 (整体耐磨段长度 300mm, 耐磨硬度: HRC65), $L\times l=500$mm$\times300$mm, 耐磨型涂层 1mm	就地	
10HFE45CP101	磨煤机分离器密封风压力	弹簧管压力表	Y - 150	$0\sim25$kPa, 1.6 级	就地	
10HFE42CP101	磨煤机密封风压力 1	弹簧管压力表	Y - 150	$0\sim25$kPa, 1.6 级	就地	
10HFE41CP101	磨煤机密封风压力 2	弹簧管压力表	Y - 150	$0\sim25$kPa, 1.6 级	就地	

编号	用途	名称	型号	型式规范	安装地点	备注
10HFE31CT201～03	磨煤机入口混合风母管温度	耐磨热电阻	WZP2－230NM	分度号 Pt100，铠丝直径 ϕ5，耐磨保护管（整体耐磨段长度 300mm，耐磨硬度 HRC65），$L \times l = 500\text{mm} \times 300\text{mm}$，耐磨型涂层 1mm	就地	
10HFE31CP201	磨煤机入口混合风母管压力	智能压力变送器		0～15kPa，4～20mA DC，两线制，带液晶显示屏，准确度不大于 0.075%	就地	
10HFE31DP301	磨煤机入口风与密封风差压低一值	差压开关		静压 20kPa，动作 $\Delta P_{\min} \leqslant$ 4.0kPa，温度 350℃	就地	
10HFE31DP302	磨煤机一次风与密封风差压低二值	差压开关		静压 20kPa，动作 $\Delta P_{\min} \leqslant$ 4.0kPa，温度 350℃	就地	
10HFE31DP201	磨煤机入口风与密封风差压	智能差压变送器		0～6kPa，4～20mA DC，两线制，带液晶显示屏，准确度不大于 0.075%	就地	
10HFE44CP201	磨煤机旁路风压力	智能压力变送器		0～15kPa，4～20mA DC，两线制，带液晶显示屏，准确度不大于 0.075%	就地	
10HFE44CT201	磨煤机旁路风温度	耐磨热电阻	WZP2－230NM	分度号 Pt100，铠丝直径 ϕ5，耐磨保护管（整体耐磨段长度 300mm，耐磨硬度 HRC65），$L \times l = 450\text{mm} \times 250\text{mm}$，耐磨型涂层 1mm	就地	
10HFE43CP201	磨煤机入口风压力	智能压力变送器		0～15kPa，4～20mA DC，两线制，带液晶显示屏，准确度不大于 0.075%	就地	
10HFE43CT201	磨煤机入口风温度	耐磨热电阻	WZP2－230NM	分度号 Pt100，铠丝直径 ϕ5，耐磨保护管（整体耐磨段长度 300mm，耐磨硬度 HRC65），$L \times l = 450\text{mm} \times 250\text{mm}$，耐磨型涂层 1mm	就地	
10HFE44CF201～02	磨煤机旁路风风量	智能差压变送器		0～36000m³/h，静压 12kPa，差压随测风装置定，4～20mA 输出，两线制，带液晶显示屏，准确度不大于 0.075%	就地	
10HFE44CF001	磨煤机旁路风风量	测风装置		工作压力 11.825kPa，工作温度 287℃，介质为空气，正常流量 10 500m³/h	就地	

续表

编号	用途	名称	型号	型式规范	安装地点	备注
10HFE43CF201~02	磨煤机入口风风量	智能差压变送器		0~36 000m³/h，静压 12kPa，差压随测风装置定，4~20mA 输出两线制，带液晶显示屏，准确度不大于 0.075%	就地	
10HFE43CF001	磨煤机入口风风量	测风装置		工作压力 11.825kPa，工作温度 287℃，介质为空气，正常流量 63 500m³/h	就地	
10HFE71CD101	锅炉 A 层一次风风管煤粉浓度	测量探头		包括在风粉在线监测系统内	就地	
10HFE71CS101	锅炉 A 层一次风风管风速	测量探头		包括在风粉在线监测系统内	就地	
10HFE61CT201~03	磨煤机分离器出口风粉温度	热电阻	WZP2N - 230K	分度号 Pt100，$L \times l =$ 500mm×400mm	就地	随磨煤机提供

实训项目　火电厂600MW超临界机组主蒸汽系统的热工检测系统设计

实训项目

　　请利用前面所学的知识，完成火电厂 600MW 超临界机组主蒸汽系统的热工检测系统设计。要求利用 AutoCAD 画出该系统的热工检测系统图，并给出相对应的设备清册。

　　本书给出一种参考设计，可扫码获取。

思考题和习题

　　1. 火电厂给水系统的主要检测项目有哪些，其中哪些项目需要就地显示，哪些项目需要远传显示？

　　2. KKS 编码标识分为几级，各级分别代表什么代码？

　　3. 系统级代码中 HFE 代表哪个系统，LAE 代表哪个系统？

　　4. 仪表设备分类中，CP1XX、CP2XX、CP3XX 分别表示什么仪表？

　　5. 请说明 和 $\overline{\underset{10LAB56CT201}{TE}}$ 图形符号的含义。

　　6. 制粉系统中磨煤机旁路温度测量使用哪种测温元件，为什么选用该种测温元件？

　　7. 除氧器水位测量都使用了哪些水位计？除氧器温度就地显示仪表选用的是哪种温度计，其工作原理是什么？

　　8. 省煤器处主给水流量测量选用了哪种流量计？

　　9. 在什么情况下选用压力开关、液位开关？

第 10 章　检 测 新 技 术

随着科学技术与生产水平的高速发展，对检测技术与检测系统的要求越来越高，检测技术的自动化和智能化，成为现代检测技术的重要标志。由于计算机技术、数字信号处理技术和人工智能技术等高新技术在检测技术与仪器仪表领域的应用，使得检测技术在深度和广度上都得到了进一步的发展。其中，软测量技术、多传感器数据融合技术等成为检测技术与仪器领域新的组成部分，并在发挥了重要的作用。

10.1　软 测 量 技 术

目前，由于技术或经济的原因，在许多工业生产过程中，尚存在大量难以或暂时无法通过传感器直接进行检测的变量，如多相流流量、烟气含氧量、氮氧化物排放浓度、飞灰含碳量、球磨机负荷等。这些变量对于提高产品质量和保证生产安全起着重要的作用，是在工业生产过程中必须加以严格监控的过程参数。为解决该类变量的检测与控制，一方面可以通过开发和使用新型检测仪表或传感器来解决；另一方面，可以应用软测量技术构造软仪表来解决，这项技术在近年来取得了很大发展。

10.1.1　软测量技术的概念与特点

1. 软测量技术的概念

软测量技术就是一种利用较易在线测量的辅助变量和离线分析信息去估计不可测或难测变量的技术。采集过程中比较容易测量的变量称为辅助变量；难以直接检测或控制的待测过程变量称为主导变量。它的基本思想是，依据某种最优准则，选择一组既与主导变量有密切联系又容易测量的变量，通过构造某种数学关系，实现对主导变量的在线估计。

一般情况下，被测对象的输入、输出关系如图 10-1 所示。图中 y 代表主导变量，θ 代表可测的辅助变量，d 和 u 分别表示可测的干扰和控制变量。软测量的目的就是利用所有可获得的辅助变量求取主导变量的"最优"估计值 $\hat{y}$，即构造从可测信息集 $\hat{\theta}$ 到 $\hat{y}$ 的映射

$$\hat{y} = K(s)\hat{\theta}(s) \tag{10-1}$$

一般地，可测信息集 $\hat{\theta}$ 包括所有的可测主导变量 y（或主导变量 y 中可能部分可测的量）、辅助变量 θ、控制变量 u 和可测干扰 d。在这样的框架结构下，$\hat{y}$ 的性能将依赖于过程的描述、噪声和扰动的特性、辅助变量的选取以及"最优"的含义，即给定的某种准则。

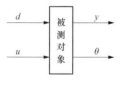

图 10-1　被测对象的
输入、输出关系

可见，软测量技术是一种间接测量技术，它是以易测的辅助变量为基础，利用易测的辅助变量和待测的主导变量过程之间的数学关系（也称作软测量模型），通过各种数学计算和估计，采用软件编程，以计算机程序的形式实现对待测过程变量的测量。以软测量技术为基础，实现软测量功能的实体可称为软仪表。

2. 软测量技术的特点

相对于传统的测量技术，软测量技术具有的特点：①动态响应快、功能强、通用性好、灵活性强、性能价格比高、适用范围宽；②硬件配置较灵活、开发成本低、维护相对容易；③各种变量检测可以集中于一台工业控制计算机上，无需再为每个待测变量配置新的硬件。软测量能够解决许多用传统检测手段和仪表无法解决的难题，是对传统测量手段的重要补充。

现在，在工业控制领域，DCS 技术得到了广泛的使用。各种反映生产过程工况的过程参数由传感器测量，并传送给监控计算机进行集中的监控和存储，这为软测量的实现提供坚实的物质基础。软测量技术利用这一硬件平台，仅需找到相关数学模型，通过软件技术达到对难测信号的检测和控制，而不必增加任何硬件成本。

10.1.2　软测量技术的主要内容

软测量技术的内容主要包括四方面：①辅助变量的选择；②测量数据的处理；③软测量模型的建立；④软测量模型的在线校正。

1. 辅助变量的选择

辅助变量的选择是从可测变量集中确定适当数目的变量构成辅助变量集，是建立软测量模型的第一步，对于软测量的成功与否相当重要。辅助变量的选择一般是从机理分析入手；若缺乏机理知识，则可利用回归分析的方法找出影响被测主导变量的各种因素，但这需要大量的检测数据。

辅助变量的选择包括变量类型、变量数目和检测点位置的选择。这三个方面是互相关联、互相影响的，由被测过程的特性决定。此外，还受设备价格和可靠性、安装和维护的难易程度等外部因素制约。

（1）变量类型的选择：变量类型的选择要考虑到变量的灵敏性、特异性、过程适用性、精确性和鲁棒性等特性。针对一个具体过程，选择范围就是对象的可测变量集，通常是有限的。

（2）变量数目的选择：辅助变量可选数目的下限是被估计的变量数。而最佳数目则与过程的自由度、测量噪声以及模型的不确定性有关。首先，从系统的自由度出发，确定二次变量的最小数目；然后，结合具体过程的特点适当增加，以更好地处理动态性质等问题。一般的做法是，先根据工艺知识，初选出与主导变量关系最为密切的变量，然后通过相关分析与工艺知识相结合，最后筛选出数量上比较合适的辅助变量。

（3）检测点位置的选择：检测点位置的选择方案很多，十分灵活。主要根据工作过程的特点选择检测准确度高，且能反映过程参数变化的位置作为检测点的位置。

2. 测量数据的处理

从现场采集的测量数据，由于受到仪表准确度的影响，一般都不可避免地带有误差；同时，这些数据在传输过程中还会受到外部因素干扰的影响。若将这些测量数据直接用于软测量，可能导致软仪表测量性能的大幅度下降，严重时甚至导致软测量的失败。

输入数据的正确性和可靠性直接关系到软仪表的准确度，因此输入数据的预处理成为软测量技术中必不可少的一步。测量数据的处理主要包括数据变换和误差处理两部分内容。

（1）数据变换。数据变换是指对传感器测量的数据进行标度变换、线性化处理、加权函数等。其中，标度变换可以改善算法的精度和稳定性；线性化处理可以有效地降低被测对象的非线性特性；加权函数可实现对变量动态特性的补偿。数据变换可以直接影响过程模型的精度和非线性映射能力，以及数值优化算法的运行结果。

数据转换包括直接转换和寻找新变量代替原变量两种方法。例如，对于工业过程中常出现的在数值上相差几个数量级的测量数据，就应利用合适的因子进行变换，这样可以有效地利用各种测量数据和信息。对于原测量对象的非线性特性，可以采用诸如进行对数转换的方法，从而有效地降低测量对象的非线性。

（2）误差处理。对测量数据进行误差处理主要是对随机误差和粗大误差的处理。

随机误差主要受随机因素的影响，如操作过程的微小波动或检测信号的噪声等。它的处理通常采用数字滤波的方法，如中值滤波、算术平均值滤波、高低通滤波、带通滤波和一阶惯性滤波等。随着对系统准确度要求的提高，又提出了数据协调技术。数据协调技术的实现方法有主元分析法、正交分解法等。

粗大误差主要是由于仪表的系统偏差、传感器失灵及其他操作失误带来的误差，它的特点是数据偏离比较严重。粗大误差的出现几率很小，但它的存在会严重恶化数据的品质，可能导致软测量甚至整个过程优化的失效。常用的处理方法有统计假设检验法（如残差分析法、校正量分析法等）、广义似然比法和贝叶斯法等。对于特别重要的过程变量还可采用硬件冗余的方法，以提高测量数据的安全性。

3. 软测量模型的建立

软测量模型是软测量技术的核心，它不同于一般意义下的数学模型，它强调的是通过二次变量来获得对主导变量的最佳估计。常用的方法有工艺机理分析、回归分析、状态估计、模式识别、人工神经网络、模糊数学、过程层析成像、相关分析等方法。

4. 软测量模型的在线校正

任何软测量模型的适应能力都是有限的，它不可能适应所有的工况。实际工业装置在运行过程中，随着操作条件的变化，其过程对象特性和工作点不可避免地要发生变化和漂移，因此在软仪表的应用过程中，必须对软测量模型进行在线校正才能适应新的工况。

软测量模型在线校正内容包括模型结构的优化和模型参数的修正两方面。具体方法有Kalman 滤波技术在线修正模型参数，更多的则利用了分析仪表的离线测量值进行在线校正。为解决软仪表模型结构在线校正和实时性两方面的矛盾，可以采用短期校正和长期校正相结合的校正方法。短期学习是在不改变模型结构的情况下，根据新采集的数据对模型中的有关系数进行更新；而长期学习则是在原料、工况等发生较大变化时，利用新采集的较多数据重新建立模型。在线校正有自适应法、增量法和多时标法。根据实际过程的要求，多采用模型参数自校正方法。尽管在线校正如此重要，但是目前在软测量技术中有效的在线校正方法仍不够多，这方面的研究成果难以满足实际的需要。

10.1.3　软仪表的设计步骤与应用

一般地，软仪表的开发设计流程包括六个步骤，如图 10 - 2 所示。

步骤 1：机理分析、选择辅助变量。

首先要了解和熟悉软测量对象以及整个系统的工艺流程，明确任务。大多数软测量属于灰箱系统，通过机理分析可以确定影响软测量目标的相关变量，并通过分析各变量的可观性、可控性初步选择辅助变量。

步骤 2：建立软测量模型。

建立准确测量模型是软测量中最为重要的环节。

步骤 3，数据采集和预处理。

在软测量应用的实践中，必须采集大量的数据并对这些数据进行处理，以使所建立的软测量模型以及对主导变量的估计值更准确。这些数据包含用于软测量建模的数据和对模型校验的数据，以及辅助变量的测量采集的数据等。

步骤 4：校正软测量模型。

模型的校正模块可以对所设计的软测量模型进行短期和长期校正，以满足不同的需求。为避免突变数据对模型校正的不利影响，短期校正时还将附加一些限制条件。

步骤 5：在实践中实现软测量。

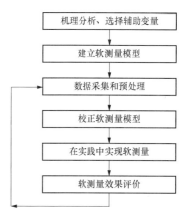

图 10-2　软仪表的设计流程图

将离线得到的软测量模型和数据采集及预处理模块、模型校正模块以软件的形式嵌入到控制系统中。可以考虑设计安全报警模块和易于操作的用户界面。

步骤 6：软测量效果评价。

在软测量运行期间，采集软测量对象的实际值和模型估计值，根据比较结果评价该软测量模型能否满足工艺要求。

10.1.4　常用的软测量方法

常用的软测量方法实质上就是建立软测量模型的方法，其中常用的方法包括工艺机理分析、回归分析、状态估计、模式识别、人工神经网络、模糊技术、过程层析成像、相关分析等方法。以下针对几种主要的软测量方法进行介绍。

（1）工艺机理分析法。基于工艺机理分析的软测量建模主要是运用质量平衡方程和物理、化学方程，如物料平衡方程、能量平衡方程、传热方程、化学反应动力学方程、热力学方程和流体力学方程等，通过对过程对象的机理分析，经过合理简化确定不可测主导变量与可测辅助变量（即各可测过程变量）之间的数学关系，建立起估计主导变量的数学模型，这种模型通常称为机理模型。

这类模型一般比较复杂，模型中需要确定的参数较多；同时，由于对实际工业生产过程机理的认识还不够，因此要建立机理模型来估计一些过程变量还有一定的困难。该方法不适用于机理尚不完全清楚的复杂工业过程。这类方法也可以与其他方法配合使用。

物料的气力输送系统广泛应用于化工、冶金、能源、轻工等领域，其固相物料质量流量的在线测量对实际工业应用系统的计量、控制以及运行的可靠性等均具有重要意义。由于涉及复杂的气固两相流，检测难度大，迄今为止实用化的有效检测仪表仍为数很少。然而，应用软测量技术，通过一定的机理分析，基于气力输送过程中压损比（气固两相管程总压降与仅由输送空气流动产生的压降之比）和混合比（固相物料流量和输送气体流量之比）之间的经典比例关系式，通过一定的简化假设，利用差压—速度法或差压—浓度法可实现针对粉料稀相气力输送过程的固相流量软测量。

［**例 10-1**］　请基于差压—速度法实现气力输送系统中固相物料质量流量的在线测量。

解　通过机理分析并结合气力输送系统的实际，可知气固两相总压降、固相浓度、输送气体流量（进而可推知输送气流速度）等是与固相流量密切相关且依据目前的检测仪表易于获取的参数。

差压—速度法是以气固两相管程总压降 Δp_t 和输送气流速度 V_g 为辅助变量来实现固相流量的软测量的，其技术路线如图 10-3 所示。

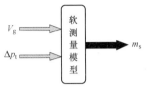

图 10-3 差压—速度法的
技术路线

以 Δp_t 和 V_g 为辅助变量，经过机理分析推导得相应的软测量模型为

$$m_s = k_c \frac{\pi}{2} D^3 \frac{\Delta p_t - \lambda_g \frac{L}{D} \rho_g \frac{V_g^2}{2}}{K \lambda_g L V_g} \quad (10-2)$$

$$K = \frac{1}{\lambda_g} \frac{a}{F_r^b}$$

式中：k_c 为流量校正因子；D 为管直径；L 为测量管段长度；ρ_g 为输送气流密度；λ_g 为空气摩擦系数；F_r 为输送气流弗汝德准数；a、b 为常数，其值由实验标定。

差压—速度法中的差压信号 Δp_t 可方便地由差压变送器测得。输送气流速度 V_g 的获得则相对麻烦一点。它不是在线获取的，而是首先在气源管段用气体流量计获得输送气体的质量流量（若采用的是体积式气体流量计还需温压补偿校正），然后通过一定时延折算成检测管段的输送气流速度。因此该方法一般适用于检测管段与气源管段间距离较短的场合，若距离过长则时延估计不准，可能造成较大误差。

（2）状态估计法。如果一个被测对象的状态变量中包括主导变量和辅助变量，其中辅助变量由可以直接测量得到的变量组成，且被测对象的状态方程和观测方程已知，则可以采用状态估计的方法来完成对待测变量的软测量。

假定已知被测对象的状态空间模型为

$$\begin{cases} \dot{x} = Ax + Bu + v \\ y = Cx \\ \theta = C_0 x + w \end{cases} \quad (10-3)$$

式中：$\dot{x}$ 为过程的状态向量；y 和 θ 分别表示过程的主导变量和辅助变量；v 和 w 都表示为白噪声；u 为过程输入变量；A、B、C、C_0 为状态方程的系数矩阵。

如果系统的状态关于辅助变量完全可观，则该软测量就转化为典型的状态观测和状态估计问题。采用 Kalman 滤波器可以从辅助变量中得到状态的估计值。目前扩展 Kalman 滤波器、自适应 Kalman 滤波器和扩展 Luenberger 观测器已成功地用于发酵反应的发酵率和尾气中二氧化碳含量、精馏塔塔顶产品组成、反应器反应速率等参数的软测量问题中。但对于复杂工业过程，常常会遇到持续缓慢变化或不可测扰动，此时会导致显著误差。

（3）回归分析法。根据大量的历史操作数据即生产记录数据，作数学回归分析，得到操作变量之间的统计规律。此类模型形式简单，求解方便。但要建立一个精度较高的统计模型，首先要有准确的、足够多的基础数据，或通过专门的实验，取得所需的基础数据；另外还要选择合理的模型结构。这种建模的优点是，不必考虑过程机理，只应用统计回归分析建立系统输入、输出关系；缺点是由于不必深究机理，有时所建立的函数关系不能反映复杂的内在机理。

回归分析是多变量统计分析中的一种常用方法，它可以分为线性回归和非线性回归，一元回归和多元回归。为了简单起见，只介绍线性回归问题。

假设变量 y 是 x_1, x_2, …, x_N 的函数，且满足以下关系

$$y = f(x_1, x_2, \cdots, x_N) = a_0 + a_1 x_1 + a_2 x_2 + \cdots + a_N x_N \qquad (10\text{-}4)$$

式中：a_1，a_2，$\cdots$，a_N 为待定系数，称为 N 元线性回归系数。

若将式（10-4）写为矩阵形式为

$$\boldsymbol{y} = \boldsymbol{a}^{\mathrm{T}} \boldsymbol{x} \qquad (10\text{-}5)$$

其中，$\boldsymbol{a} = (a_1, a_2, \cdots, a_N)^{\mathrm{T}}$，$\boldsymbol{x} = (1, x_1, x_2, \cdots, x_N)^{\mathrm{T}}$。

回归分析的过程实际就是求取回归系数的过程。具体做法是，利用获得的 M 次实验的观测数据（y_i，x_i），其中，$i = 1$，2，$\cdots$，M，通常 $M \geqslant N$，代入下式

$$\boldsymbol{y}^{\mathrm{T}} = \boldsymbol{x}^{\mathrm{T}} \boldsymbol{a} \qquad (10\text{-}6)$$

采用最小二乘法求解以上矩阵，可得 N 元线性回归系数的估计值为

$$\hat{a} = (\boldsymbol{x}^{\mathrm{T}} \boldsymbol{x})^{-1} \boldsymbol{x}^{\mathrm{T}} \boldsymbol{y} \qquad (10\text{-}7)$$

以上介绍了多元线性回归的基本方法。工程中，常用的回归分析方法有多元线性回归（MLR）、最小二乘法回归（LS）、部分最小二乘法回归（PLS）、主元回归（PCR）和逐步回归（MSR）等。其中比较常用的方法为主元回归分析法（PCR）和部分最小二乘法回归（PLS）。对于线性系统，采用 PCR 和 PLS 的效果完全一样；对于非线性系统，后者效果稍好。工业过程中常通过对生产过程历史数据的回归分析，建立质量指标的软测量模型，在线估计产品质量。

回归分析法算法简单，是建立软测量模型的最常用方法之一。但它同样存在局限性，如需要较多的数据样本，对测量误差比较敏感，只能得到变量间的稳态关系。

（4）人工神经网络法。基于人工神经网络的软测量建模方法是近年来研究较多、发展很快和应用范围很广的一种方法。由于能适用于高度非线性和严重不确定性系统，因此它为解决复杂系统过程参数的软测量问题提供了一条有效途径。采用人工神经网络进行软测量建模有两种形式：一种是利用人工神经网络直接建模，用神经网络来代替常规的数学模型描述辅助变量和主导变量间的关系，完成由可测信息空间到主导变量的映射；另一种是与常规模型相结合，用神经网络来估计常规模型的模型参数，进而实现软测量。

基于人工神经网络的软测量技术，不需要过多地了解被测对象的工作机理，只需将其等效为一个黑箱，根据被测对象的输入、输出数据直接建模。它是将辅助变量作为人工神经网络的输入，主导变量作为其输出，通过网络的学习来解决不可测变量的软测量问题，并且具有较强的鲁棒性。

在软测量技术应用领域里，大多数被测对象都属于非线性、复杂性的系统，要建立较高精度的估计模型十分困难；并且工业过程的时变性要求估计模型有较好的自适应性。而基于人工神经网络的软测量技术正好可以解决上述问题。基于神经元网络的软测量技术包括数据预处理、训练样本的选取、网络训练等步骤。数据预处理包括数据采集、滤波、格式化（如归一化等）、降维等。经过预处理的数据作为输入样本来训练神经网络，通过对样本数据的学习建立起软测量模型，便可以完成对不可测变量的实时估计。测量效果好坏直接和神经元网络的训练相关，如何构造训练样本是其关键。此外，采用更多的训练样本会改善系统模型的精确性和扩大其应用范围。

常用的软测量神经网络一般采用三层结构、两次映射实现工况的非线性拟合。理论上已经证明，两次映射对任意的非线性映射具有万能逼近能力。神经网络的各种算法，如最小二乘法、遗传算法、聚类算法等都是从大量的输入、输出数据中训练出最佳的模型结构，这就

要求这些数据必须能如实有效地反映真实工况，从而使模型的适应性较强，并能够适用于各种生产工况和装置。需要指出的是，神经网络类型和结构、训练样本的空间分布和训练方法对人工神经网络的性能有极大的影响。目前，在软测量建模中广泛应用的人工神经网络结构有 BP（Back Propagation）网络、RBF（Radial Basis Function）网络和 RNN（Recurrent Neural Network）网络等。

BP 网络属于多层前向网络（Multilayer Feedforward Networks，MFN）。理论上已经证明，只要多层前向网络允许有足够多的神经元，任何非线性连续函数都可由一个三层前向网络以任意精度来逼近。此外，网络的并行处理信息特点使得网络由输入层至输出层的前向传播相当迅速。

BP 网络是由输入层、一层或多层隐层、输出层组成。BP 网络的工作信号正向传播，输入信号从输入层经过隐单元，传向输出层，在输出端产生输出信号。在信号向前传递过程中网络的权值是固定不变的，如果在输出层不能得到期望的输出，则转入误差信号反向传播。误差信号由输出端开始逐层向后传播，在误差信号反向传播的过程中，网络的权值由误差反馈进行调节，通过权值的不断修正使网络的实际输出更接近期望输出。图 10 - 4 是一个含有一个隐层的 BP 网络示意图。

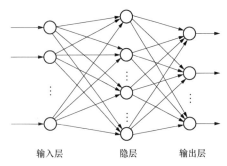

输入层　　　　　隐层　　　　　输出层

图 10 - 4　含有一个隐层的 BP 网络示意图

BP 算法充分利用了多层前向网络的结构优势，在正反向传播过程中每一层的计算都是并行的，算法在理论上比较成熟，且已有许多商用软件可供使用。但 BP 算法存在几个问题：①对于一些复杂的问题，训练时间很长，收敛速度太慢；②当输入一个新样本进行权值调整时，可能破坏网络权值对已学习样本的匹配情况；③BP 算法实质上是对目标函数进行负梯度搜索寻优，因此可能陷入局部极小。

[例 10 - 2]　试利用神经网络法实现火电厂烟气含氧量软测量。

解　测量烟气含氧量的氧量分析仪使用寿命短、准确度不高，而且测量滞后较大，不利于过程的在线监视和提供在线闭环控制所需的反馈信号，从而直接影响经济燃烧。

对烟气含氧量软测量可以采用神经网络建立其软测量模型。软测量模型采用复合型前向神经网络（CFNN）结构，如图 10 - 5 所示。该神经网络由一个具有隐层的三层前向网络 NN1 和一个不含隐层的线性前向网络 NN2 并联构成。不含隐层的前向网络在实现线性映射时非常快，多层前向网络则能实现非线性映射，因而 CFNN 具有快的收敛性和好的映射关系。NN1 隐节点的作用函数为 S 型函数 $f_s(x) = \dfrac{1}{1+e^{-x}}$，网络的权值 w_{ij}、h_j 和 c_i（$i = 1, 2,$

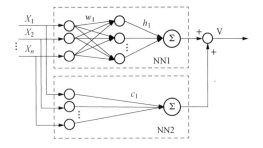

图 10 - 5　复合型前向神经网络模型

$\cdots, n; j = 1, 2, \cdots, m$）是根据线性样本集按照某种算法进行离线学习修正，以使误差函数最小而得到的。确定权值的过程即是神经网络的学习过程，一旦权值确定下来，则神经网络模型也就确定下来。

软测量模型中辅助变量的选择（即软测量模型的输入）应为能反映负荷、燃料、排烟、风量等对烟气含氧量有直接或隐含关系的可实时检测变量。因此，选择了主蒸汽流量、给水流量、燃料量、排烟温度、送风量、送风机电流、引风量、引风机电流等工艺参数作为软测量模型的输入，来估算出烟气含氧量。

通过现场收集的数据作为训练样本以训练复合神经网络，训练目标函数为

$$\min_{w_{ij},h_j,c_i} E = \frac{1}{2N}\sum_{i=1}^{N}(y_i - \hat{y}_i)^2 \quad (10 \text{-} 8)$$

式中：N 为训练样本数据组数；y_i 表示 O_2 测量值；$\hat{y}_i$ 表示软仪表输出值。

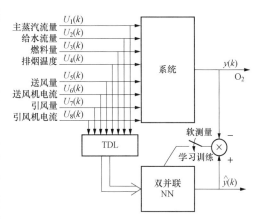

图 10 - 6　用复合 NN 进行 O_2 软测量系统框图

基于复合神经网络的烟气含氧量软测量系统结构如图 10 - 6 所示，TDL 表示带轴头的时间延迟线。利用某 20 万 kW 机组在 80% 负荷下连续采样实测的 100 组数据对神经网络模型进行训练和检验，训练好的网络作为软仪表模型。软仪表测量值与实际测量值的仿真结果比较见表 10 - 1。

表 10 - 1　　　　　　　　　软仪表测量值与实际测量值的仿真结果比较

序号	实际测量值（%）	软仪表测量值（%）	序号	实际测量值（%）	软仪表测量值（%）
1	5.11	5.221	9	5.77	5.465
2	5.14	5.036	10	5.82	5.523
3	5.16	5.072	11	5.88	5.681
4	5.19	5.290	12	5.73	5.970
5	5.25	5.441	13	6.20	6.511
6	5.27	5.082	14	6.12	6.025
7	5.40	5.703	15	6.00	6.330
8	5.36	5.657	16	6.29	6.545

近年来，随着人们对人工神经网络研究的深入，其他类型的神经网络也逐渐被应用于软测量技术。其中，在各种文献中出现比较多的有模糊神经网络、支持向量机、小波神经网络和 CMAC（小脑模型）神经网络等。但到目前为止，实际中使用的人工神经网络基本上都是稳态的，难以迅速适应不可测变量的变化，其准确性依赖于样本的数量和质量。为了解决这些问题，研究人员也提出了很多新的方法，读者可以参考有关文献。

（5）基于模糊技术的方法。模糊技术是基于模糊数学的理论。模糊数学是人们处理复杂系统的一种有效手段，通过模拟人脑的近似推理和综合决策过程，处理模型未知和不精确性的控制问题，使控制算法的可控性、适应性和合理性提高。已经证明，采用模糊模型也可以以任意准确度逼近任意的连续非线性函数。该技术应用于软测量领域，适用于复杂系统被测

对象呈现较大的不确定性和不精确性，难以用数学表达式描述的场合。

实际应用中常将模糊技术和其他人工智能技术相结合，例如将模糊技术和人工神经网络相结合构成模糊神经网络，将模糊技术和模式识别相结合构成模糊模式识别，这样可互相取长补短，以提高软仪表的性能。

在实际使用当中，上述这些方法都具有自身优点和局限性，有效地结合在一起使用，会提高软测量模型的准确性和适应性。

10.2　多传感器数据融合

多传感器数据融合又称为多传感器信息融合，是 20 世纪 70 年代后发展起来的一门新兴学科。多传感器数据融合就是将来自多个传感器的数据或多源信息作为一个整体进行综合分析处理，从而得出更为准确、可靠结论的一种技术。其核心就是对来自多个传感器的数据进行多级别、多方面、多层次的处理，从而产生新的有意义的信息，而这种新信息是任何单一传感器所无法产生的。这种思路在人类和其他生物系统中普遍存在，人们总是在自觉或不自觉地将各种信息进行综合处理后再加以应用，所以这项技术实际上是人脑处理复杂问题的功能模拟。

10.2.1　多传感器数据融合的定义

多传感器数据融合（简称数据融合）的定义有多种提法，其中，被广泛接受的定义为：数据融合是对多传感器信息的获取、表示及其内在联系进行综合处理和优化的技术。

根据信息论的观点可知，信息分为互补信息、冗余信息、协同信息（交叉信息）。数据融合就是充分利用了多个传感器的资源，通过对各种传感器参数及其观测信息的合理支配与使用，将各传感器检测到的在空间和时间上互补的与冗余的信息，依据某种优化准则组合起来进行自动分析和综合，产生对被测对象的一致性解释与描述。找到各种信息的内在联系和规律，剔除无用的和错误的信息，得出更为准确和可靠的结论。数据融合可以精确地反映出被测对象的特征，消除信息的不确定性，提高传感器的可靠性。经过融合的多传感器信息具有容错性、互补性、实时性和低成本性等特征。

数据融合是一个多学科交叉的研究领域。有些学科相对成熟，有理论基础支持其具体的应用；也有些学科相对不够成熟，如启发式推理理论及其他一些特殊方法。所以，多传感器数据融合仍有非常广阔的研究空间和发展前景。

多传感器数据融合与单一传感器信息相比具有准确度高、容错性好、互补性强、可靠性高、实时性好等优点。其缺点是增加了系统的复杂性、成本大、功耗高等。

10.2.2　多传感器数据融合的分类与结构

多传感器数据融合，对融合数据进行处理的前提条件是：每个传感器得到的数据信息必须是对同一目标的同一时刻的描述。在一个多传感器系统中，来自不同传感器的数据信息，都是该传感器对其特定环境特征的空间和时间描述。由于各传感器在空间位置和数据采集时间上的差异，造成这些信息描述的差异，必须在融合处理前对这些数据进行适当处理，如组合、配准、关联、相关、估计和分类等。将这些数据映射到同一参考空间并保证在时间上的同步。例如，不同的测量位置的传感器（如超声波传感器），由于各自所处位置不同，所得数据的参考坐标系就有所不同，必须将这些数据统一到同一参考坐标系中，这些数据才能使用。

在多传感器系统中，各种传感器的数据具有不同特征，可能是实时的或非实时的、模糊的或确定的、互相支持的或互补的，也可能是互相矛盾的或竞争的。因此，数据融合的结构有多种不同的形式，其分类方法也各不相同。

（1）根据数据处理的不同层次，多传感器数据融合可以分为数据级、特征级和决策级。

数据级融合主要是将来自不同传感器的数据直接组合后得到统一的输出数据。数据级融合的主要目的是为了获得对被观测对象的统一的数据描述，用到的关键技术包括数据转化、相关和关联等。其优点是保持了尽可能多的原始信息源信息，缺点是处理的数据量太大，速度慢，实时性较差。

特征级融合主要是为了获得关于被测对象的统一特征描述，可以根据各个传感器的数据直接融合出特征，也可以先根据各个传感器数据分别提取出特征，然后再融合。特征级融合属于信息的中间层次融合，既保留了足够的原始信息，又实现了一定的数据约简，有利于实时处理，因此是比较适用的一种方法。

决策级融合是多传感器数据融合的最终目的，可以由特征级融合后得到统一决策，也可以根据单一传感器作出的决策最后再融合得到统一决策。决策级融合属于高级融合，其数据通信量小，实时性好，可以处理非同步信息，能有效融合不同类型的信息；而且在一个或几个信息源失效时仍能继续工作，容错性好。但其原始信息的损失、被测对象先验知识获取的困难及知识库的过大等，是其在应用前必须解决的问题。

（2）根据数据融合发生的地点，多传感器数据融合可以分为集中式、分布式和混合式。

集中式融合又称为中央级融合，它的特点是存在一个融合中心，其收集来自所有传感器子系统的数据、特征或决策并完成融合计算。分布式融合（又称为传感器级融合）中没有明显的融合中心，各传感器系统都可以看做一个融合中心，它们通常构成一个网络通过通信获得其他传感器的数据并不同程度地完成融合计算。混合式融合是既有分布式融合也有集中式融合。

（3）根据数据融合中各传感器系统的连接方式，多传感器数据融合又可以分为串联型、并联型和串并联混合型。

串联型融合，是指先将两个传感器数据进行一次融合，再将融合的结果与下一个传感器数据进行融合，依次进行下去直至所有的传感器数据都融合完为止。串联融合时，每个传感器既具有接收数据、处理数据的功能，又具有信息融合的功能，各传感器的处理同前一级传感器输出的信息有很大关系，最后一个传感器综合了所有前级传感器输出的信息，得到的输出将作为串联型融合的结论。因此，串联融合时，前级传感器的输出对后级传感器输出的影响比较大。

并联型融合，是指所有传感器输出数据都同时输入给数据融合中心，传感器之间没有影响，融合中心对各种类型的数据按适当的方法进行综合处理，最后输出结果。并联融合时，各传感器的输出之间不会相互影响。

串并联混合型融合是串联和并联两种形式的综合，可以先串联后并联，也可以先并联后串联。

串联型融合和并联型融合的结构如图 10 - 7 所示。

串联融合结构的优点是具有很好的性能及融合效果，但它对线路的故障非常敏感。并联

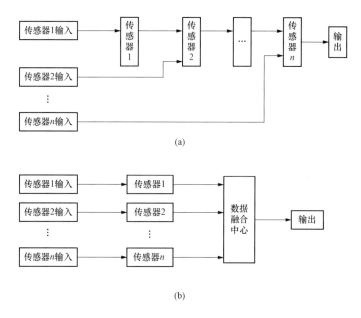

图 10-7 数据融合的串联结构与并联结构

(a) 串联型；(b) 并联型

融合结构只有当接收到来自所有传感器的信息后才对信息进行融合，信息优化效果更好，而且可以防止串联结构信息融合的缺点，但是其信息处理速度比串联结构慢。串并联混合型则是结合了两者的优点，具有较好的融合特性。

另外，多传感器数据融合的方法也可分为数值型融合和非数值型融合两类。前者可解决系统的定量描述问题，即在一组相关的数据中得出一个统一的结论，提高系统测量的准确度；后者用以给出系统的定性表达或决策。

虽然多传感器数据融合系统的结构有多种分类形式，但它们之间实际上可以是相互涵盖的，并不互相矛盾。例如串联融合可以看做是一种分布式融合。

10.2.3 多传感器数据融合的一般方法

多传感器数据融合的方法涉及多方面的理论和技术，如信号处理、估计理论、不确定性理论、模式识别、最优化技术、神经网络和人工智能等。数据融合的方法很多，总结起来，可分为现代方法和经典方法两大类。

多传感器数据融合的现代方法，主要采用人工智能和信息论的方法。其中，人工智能的方法有模糊逻辑、产生式规则、神经网络方法、遗传算法和模糊集合理论等；信息论的方法有聚类分析、模板法、熵理论等。经典方法，又通称为概率统计方法，主要采用统计方法和估计方法。其中，统计方法有贝叶斯估计、经典推理方法、DS 证据理论、品质因数法等；估计方法有加权算术平均、最大似然法、最小二乘法和卡尔曼滤波。

多传感器数据融合的经典方法，主要解决系统的定量描述，即在一组相关数据中得出一个统一的结论，提高系统检测的准确度。现代方法中的人工智能方法主要给出系统的定性表达或决策。这两种数据融合方法也是目前比较常用的方法。与经典方法相比，人工智能方法对信息的表示和处理更加接近人类的思维方式，适合于高层次上的应用（如决策），但它本身还不够成熟和系统化。现代方法中的信息论方法中，聚类分析的方法应用较为普遍。

多传感器数据融合的实质是不确定信息的处理，因此现有的多传感器数据融合方法主要是根据两类应用目的提出的：一类是为了消除测量数据中的不确定性。此类方法主要针对由不同传感器得到的同一特征信息的融合，如加权平均法、统计方法等。另一类是用于物体的识别与分类。此类方法是先由每个传感器进行局部处理，再将其送入融合中心进行整体决策，如 D‐S 证据理论、决策法、模糊逻辑法等。

应该指出，多传感器数据融合方法之间没有严格的界线，每种融合方法都存在着优点和局限性，将它们组合起来使用可以形成性能更好的融合方法。

下面介绍几种常用的数据融合方法。

1. 卡尔曼滤波

卡尔曼滤波（KF）用于实时融合动态的低层次冗余传感器数据。该方法用测量模型的统计特性进行递推，决定统计意义下的最优融合数据估计。如果系统具有线性动力学模型，且系统噪声和传感器噪声可用高斯分布的白噪声模型来表示，则卡尔曼滤波可以为融合数据提供唯一的统计意义下的最优估计。卡尔曼滤波的递推特性使系统数据处理不需大量的数据存储和计算。

一般的卡尔曼滤波状态估计方程为

$$\hat{\boldsymbol{X}}_{k+1} = \boldsymbol{\Phi}(k+1/k)\boldsymbol{X}_k + \boldsymbol{\Gamma}(k)\boldsymbol{u}(k) \tag{10-9}$$

式中：$\hat{\boldsymbol{X}}_{k+1}$ 是 $k+1$ 时刻（当前时刻）n 维目标状态向量的估计值；$\boldsymbol{X}_k$ 是 k 时刻（前一采样时刻）目标状态向量；$\boldsymbol{u}(k)$ 是 p 维输入或控制信号；$\boldsymbol{\Phi}(k+1/k)$ 是 $k+1$ 时刻到 k 时刻系统的 $n \times n$ 维状态转移矩阵；$\boldsymbol{\Gamma}(k)$ 是 $n \times p$ 维输入控制加权矩阵。

由式（10-9）可以看出，卡尔曼滤波是一种线性递推的滤波算法。它是在测得的新数据上加上前一时刻的估计值，由系统本身的状态转移方程和一套递推公式求得新检测量的估计值。具体的卡尔曼滤波算法可参考有关文献，这里不再赘述。

卡尔曼滤波在目标跟踪、导航、定位、状态估计等方面得到广泛的利用。但是，采用单一的卡尔曼滤波对多传感器组合系统进行数据统计时，也存在很多问题：

（1）在组合信息大量冗余的情况下，计算量将以滤波器维数的三次方剧增，实时性不能满足。

（2）传感器子系统的增加使故障随之增加，在某一系出现故障而没有来得及被检测出时，故障数据会污染整个系统，使可靠性降低。

为解决这些问题，又有学者提出了分散卡尔曼滤波（DKF）和扩展卡尔曼滤波（EKF）的方法。分散卡尔曼滤波可实现多传感器数据融合完全分散化，它的优点在于某个传感器节点失效不会导致整个系统失效。而扩展卡尔曼滤波的优点在于可以有效克服数据处理不稳定性或系统模型线性程度误差对融合过程产生的影响。

2. 贝叶斯估计

贝叶斯（Bayes）估计是多传感器数据融合技术中应用最早的融合方法。下面简单介绍以下贝叶斯估计的基本概念。

设事件 A 和 B 都是事件域 E 中发生的事件，且事件 B 发生的概率为 $P(B)$，则有

$$P(A \mid B) = \frac{P(A \bigcap B)}{P(B)} \tag{10-10}$$

式中：$P(A \mid B)$ 为事件 B 发生的条件下事件 A 发生的概率；$P(A \bigcap B)$ 为事件 A 和事件 B

同时发生的概率。

式（10-10）为传统概率论中的条件概率公式，进一步可推出贝叶斯估计的基本公式

$$P(A \mid B) = \frac{P(B \mid A)P(A)}{P(B)} \qquad (10 - 11)$$

贝叶斯估计是融合静态环境中多传感器低层数据的一种常用方法。其信息描述为概率分布，适用于具有高斯噪声的不确定性信息。假定完成任务所需的有关环境的特征信息（被测对象）用向量 f 表示，通过传感器获得的数据信息用向量 d 来表示，d 和 f 都可看作是随机向量。信息融合的任务就是由数据 d 推导和估计环境 f。假设 $P(f \mid d)$ 为随机向量 f 和 d 的联合概率分布密度函数，由贝叶斯基本公式可得

$$P(f \mid d) = \frac{P(d \mid f)P(f)}{P(d)} \qquad (10 - 12)$$

信息融合通过数据信息 d 作出对环境 f 的推断，即求解 $P(f \mid d)$。

实际中应用较多的方法是寻找最大后验估计 g，即

$$P(g \mid d) = \max P(f \mid d) \qquad (10 - 13)$$

根据概率论知识可知，最大后验估计 g 满足

$$P(g \mid d)P(g) = \max P(d \mid f)P(f) \qquad (10 - 14)$$

贝叶斯估计在利用样本提供的信息时也充分利用了先验的信息 $P(d)$，以先验分布为出发点，克服了古典统计中精度和信度是前定的这种不合理性，即在采样之前就确定下来，而不依赖于样本。但主观贝叶斯方法要求所有概率都是独立的，实际系统不易实现，同时要求给出先验概率和条件概率也是比较困难的，且不能区分"不确定"和"不知道"。

3. D-S证据理论

D-S证据理论，是1967年由Dempster提出的，后来由他的学生Sharer于1976年加以扩充和发展，它可以看作是一种广义贝叶斯理论。该方法通常用来对检测目标的大小、位置以及存在与否进行推断，是目前数据融合中比较常用的一种方法。

D-S证据理论是根据事件发生后的结果（证据）探求事件发生的主要原因（假设）的过程。由多个作息源得到的信息构成该理论中的所有证据，利用这些证据构造相应的基本概率赋值函数 m。m 函数可以是人们主观给出或凭经验给出的，也可以结合其他方法如以神经网络方法得到相对客观的 m 函数。

假设 F 为所有可能证据所构成的有限集，则各证据 x_i 的基本概率分布函数 m 性质包括

$$m(\phi) = 0$$
$$0 \leqslant m(x_i) \leqslant 1$$
$$\sum_{x_i \subset F} m(x_i) = 1$$

下一步，为集合 F 中的某个元素即某个证据引入信任函数 Bel，表示对每个证据的信任程度，信任函数 Bel 的性质包括

$$Bel(F) = 1$$
$$Bel(\phi) = 0$$

由基本概率赋值函数定义与之相对应的信任函数 Bel 为

$$Bel(A) = \sum_{B \subset A} m(B) \qquad (A, B \in F) \qquad (10 - 15)$$

构造似然函数 Pls 为

$$Pls(A) = 1 - Bel(\overline{A}) \qquad (10 - 16)$$

其中，$\overline{A}$ 为 A 的补集。区间 $[Bel(A)，Pls(A)]$ 称为 A 的信任区间（不确定区间），代表 A 信任度的上下限。

D-S 证据理论是概率论的推广，可满足更弱的公理系统。它采用信任度函数 Bel 表示不确定性，而不是用概率表示，这样便可以区分"不知道"和"不确定"，同时也不需要先验概率和条件概率密度。并且它可以实现对证据的组合，而主观贝叶斯法则不能。这些优良性能使其在数据融合中得到了广泛应用。

但是，当 D-S 证据理论的推理链较长时，合成公式很不方便，而且需要各证据之间是彼此独立的。随着推理过程的增加，识别框架变得很复杂，且计算量也大大增加。此外，组合规则的组合灵敏度高，即基本概率赋值的一个很小变化都可以导致结果发生很大变化。

综上所述，D-S 证据理论有三个基本要点，即基本概率赋值函数 m、信任函数 Bel 和似然函数 Pls。它的证据推理结构分三级，如图 10-8 所示。

第 1 级为目标合成，其作用是把来自独立传感器的观测结果合成为一个总的结果输出。第 2 级为推断，其作用是获得传感器的观测结果并进行推理，将传感器观测结果扩展成目标报告。这种推理的基础是一定的传感器观测结果以某种可信度在逻辑上定会产生可信的某些目标观测结果。第 3

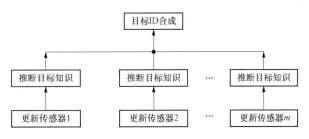

图 10-8　D-S 证据理论的推理结构

级为更新，各种传感器一般都存在某些随机的误差，所以在时间上允分独立的来自同一传感器的一组连续报告，比任何单一报告可靠。因此，在推理和多传感器合成之前，要先组合更新传感器的观测数据。

D-S 证据理论在多传感器数据融合中的基本应用过程，如图 10-9 所示。它首先计算各个证据的基本概率赋值函数 m、信任度函数 Bel 和似然函数 Pls，然后用 D-S 组合规则计算所有证据联合作用下的基本概率赋值函数、信任度函数和似然函数。最后根据一定的决策规则，选择联合作用下的支持度最大的假设。

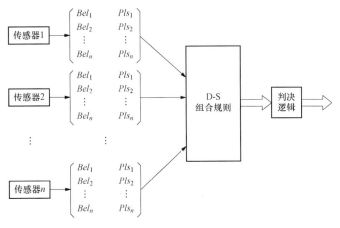

图 10-9　D-S 证据理论的数据融合过程

4. 聚类分析法

聚类分析法是一组启发式算法，在不确切已知模式类数目的标识性应用中，这类算法很有用，主要用于目标识别和分类。

聚类分析法首先需定义一个聚类准则，按照该聚类准则将数据聚类分组。一般情况下，聚类分析法是按照目标间相似性把目标空间划分为若干子集，划分的结果应使表示聚类质量的准则函数为最大。当用距离来表示目标间的相似性时，其结果是将判别空间划分若干区域，每一区域相当于一个类别。常用的距离函数有明氏（Minkowsky）距离、欧式（Euclidean）距离、曼氏（Manhattan）距离、类块距离等。判别聚类优劣的聚类准则，一种是凭经验，根据分类问题选择一种准则；另一种是确定一个函数，当函数取最佳值时认为是最佳分类。

聚类分析法实现的过程，可以分为以下几个步骤：

（1）从观测数据中选择一些样本数据。

（2）定义特征变量集合以表征样本中的实体。

（3）计算数据的相似性，并按照一个相似准则划分数据。

（4）检验划分成的类对于实际应用是否有意义，检验各模式的子集是否很不相同，若不是，则合并相似子集。

（5）反复将产生的子集加以划分，并对划分的结果使用步骤（4）检验，直到再没有进一步的细分结果，或者直到满足某种停止准则为止。

聚类分析法有很大的主观倾向性，因此在使用时应对其有效性和可重复性进行分析，以形成有意义的属性聚类结果。

5. 神经网络法

人工神经网络是一种模仿人脑信息处理机制的网络系统，它是由大量简单的人工神经元广泛链接而成的。它不需系统的物理模型，有很强的非线性处理能力，并具有自学习、自组织、自适应及并行性和容错性，可对多传感器传递来的经特征提取的各种数据进行分析、判断和处理。因此人工神经网络是一种较好的数据融合方法。常见的基于人工神经网络的多传感器数据融合系统，如图 10-10 所示。

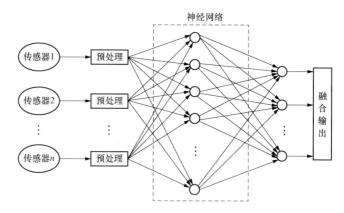

图 10-10　基于人工神经网络的多传感器数据融合系统

采用人工神经网络进行多传感器数据融合，首先要根据系统的要求及传感器的特点选择合适的神经网络结构模型，如 BP 网络、RBF 网络或 Hopfield 网络等；然后再根据经验知识，通过训练样本对神经网络模型进行离线学习，确定网络模型结构的具体形式以及连接权值的大小。这部分内容在软测量技术中已有介绍，不再赘述。

6. 模糊逻辑法

在多传感器数据融合系统中，传感器获取的数据信息由于受到传感器本身准确度、环境中各种干扰因素的影响，存在着各种不确定性及一定的模糊性，难以用传统的二值逻辑进行判断。由 Zadeh 教授提出的模糊集合理论是一种解决不精确、不完全信息的有效方法。

在多传感器数据融合过程中，存在的不确定性信息可以直接用模糊逻辑表示，然后采用模糊变换和模糊推理的方法，根据模糊集合理论的各种演算，对各种命题进行合并，进而实现数据融合。

模糊逻辑法的关键在于确立隶属度函数 $\mu(\cdot)$，其类似于 0 和 1 之间的值进行概率分布，即 μ_A：$\mu \rightarrow [0, 1]$。隶属度函数 μ_A 可根据具体情况选取，如高斯函数、三角函数、梯形函数、S 形函数等。

7. 加权平均法

加权平均法是最简单、最直观的融合多传感器低层数据的方法。其融合模型为

$$Y = \sum_{k=1}^{n} r_k x_k \qquad (10 - 17)$$

式中：Y 为数据融合结果；x_k 为第 k 组传感器测量数据；r_k 为第 k 组传感器测量数据的加权系数，$0 \leqslant r_k \leqslant 1$。

加权平均法的全部系数的确定，是该方法成功与否的关键。它的确定方法一般是根据经验或统计结果给出，也可以结合专家系统、人工神经网络等其他数据融合方法计算得出。

多传感器数据融合的方法还有表决法、专家系统、产生式规则、遗传算法等，由于篇幅所限，不再予以介绍。读者可以根据需要有选择地进行学习。

10. 2. 4 多传感器数据融合的应用

多传感器数据融合的理论和应用涉及电子信息、人工智能、计算机和自动化等多个学科，目前主要应用于以下几个领域：

(1) 工业过程监视系统。工业过程监视系统是一个重要的数据融合应用领域，融合的目的是识别引起系统状态超出正常运行范围的故障条件，并据此触发若干报警器。目前，数据融合已在核反应堆和石油平台监视系统中得到应用。

(2) 检测系统。利用智能检测系统的多传感器进行数据融合处理，可以消除单个或单类传感器检测的不确定性，提高检测系统的可靠性，获得对检测对象更准确的认识。

(3) 工业机器人。随着更多灵活、结构合理、价格便宜的传感器不断出现，在机器人上可以安装更多的传感器，由计算机根据多传感器的观测信息完成各种数据融合，控制机器人更加自由地运动和协调动作，直至实现拟人功能。

(4) 空中交通管制。目前的空中交通管制系统主要由雷达和无线电提供空中图像和信息，并由空中交通管制器承担数据处理的任务。随着空中交通量的增加，运用数据融合技术，可以提供全方位的综合信息。

(5) 全局监视。监视较大范围内的人和事物的运动和状态，需要运用数据融合技术。例如，从空中和地面传感器监视庄稼生长情况，进行产量预测；根据卫星云图、气流、温度、压力等观测信息，实现天气预报。

下面举一个多传感器数据融合技术的应用实例。

无人汽车自动驾驶数据融合和控制系统工作原理如图 10 - 11 所示。

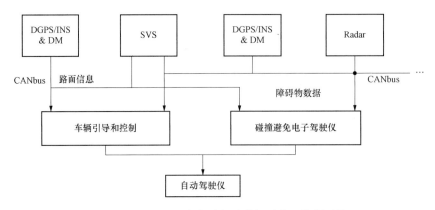

图 10 - 11　无人汽车自动驾驶数据融合和控制系统

该无人汽车自动驾驶系统的多传感器系统主要由差分全球定位系统 DGPS（Differential Global Positioning System）、惯性传感器 INS（Inertial Sensors）、数字地图 DM（Digital Map）、立体图像传感器 SVS（Stereo Vision Sensor）、激光探测器 LS（Laser Scanner）和雷达（Radar）系统组成。通过惯性传感器、数字地图和差分全球定位系统确定汽车行驶地理位置和方向以及路面的几何形状；通过立体图像传感器辨识和跟踪汽车行驶路面边缘；通过激光探测器和雷达完成汽车行驶过程中路况和前方障碍物等信息的检测。将各个传感器输出的信号通过卡尔曼滤波（Kalman Filter）后进行数据融合，有效识别汽车行驶路面情况，并通过控制机构实现汽车无人驾驶。

10.2.5　多传感器数据融合存在的问题与展望

虽然数据融合已得到了广泛的应用，但至今为止未形成一套完整的理论体系和有效的融合算法。绝大部分都是针对特定的问题、特定的领域来研究，也就是说目前数据融合的研究都是根据问题的种类、特定的对象、特定的层次建立自己的融合模型和推理规则。有的在此基础上形成所谓的最佳方案，但所谓的最佳准则、最佳判断等只是在理论上的讨论，若应用到实际上还有很大的距离。即使在实际中得到了应用的融合方法，也没有一个完善的评价体系对其作出合理的评价。所以，多传感器数据融合系统的设计带有一定的盲目性，有必要建立一套完整的方法论体系来指导数据融合系统的设计。具体的不足之处有：

（1）未形成基本的理论框架和有效广义模型及算法；

（2）并联的二义性是数据融合的主要障碍；

（3）融合系统的容错性或稳健性没有得到很好的解决；

（4）对数据融合的具体方法的研究尚处于初步阶段；

（5）数据融合系统的设计还存在许多实际问题。

随着传感器技术、数据处理技术、计算机技术、网络技术、人工智能技术、并行计算机的软件和硬件技术等相关技术的发展，多传感器数据融合必将成为未来复杂工业系统智能检测与数据处理的重要技术。从目前收集到的国内外研究资料来看，多传感器数据融合的研究方向可归纳如下：

（1）改进融合算法以进一步提高融合系统的性能。目前，将模糊逻辑、神经网络、进化计算、粗集理论、支持向量机、小波变换等智能计算技术有机地结合起来，是一个重要的发展趋势。

（2）开展对兼有稳健性和准确性的融合算法和模型的研究。

（3）分布式处理结构所具有的独特优点（信道容量要求低，系统生命力强，工程易于实现），将使其在检测、估计、跟踪方法中进一步发展。

（4）研究数据融合用的数据库和知识库、高速并行检索和推理机制。

（5）开发更加有效的推理系统，用于融合过程中的状态估计和决策分析。

（6）利用人工智能的各种方法，以知识为基础构成多传感器数据融合。

（7）多传感器数据融合系统的工程化设计方法和系统评估方法。

总之，多传感器数据融合技术无论向哪个方向发展，人们都越来越重视实际中的应用。好的理论并不能保证应用的成功，只有对理论和实际有深刻的理解，并能将理论准确地、充分地运用到实际应用中，才能实现真正的成功。

思考题和习题

1. 什么是软测量技术，有哪些优点？

2. 名词解释：主导变量、辅助变量、软测量模型、软仪表。

3. 简述软仪表设计的一般方法。

4. 软仪表中辅助变量选取的基本原则有哪些？

5. 建立软测量模型的方法有哪些？简述基于回归分析的软测量技术原理。查阅相关文献，列举一个应用回归分析方法建立软测量模型的实例。

6. 简述基于人工神经网络的软测量技术原理。查阅相关文献，列举一个应用人工神经网络建立软测量模型的实例。

7. 多传感器数据融合的定义是什么，与单传感器技术相比有哪些优点？

8. 多传感器数据融合的分类方法有哪些？每种分类中，包含有哪些融合方法？

9. 查阅相关文献，举出一个多传感器数据融合的应用实例。

10. 比较软测量技术与多传感器数据融合有哪些异同点？

参 考 文 献

[1] 张华，赵文柱. 热工测量仪表. 北京：冶金工业出版社，2006.

[2] 王俊杰. 检测技术与仪表. 武汉：武汉理工大学出版社，2009.

[3] 苏杰，杨婷婷，常太华. 热工检测系统设计. 北京：中国电力出版社，2014.

[4] 王森. 烟气排放连续监测系统（CEMS）. 北京：化学工业出版社，2015.

[5] 王强，杨凯. 烟气排放连续监测系统（CEMS）监测技术及应用. 北京：化学工业出版社，2014.

[6] 张宏建，孙志强. 现代检测技术. 北京：化学工业出版社，2007.

[7] 孙淮清，王建中. 流量测量节流装置设计手册. 2 版. 化学工业出版社，2005.

[8] 常太华，苏杰. 过程参数检测及仪表. 北京：中国电力出版社，2009.

[9] 姚士春. 压力仪表使用维修与检定. 北京：中国计量出版社，2003.

[10] 苏彦勋，杨有涛. 流量检测技术. 北京：中国质检出版社，2012.

[11] 刘艳，王锁庭. 工业仪表操作与维护. 北京：化学工业出版社，2015.

[12] 徐英华，杨有涛. 流量及分析仪表. 北京：中国计量出版社，2008.

[13] 施文康，余晓芬. 检测技术. 4 版. 北京：机械工业出版社，2015.

[14] 王森，纪纲. 仪表常用数据手册. 2 版. 北京：化学工业出版社，2017.

[15] 余成波，陶红艳. 传感器与现代检测技术. 北京：清华大学出版社，2009.

[16] 王健石，朱炳林. 热电偶与热电阻技术手册. 北京：中国质检出版社，2012.

[17] 倪育才. 实用测量不确定度评定. 5 版. 北京：中国质检出版社，2016.

[18] 方彦军，程继红. 检测技术与系统设计. 北京：中国水利水电出版社，2007.

[19] 赵勇. 光纤光栅及其传感技术. 北京：国防工业出版社，2007.

[20] 张宏建，等. 检测控制仪表学习指导. 北京：化学工业出版社，2006.

[21] 王志祥，黄伟. 热工保护与顺序控制. 北京：中国电力出版社，2008.

[22] 杜水友. 压力测量技术及仪表. 北京：机械工业出版社，2005.

[23] 周尚周. 大型火电机组运行维护培训教材（热控分册）. 北京：中国电力出版社，2010.

[24] 刘正华，赵津津，佟莹欣. 热工自动检测技术. 北京：中国电力出版社，2011.

[25] 张欣欣，孙艳华. 自动检测技术. 北京：清华大学出版社，2006.

[26] 厉玉鸣，刘慧敏. 化工仪表及自动化例习题集. 北京：化学工业出版社，2016.

[27] 潘立登，等. 软测量技术原理与应用. 北京：中国电力出版社，2009.

[28] 赵燕萍，杨平. 电厂热工测量装置及控制系统试验技术. 北京：中国电力出版社，2008.

[29] 李玉红. 现场仪表安装与调试实训. 北京：化学工业出版社，2015.

[30] 张克. 温度测控技术及应用. 北京：中国计量出版社，2011.

[31] 葛长虹. 工业测控系统的抗干扰技术. 北京：冶金工业出版社，2006.

[32] 李晓刚，付冬梅. 红外热像检测与诊断技术. 北京：中国电力出版社，2006.

[33] 侯子良. 锅炉汽包水位测量系统. 北京：中国电力出版社，2005.

[34] 胡向东，等. 传感器与检测技术. 2 版. 北京：机械工业出版社，2013.

[35] 韩璞，王东风，翟永杰. 基于神经网络的火电厂烟气含氧量软测量. 信息与控制，2001，30（2）.

[36] 赵征，等. 基于数据融合的氧量软测量研究. 中国电机工程学报，2005，25（7）.

[37] 苏红雨，等. 红外热像仪性能参数的评价. 中国测试，2010，36（1）.

[38] 丁承君，赵泽羽. 基于多传感器数据融合的火灾探测系统. 河北工业大学学报，2018，47（5）.

[39] 陈英，等．多传感器数据的处理及融合．吉林大学学报（理学版），2018，56（5）．

[40] 李彦梅，等．Ｖ型内锥流量传感器使用灵活性研究．仪器仪表学报，2012，33（2）．

[41] 王志强．火电厂汽包水位测量及误差分析．北华航天工业学院学报，2013，23（4）．

[42] 杨锐明．超低排放条件下 CEMS 中气态污染物测量仪表的选型．工业仪表与自动化装置，2018，（6）．

[43] 郜武．烟气连续监测系统（CEMS）技术及应用．中国仪器仪表，2009（1）．

[44] 邹德超，等．科里奥利质量流量计零点不稳定度对测量误差的影响．化工自动化及仪表，2018，45（5）．

[45] 高志强，肖艳，等．弯管流量计测量原理及应用．传感器世界，2005（7）．

[46] 张佳兴，等．Bently 3500 汽轮机监视系统（TSI）在 1050MW 机组中的应用．中国仪器仪表，2018（10）．

[47] 陈潇．温度仪表测量抗干扰措施．计量与测试技术，2018，45（1）．

[48] 周倩，等．火电厂 DCS 系统信号抗干扰研究及实例．中国电力，2012，45（4）．

[49] 刘吉川，于剑宇，褚得海，等．汽包水位测量新技术．中国电力，2006（3）．

[50] 艾红，等．基于 DSP 的智能仪表串行通信与抗干扰实现．自动化与仪器仪表，2011，158（6）．

[51] 王渝锦．火电厂热控系统抗干扰技术．四川电力技术，2008，31（1）．

[52] 孙长生．浙江省火电厂 2007 年热控系统考核故障原因分析与技术措施．中国电力，2008，41（5）．

[53] 郝志国，等．火电厂分散控制系统抗干扰技术探讨．河北电力技术，2006，25（2）．

[54] Russell R A，Purnamadjaja A H．Odor and airflow：complementary senses for a humanoid robot．Proceeding of the IEEE International Conference on Robotics and Automation．USA：IEEE，2002：1842 - 1847．

[55] Esteban J，et al．A Review of data fusion models and architectures：towards engineering guidelines．Neural Comput & Applic，2005（14）：273 - 281．

[56] Kao I，Kumar A，Binder J．Smart MEMS flow sensor：theoretical analysis and experimental characterization．IEEE SENSORS JOURNAL，2007，7（5 - 6）：713 - 722．